职业院校机电类“十三五”
微课版创新教材

边做边学
AutoCAD 2014
电气工程制图立体化实例教程

王素珍 田艳兵 / 主编
薛颖 袁勇 李亚南 / 副主编

人 民 邮 电 出 版 社
北 京

图书在版编目（CIP）数据

AutoCAD 2014电气工程制图立体化实例教程 / 王素珍，田艳兵主编. -- 北京 : 人民邮电出版社，2017.1（2024.7重印）
（边做边学）
职业院校机电类“十三五”微课版创新教材
ISBN 978-7-115-42771-7

Ⅰ. ①A… Ⅱ. ①王… ②田… Ⅲ. ①电气工程－工程制图－AutoCAD软件－高等职业教育－教材 Ⅳ. ①TM02-39

中国版本图书馆CIP数据核字(2016)第132228号

内容提要

本书结合具体实例详细介绍了AutoCAD的基础知识及其在电气工程制图中的实际应用，重点培养读者利用AutoCAD绘制电气工程图的技能，提高其独立分析问题和解决问题的能力。

全书共7章，主要内容包括AutoCAD 2014的基础知识、电气工程制图基础、常用电气符号图形的绘制、工业控制电气工程图的绘制、机械电气控制图的识图与绘制、建筑电气工程图的绘制及电力电气工程图的绘制。

本书内容系统、层次清晰、实用性强，既可作为高等职业院校自动化、电气工程、建筑电气、电力工程等相关专业的教学用书，也可作为AutoCAD电气绘图培训班的教材，同时也非常适合作为电气工程技术人员的参考书。

◆ 主　　编　王素珍　田艳兵
副 主 编　薛　颖　袁　勇　李亚南
责任编辑　刘盛平
责任印制　焦志炜

◆ 人民邮电出版社出版发行　　北京市丰台区成寿寺路11号
邮编　100164　　电子邮件　315@ptpress.com.cn
网址　https://www.ptpress.com.cn
北京盛通印刷股份有限公司印刷

◆ 开本：787×1092　1/16
印张：17.5　　2017年1月第1版
字数：449千字　　2024年7月北京第10次印刷

定价：45.00元

读者服务热线：(010)81055256　印装质量热线：(010)81055316
反盗版热线：(010)81055315

前言 FOREWORD

伴随着 CAD 技术的飞速发展，电气产品的研发周期在大幅缩减的同时，其设计效率与性能均得到了有效提高。由美国 Autodesk 公司研制开发的 AutoCAD 是该技术领域中的一个基础性的应用软件包，它具有强大的绘图功能、友好的操作界面，简便易学，因而颇受广大工程技术人员的欢迎。目前，AutoCAD 已广泛应用于机械、电气等工程设计领域，极大地提高了设计人员的工作效率。

本书以“如何使用 AutoCAD 2014 进行电气工程制图”为核心，结合具体的电气工程实例，详细分析并介绍了如何利用 AutoCAD 的基本绘图功能实现电气工程图的绘制，读者可以一边学习基本知识一边加强练习。同时，本书将针对实例开发的微课视频以二维码的形式嵌入到书中相应位置。通过手机等终端设备的“扫一扫”功能，读者可以直接读取这些视频，从而加深对软件操作的认识和理解。

全书共分为 7 章，主要内容如下。

- 第 1 章：介绍 AutoCAD 2014 的用户界面及一些基本操作。
- 第 2 章：介绍电气工程制图的种类划分、基本规范与绘制方法。
- 第 3 章：通过实例介绍电气符号图的绘制方法。
- 第 4 章：通过实例介绍工业控制电气工程图的绘制方法与技巧。
- 第 5 章：通过实例介绍机械电气控制图的绘制方法与技巧。
- 第 6 章：通过实例介绍建筑电气工程图的绘制方法与技巧。
- 第 7 章：通过实例介绍电力电气工程图的绘制方法与技巧。

本书将 AutoCAD 的基本命令与典型电气工程图的绘制实例相结合，条理清晰、讲解透彻、易于掌握。通过本书学习，读者既能全面了解并掌握 AutoCAD 2014 的基本绘图功能，又能掌握综合使用 AutoCAD 2014 进行复杂电气工程图绘制的逻辑思想与方法，进一步提高读者独立解决实际问题的能力。

本书所有常用电气符号图以及电气工程图等素材文件，均以“.dwg”图形文件收录并保存在人邮教育社区（www.ryjiaoyu.com）上，读者可以注册账号免费下载使用。

本书由王素珍和田艳兵主编，薛颖、袁勇和李亚南任副主编。参加本书编写工作的还有沈精虎、黄业清、宋一兵、谭雪松、冯辉、计晓明、董彩霞、滕玲、管振起等。

由于作者水平有限，书中难免存在疏漏之处，敬请广大读者批评指正。

编　者

2016 年 8 月

目录 CONTENTS

CONTENTS

Chapter

1

第1章 AutoCAD 2014的基础知识

【学习目标】

- 了解AutoCAD 2014的用户界面。
- 掌握AutoCAD的基本绘图操作。
- 掌握绘图环境、图层的设置方法。
- 掌握简单二维图形的绘制方法及编辑命令。
- 掌握文字、表格及尺寸标注的方法。
- 了解图形的布局与打印。

1.1 AutoCAD 2014 的用户界面

AutoCAD 的用户界面是 AutoCAD 显示、编辑图形的区域。启动 AutoCAD 2014 后，其用户界面如图 1-1 所示，它主要由快速访问工具栏、功能区、工具栏、绘图窗口、命令提示窗口、状态栏等部分组成。下面将通过操作练习来熟悉 AutoCAD 2014 的用户界面。

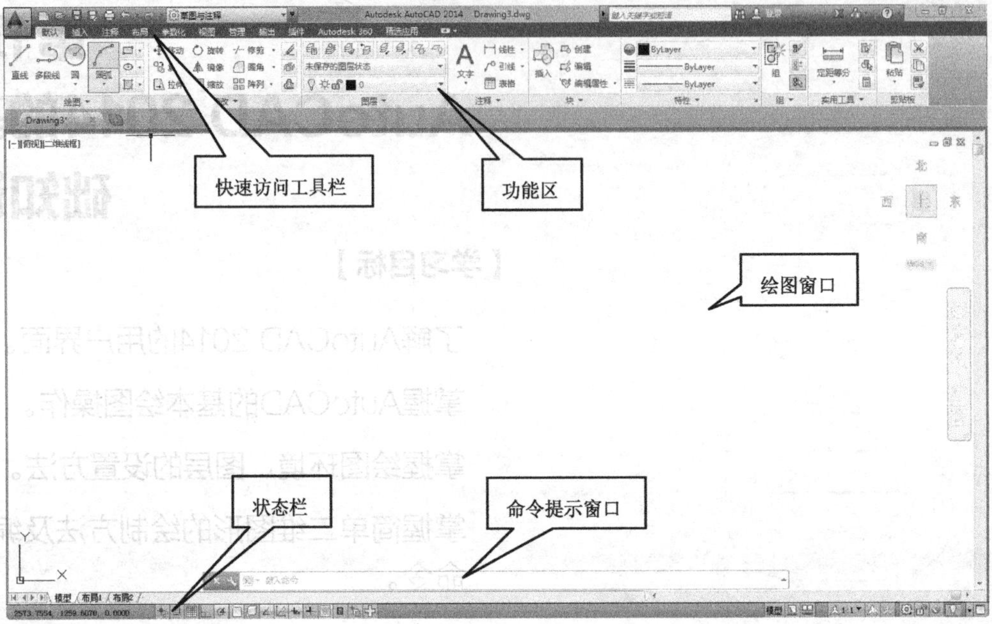

图 1-1　AutoCAD 2014 用户界面

【练习 1-1】：熟悉 AutoCAD 2014 用户界面。

（1）单击程序窗口左上角的图标，在弹出的下拉菜单中有【新建】、【打开】、【保存】、【打印】等常用命令。单击按钮，显示已打开的图形文件列表；单击按钮，显示最近使用的图形文件列表；单击按钮，选择【大图标】选项，则显示文件缩略图。将鼠标光标悬停在缩略图上，将显示大缩略图、文件路径及修改日期等信息。

熟悉 AutoCAD 用户界面

（2）单击按钮，选择【显示菜单栏】命令，会显示 AutoCAD 2014 的菜单栏。选择菜单命令【工具】/【选项板】/【功能区】，将关闭功能区。再次选择菜单命令【工具】/【选项板】/【功能区】，又打开功能区。

（3）单击【默认】选项卡中【绘图】面板上的按钮，展开【绘图】面板。单击按钮，固定面板。

（4）选择菜单命令【工具】/【工具栏】/【AutoCAD】/【绘图】，打开【绘图】工具栏，如图 1-2 所示，用户可以移动或改变工具栏的形状。将鼠标光标移动到工具栏的边缘处，按住鼠标左键并移动鼠标光标，工具栏也将随鼠标光标移动。将鼠标光标放置在拖出的工具栏的边缘，当鼠标光标变成双向箭头时，按住鼠标左键并移动鼠标光标，工具栏的形状就发生了变化。

（5）在功能区任一选项卡标签上单击鼠标右键，弹出快捷菜单，选择【显示选项卡】/【插入】命令，将关闭【插入】选项卡。

（6）单击功能区中的【默认】选项卡。在该选项卡的任一面板上单击鼠标右键，弹出快捷菜单，选择【显示面板】/【绘图】命令，关闭【绘图】面板。

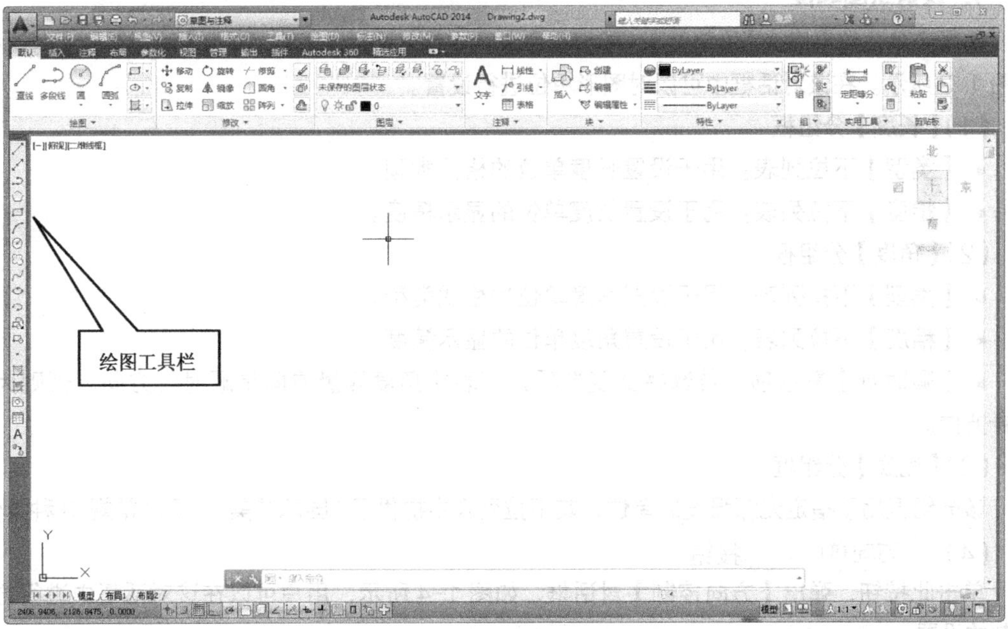

图 1-2 打开【绘图】工具栏

（7）在功能区上的任一选项卡中单击鼠标右键，选择【浮动】命令，则功能区的位置将变得可动。将鼠标光标的位置放在标题栏上，按住鼠标左键拖动鼠标光标，将改变功能区的位置。

（8）单击功能区顶部的按钮，将收拢功能区，仅显示选项卡及面板的文字标签，再次单击该按钮，面板的文字标签将消失，继续单击该按钮，将展开功能区。

（9）绘图窗口是用户绘图的工作区域，该区域无限大，其左下方有一个坐标系的图标，图标中的箭头分别表示 x 轴和 y 轴的正方向。在绘图区域中移动鼠标光标，在状态栏中将显示光标点的坐标参数，单击该坐标区可改变坐标的显示方式。

（10）AutoCAD 2014 提供了两种绘图环境：模型空间及图纸空间。单击绘图窗口下部的布局1按钮，将切换到图纸空间；单击模型按钮，将切换到模型空间。默认情况下，AutoCAD 的绘图环境是模型空间。

（11）命令提示窗口位于绘图窗口的下面，用户输入的命令、系统的提示信息等都在此窗口中反映出来。将鼠标光标放在窗口的上边缘，鼠标光标变成双向箭头，按住鼠标左键向上拖动鼠标光标，就可以增加命令窗口的显示行数。按【F2】键，将打开命令提示窗口，再次按【F2】键，将关闭此窗口。

（12）AutoCAD 2014 绘图环境的组成一般被称为工作空间，单击状态栏上的图标，将弹出快捷菜单，该菜单中的【草图与注释】选项被选中，表明现在处于“草图与注释”工作空间。选中该菜单上的【AutoCAD 经典】选项，切换到默认的工作空间。

1.2 绘图环境及图层设置

设置绘图环境包括设定绘图单位和绘图区域，下面分别进行介绍。

1.2.1 设置绘图单位与区域

1. 设置绘图单位

选择菜单命令【格式】/【单位】，或者在命令行中输入 DDUNITS，弹出【图形单位】对话框，如图 1–3 所示。在该对话框中可以对图形单位进行设置。

（1）【长度】分组框

- 【类型】下拉列表：用于设置长度单位的格式类型。
- 【精度】下拉列表：用于设置长度单位的显示精度。

（2）【角度】分组框

- 【类型】下拉列表：用于设置角度单位的格式类型。
- 【精度】下拉列表：用于设置角度单位的显示精度。
- 【顺时针】复选项：若选择此复选项，则表明角度测量方向是顺时针方向，否则为逆时针方向。

（3）【光源】分组框

该分组框用于指定光源强度的单位，其下拉列表中提供了"国际""美国"和"常规"3 种单位。

（4）方向(D)... 按钮

单击此按钮，弹出【方向控制】对话框，如图 1–4 所示，用户可以在该对话框中进行方向控制的设置。

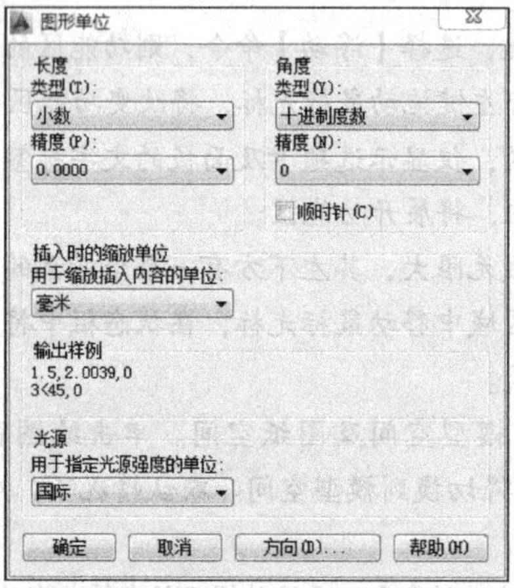

图 1–3 【图形单位】对话框

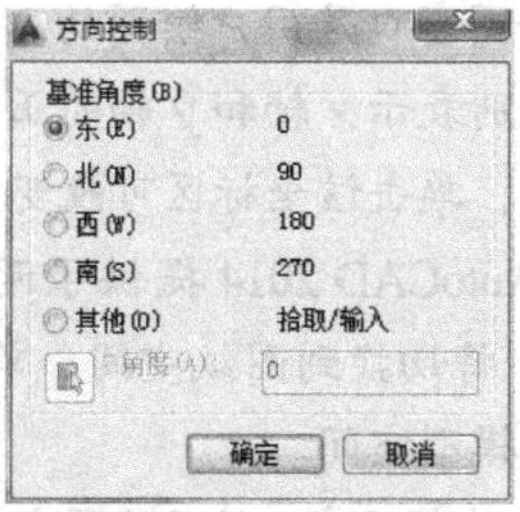

图 1–4 【方向控制】对话框

2. 设置绘图区域大小

AutoCAD 的绘图区域无限大。作图时，用户可以事先设定好程序窗口中需要显示出的绘图区域的大小，以便用户了解并掌握图形分布的范围。

设定绘图区域的大小有以下两种方法。

方法一：将一个圆充满整个程序窗口显示出来，依据圆的尺寸估计当前绘图区的大小。

【练习 1–2】：用圆设定绘图区域的大小。

（1）单击【常用】选项卡中【绘图】面板上的按钮，AutoCAD 提示如下。

```
命令： _circle
指定圆的圆心或 [三点（3P）/ 两点（2P）/ 切点、切点、半径（T）]：
```

```
                                        // 在屏幕适当位置单击一点
指定圆的半径或 [直径(D)]: 50              // 输入圆的半径，按【Enter】键确认
```

（2）选择菜单命令【视图】/【缩放】/【范围】，直径为 100 的圆就充满了整个程序窗口，如图 1-5 所示。

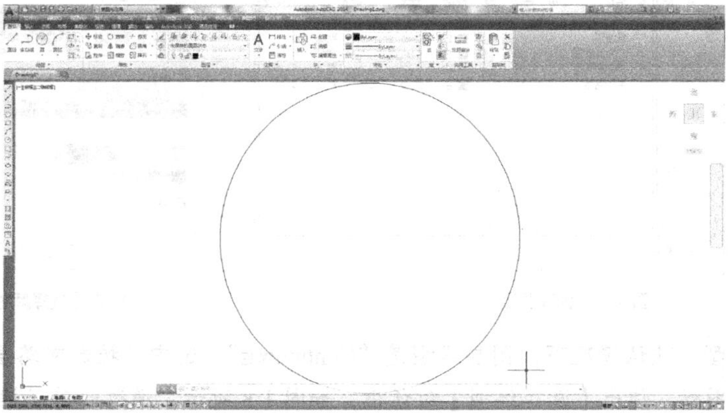

图 1-5 用圆设定绘图区域大小

方法二：用 LIMITS 命令设定绘图区域大小。

用 LIMITS 命令，通过改变栅格的长宽尺寸及位置来设定绘图区域大小。

栅格是点在矩形区域中按行、列形式分布形成的图案，当栅格在程序窗口中显示出来后，用户就可以根据栅格的范围估算出当前绘图区的大小。

1.2.2 创建并设置图层

新建的 AutoCAD 文档中只能自动创建一个名为 0 的特殊图层。默认情况下，0 层将是当前层，此时所画图形的对象都在 0 层上。每个图层都有与其相关联的颜色、线型及线宽等属性信息，用户可以对这些信息进行设置或修改。

【练习 1-3】：创建表 1-1 所示的图层，并设置各图层的颜色、线型及线宽。

表 1-1 各图层名称及颜色、线型、线宽

名　称	颜　色	线　型	线　宽
主回路层	黑色	Continuous	0.5
控制回路层	蓝色	Center	默认
虚线层	黄色	Dashed	默认
文字说明层	绿色	Continuous	默认

（1）单击【常用】选项卡中【图层面板】上的 按钮，打开【图层特性管理器】对话框，单击对话框中的 按钮，列表框显示出名称为“图层 1”的图层，直接输入“主回路层”，按【Enter】键结束。

（2）再次按【Enter】键，又创建新的图层。总共创建 4 个图层，结果如图 1-6 所示。图层“0”前有绿色标记“√”，表示该图层为当前层。

（3）设定颜色。选中“控制回路层”，单击与所选图层关联的颜色图标■白，弹出【选择颜色】对话框，如图 1-7 所示。它是一个标准的颜色设置对话框，可以使用【索引颜色】、【真彩色】

和【配色系统】3个选项卡来设置颜色。在【索引颜色】选项卡中选择蓝色。同样，再设置其他图层的颜色。

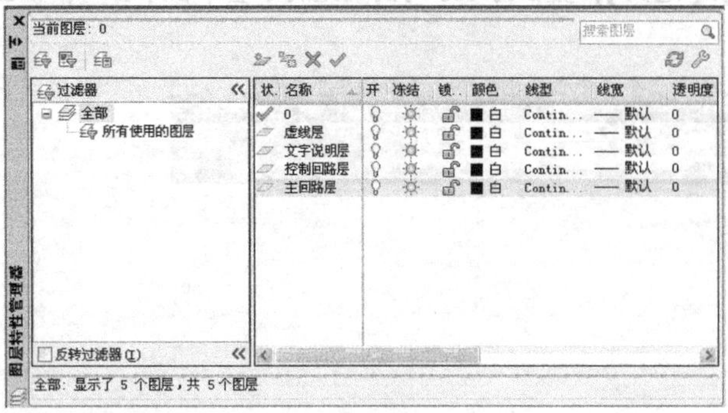

图1-6 创建图层

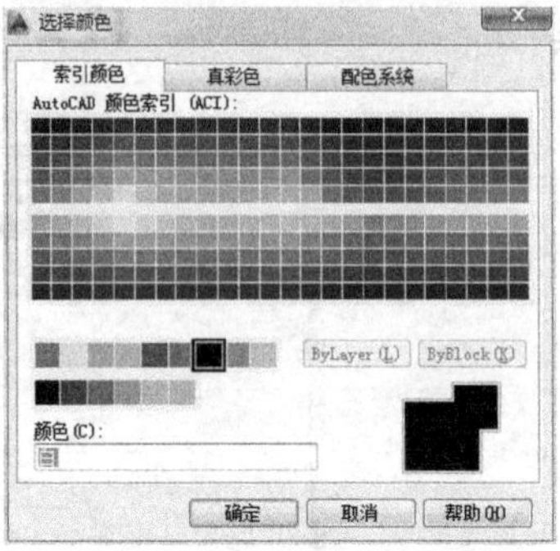

图1-7 【选择颜色】对话框

（4）设定线型。默认情况下，图层线型是“Continuous”。选中“控制回路层”，单击与所选图层对应的线型图标，弹出【选择线型】对话框，如图1-8所示，通过此对话框用户可以选择一种线型或从线型库文件中加载更多线型。默认情况下，在【已加载的线型】列表框中，系统中只添加了“Continuous”线型。

（5）单击 加载(L)... 按钮，弹出【加载或重载线型】对话框，如图1-9所示。可以看到AutoCAD还提供了许多其他的线型，选择“CENTER”“DASHED”线型，单击 确定 按钮，即可把选择的线型加载到【选择线型】对话框的【已加载的线型】列表框中。当前线型库文件是“acadiso.lin”，单击 文件(F)... 按钮，可选择其他的线型库文件。

（6）返回【选择线型】对话框，选择“CENTER”线型，单击 确定 按钮，该线型就分配给“控制回路层”。用同样的方法再设置其他图层的线型。

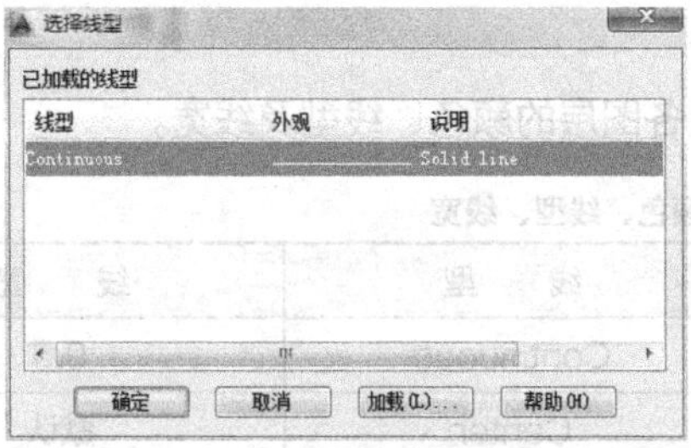

图1-8 【选择线型】对话框

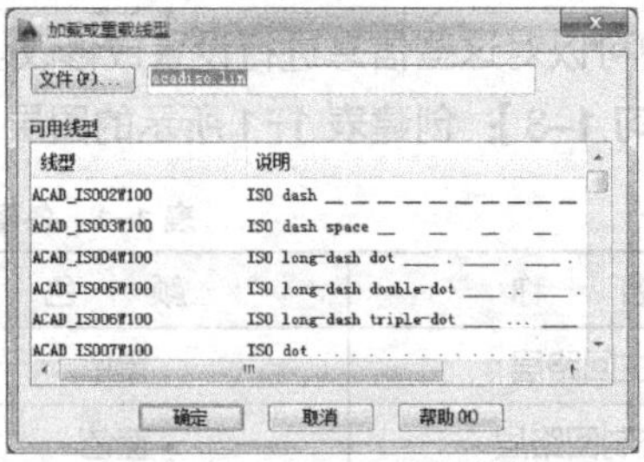

图1-9 【加载或重载线型】对话框

（7）设定线宽。选中“主回路层”，单击与所选图层关联的线宽图标 —— 默认，弹出【线宽】对话框，如图1-10所示。指定线宽为0.5mm，单击 确定 按钮，完成对图层线宽的设置。

（8）指定当前层。选中“主回路层”，单击 按钮，图层前出现绿色标记“√”，说明“主回路层”为当前层。

（9）关闭【图层特性管理器】对话框，单击【绘图】面板上的 按钮，任意绘制几条线段，这些线段的颜色为黑色，线宽为0.5mm。单击状态栏中的 按钮，使这些线条显示出线宽。

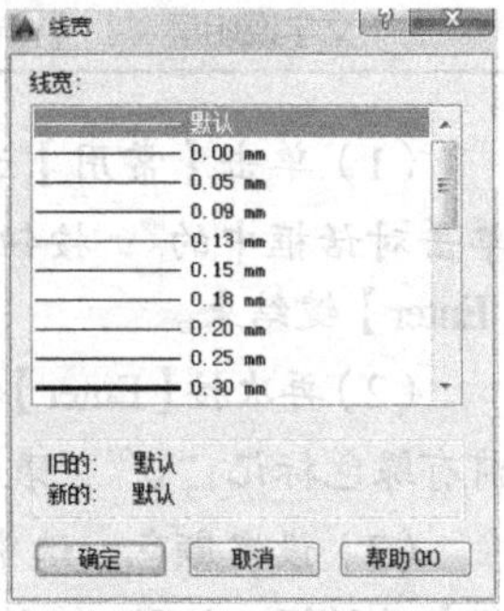

图1-10 【线宽】对话框

（10）设定“控制回路层”或“虚线层”为当前层，绘制线段，观察效果。

1.2.3 控制并修改对象的图层状态

每个图层都具有打开与关闭、冻结与解冻、锁定与解锁、打印与不打印等状态，通过改变图层状态，就能控制图层上对象的可见性与可编辑性。用户可以利用【图层特性管理器】（对话框如图 1-11（a）所示）或【图层】面板上的【图层控制】下拉列表对图层状态进行控制，如图 1-11（b）所示。

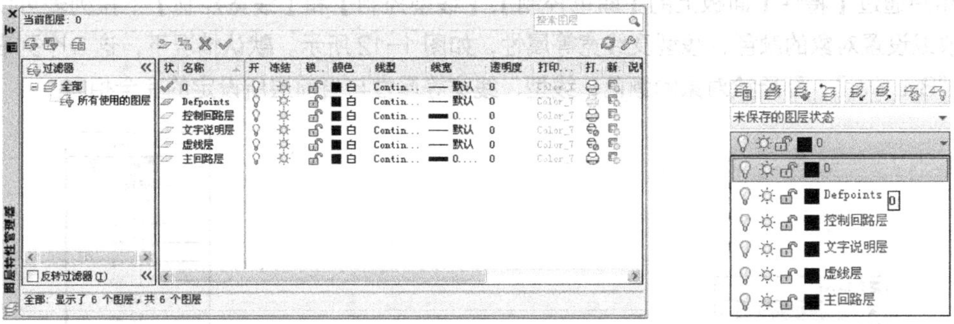

（a）【图层特性管理器】对话框　　（b）【图层控制】下拉列表

图 1-11　图层状态

下面对图层状态作简要介绍。

1. 打开 / 关闭图层

在【图层特性管理器】对话框中单击💡图标，可以控制图层的可见性。图层打开时，图标小灯泡呈鲜艳的颜色，该图层上的图形可以显示在屏幕上或绘制在绘图仪上。当单击该属性图标后，图标小灯泡呈灰暗色时，该图层上的图形不显示在屏幕上，而且不能被打印输出，当图形重新生成时，被关闭的层将一起被生成。

2. 冻结 / 解冻图层

在【图层特性管理器】对话框中单击☼ / ❄图标，可以冻结图层或将图层解冻。图标呈现雪花灰暗状时，该图层是冻结状态；图标呈太阳鲜艳色时，该图层是解冻状态。冻结图层上的对象不能显示，也不能打印，当图形重新生成时，系统不再重新生成该层上的对象，因而冻结一些图层后，可以加快许多操作的速度。

3. 锁定 / 解锁图层

在【图层特性管理器】对话框中单击🔓 / 🔒图标，可以锁定图层或将图层解锁。锁定图层后，该图层上的图形依然显示在屏幕上并可打印输出，可以在该图层上绘制新的图形对象，但不能对该图层上的图形进行编辑修改操作。锁定图层可以防止对图形的意外修改。

4. 打印样式

使用打印样式可以控制对象的打印特性，包括颜色、抖动、灰度、笔号、淡显、线型、线宽、线条端点样式和填充样式。打印样式给用户提供了很大的灵活性，因为用户可以设置打印样式来替代其他对象特性，也可以根据用户需要关闭这些替代设置。

5. 打印 / 不打印

在【图层特性管理器】对话框中单击🖨图标，可以设定打印时该图层是否打印，以及在保证图形显示可见性不变的条件下，控制图形的打印特性。打印功能只对可见的图层起作用，对于已经被冻结或被关闭的图层不起作用。

6. 透明度

在【图层特性管理器】对话框中，透明度用于选择或输入要应用于当前图形中选定图层的透明度级别。

下面对修改对象图层状态作简要介绍。

用户通过【特性】面板上的【颜色控制】、【线型控制】和【线宽控制】下拉列表可以方便地修改或设置对象的颜色、线型及线宽等属性，如图 1-12 所示。默认情况下，这 3 个列表框中显示“ByLayer”，即所绘对象的颜色、线型、线宽等属性与当前层所设定的完全相同。

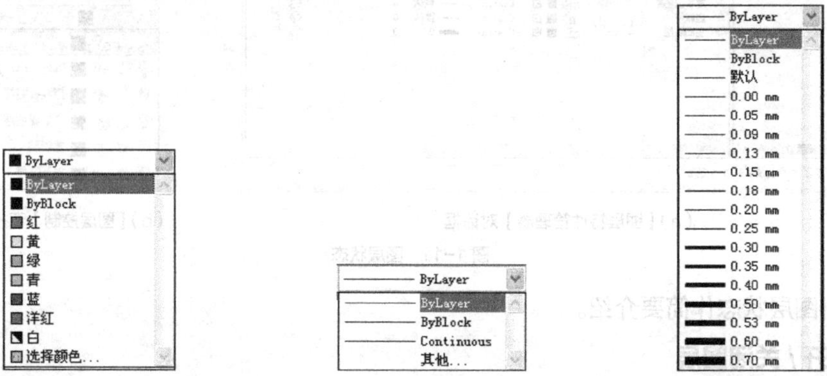

（a）【颜色控制】下拉列表　（b）【线型控制】下拉列表　（c）【线宽控制】下拉列表

图 1-12　图层控制

当设置将要绘制对象的颜色、线型及线宽等属性时，可直接在【颜色控制】、【线型控制】和【线宽控制】下拉列表中选择相应的选项。

当修改对象的属性时，可先选择对象，然后在【颜色控制】、【线型控制】和【线宽控制】下拉列表中选择新的颜色、线型及线宽。

1.3 AutoCAD 2014 的坐标系

在绘图过程中要精确定位某个对象时，必须以某个坐标系为参照，精确拾取点的位置。利用 AutoCAD 的坐标系，可以按照非常高的精度标准，准确地设计并绘制图形。

1.3.1 世界坐标系和用户坐标系

AutoCAD 的坐标系有世界坐标系（WCS）和用户坐标系（UCS）两种，其默认的坐标系是世界坐标系。世界坐标系始终把坐标原点设在视口（Viewport）左下角，主要在绘制二维图形时使用。在三维图形中，AutoCAD 允许建立自己的坐标系，即用户坐标系（UCS），该坐标系可以倾斜任意角度，也可以将原点放置在任意位置。由于绝大多数二维绘图命令只在 *xy* 或与 *xy* 平行的面内有效，在绘制三维图形时，经常要建立和改变用户坐标系来绘制不同基准面上的平面图形。UCS 更是 AutoCAD 软件的可移动坐标系，移动 UCS 可以使设计者处理图形的特定部分变得更加容易，旋转 UCS 可以帮助用户在三维或旋转视图中指定点。

1.3.2 点坐标的表示方法及其输入

常用的点坐标有以下两种形式。

（1）绝对或相对直角坐标

绝对直角坐标的输入格式为“X,Y”，相对直角坐标的输入格式为“@X,Y”。X 表示点的 x 向坐标值，Y 表示点的 y 向坐标值，两坐标值之间用“,”隔开，如 A（-60,30），B（40,70），如图 1-13 所示

（2）绝对或相对极坐标

绝对极坐标的输入格式为“$R<\alpha$”。R 表示点到原点的距离，α 表示极轴方向与 x 轴正向间的夹角。若从 x 轴正向逆时针转到极轴方向，则 α 为正，反之，α 为负。例如，C（70<120），D（50<-30），如图 1-13 所示。

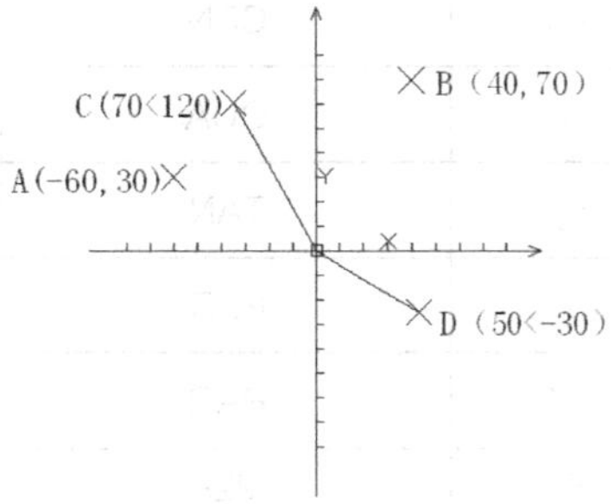

图 1-13 点坐标示意图

1.3.3 控制坐标的显示

在绘图窗口中移动鼠标光标时，状态栏上将动态显示当前指针的坐标。坐标的显示取决于所选的模式和程序中运行的命令，共有以下 3 种显示方式。

（1）关。显示上一个拾取点的绝对坐标，此时，指针坐标不能动态更新，只有在拾取一个新点时显示才会更新，但是从键盘输入一个新点坐标时，不会改变该显示的方式。

（2）绝对。显示鼠标光标的绝对坐标，该值是动态更新的，默认情况下，该显示方式是打开的。

（3）相对。显示一个相对极坐标。当选择该方式时，如果当前处在拾取点状态，那么系统将恢复到“绝对”模式。

在实际绘图过程中，用户可以根据需要随时按下【F6】、【Ctrl+D】键或单击状态栏的坐标显示区域，实现上述 3 种方式间的切换。

1.4 对象捕捉、极轴追踪及自动追踪功能

在 AutoCAD 中绘制图形时，可利用对象捕捉、极轴追踪及自动追踪 3 种功能，实现对鼠标光标移动位置的精确定位，提高绘图效率。本章将介绍对象捕捉、极轴追踪及自动追踪功能。

1.4.1 对象捕捉功能

用 LINE 命令绘制直线的过程中，可启动对象捕捉功能以拾取一些特殊的几何点，如端点、圆心及切点等。【对象捕捉】工具栏中包含了各种对象捕捉工具，其中常用捕捉工具的功能及命令代号见表 1-2。

表 1-2 对象捕捉工具及代号

捕捉按钮	代　　号	功　　能
	FROM	正交偏移捕捉。先指定基点，再输入相对坐标确定新点
	END	捕捉端点
	MID	捕捉中点

续表

捕捉按钮	代　号	功　　能
X	INT	捕捉交点
—	EXT	捕捉延伸点。从线段端点开始沿线段方向捕捉一点
⊙	CEN	捕捉圆、圆弧、椭圆的中心
◇	QUA	捕捉圆和椭圆的0°、90°、180°或270°处的点——象限点
○	TAN	捕捉切点
⊥	PER	捕捉垂足
∥	PAR	平行捕捉。先指定线段起点，再利用平行捕捉绘制平行线
无	M2P	捕捉两点间连线的中点

1.4.2　极轴追踪功能

打开极轴追踪功能后，鼠标光标就按用户设定的极轴方向移动，AutoCAD 将在该方向上显示一条追踪辅助线及光标点的极坐标值，如图 1-14 所示。

【练习1-4】：练习如何使用极轴追踪功能绘制二极管。

（1）用鼠标右键单击状态栏上的 ⊿ 按钮，弹出快捷菜单，选取【设置】命令，打开【草图设置】对话框，如图 1-15 所示。

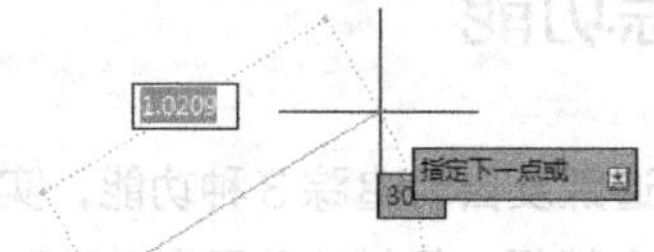

图1-14　极轴追踪

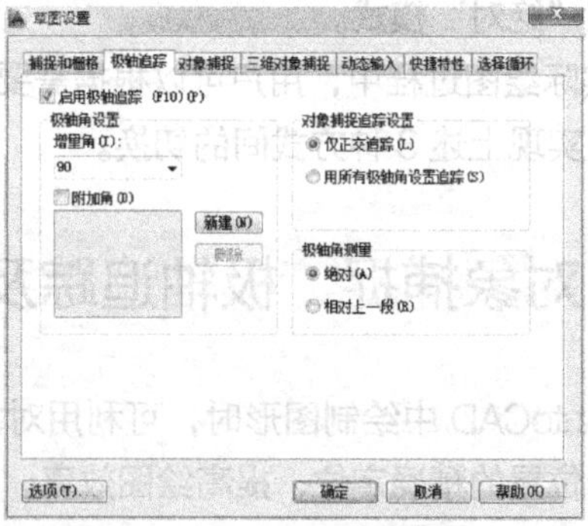

图1-15　【草图设置】对话框

【极轴追踪】选项卡中与极轴追踪有关的选项功能如下。

- 【增量角】：在此下拉列表中可选择极轴角变化的增量值，也可以输入新的增量值。
- 【附加角】：除了根据极轴增量角进行追踪外，用户还能通过该选项添加其他的追踪角度。
- 【绝对】：以当前坐标系的 x 轴作为计算极轴角的基准线。
- 【相对上一段】：以最后创建的对象为基准线计算极轴角度。

（2）在【极轴追踪】选项卡的【增量角】下拉列表中设定极轴角增量为"45"。此后，若用户打开极轴追踪画线，则鼠标光标将自动沿 0°、45°、90°、135°、180°、225° 等方向进行追踪，再输入线段长度值，AutoCAD 就在该方向上画出线段。单击 确定 按钮，关闭【草图设置】对话框。

（3）单击按钮，打开极轴追踪。键入 LINE 命令，AutoCAD 提示如下。

```
命令： _line 指定第一点：                              // 拾取点 A
指定下一点或 [ 放弃（U）]： 40                         // 沿 180° 方向追踪，并输入 AB 长度
指定下一点或 [ 闭合（C）/ 放弃（U）]： * 取消 *
命令： _line 指定第一点：                              // 拾取点 A
指定下一点或 [ 闭合（C）/ 放弃（U）]： 8
                                                       // 从点 A 向左追踪（不要单击鼠标左键）并输入距离
指定下一点或 [ 闭合（C）/ 放弃（U）]： 20              // 沿 90° 方向追踪，并输入 OC 长度
命令： _line 指定第一点：                              // 拾取点 O
指定下一点或 [ 闭合（C）/ 放弃（U）]： 20              // 沿 270° 方向追踪，并输入 OD 长度
指定下一点或 [ 闭合（C）/ 放弃（U）]： * 取消 *
命令： _line 指定第一点：                              // 拾取点 O
指定下一点或 [ 闭合（C）/ 放弃（U）]： 30              // 沿 135° 方向追踪，并输入 OE 长度
指定下一点或 [ 闭合（C）/ 放弃（U）]： * 取消 *
命令： _line 指定第一点：                              // 拾取点 O
指定下一点或 [ 闭合（C）/ 放弃（U）]： 30              // 沿 225° 方向追踪，并输入 OF 长度
指定下一点或 [ 闭合（C）/ 放弃（U）]： * 取消 *
命令： _line 指定第一点：                              // 拾取点 E
指定下一点或 [ 闭合（C）/ 放弃（U）]：                 // 拾取点 F
指定下一点或 [ 闭合（C）/ 放弃（U）]： * 取消 *        // 按【Enter】键结束
```

结果如图 1-16 所示。

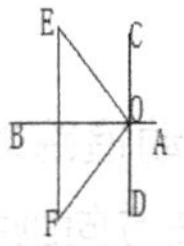

图 1-16 使用极轴追踪画线

1.4.3 自动追踪功能

在使用自动追踪功能时，必须打开对象捕捉。AutoCAD 首先捕捉一个几何点作为追踪参考点，然后按水平、竖直方向或设定的极轴方向进行追踪，如图 1-17 所示。

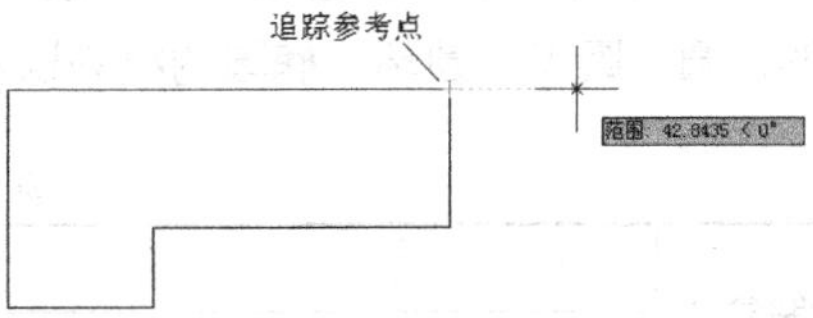

图 1-17 自动追踪

追踪参考点的追踪方向可通过【极轴追踪】选项卡中的两个选项进行设定，这两个选项是【仅正交追踪】和【用所有极轴角设置追踪】，如图 1-15 所示。它们的功能如下所述。

- 【仅正交追踪】：当自动追踪打开时，仅在追踪参考点处显示水平或竖直的追踪路径。
- 【用所有极轴角设置追踪】：如果自动追踪功能打开，则当指定点时，AutoCAD 将在追踪参考点处沿任何极轴角方向显示追踪路径。

【练习 1-5】：练习如何使用自动追踪功能。

（1）在【草图设置】对话框中设置对象捕捉方式为“交点”“端点”。

（2）单击状态栏上的、按钮，打开对象捕捉及自动追踪功能。

（3）输入 LINE 命令。将鼠标光标放置在点 O 附近，向上移动鼠标光标，输入距离值“5”，按【Enter】键，则 AutoCAD 追踪到点 A，如图 1-18 所示。

（4）将鼠标光标放置在点 A 向下移动鼠标光标，输入距离值“10”，按【Enter】键，则 AutoCAD 追踪到点 B，从点 B 绘制线段。利用 AutoCAD 自动捕捉与点 A 平行的直线（注意不

要单击鼠标左键)，移动鼠标光标到点C附近后单击一点，如图1-19所示。

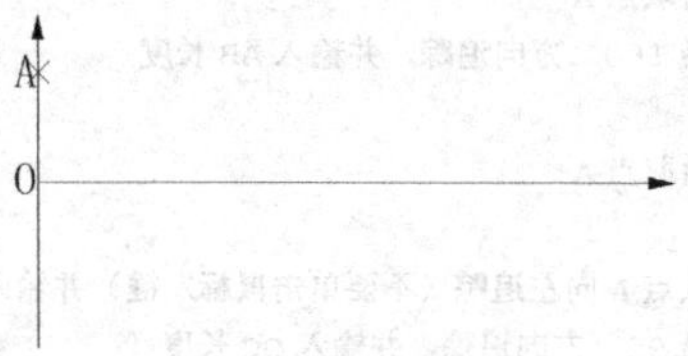

图 1-18 沿竖直辅助线追踪

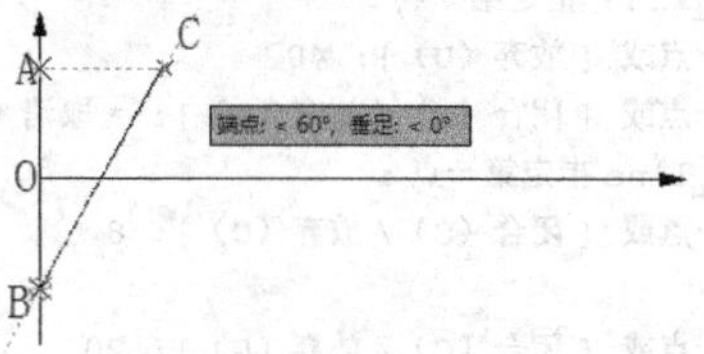

图 1-19 沿水平辅助线追踪

(5)继续捕捉平行于点B的下一点，移动鼠标光标到点D附近后单击一点，如图1-20所示。

(6)用同样的方法确定点E、点F，结果如图1-21所示。

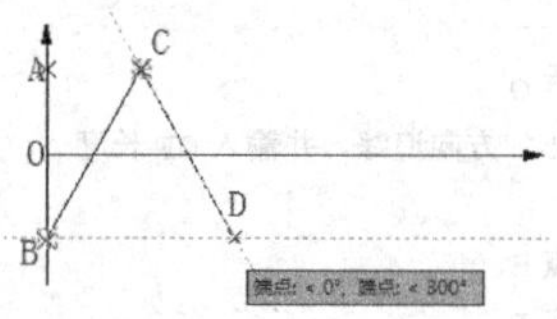

图 1-20 利用两条追踪辅助线定位点

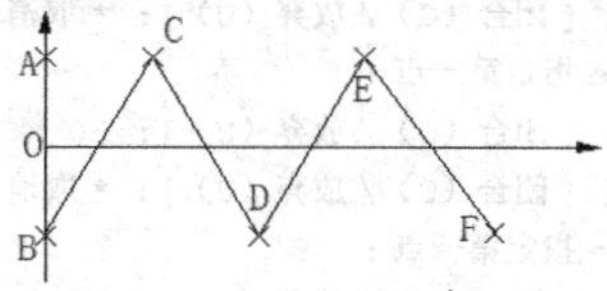

图 1-21 确定点E、点F

上述例子中AutoCAD仅沿水平或竖直方向追踪，若想使AutoCAD沿设定的极轴角方向追踪，可在【草图设置】对话框的【对象捕捉追踪设置】分组框中选择【用所有极轴角设置追踪】，如图1-15所示。

以上通过两个例子说明了极轴追踪及自动追踪功能的用法。在实际绘图过程中，常将这两项功能结合起来使用，这样既能方便地沿极轴方向画线，又能轻易地沿极轴方向定位点。

1.5 二维图形绘制及编辑命令

二维图形绘制主要包括点、直线、射线、构造线、多线、多段线、样条曲线、矩形、正多边形、圆、圆弧、圆环、椭圆的绘制以及图案填充。各命令的启动方法如表1-3所示。

表 1-3 二维图形绘制命令

绘制命令	命令启动方法		
	菜单命令	功能区	命令
点	【绘图】/【点】/【单点】或【多点】	【常用】选项卡中【绘图】面板上的 ◦ 按钮	POINT
直线	【绘图】/【直线】	【常用】选项卡中【绘图】面板上的 ╱ 按钮	LINE
射线	【绘图】/【射线】	【常用】选项卡中【绘图】面板上的 ╱ 按钮	RAY
构造线	【绘图】/【构造线】	【常用】选项卡中【绘图】面板上的 ╱ 按钮	XLINE
多线	【绘图】/【多线】		MLINE
多段线	【绘图】/【多段线】	【常用】选项卡中【绘图】面板上的 ⮌ 按钮	PLINE
样条曲线	【绘图】/【样条曲线】	【常用】选项卡中【绘图】面板上的 ~ 按钮	SPLINE
矩形	【绘图】/【矩形】	【常用】选项卡中【绘图】面板上的 □ 按钮	RECTANG
正多边形	【绘图】/【正多边形】	【常用】选项卡中【绘图】面板上的 ⬠ 按钮	POLYGON

续表

绘制命令	命令启动方法		
	菜单命令	功能区	命令
圆	【绘图】/【圆】(6 种方式)	【常用】选项卡中【绘图】面板上的按钮	CIRCLE
圆弧	【绘图】/【圆弧】	【常用】选项卡中【绘图】面板上的按钮	ARC
圆环	【绘图】/【圆环】	【常用】选项卡中【绘图】面板上的按钮	DONUT
椭圆	【绘图】/【椭圆】	【常用】选项卡中【绘图】面板上的按钮	ELLIPSE
图案填充	【绘图】/【图案填充】	【常用】选项卡中【绘图】面板上的按钮	HATCH

在 AutoCAD 中，单纯的使用绘图命令或绘图工具只能创建出一些基本图形，要绘制复杂图形或对图形做一些修改，就必须借助图形编辑命令。常用的二维图形编辑命令见表 1–4。

表 1–4 二维图形编辑命令

二维图形的编辑	【修改】工具栏	命令行输入
删除		ERASE（E）
复制		COPY（CO）
镜像		MIRROR（MI）
偏移		OFFSET（O）
阵列		ARRAY（AR）
移动		MOVE（M）
旋转		ROTATE（RO）
缩放		SCALE（SC）
拉伸		STRETCH（S）
修剪		TRIM（TR）
延伸		EXTEND（EX）
打断于点		BREAK（BR）
打断		BREAK（BR）
合并		JOIN（J）
倒角		CHAMFER（CHA）
圆角		FILLETF（F）
光顺曲线		BLEND
分解		EXPLODE（X）

【练习 1–6】：综合运用夹点、打断、延伸、复制及镜像等命令，绘制三相异步电动机全压起

动单向运转控制电路，如图 1–22 所示。

（1）创建下面两个图层，如图 1-23 所示。

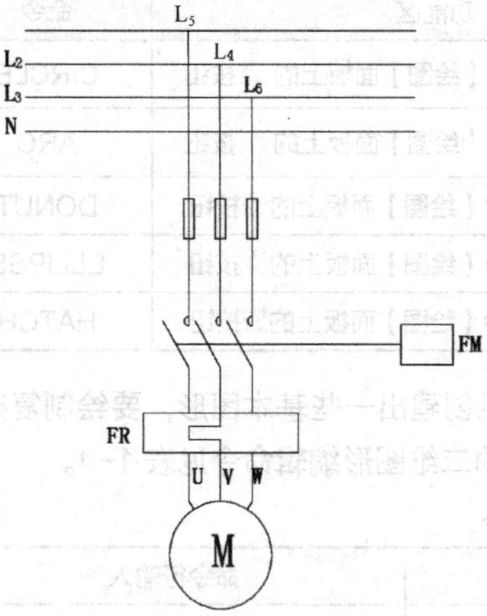

图 1–22 三相异步电动机全压起动单向运转控制电路主回路

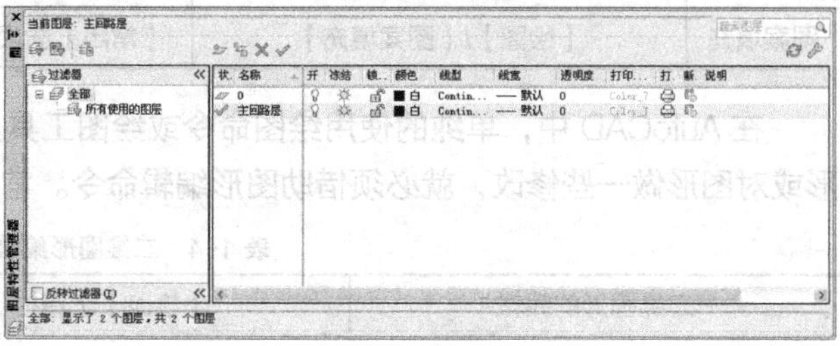

图 1–23 创建图层

（2）设定线型全局比例因子为 0.2，设定绘图区域大小为 1000×1000。

（3）打开极轴追踪、对象捕捉及自动追踪功能。设置极轴追踪角度增量为“15”，设定对象捕捉方式为全部选中。

（4）用 LINE 命令绘制主体图。

① 绘制线段 L1，线段的长度为 60。

② 设置偏移距离为 5，依次向下偏移 3 次，结果如图 1-24（a）所示。

③ 捕捉线段 L1 的中点，竖直向下绘制长为 70 的线段 L5，再设置其偏移距离为 7，左右各偏移一次，形成线段 L4 和 L6，结果如图 1-24（b）所示。

④ 修剪多余线条，结果如图 1-24（c）所示。

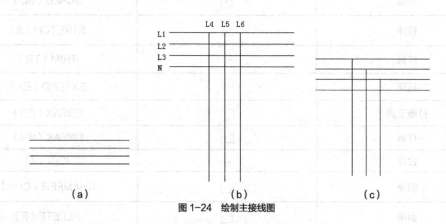

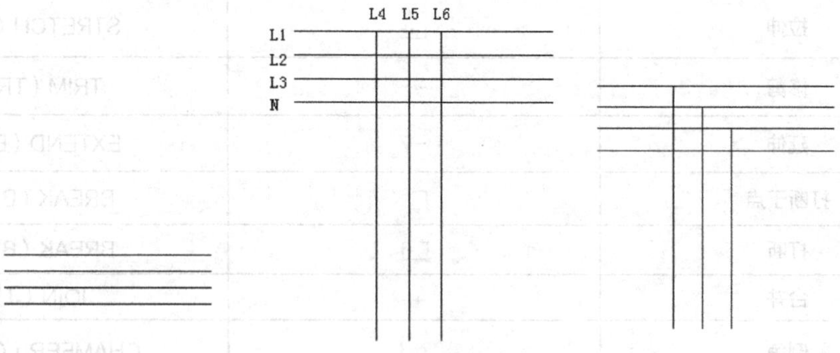

（a）（b）（c）

图 1–24 绘制主接线图

（5）绘制保险丝、过流保护电路及接触器，并修剪图形。

① 利用矩形命令分别绘制 1.6×6、24×6、8×6 的 3 个矩形，如图 1-25 所示。

② 依次选择 3 个矩形上边的中点作为基准点进行移动，移动至图 1-26（a）所示的适当位置，并复制 1.6×6 的矩形两次。

③ 分解 24×6 的矩形，然后依次向下偏移顶边两次，偏移距离为 2，结果如图 1-26(a) 所示。

④ 修剪多余线条，结果如图 1-26（b）所示。

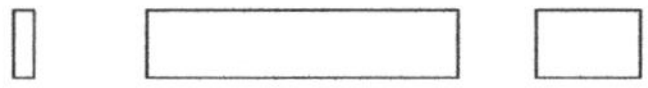

（a）（b）（c）

图 1-25 矩形框

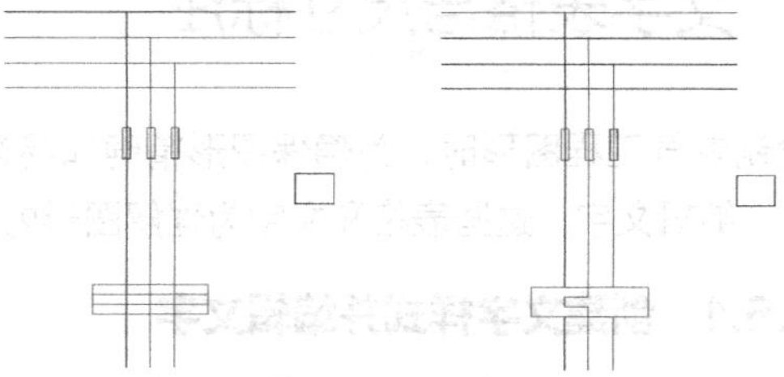

（a）（b）

图 1-26 绘制保险丝、过流保护电路及接触器线圈

⑤ 在图中合适位置以点 E 为基点，斜向 120° 绘制长度为 8 的线段 EF，以点 F 为基点向右绘制水平线到 L6。再以点 E 为基点，向右复制 EF 两次，然后捕捉 EF 中点为基点向右作水平线，并移动继电器线圈至适当位置，结果如图 1-27（a）所示。

⑥ 绘制接触器静触点圆，半径为 0.7，结果如图 1-27（b）所示。

⑦ 删除过点 F 水平辅助线，修剪触点成半圆，修剪掉多余部分，结果如图 1-27（c）所示。

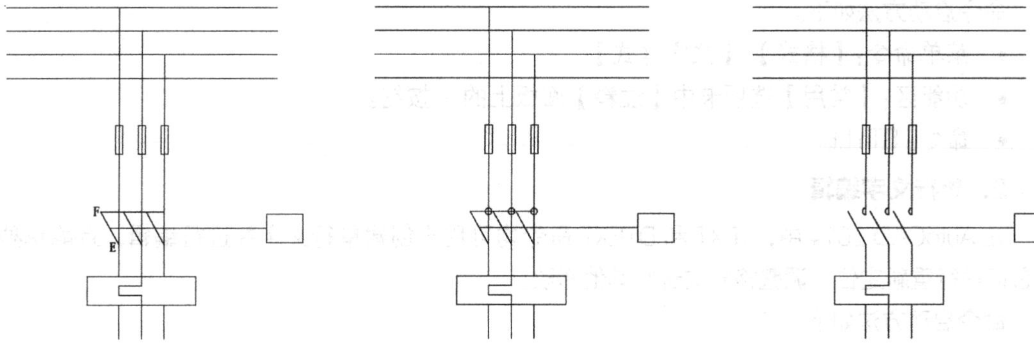

（a）（b）（c）

图 1-27 绘制接触器触点

⑧ 绘制电动机。绘制半径为 8 的圆，且以其上象限点为基点移动至 L5 的最下端点，然后连线圆心与 L4 和 L6 的最下端点，结果如图 1-28（a）所示。

⑨ 修剪多余线段，结果如图 1-28（b）所示。

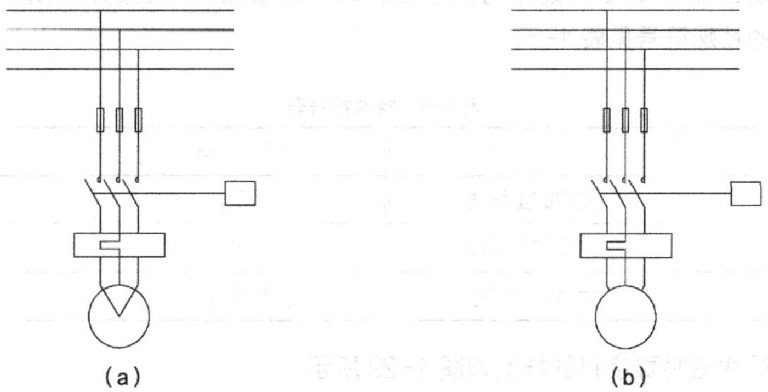

（a）（b）

图 1-28 绘制电动机

⑩ 给继电器线圈添加纵向线段，并注写文字，结果如图 1-22 所示。

1.6 文字表格与尺寸标注

绘制电气工程图形时，为确保图形精确和易读，一般要在图形上标注尺寸，甚至还需要绘制表格、编辑文字，这些表格和文字为理解图形内容提供了必要的信息。

1.6.1 创建文字样式并编辑文字

本节内容主要包括创建文字样式，单行、多行文字编辑及在它们中加入特殊符号，文字样式修改。

1. 文字样式创建

文字样式主要用于控制与文本链接的字体文件、字符宽度、文字倾斜角度、高度等项目。

AutoCAD 2014 中默认的标准英文样式是 Standard，在未建立新的样式之前输入的英文字母均采用这种样式，它在标准字库中提供了丰富的字体，而每种字体又有多种字型，它们均可以通过 STYLE 命令定义或修改。

命令启动方法如下。

- 菜单命令：【格式】/【文字样式】。
- 功能区：【常用】选项卡中【注释】面板上的按钮。
- 命令：STYLE。

2. 单行文字编辑

在 AutoCAD 2014 中，TEXT 和 DTEXT 命令均可用于创建单行文字并进行编辑，且能单独对它们进行重新定位、调整格式或进行其他修改。

命令启动方法如下。

- 菜单命令：【绘图】/【文字】/【单行文字】。
- 功能区：【常用】选项卡中【注释】面板上的A按钮。
- 命令：TEXT。

下面简单介绍一下在单行文字中加入特殊符号。

在电气工程图中，许多符号不能通过标准键盘直接输入，如文字的下画线、直径代号等。当用户用 TEXT 或 DTEXT 命令创建单行文字注释时，必须输入特定的代码来产生特殊的字符，这些代码及对应的特殊符号见表 1-5。

表 1-5 特殊符号表

代　码	字　符	代　码	字　符
%%o	文字的上画线	%%p	表示“±”
%%u	文字的下画线	%%c	直径代号
%%d	角度的度符号	%%%	表示“%”

使用表中代码生成特殊字符的样例如图 1-29 所示。

3. 多行文字编辑

多行文字编辑用于输入较长、较为复杂的多行文字，并在指定范围内产生段落型文字。

%%c	⌀100
%%p0.010	±0. 010

图 1-29 特殊字符样例

命令启动方法如下。

- 菜单命令：【绘图】/【文字】/【多行文字】。
- 功能区：【常用】选项卡中【注释】面板上的A按钮。
- 命令：MTEXT。

4. 文字样式修改

在编写单行或多行文字时，有时需要对已完成的文字进行样式修改。

（1）单行文字样式修改

单行文字样式修改可在【文字样式】对话框中进行，其过程与创建文字样式相似，这里不再重复。修改文字样式需要注意以下问题。

文字样式修改完成后，必须要单击【文字样式】对话框中的 应用(A) 按钮，这样修改才能生效。

文字样式被修改之后所创建的单行文字的外观，将被新修改的文字样式所影响。在此之前已创建的文字样式将不被影响。

（2）多行文字样式修改

若不需要对已创建的文字样式进行修改，可在【文字样式】对话框中事先设置新的文字样式，以影响后建的文字。

若要修改已创建的多行文字的文字样式，可以直接双击该文字，打开【文字编辑器】选项卡，进入文字编辑状态，先选中要修改的局部文字，再利用【文字编辑器】选项卡中的命令选项进行修改。

1.6.2 创建表格样式并编辑表格

本节内容主要包括创建表格样式、创建并修改空白表格、创建并填写标题栏。

1. 创建表格样式

命令启动方法如下。

- 菜单命令：【格式】/【表格样式】。
- 功能区：【默认】选项卡中【注释】面板上的按钮。

【练习 1-7】：打开 AutoCAD 2014，任意绘制一个线路图并标注文字，创建表格样式。

（1）创建文字样式名称为“表格文字”，与其相连的字体名为“宋体”，【字体样式】为“常规”，【高度】为“7”。

（2）单击【默认】选项卡中【注释】面板上的按钮，弹出【表格样式】对话框，如图 1-30 所示。利用该对话框用户可进行表格样式的新建、修改及删除操作。

（3）单击 新建(N)... 按钮，打开【创建新的表格样式】对话框，在【新样式名】文本框中输入新样式的名称为“123”，在【基础样式】下拉列表中选择【Standard】选项，如图 1-31 所示。

（4）单击 继续 按钮，打开【新建表格样式】对话框，如图 1-32 所示。在【单元样式】下拉列表中分别选择【数据】、【标题】、【表头】选项，在【文字】选项卡中分别指定文字样式为“表格文字”，在【常规】选项卡中设置文字对齐方式为“正中”。

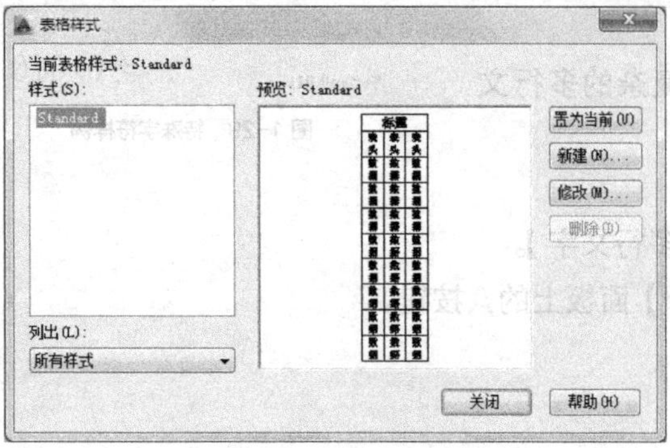

图 1-30 【表格样式】对话框

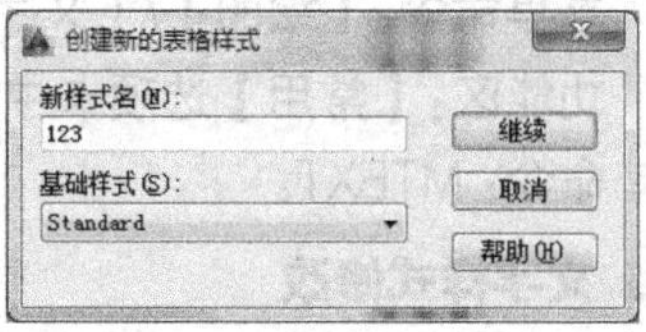

图 1-31 【创建新的表格样式】对话框

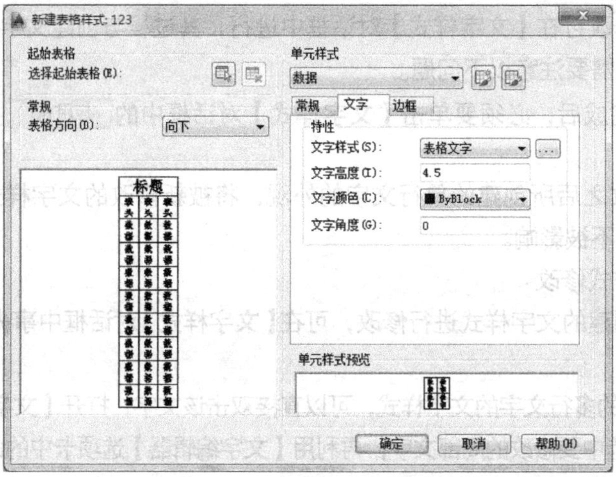

图 1-32 【新建表格样式】对话框

（5）单击 确定 按钮，返回【表格样式】对话框，单击 置为当前(U) 按钮，使新的表格样式为当前样式。

（6）单击 关闭 按钮，创建表格样式工作完成。

2. 创建并修改空白表格

命令启动方法如下。

- 菜单命令：【绘图】/【表格】。
- 功能区：【默认】选项卡中【注释】面板上的按钮。
- 命令：TABLE。

【练习 1-8】：创建并修改空白表格。

（1）单击【默认】选项卡中【注释】面板上的按钮，打开【插入表格】对话框并设置相关参数，如图 1-33 所示。

（2）单击 确定 按钮，关闭【插入表格】对话框，在图中创建图 1-34 所示的表格。

（3）删除行或列。选中表格的第一行和第二行，弹出【表格单元】选项卡，如图 1-35 所示。单击该选项卡中【行】面板上的按钮，删除选中的两行，结果如图 1-36 所示。若要删除列，可选中要删除的列，然后单击【列】面板上的按钮，即可完成列删除操作。

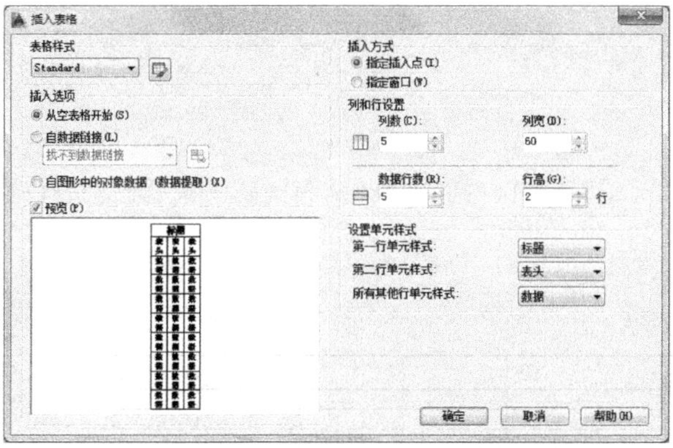

图 1-33 【插入表格】对话框

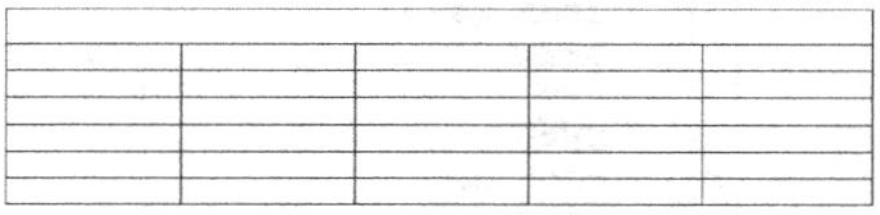

图 1-34 创建新表格

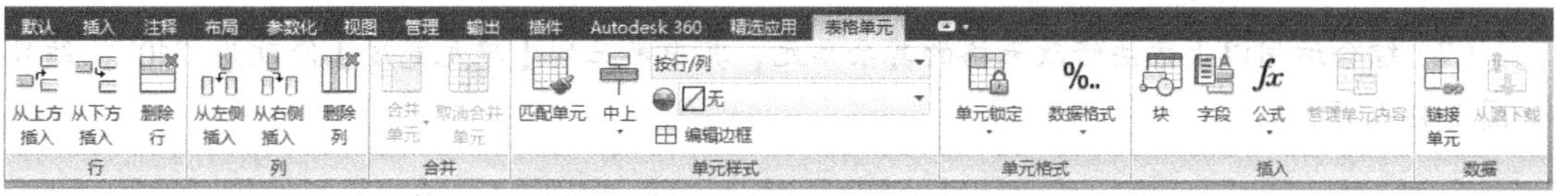

图 1-35 表格选项卡

图 1-36 修改后的表格

（4）插入列或行。选中图 1-36 所示第一列任意一单元格，单击鼠标右键，弹出快捷菜单，选择【列】/【在左侧插入】命令，插入新的一列，结果如图 1-37 所示。若要插入行，可选中某一行的任意单元格，然后单击鼠标右键，在弹出的快捷菜单中选择【行】/【在上方插入】命令，即可实现行插入操作。

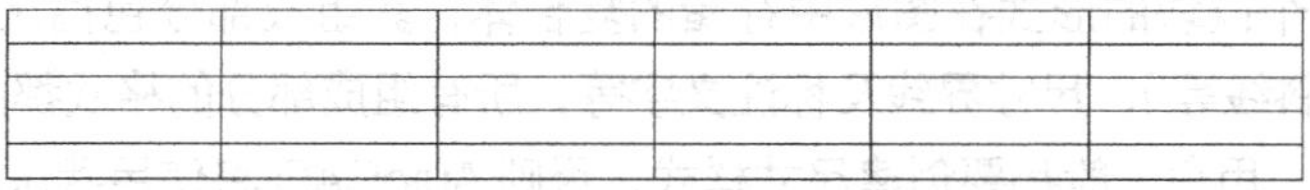

图 1-37 插入一列

（5）合并单元格。选中图 1-37 所示的第一列，单击【表格单元】选项卡中的 按钮，选择【全部】命令，结果如图 1-38 所示。

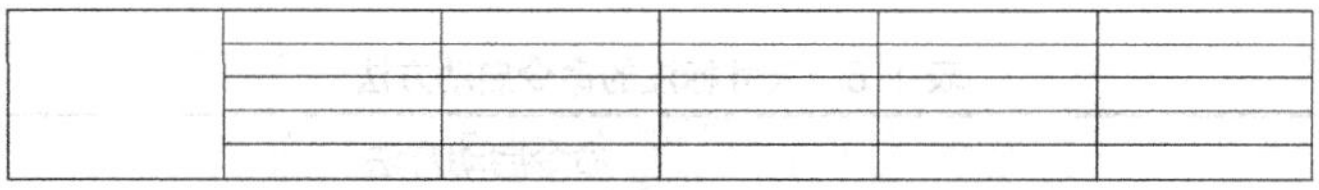

图 1-38 合并单元格

（6）单元格编辑。选中单元格 A，单击鼠标右键，在弹出的快捷菜单中选择【特性】命令，弹出【特性】对话框，如图 1-39 所示，将【单元高度】修改为“25”、【单元宽度】修改为“120”，

结果如图 1-40 所示。

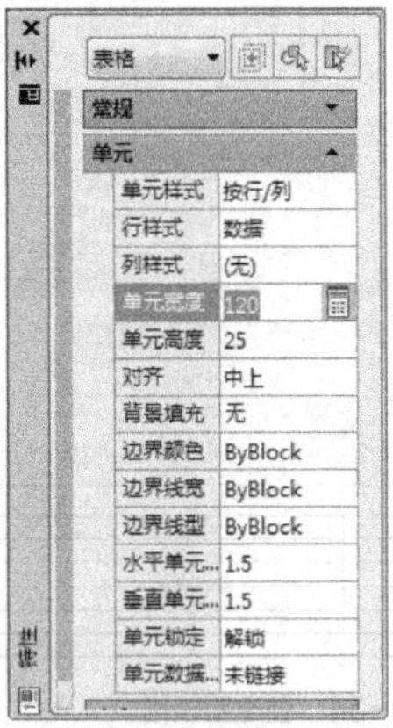

图 1-39 【特性】对话框

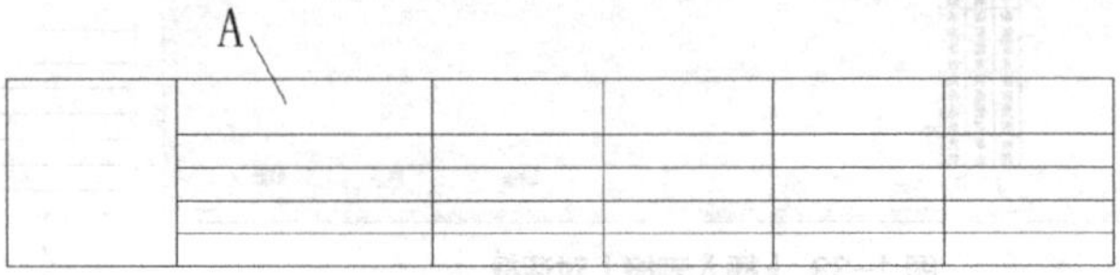

图 1-40 调整单元格的高度和宽度

（7）综合运用以上方法修改表格的其余单元，其中第三列【单元宽度】修改为“40”，结果如图 1-41 所示。

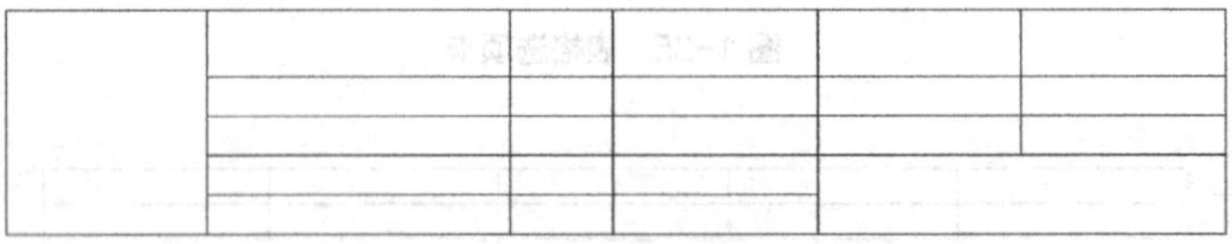

图 1-41 修改表格的其余单元

3. 填写标题栏

在表格单元中，用户可以很方便地填写文字信息。用 TABLE 命令创建表格后，双击表格的任一单元格将其激活，同时打开【文字编辑器】选项卡，就可以输入或修改文字。当要移动鼠标光标到相邻的下一个单元时，可用【Tab】键，或者使用方向键向上、下、左或右移动。

1.6.3 创建尺寸标注样式并标注尺寸

尺寸标注是一个以块的形式在图形中存储的复合体，其组成部分包括尺寸线、尺寸线两端起止符号（箭头或斜线等）、尺寸界线及标注文字等，所有组成部分的格式都由尺寸样式来控制。

标注尺寸之前，用户一般都要创建尺寸样式，否则 AutoCAD 将使用默认样式“ISO-25”来生成尺寸标注。用户可以定义多种不同的标注样式并为其命名，标注时，用户只需指定某个样式为当前样式，就能创建相应的标注形式。所有尺寸与尺寸样式关联，通过调整尺寸样式，就能控制与该样式关联的尺寸标注的外观。

尺寸标注的命令启动方法见表 1-6。

表 1-6 尺寸标注的命令启动方法

尺寸标注	命令启动方法		
	菜单命令	功能区	命令
标注样式	【标注】/【标注样式】	【常用】选项卡中【注释】面板上的按钮	DIMSTYLE
长度型尺寸标注	【标注】/【线性】	【注释】选项卡中【标注】面板上的按钮	DIMLINEAR

续表

尺寸标注	命令启动方法		
	菜单命令	功能区	命令
对齐尺寸标注	【标注】/【对齐】	【注释】选项卡中【标注】面板上的按钮	DIMALIGNED
连续型尺寸标注	【标注】/【连续】	【注释】选项卡中【标注】面板上的按钮	DIMCONTINUE
基线型尺寸标注	【标注】/【基线】	【注释】选项卡中【标注】面板上的按钮	DIMLINEAR
角度尺寸标注	【标注】/【角度】	【注释】选项卡中【标注】面板上的按钮	DIMANGULAR
直径和半径型尺寸标注	【标注】/【直径】或【半径】	【注释】选项卡中【标注】面板上的和按钮	DIMDIAMETER 和 DIMRADIUS

1.7 图形打印输出

AutoCAD 为用户提供了强大的图纸打印和输出功能，且实现了与其他软件的交互。

用户在模型空间中将电气图样布置在标准幅面的图框内，再标注尺寸及书写文字后，就可以输出图形了。输出图形的主要过程如下所述。

（1）指定打印设备，打印设备可以是 Windows 系统打印机，也可以是在 AutoCAD 中安装的打印机。

（2）选择图纸幅面及打印份数。

（3）设定要输出的内容。例如，可指定将某一矩形区域的内容输出，或是将包围所有图形的最大矩形区域输出。

（4）调整图形在图纸上的位置及方向。

（5）选择打印样式。若不指定打印样式，则按对象的原有属性进行打印。

（6）设定打印比例。

（7）预览打印效果。

命令启动方式如下。

- 菜单命令：【文件】/【打印】。
- 面板：【输出】选项卡中【打印】面板上按钮。
- 命令：PLOT。
- 快速访问工具栏：按钮。

小结

本章简要介绍了 AutoCAD 2014 的基本绘图环境及基本操作、简单二维图形的绘制及编辑、文字表格尺寸标注以及图形的打印与布局等，让读者对 AutoCAD 2014 的基本指令有个初步的了解，为后续章节绘制图形打下基础。

习题

1. 启动 AutoCAD 2014，在界面中设置绘图环境，具体要求如下所述。

（1）设置绘图单位为“mm”，精度等级为 0.01。

（1）设置绘图区域为标准 A3 图幅 420×297。

（2）设置图层，具体设置情况见表 1-7。

表 1-7　图层名及线型、颜色、线宽属性表

名　称	颜　色	线　型	线　宽
粗实线层	黑	Continue	0.3
细实线层	红	Continue	0.25
虚线层	绿	Dashed	0.25
点画线层	蓝	Center	0.25

2. 绘制图 1-42 所示的异步电动机的动力制动接线图（尺寸自定）。

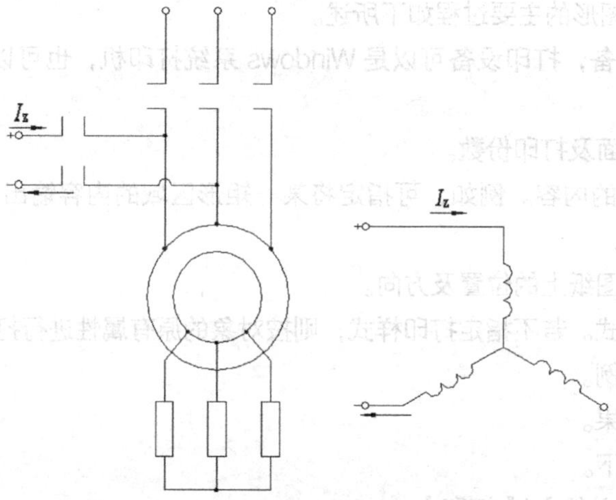

图 1-42　异步电动机的动力制动接线图

操作提示：

（1）利用直线命令绘制连接线。

（2）利用圆命令绘制线圈和节点。

（3）利用圆弧命令绘制右侧的定子绕组。

（4）利用矩形命令绘制电阻。

（5）利用填充命令对节点进行填充。

3. 绘制图 1-43 所示的图形，对其进行尺寸标注，结果如图 1-44 所示。

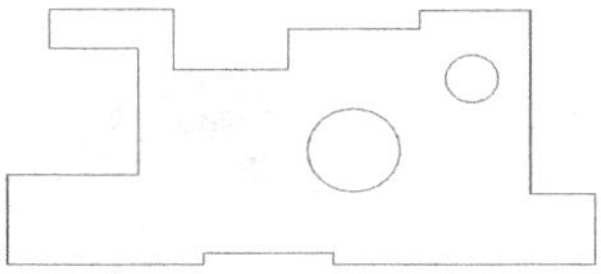

图 1-43 机械图型尺寸标注

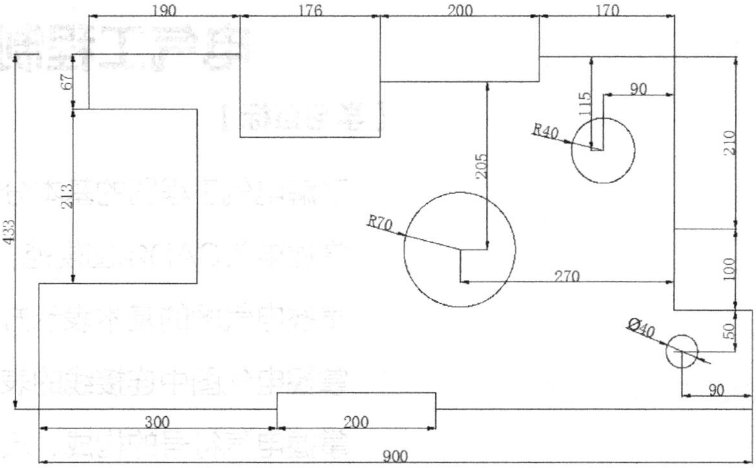

图 1-44 机械图形尺寸标注

操作提示：

（1）设置绘图环境：绘图区域、图层（虚线和实线）、文字样式、标注样式、单位。

（2）用直线命令绘制整体框架。

（3）用圆命令在适当位置绘制圆。

（4）设置尺寸标注样式，样式名为“标注样式 2”，设置【箭头大小】为“10”,【文字高度】为“15”。

（5）标注尺寸。

（6）保存文件并退出草图绘制环境。

AutoCAD 2014

Chapter 2

第2章 电气工程制图基础

【学习目标】

- 了解电气工程图的基本分类。
- 掌握电气CAD制图规范。
- 掌握电气图的基本表示方法。
- 掌握电气图中连接线的表示方法。
- 掌握电气符号的构成、尺寸与取向。

AutoCAD在电气制图中的应用越来越普遍，本章将系统讲解电气工程制图中的有关基础知识，主要包括电气工程图的分类及特点、电气工程CAD制图规范、电气图的基本表示方法、电气图中连接线的表示方法及电气符号的构成与分类。

2.1 常用电气工程图分类

电气工程图是用图形符号、简化外形的电气设备、线框等表示系统中各组成部分之间相互关系的技术文件，它能具体反映电气工程的构成和功能，能描述电气装置的工作原理，并提供安装和使用维护的相关信息，可辅助电气工程研究并指导电气工程施工等。常用电气工程图具体分类如下所述。

2.1.1 电气系统图或框图

电气系统图或框图主要是用符号或带注释的框概略地表示系统、分系统、成套装置或设备等的基本组成、相互关系及其主要特征。图 2-1 所示为某停车场监控管理电气系统图。车辆进入停车场，通过 IC 卡或 ID 卡设备收费，地感线圈感知到车辆已经进入感应区，由主控器启动闸刀开关，开启闸道，由另一侧的地感线圈感知到车辆已经顺利通过闸道区域，给出闭合闸道，完成停车过程。出口过程与停车入口过程基本类似。

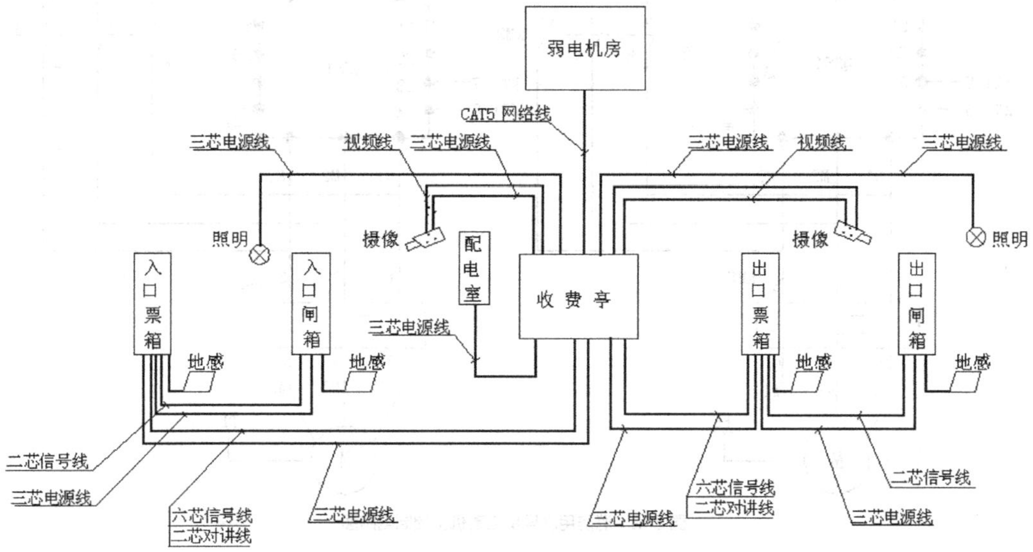

图 2-1 某停车场监控管理电气系统图

2.1.2 电路原理图

电路原理图是用于表示系统、分系统、装置、部件、设备、软件等实际电路原理的简图，采用按功能排列的图形符号来表示各元件和连接关系，以表示其功能而不需考虑其实体尺寸、形状或位置。图 2-2 所示为消防用水异步电动机主控制电路图，电源通过断路器 QF 到达接触器，下端由软起动器连接热继电器到达电机，其软起动器上下两端分别接有接触器。当不需要软起动器时，接触器优先对应继电器使其闭合，并隔离软起动器实现控制。

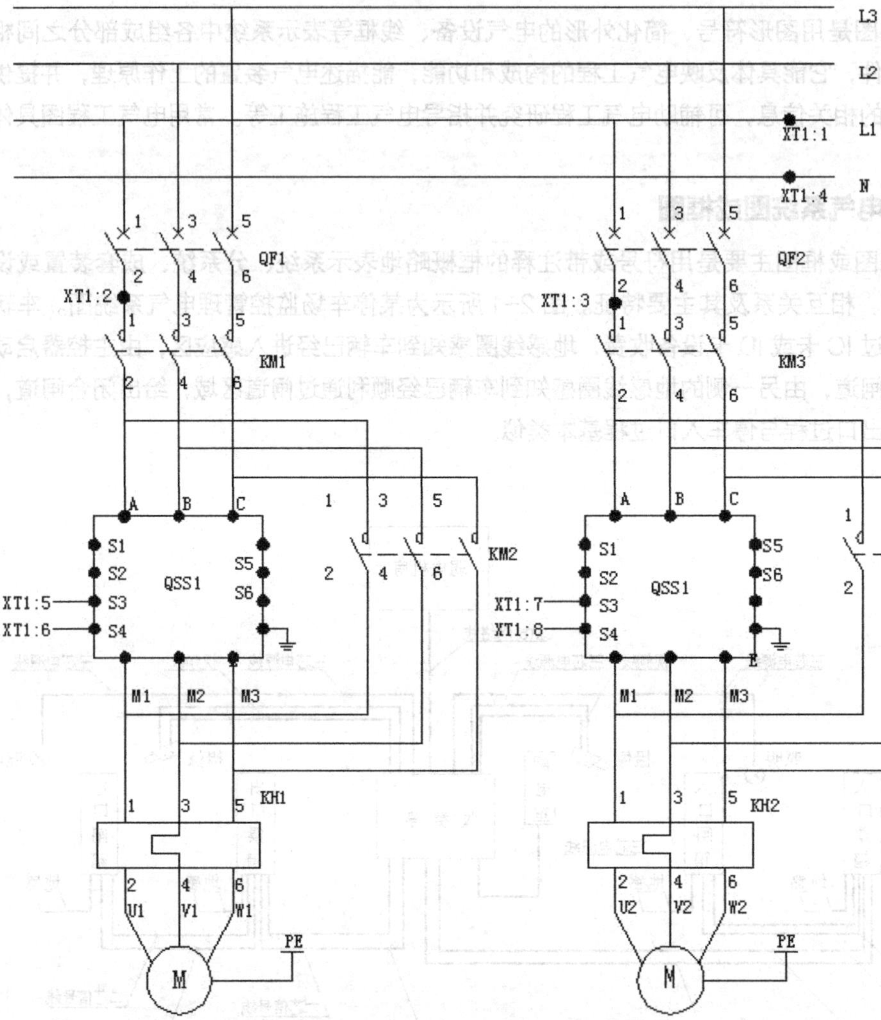

图 2-2 消防用水异步电动机主控制电路图

2.1.3 电气接线图

电气接线图是表示或列出一组装置或设备的连接关系的简图。图 2-3 所示为某变电站的电气主接线图，35kV 进线通过两个隔离开关、一个断路器进入星—三角变压器，再经电抗器分配到各支路中。

2.1.4 电气平面图

电气平面图一般在建筑平面图的基础上绘制，用于表示某一电气工程中电气设备、装置和线路的平面布置状况。图 2-4 所示为某变电所平面图，标明了变电设备的相对位置关系。

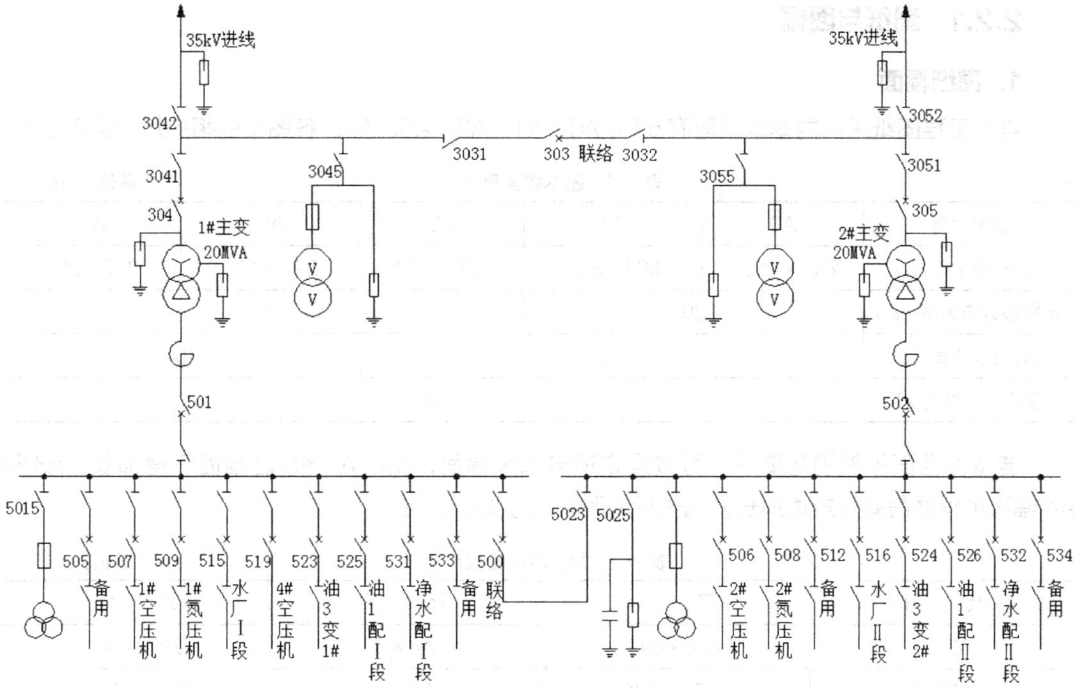

图 2-3 某变电站的电气主接线图

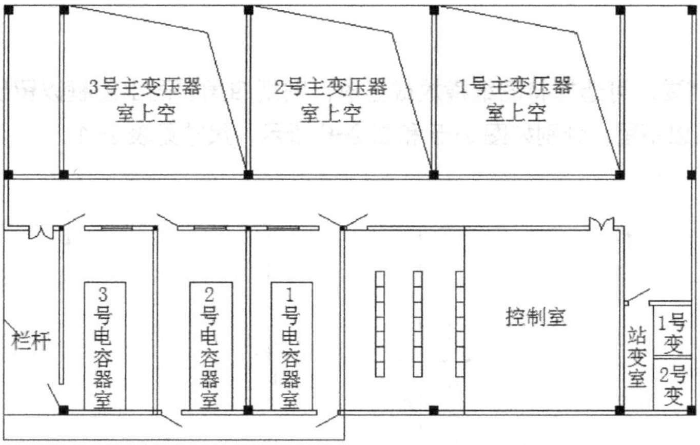

图 2-4 某变电所平面图

2.1.5 设备元件和材料表

设备元件和材料表是把电气工程中所需的主要设备、元件、材料及有关的数据均以表格的形式列出来，具体标明设备、元件、材料等的名称、符号、型号、规格和数量等。

2.2 电气 CAD 制图规范

本节以国家标准《电气工程 CAD 制图规则》（GB/T 18135—2008）中的有关规定为准，对电气制图中的相关规定作如下解释。

2.2.1 图纸与图幅

1. 图纸幅面

电气工程图纸采用的基本幅面有5种：A0、A1、A2、A3、A4，各图幅的相应尺寸见表2–1。

表2–1 基本幅面尺寸 单位：mm

幅面代号	A0	A1	A2	A3	A4
宽 × 长（B×L）	841×1189	594×841	420×594	297×420	210×297
不留装订边边宽（e）	20		10		
留装订边边宽（c）	10			5	
装订侧边宽（a）	25				

若基本幅面不能满足要求，可按规定适当加大幅面，A0、A1和A2幅面不得加长，A3和A4幅面可根据需要沿短边加长，加长后的图幅尺寸见表2–2。

表2–2 加长后的图幅尺寸 单位：mm

代　号	尺　寸	代　号	尺　寸
A3×3	420×891	A4×4	297×841
A3×4	420×1189	A4×5	297×1051
A4×3	297×630		

2. 图框

根据布局的需要，可选择将图纸横放或竖放，图纸四周要画出图框以留出周边。图框可以留有装订边，也可以不留，分别如图2–5和图2–6所示，尺寸见表2–1。

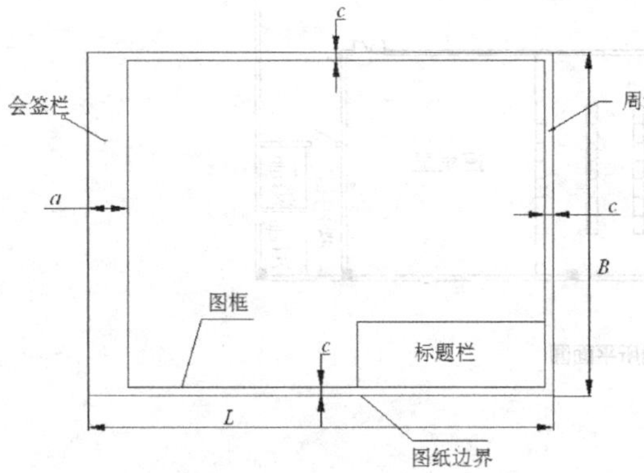

图2–5 留装订边的图框

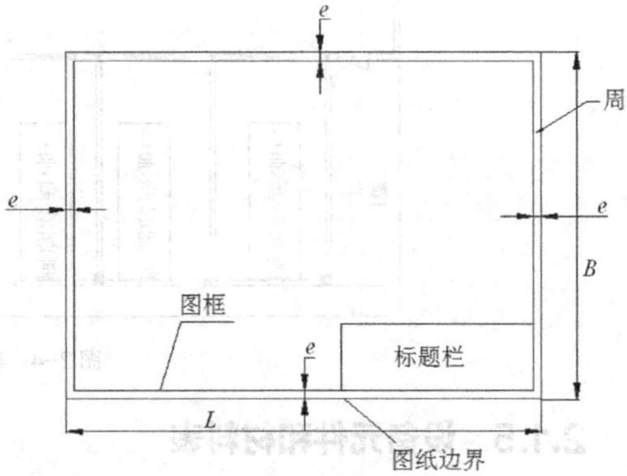

图2–6 不留装订边的图框

3. 标题栏

标题栏用于确定图样的名称、图号、张次、更改及有关人员签署等内容的栏目，位于图样的下方或右下方。图中的说明、符号应以标题栏的文字方向为准。

目前我国尚没有统一规定标题栏的格式，各设计部门的标题栏格式不尽相同。本章给出了两种比较常用的标题栏格式，分别如图2–7和图2–8所示。

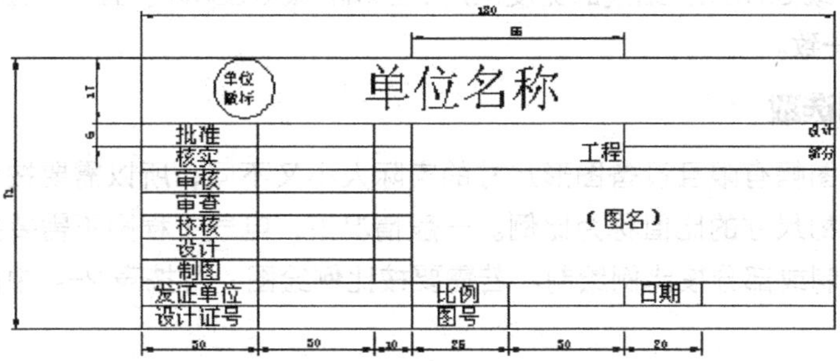

图 2-7 设计通用标题栏（A0 和 A1 幅面）

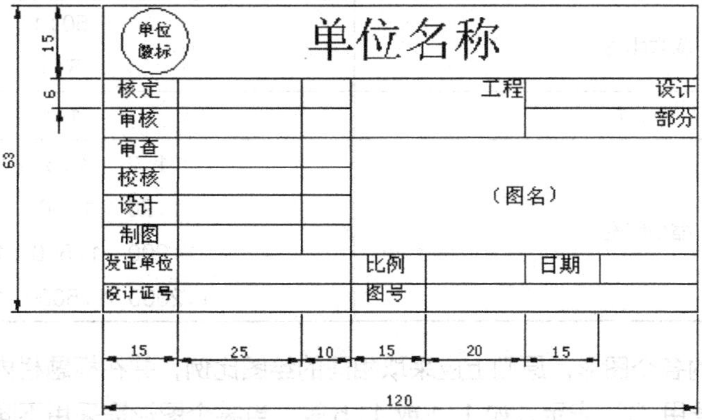

图 2-8 常用的标题栏格式（A2、A3 和 A4 幅面）

2.2.2 图线设置

1. 图线形式

图线是绘制电气图所用的各种线条的统称。电气制图中的常用线型见表 2-3。

表 2-3 图线形式与应用

图线名称	图线形式	图线名称	图线形式
粗实线		点画线	
细实线		双点画线	
虚线			

通常，电源主电路、一次电路、主信号通路等采用粗线表示，控制回路、二次回路等采用细线表示。

2. 图线的宽度

绘图所用的线宽均应按照图样的类型和尺寸大小而定，一般在 0.25mm、0.35mm、0.5mm、0.7mm、1mm、1.4mm 和 2mm 中选择。

电气工程图样的图线宽度一般有两种，粗线和细线，其宽度一般取 2:1。通常情况下，粗线的宽度采用 0.5mm 或 0.7mm，细线的宽度采用 0.25mm 或 0.35mm。且同一图样中，同类线型的宽度应基本保持一致。

2.2.3 比例选取

实际绘图时，图幅有限且设备图形尺寸的实际大小又不同，所以需要按照不同的比例绘制图形。图形与实物尺寸的比值称为比例。一般情况下，电气工程图不需要按比例绘制，某些位置图按比例绘制或部分按比例绘制。若需要按比例绘图，可按表 2-4 中的规定选取适当比例即可。

表 2-4 比例

类 别	推 荐 比 例
放大比例	50:1 5:1
原尺寸	1:1
缩小比例	1:2 1:5 1:10 1:20 1:50 1:100 1:200 1:500 1:1000 1:2000 1:5000 1:10000

同一张图样上的各个图形，原则上应采取相同的绘图比例，并在标题栏内的“比例”一栏中进行填写，比例符号用“:”表示，如 1:1 或 1: 5 等。当某个图形需采用不同比例绘制时，可在视图名称的下方以分数形式标注出该图形所采用的比例。

2.2.4 字体字号

电气图中的文字一般采用仿宋体或宋体；字母或数字可以是正体也可以是斜体；文字高度一般为 2.5 mm、3.5 mm、7 mm、10 mm、14 mm、20 mm 等，也可按实际绘图需要自由调整。

2.3 电气图的基本表示方法

电气图的基本表示方法具体如下所述。

2.3.1 线路表示方法

线路的表示方法通常分为多线表示法、单线表示法和混合表示法 3 种类型。

1. 多线表示法

每根连接线或导线各用一条图线来表示的方法，即多线表示法。图 2-9 所示为用多线表示法绘制而成的异步电动机正反转控制电路图。该图的设备简单且连接线路较少，采用多线表示方法可清晰反映电路的工作原理。但当设备复杂，连接线路多且有交叉时，采用多线方式绘制电气图，往往会因线路繁杂而影响读图，因此复杂电路不建议使用该方法。

2. 单线表示法

两根或两根以上的连接线或导线只用一条图线来表示的方法，即单线表示法。图 2-10 所示为用单线法表示的具有正反转功能的异步电动机主电路图。这种表示法主要用于三相电路或各线基本对称的电路图。

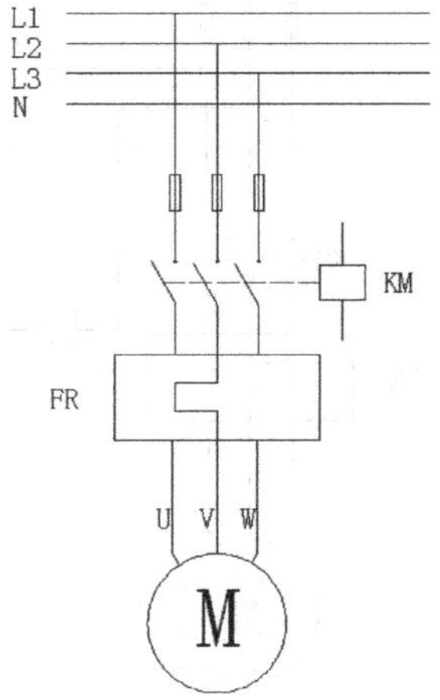

图 2-9 多线表示法

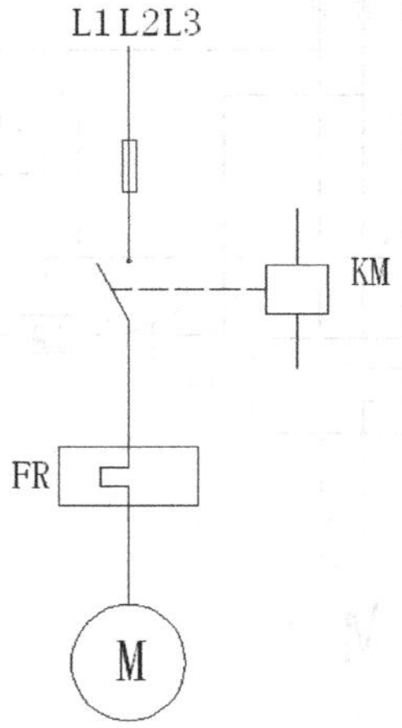

图 2-10 单线表示法

3. 混合表示法

混合表示法是在电路图中将多线表示法和单线表示法混合使用的一种方法。

2.3.2 元件表示方法

常用的电气元件表示方法有集中表示法、半集中表示法和分开表示法。

1. 集中表示法

集中表示法是将元件各组成部分的图形符号绘制在一起，并用一条直线型的虚线进行相互连接的表示方式。图 2-9 所示的继电器 KM 与接触器的连接，就是用虚线表示的。

2. 半集中表示法

将元件中功能有联系的各部分图形符号分开布置，并采用虚线将其连接的方法，即半集中表示法。图 2-11 所示的继电器 KM，分别控制系统主回路中的接触器、控制回路中的接触器。半集中表示法中的虚线可以弯折、分支和交叉。

3. 分开表示法

将元件中的某些部分的图形符号分开布置，并用文字符号标注它们之间的连接关系，即分开表示法。图 2-12 所示的继电器 KM 将图 2-11 中的虚线去掉，并在接触器的相应位置添加对应的继电器编号 KM。

2.3.3 元件触点和工作状态表示方法

元件触点和工作状态表示方法具体如下所述。

1. 电气元件触点位置

（1）触点的两种分类：一种是靠电磁力或人工操作的触点，如接触器、电继电器、开关、按钮等；另一种是非电和非人工操作的触点，如非电继电器、行程开关等。

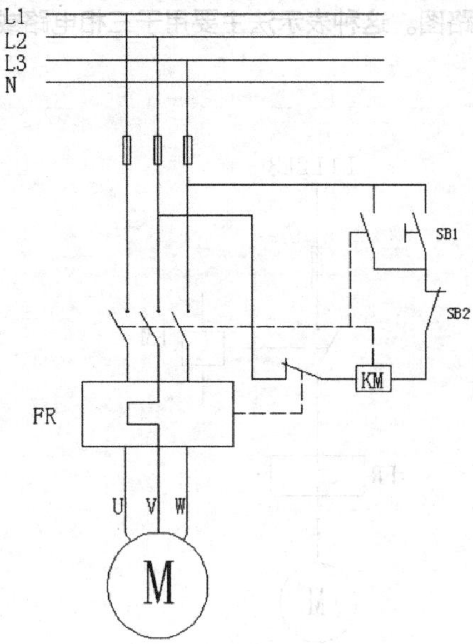

图 2-11 半集中表示法

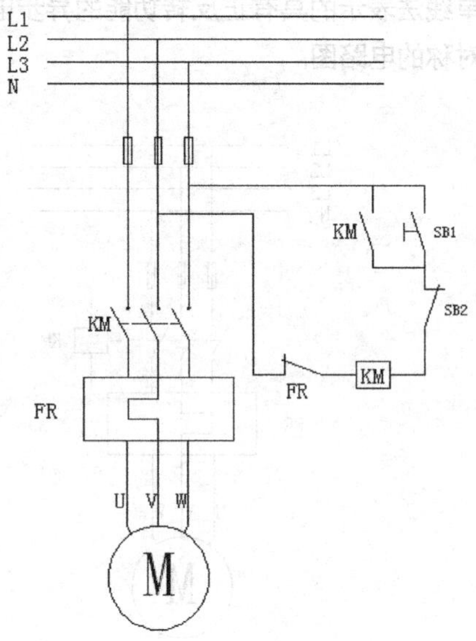

图 2-12 分开表示法

（2）触点位置有以下两种表示方法。

- 接触器、电继电器、开关、按钮等项目的触点符号，在同一电路中，当它们加点和受力后，各触点符号的动作方向应取向一致；当触点具有保持、闭锁和延时功能的情况下就更需要这样。但在分开表示法绘制的电气图中，触点位置没有严格规定，可灵活应用。
- 非电和非人工操作的触点，必须在其触点符号附近用图形、操作器件符号及注释、标记和表格来标明其运行方式。

2. 元件工作状态的表示方法

电气图中的各元器件和设备，其可动部分一般应表示在非激励或不工作的状态或位置，具体如下所述。

（1）断路器、负荷开关和隔离开关应表示在断开位置。

（2）温度继电器、压力继电器表示在常温和常压（一个大气压）状态。

（3）继电器和接触器应表示在非激励状态，图中的触头状态应表示在非受电下的状态。

（4）行程开关之类的机械操作开关在非工作状态或位置的情况，以及机械操作开关处于工作位置的对应关系，通常要在触点符号的附近进行表示或另附说明。

（5）带零位的手动控制开关应表示在零位置，不带零位的手动控制开关应表示在图中规定的位置。

（6）事故、备用、报警等开关或继电器的触点应表示在设备正常使用的位置，若有特定位置，需在图中另加说明。

2.4 电气图中连接线的表示方法

电气图中的连接线起着连接各种设备及元器件图形符号的作用，它可以是传输信息流的导线，也可以是表示逻辑流、功能流的图线。电气图中连接线的表示方法具体如下。

2.4.1 连接线的一般表示法

导线的一般符号如图 2–13（a）所示，表示单根导线。当用单线表示导线组时，可在单线上加短斜线，且用短斜线的数量代表导线根数。图 2–13（b）所示为 3 根导线的导线组；当导线根数大于等于 4 根时，可采用短斜线加注数字表示，数字表示导线的根数，如图 2–13(c)所示。

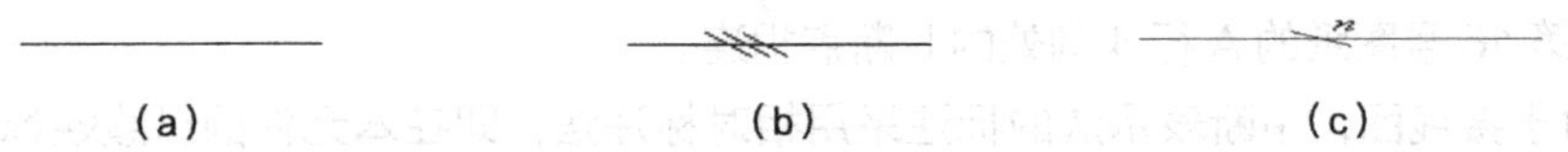

图 2–13 导线的符号

在电气图中，导线的材料、截面、电压、频率等特征的表示方法是：在横线上面标出电流种类、配电系统、频率和电压等；在横线下面标出电路的导线数乘以每根导线的截面积（mm^2），当导线的截面积不同时，可用“+”将其分开，如图 2–14（a）所示。

电气图中的导线型号、截面、安装方法等的表示，通常采用短引线加标导线属性和敷设的方法，如图 2–14（b）所示。该图表示导线的型号为 BLV（铝芯塑料绝缘线）；其导线中 1 根截面积为 25 mm^2，3 根截面积为 16 mm^2；敷设方法为穿入塑料管（VG），塑料管管径为 40 mm；WC 表示沿地板暗敷。

电气图中电路相序的变换、极性的反向、导线的交换等的表示，则采用交换号，如图 2–14（c）所示。

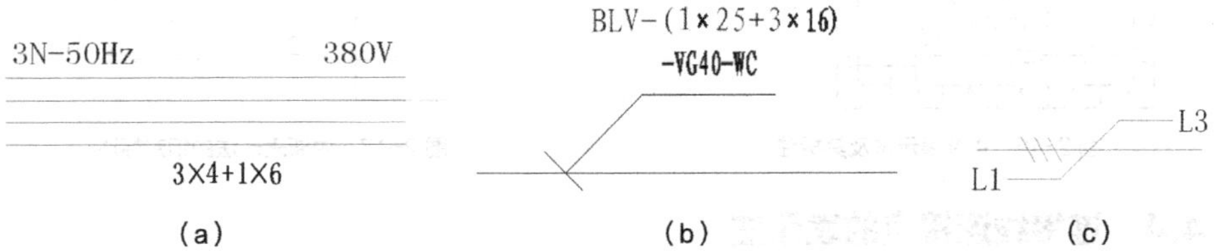

图 2–14 导线加注识别标记

2.4.2 连接线的连续表示法

两接线端子或连接点之间的导线线条是连续连接的方式，称为连接线的连续表示法，如图 2–15 所示。

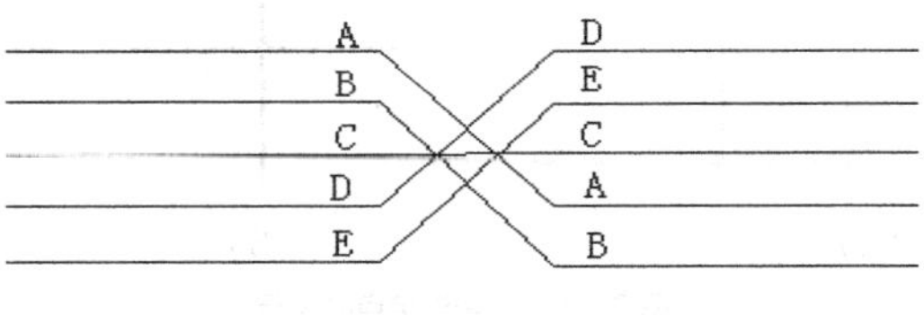

图 2–15 连接线的连续表示法

2.4.3 连接线的中断表示法

若两接线端子或连接点之间的导线线条是中断的方式，称为连接线的中断表示法。

在电气图中，连接线可能会穿过图中符号较密集的区域，也可能从这张图纸连到另一张图纸，或出现连接线较长的情况。这时，连接线可以中断，以使图面清晰。但应在连接线的中断处加相应的标记，标记方法有以下几种。

（1）对于同一张图，在中断处的两端给出相同的标记号，并给出导线连接线去向的箭号，例如，图 2-16 所示的 G 标记号。

（2）对于不同的图，应在中断处采用相对标记法，即中断处标记名相同，并标注“图序号 / 图区位置”，如图 2-16 所示，图中断点 L 标记名，在第 16 号图纸上标有“L 1/C3”，它表示 L 中断处与第 1 号图纸的 C 行 3 列处的 L 断点连接；而在第 1 号图纸上标有“L 16/A4”，它表示 L 中断处与第 16 号图纸的 A 行 4 列处的 L 断点相连。

（3）对于接线图，中断表示法的标注采用相对标注法，即在本元件的出线端标注出连接的对方元件的端子号，如图 2-17 所示，元件 A1 的 1 号端子与元件 B1 的 3 号端子相连接，元件 A1 的 2 号端子与元件 B1 的 4 号端子相连接，元件 A1 的 3 号端子与元件 B1 的 1 号端子相连接，元件 A1 的 4 号端子与元件 B1 的 2 号端子相连接。

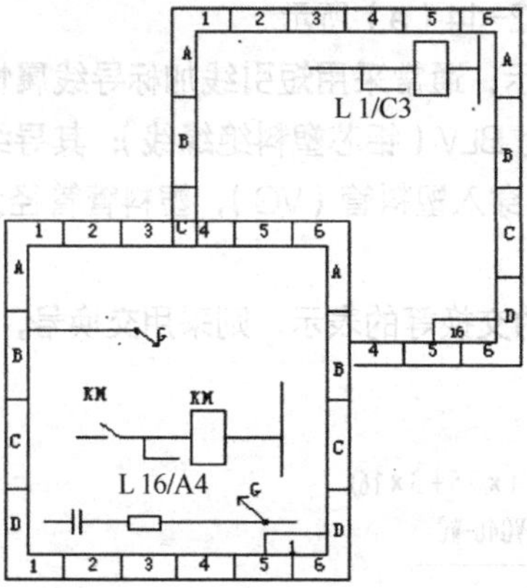

图 2-16 中断表示法及其标注

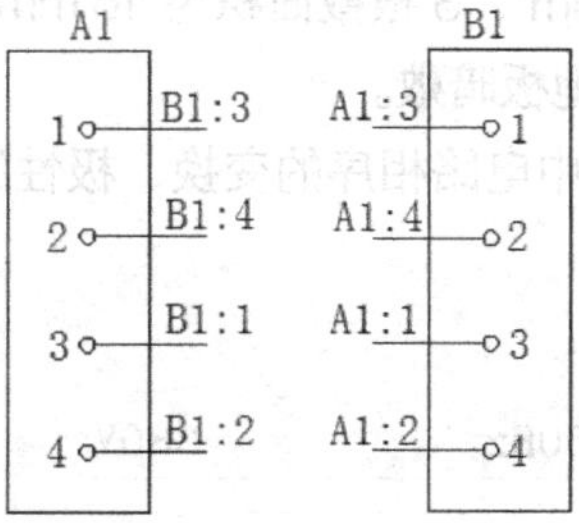

图 2-17 中断表示法的相对标注

2.4.4 连接线连接点的表示法

连接线的连接点有“T”形连接点和多线的“+”形连接点。“T”形连接点一般用实心圆点作为节点，也可不加，如图 2-18（a）所示。“+”形连接点必须加实心圆点作为节点，如图 2-18（b）所示；而交叉不连接的，则一定不能加实心圆点作为节点，如图 2-18（c）所示。

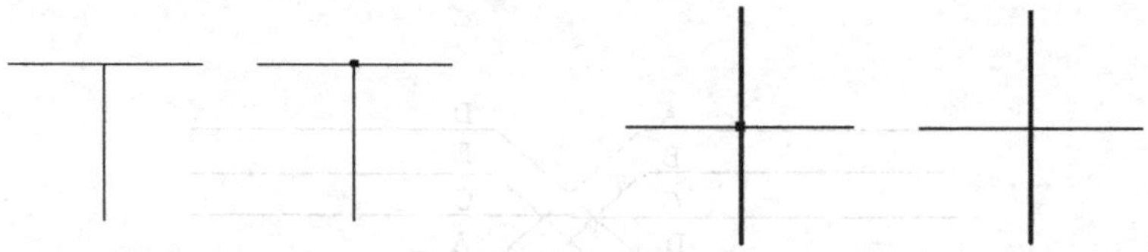

（a）（b）（c）

图 2-18 导线连接点的表示

2.5 电气符号的构成、尺寸及取向

2.5.1 电气符号的构成

电气图形符号包括一般符号、符号要素、限定符号和方框符号。

1. 一般符号

一般符号是用来表示一类产品或此类产品特征的简单符号，如电阻（见图 2–19）、开关（见图 2–20）、电容（见图 2–21）等。

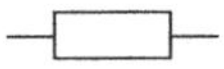

图 2–19 电阻

图 2–20 开关

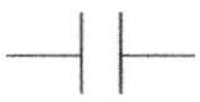

图 2–21 电容

2. 符号要素

符号要素是一种具有确定意义的简单图形，必须通过与其他图形组合来构成一种设备或概念的完整符号。例如，图 2–22 所示的 LED 发光二极管由阴极、阳极、二极管一般符号和光线 4 个符号要素组成。不同符号要素的组合可以构成不同的符号。例如，去掉图 2–22 中的文字“LED”，然后旋转光线符号的方向，原本表示发光二极管的符号就变成了光敏二极管符号，如图 2–23 所示。符号要素一般不能单独使用，必须按照一定的方式组合起来。

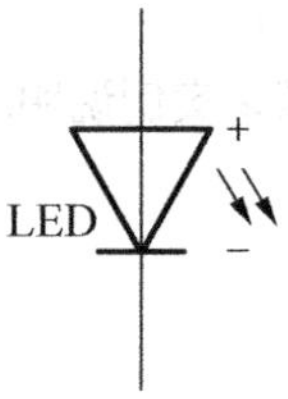

图 2–22 LED 发光二极管

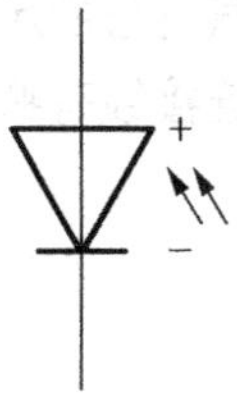

图 2–23 光敏二极管

3. 限定符号

限定符号是一种用来提供附加信息的，加在其他符号上的符号，它通常不单独使用。一般符号加上不同的限定符号，可得到不同的专用符号。例如，在开关的一般符号上附加不同的限定符号可分别得到隔离开关、接触器、断路器、按钮开关、转换开关等。一般符号有时也可用作限定符号，例如，将电容器的一般符号加到传声器符号上，即可构成电容式传声器的符号。

4. 方框符号

方框符号用以表示元件、设备等的组合及功能，是一种既不给出元件、设备的细节，也不考虑所有连接的简单的图形符号。

方框符号在系统图和框图中使用最多，此外，电路图中的外购件和不可修理件也可用方框符号表示。

2.5.2 电气符号的尺寸

符号的含义由其形状或内容确定，尺寸或线宽不影响含义。符号的最小尺寸应依据线宽、线间距、文字要求等规则确定。当放大或缩小时，符号的基本形状应保持不变。

2.5.3 电气符号的取向

《电气简图用图形符号 第 1 部分：一般要求》（GB/T 4728.1—2005）中的大多数电气符号是按从左到右的信号流向设计，并作为规定将这个原则应用在所有简图以及标准中优先示出的符号中。

在某些情况下，可以根据需要通过旋转或镜像来改变电气符号的基本取向，而不改变其含义。包含文字、限定符号、图解（表）或输入输出符号的方框符号、二进制逻辑元件符号及模拟元件符号，都应按此原则取向，以便于看图时能从下向上或自右向左阅读。

小结

本章系统介绍了电气工程图的种类和特点、电气工程图的相关制图标准、电气图基本表示方法，以及电气图形符号的构成、尺寸与取向等。通过本章的学习，读者可以初步掌握电气绘图的相关知识，为以后的学习打下基础。

习题

1. 简述常用的电气工程图分类。
2. 绘制电气图时，电气符号的尺寸与取向有何要求?
3. 绘制电气图时，其连接线有哪几种表示方法? 请举实例说明。

Chapter

3

第3章
常用电气符号图形的绘制

【学习目标】

- 掌握CAD基本绘图命令及方法。
- 掌握CAD的块操作，能够快速成图。
- 了解电气符号的基本分类。
- 掌握电气符号的绘制技巧。

本章将就电气工程图中的相关电气符号进行分类绘制，结合具体事例讲解电气符号图形的CAD绘制方法。

3.1 半导体类电气符号的绘制

绘制二极管

1. 绘制二极管

（1）绘制长为 10 的水平线段 AB。

（2）绘制长为 7 的竖直线段 CD，并以其中点为基点，将其移动至线段 AB 的右端点 A 处，结果如图 3-1（a）所示。

（3）以点 A 为基点，将线段 CD 水平向左移动 2，结果如图 3-1（b）所示。

（4）以点 O 为正三角形顶点，绘制边长为 7.8 的正三角形，结果如图 3-1（c）所示，即为二极管。

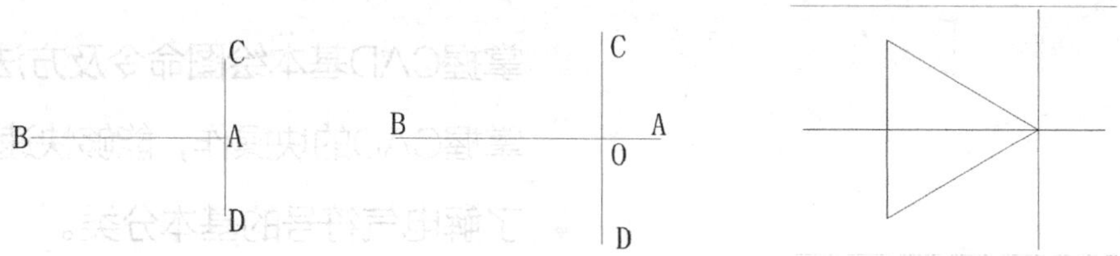

（a）　（b）　（c）

图 3-1　绘制二极管

（5）单击【默认】选项卡中【块】面板上的按钮，打开【块定义】对话框，如图 3-2 所示。输入【名称】为“二极管”，设定【拾取点】为二极管的最左侧端点，【选择对象】为图 3-1（b），然后单击 确定 按钮，块创建完毕。

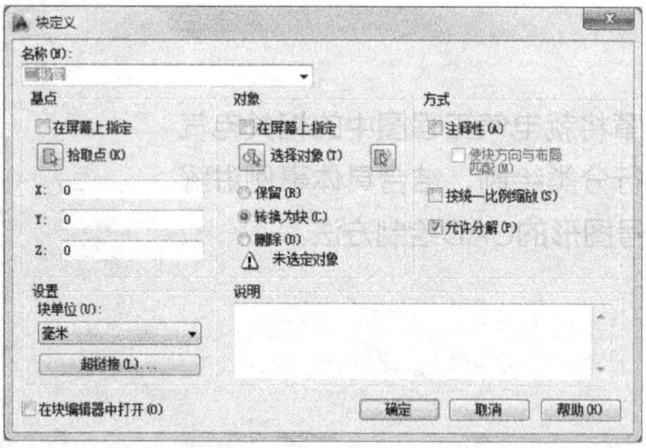

图 3-2　创建块“二极管”

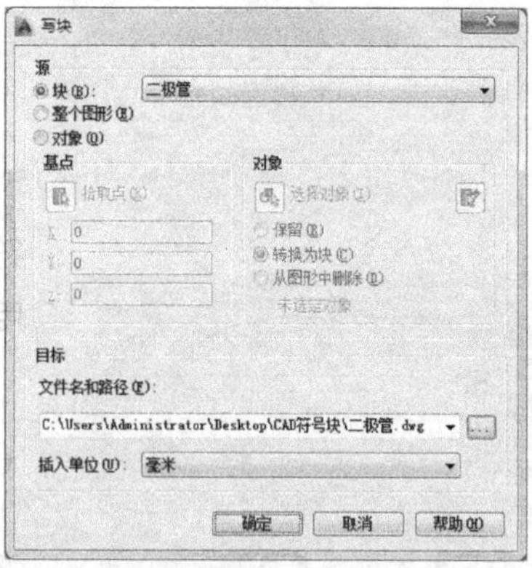

图 3-3　【写块】对话框

（6）在命令行中输入“WBLOCK”，打开【写块】对话框，如图 3-3 所示。在【源】分组框中选择【块】单选项，在【块】下拉列表中选择“二极管”，在【目标】分组框中单击【文件名和路径】下拉列表右侧的按钮，设置其保存路径为“C:\Users\Administrator\Desktop\CAD 符号块 \ 二极管 .dwg”。

要点提示

本章所有的块都放置在“CAD 符号块”文件夹中，读者可在人邮教育社区（www.ryjiaoyu.com）上免费下载。

（7）再单击 确定 按钮，关闭【写块】对话框。写块操作完毕。

要点提示

若仅是创建块，但不写块到相应的“.dwg”文件，该块将只能在当前图形的绘制中使用，而无法应用到其他的图形中。电气图经常是由一些常用符号组建而成的，因而十分有必要将绘制的电气符号进行写块操作，将其保存为指定文件夹中的“.dwg”文件，以备后用。*

要点提示

若在绘图时，插入的符号块尺寸与将要绘制的图形不成比例，则可根据绘制的电气图的大小缩放块的大小，以保证插入块的尺寸在各个图中大小合适。

2. 绘制三极管

绘制三极管

（1）打开【草图设置】对话框，设置【极轴追踪】选项卡的【增量角】为“30”，如图 3-4 所示。

（2）绘制一条长为 12 的竖直线段，捕捉线段中点并水平向左绘制一条长为 3 的线段，捕捉该线段中点并垂直向上偏移 4 确定点 E，再以 E 为起点绘制一条长为 6 与水平线夹角为 30° 的斜线段，结果如图 3-5（a）所示。

（3）以水平线段为镜像线，镜像 30° 的斜线段，结果如图 3-5（b）所示。

（4）启动多段线命令，以点 K 为起点在斜线方向上绘制起点宽度为 0，终点（点 P）宽度为 1 的箭头，结果如图 3-5（c）所示，即三极管。

（5）以最左侧端点为基点，创建名为“三极管”的块，并将其保存。

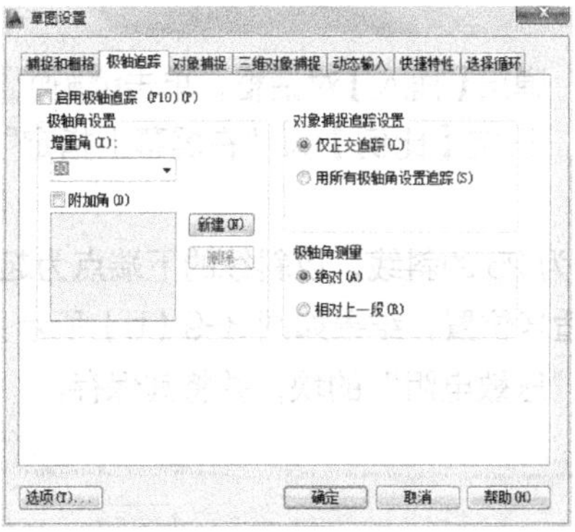

图 3-4 【草图设置】对话框

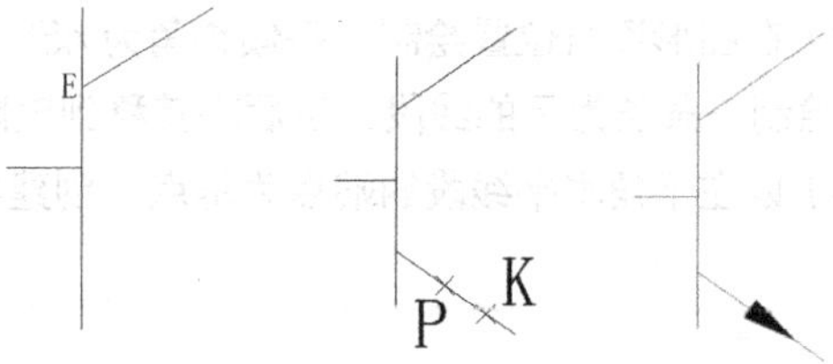

（a） （b） （c）

图 3-5 绘制三极管

3. 绘制二极管整流桥

绘制二极管整流桥

（1）绘制线段 AB、CD，其中线段 AB 长为 10、CD 长为 7，点 O 为线段 CD 的中点，且距点 A 为 2，结果如图 3-6（a）所示。

（2）以点 O 为正三角形顶点，绘制尺寸适当的正三角形，结果 3-6(b) 所示。

（3）以点 B 为基点，创建名为“二极管”的块，并将其保存。

（4）绘制一个边长为 16 的正方形，并以底边左端点为基点将其旋转 45°，结果如图 3-7（a）所示。

（5）以旋转后的正方形中心点为基点，将其移动至二极管水平线段 AB 的中点位置处，结果如图 3-7（b）所示，即为二极管整流桥。

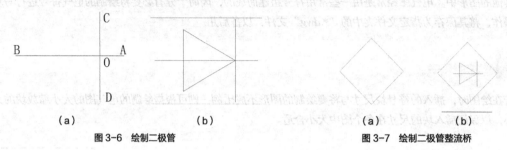

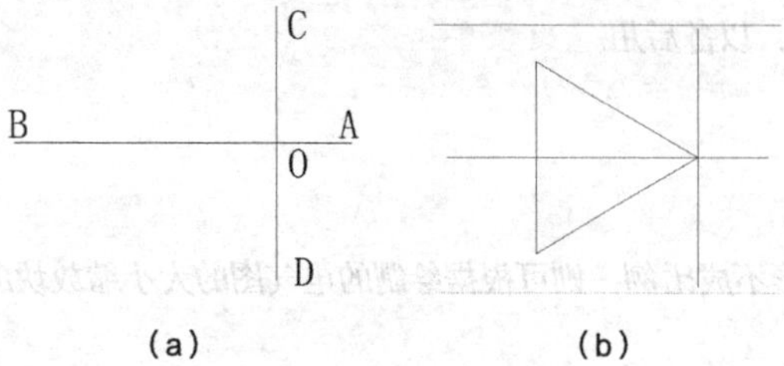

（a）（b）

图 3-6 绘制二极管

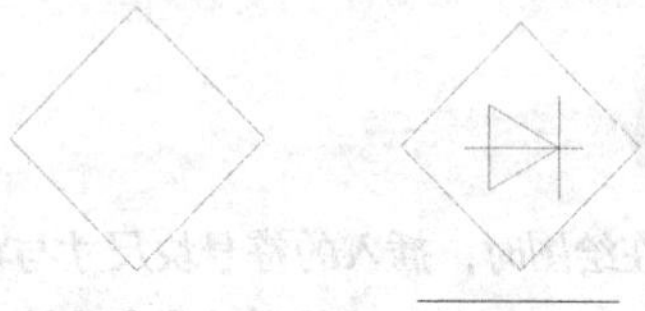

（a）（b）

图 3-7 绘制二极管整流桥

（6）以旋转后矩形的左端点为基点，将图 3-7（b）创建名为“二极管整流桥”的块，并将其保存。

3.2 无源元件类电气符号的绘制

1. 绘制电阻

（1）绘制一个 10×5 的矩形，然后捕捉矩形左侧边的中点，水平向左绘制长为 5 的线段，并将其镜像，结果如图 3-8 所示。

（2）以水平线段的最左侧端点为基点，创建名为“电阻”的块，并将其保存。

2. 绘制压敏电阻

（1）单击【默认】选项卡中【块】面板上的按钮，弹出【插入】对话框，单击 浏览(B)... 按钮，选择【电阻】，设定其【插入点】为“在屏幕上指定”，设定【比例】为“在屏幕上指定”，其他均为默认，插入该块，结果如图 3-9（a）所示。

（2）在图形适当位置绘制一条倾斜角为 45°、长为 25 的斜线，以斜线的下端点为起点，水平向左绘制一条长为 7 的线段，然后将其移到电阻的适当位置，结果如图 3-9（b）所示。

（3）以左下角水平线段的端点为基点，创建名为“压敏电阻”的块，并将其保存。

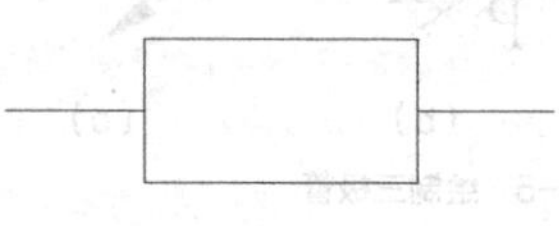

图 3-8 绘制电阻

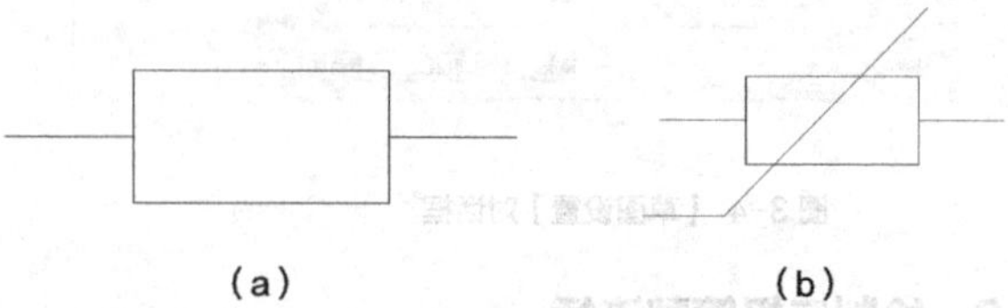

（a）（b）

图 3-9 绘制压敏电阻

3. 绘制线圈

（1）绘制一个半径为 2.5 的圆，然后捕捉圆的上侧象限点，依次向下复制 3 个圆，使其彼此相切，然后连线，结果如图 3-10（a）所示。

（2）修剪图形，结果如图 3-10（b）所示。

（3）以最下侧半圆的下侧象限点为基点，创建名为“线圈”的块，并将其保存。

4. 绘制接触器线圈

（1）设置“细实线层”为当前层。

（2）绘制一个 5×12 的矩形。

（3）捕捉矩形左侧边的中点并水平向左绘制长为 5 的线段。

（4）捕捉矩形右侧边的中点并水平向右绘制长为 5 的线段，结果如图 3-11 所示，即为接触器线圈符号。

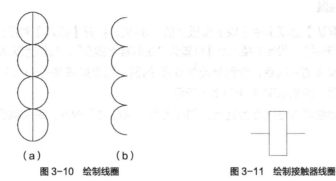

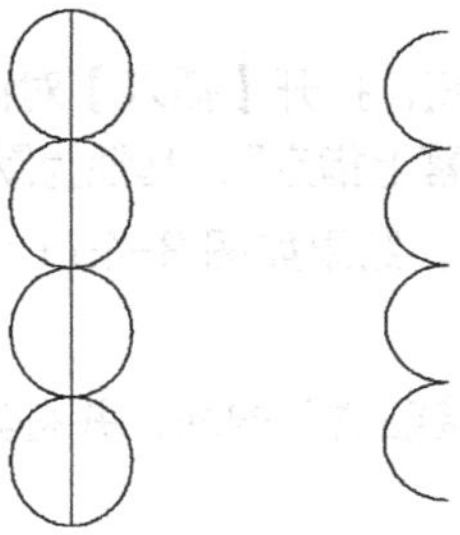

（a）（b）

图 3-10 绘制线圈

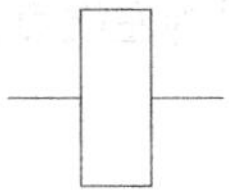

图 3-11 绘制接触器线圈

（5）以接触器线圈左侧水平线段的左端点为基点，创建名为“接触器线圈”的块，并将其保存。

3.3 开关、控制、触点（头）和保护装置类电气符号的绘制

1. 绘制熔断器

（1）绘制一个 10×5 的矩形，然后捕捉矩形左侧边的中点，并水平左移 5 确定起始点，向右绘制长为 20 的线段，结果如图 3-12 所示，即熔断器符号。

（2）以水平线段的最左侧端点为基点，创建名为“熔断器”的块。

（3）在命令行中输入“WBLOCK”，将块“熔断器”保存至桌面的“CAD 符号块”文件夹中。

2. 绘制继电器

（1）绘制一个 12×5 的矩形，然后捕捉矩形顶边中点，垂直向上绘制一条长为 5 的线段，并将其镜像，结果如图 3-13 所示。

（2）以最下侧端点为基点，创建名为“继电器”的块，并将其保存。

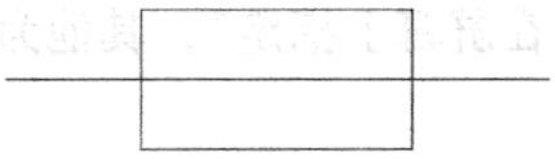

图 3-12 绘制熔断器

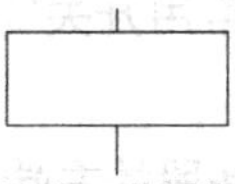

图 3-13 绘制继电器

3. 绘制常用开关

（1）连续绘制 3 条长度均为 8 的水平线段 1、2 和 3，结果如图 3-14（a）所示。

（2）以线段 2 的左端点为基点将其旋转，旋转角度为 30°，结果如图 3-14（b）所示。

绘制常用开关

（3）将线段 2 沿其线段方向斜向上拉长 2，结果如图 3-14（c）所示。

（4）以最左侧端点为基点，创建名为“常用开关”的块，然后将其保存。

（a）　　（b）　　（c）

图 3-14　绘制常用开关

4. 绘制接触器

（1）单击【默认】选项卡中【块】面板上的按钮，打开【插入】对话框，从【名称】下拉列表中选择“常用开关”，设定【插入点】位置为“在屏幕上指定”，其他为默认值，然后将其分解。

（2）捕捉线段 3 的左端点，绘制半径为 0.75 的圆，结果如图 3-15（a）所示。

（3）修剪小圆，结果如图 3-15（b）所示。

（4）以最左侧线段的左端点为基点，创建名为“接触器”的块，并将其保存。

（a）　　（b）

图 3-15　绘制接触器

5. 绘制隔离开关

（1）插入块“常用开关”。设定【插入点】为“在屏幕上指定”，设定【旋转】分组框中的【角度】为“180”，其他为默认值，然后将其分解，结果如图 3-16（a）所示。

（2）以点 O 为中点绘制长为 2 的线段，结果如图 3-16（b）所示。

（3）以线段的最左侧端点为基点，创建名为“隔离开关”的块，并将其保存。

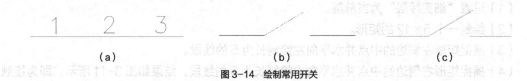

（a）　　（b）

图 3-16　绘制隔离开关

6. 绘制动断触头

（1）插入块“常用开关”。设定【插入点】为“在屏幕上指定”，其他为默认值，然后将其分解。

（2）捕捉右侧线段的左端点，垂直向上绘制一条长为 6 的线段，结果如图 3-17 所示。

（3）以线段的最左侧端点为基点，创建名为“动断触头”的块，并将其保存。

7. 绘制常用按钮开关

（1）插入块“常用开关”。设定【插入点】为“在屏幕上指定”，其他为默认值，然后将其分解。

（2）捕捉交点 A 并垂直向上偏移 8 绘制线段，其中线段 BC 长为 4、

绘制常用按钮开关

CD 长为 8、DE 长为 4，结果如图 3-18（a）所示。

（3）将当前图层设置为“虚线层”，捕捉线段 CD 的中点绘制垂直线段与斜线相交，结果如图 3-18（b）所示。

（4）以线段的最左侧端点为基点，创建名为“常用按钮开关”的块，并将其保存。

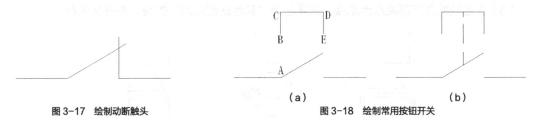

图 3-17 绘制动断触头

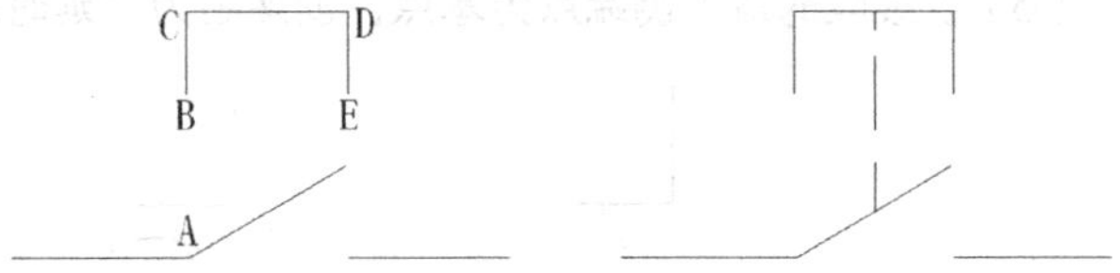

（a） （b）

图 3-18 绘制常用按钮开关

8. 绘制按钮动断开关

（1）插入块“常用按钮开关”，设定【插入点】为“在屏幕上指定”，其他为默认值，然后将其分解，并删除“常开开关”部分，结果如图 3-19（a）所示。

（2）将图 3-19（a）旋转 180°，结果如图 3-19（b）所示。

（3）打开【插入】对话框，从【名称】下拉列表中选择块“动断触头”，设定【插入点】为“在屏幕上指定”，其他为默认值，然后将其分解。

（4）将图 3-19（b）移动到“动断触头”的适当位置，结果如图 3-19（c）所示。

（5）以线段的最左侧端点为基点，创建名为“按钮动断开关”的块，并将其保存。

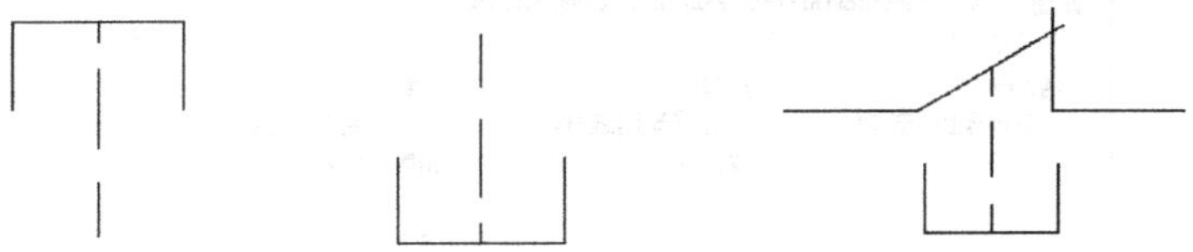

（a） （b） （c）

图 3-19 绘制按钮动断开关

9. 绘制延时动断触点

（1）插入块“动断触头”，设定【插入点】为“在屏幕上指定”，设定【旋转】分组框中的【角度】为“90”，其他为默认值，然后将其分解，结果如图 3-20（a）所示。

（2）以动断触头右侧任意一条垂线为镜像线，镜像动断触头到另一侧，并删除原对象。结果如图 3-20（b）所示。

（a） （b）

图 3-20 旋转并镜像“动断触头”

（3）绘制一条长为 10 的线段 AB，然后将其垂直向上偏移两次，偏移距离均为 1，结果如

图 3-21（a）所示。

（4）以线段 CD 的中点为圆心，并以其长度为直径绘制圆，然后在圆上的适当位置绘制一条竖直线段，结果如图 3-21（b）所示。

（5）修剪图形，结果如图 3-21（c）所示。

（6）以线段的最下侧端点为基点，创建名为“延时动断触点”的块，并将其保存。

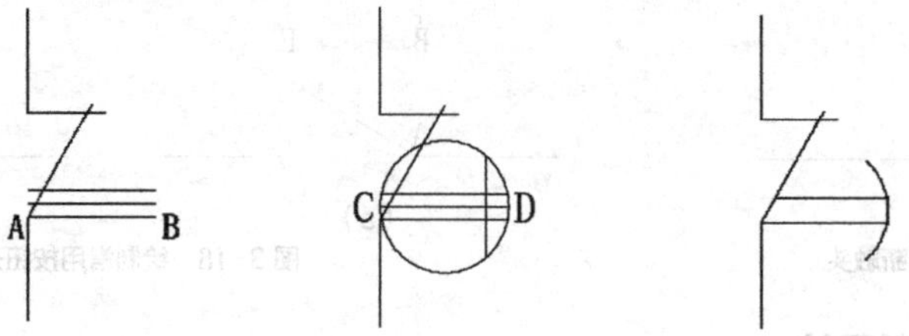

（a）（b）（c）

图 3-21 绘制延时动断触点

10. 绘制按钮开关

（1）单击【默认】选项卡中【块】面板上的按钮，打开【插入】对话框，如图 3-22 所示。单击【名称】下拉列表右侧的浏览(B)...按钮，选择块“常用按钮开关”，设定其【插入点】为“在屏幕上指定”，其他为默认值。

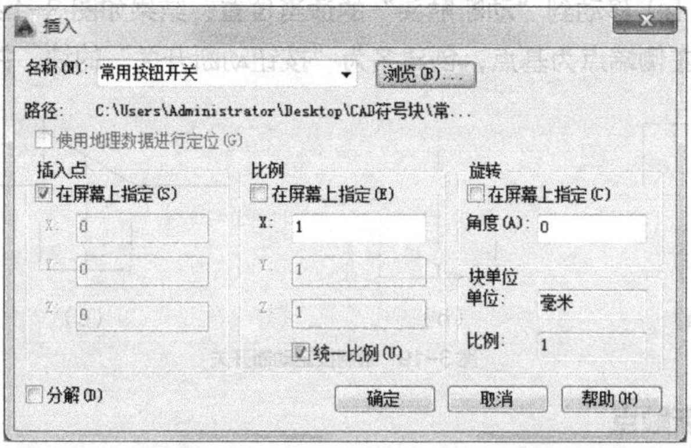

图 3-22 【插入】对话框

（2）单击 确定 按钮，关闭该对话框，并在绘图区中选取适当点作为插入点插入该块，然后将其分解，结果如图 3-23（a）所示。

（3）以虚线为镜像线，镜像常用开关部分，再以常用开关部分的水平线段为镜像线，将常用开关部分镜像到另一侧，并删除原对象，结果如图 3-23（b）所示。

（4）将虚线延长至与斜线相交，结果如图 3-23（c）所示。

（5）以水平线的最左侧端点为基点，创建名为“按钮开关 2”的块，并将其保存。

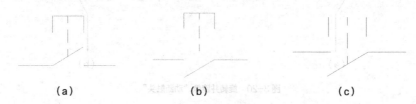

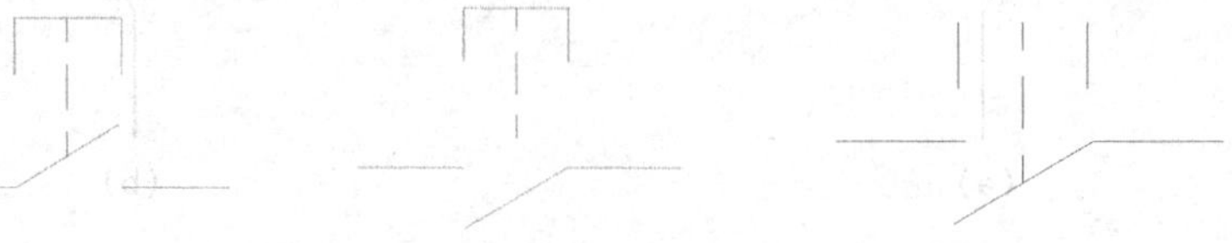

（a）（b）（c）

图 3-23 绘制按钮开关 2

11. 绘制扭子开关

（1）垂直绘制一条长度为 18 的垂直线段，然后捕捉该线段的中点水平向左绘制一条长为 45 的线段。

（2）分别以垂直线段的两端点和水平线段的中点为圆心绘制 3 个半径均为 3 的小圆。

（3）绘制适当长度的线段 AB，结果如图 3-24（a）所示。

（4）修剪并删除多余线段，结果如图 3-24（b）所示。

（5）以左侧水平线的最左侧端点为基点，创建名为“扭子开关”的块，并将其保存。

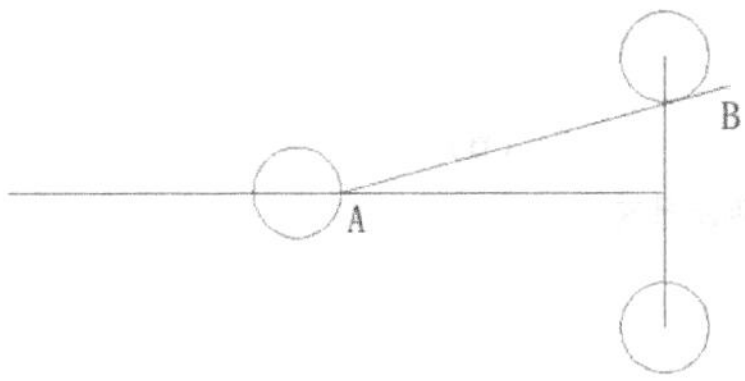

（a）

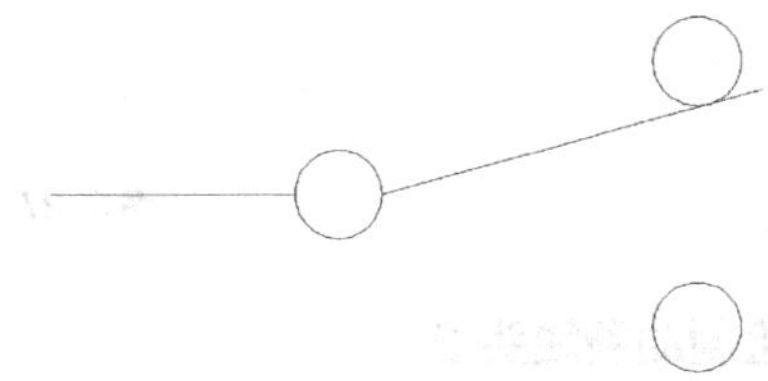

（b）

图 3-24 绘制扭子开关

12. 绘制熔断开关

（1）单击【默认】选项卡中【块】面板上的按钮，打开【插入】对话框，单击浏览(B)...按钮，选择“常用开关”，设定其【插入点】为“在屏幕上指定”，设定【比例】为“在屏幕上指定”，设定【旋转】分组框中的【角度】为“90”，其他为默认值，插入块“常用开关”，并将其分解。

（2）捕捉 A 点为圆心，绘制半径为 2 的圆，结果如图 3-25（a）所示。

（3）修剪多余线段，结果如图 3-25（b）所示。

（4）依次水平复制两个图 3-25（b），复制间隔均为 20，结果如图 3-26（a）所示。

（5）将当前图层设置为“虚线层”，捕捉各斜线的中点并绘制连接线，结果如图 3-26（b）所示。

（6）以左下角垂直线段的下端点为基点，创建名为“熔断开关”的块，并将其保存。

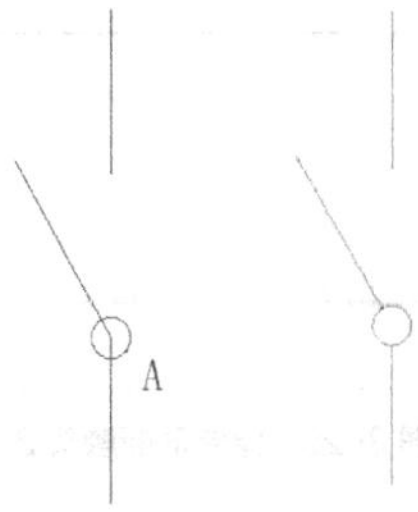

（a）（b）

图 3-25 插入常用开关

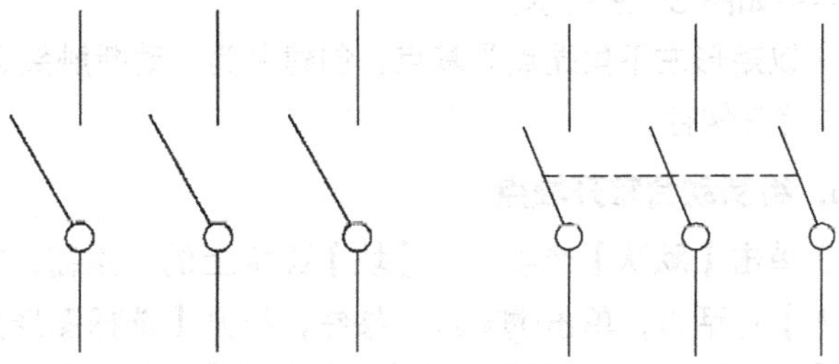

（a）（b）

图 3-26 绘制熔断开关

13. 绘制总电源开关

（1）单击【默认】选项卡中【块】面板上的按钮，打开【插入】对话框，单击浏览(B)...按钮，选择“常用开关”，设定其【插入点】为“在屏幕上指定”，设定【比例】为“在屏幕上指定”，设定【旋转】分组框中的【角度】为“90”，其他为默认值，结果如图 3-27（a）所示。

（2）水平向右复制两个常用开关，复制间隔均为 20，然后分解块。

（3）将当前图层设置为“虚线层”，捕捉 3 条斜线段的下端点绘制连接线，结果如图 3-27（b）所示。

（4）以左下角竖直线段的下端点为基点，创建名为“总电源开关”的块，并将其保存。

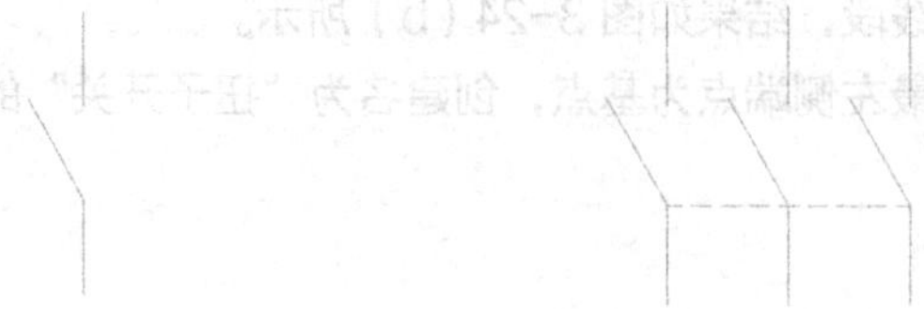

（a）　　　　（b）

图 3-27　绘制总电源开关

14. 绘制动断触头 2

（1）单击【默认】选项卡中【块】面板上的按钮，弹出【插入】对话框，单击 浏览(B)... 按钮，选择“常用开关”，设定其【插入点】为“在屏幕上指定”，设定【比例】为“在屏幕上指定”，其他均为默认值。以常用开关右侧任意一条垂线为镜像线镜像常用开关到另一侧，并删除原对象，结果如图 3-28（a）所示。

（2）捕捉左侧线段的右侧端点，垂直向上绘制长为 6 的线段，结果如图 3-28（b）所示，即动断触点开关符号。

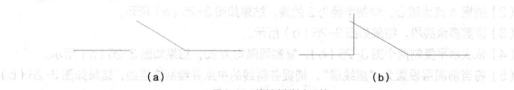

（a）　　　　（b）

图 3-28　绘制动断触点开关

（3）将当前图层设置为“虚线层”，绘制一个 27×14 的矩形，将绘制好的动断触头 2 放入其中，结果如图 3-29 所示。

（4）以矩形左下角端点为基点，创建名为“动断触头 2”的块，并将其保存。

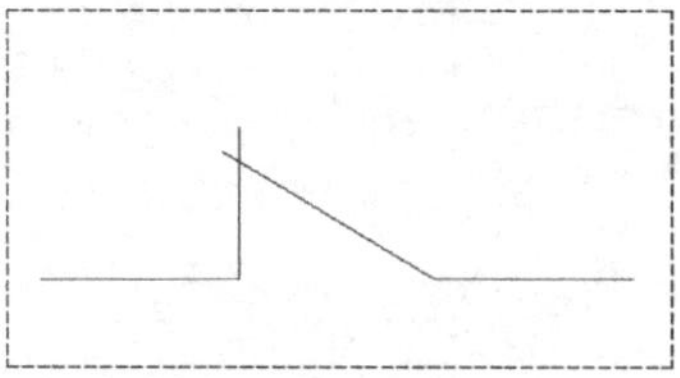

图 3-29　绘制动断触头 2

15. 绘制动合常开触点

（1）单击【默认】选项卡中【块】面板上的按钮，打开【插入】对话框，单击 浏览(B)... 按钮，打开【选择图形文件】对话框，如图 3-30 所示。从【查找范围】下拉列表中选择“CAD 符号块”文件夹，从【名称】列表框中选择“常开开关”，并单击 打开(O) 按钮，返回【插入】对话框，如图 3-31 所示。

（2）从【插入】对话框的【名称】列表框中选择“常开开关”，设置【插入点】为“在屏幕上指定”，设置【旋转】角度为“90”，并选择【分解】复选项，再单击 确定 按钮，返回绘图区域，插入旋转后的常开开关，结果如图 3-32（a）所示。

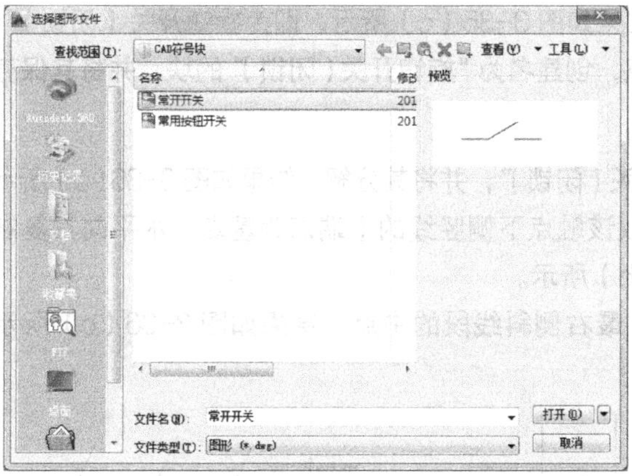

图 3-30 【选择图形文件】对话框

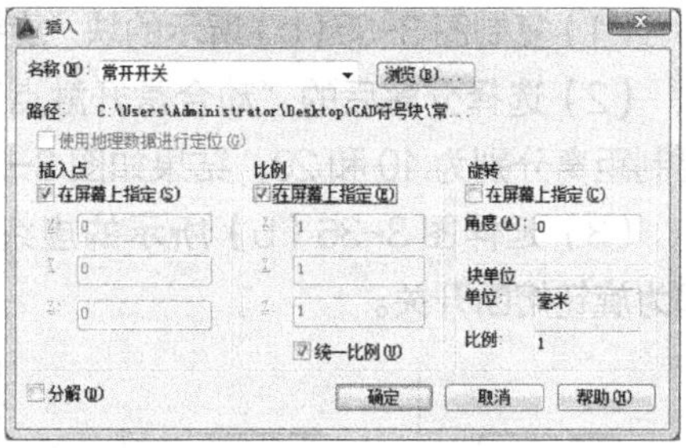

图 3-31 【插入】对话框

（3）捕捉图 3-32（a）下侧竖线的上端点为圆心，绘制半径为 1 的圆，结果如图 3-32（b）所示。

（4）修剪掉多余线段，结果如图 3-32（b）所示，即为“动合常开触点”。

（a）（b）（c）

图 3-32 绘制“动合常开触点”

（5）单击【默认】选项卡中【块】面板上的按钮，打开【块定义】对话框，如图 3-33 所示。输入【名称】为“动合常开触点”，设定【拾取点】为该触点下侧竖线的下端点，【选择对象】，然后单击 确定 按钮，完成块创建。

（6）在命令行中输入“WBLOCK”，打开【写块】对话框，如图 3-34 所示。在【源】分组框中选择【块】单选项，在【块】下拉列表中选择【动合常开触点】，在【目标】分组框中单击【文件名和路径】下拉列表右侧的按钮，设置其保存路径为“C:\Users\Administrator\Desktop\CAD 符号块 \ 动合常开触点 .dwg”。

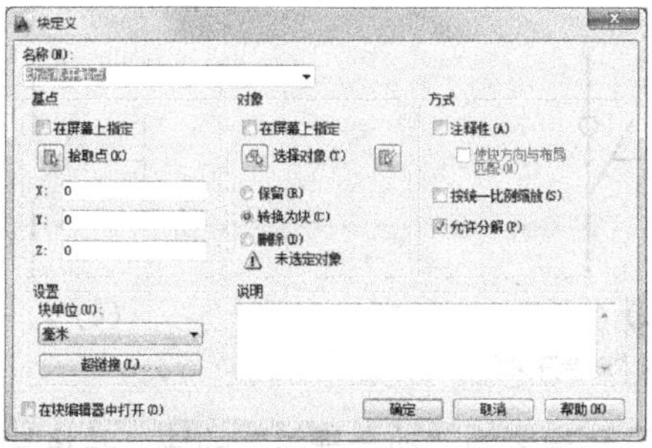

图 3-33 【块定义】对话框

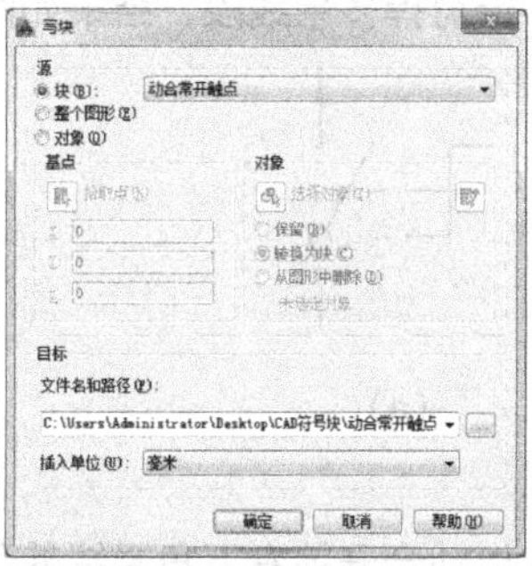

图 3-34 【写块】对话框

16．绘制旋钮开关（闭锁）

（1）复制图 3-32（c）所示的动合常开触点，如图 3-35（a）所示。

（2）设置“虚线层”为当前层。捕捉图 3-35（a）中的斜线段中点为起点，水平向左绘制长为 9.5 的虚线段，如图 3-35（b）所示。

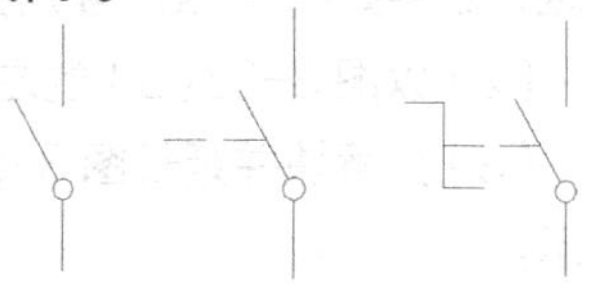

（a）（b）（c）

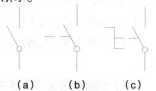

图 3-35 绘制“旋钮开关（闭锁）”

（3）设置“细实线层”为当前层。以距步骤（2）绘制的虚线段的左端点（-4，4）处为起点，向右绘制长为 4、垂直向下绘制长为 8、水平向右绘制长为 4 的折线，结果如图 3-35（c）所示，即为旋钮开关（闭锁）。

（4）以旋钮开关下侧竖线的下端点为基点，创建名为“旋钮开关（闭锁）”的块，并将其保存。

17. 绘制旋钮熔断开关

（1）复制图 3-35（c）所示的块“旋钮开关（闭锁）”，并将其分解，结果如图 3-36（a）所示。

（2）选择分解后的“动合常开触点”，以该触点下侧竖线的下端点为基点，水平向右复制，复制距离分别为 10 和 20，结果如图 3-36（b）所示。

（3）延伸图 3-36（b）所示的虚线段至最右侧斜线段的中点，结果如图 3-36（c）所示，即为旋钮熔断开关。

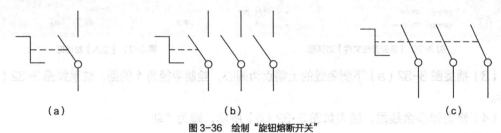

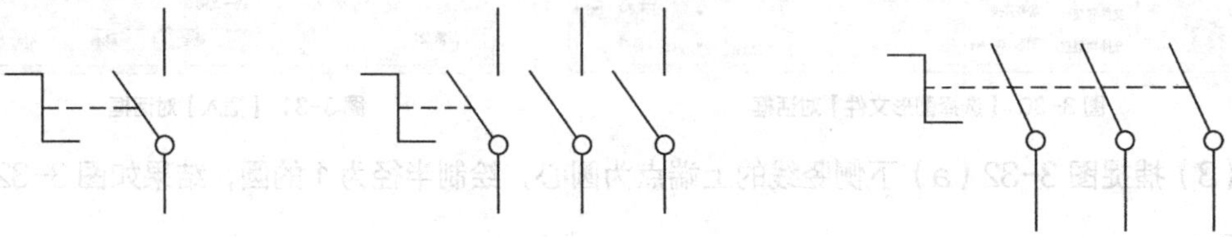

（a）　（b）　（c）

图 3-36　绘制“旋钮熔断开关”

（4）以旋钮熔断开关左下角竖线的下端点为插入点，创建名为“旋钮熔断开关”的块，并将其保存。

18. 绘制动合开关

（1）插入块“旋钮开关（闭锁）”，结果如图 3-37（a）所示。

（2）以过 A 点的竖线为镜像线，镜像旋钮上侧水平线段，镜像完成后删除原镜像线段。

（3）以圆心为基点竖直向上移动小圆至图 3-37（a）所示的上侧竖线的下端点。

（4）延长斜线段以及右下角竖线至相应位置，结果如图 3-37（b）所示。

（5）修剪掉多余线段，结果如图 3-37（c）所示，即为“动合开关”。

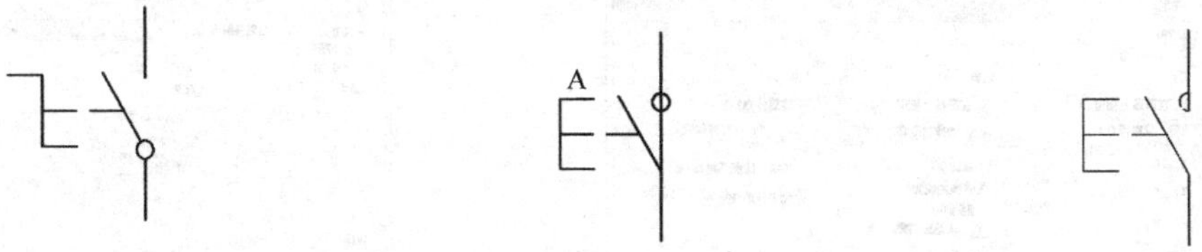

（a）　（b）　（c）

图 3-37　绘制“动合开关”

（6）以动合开关右下角竖线的下端点为基点，创建名为“动合开关”的块，并将其保存。

19. 绘制行程开关动断触点

（1）将块“按钮动断开关”以最左侧水平线段的左端点为基点旋转 270°，插入到图幅空白区域，结果如图 3-38（a）所示。

（2）以图 3-38（a）的左侧竖线为镜像线镜像该图并删除源对象，结果如图 3-38（b）所示。

（3）分解块并延长图 3-38（b）中的最下侧竖线，使其与虚线交于点 A，结果如图 3-38（b）所示。

（4）删除虚线及过虚线左端点的折线并过点 A 水平向右绘制线段至斜线处，结果如图 3-38（c）所示，即为行程开关动断触点。

（5）以行程开关动断触点的上端竖线的上端点为基点，创建名为“行程开关动断触点”的块，并将其保存。

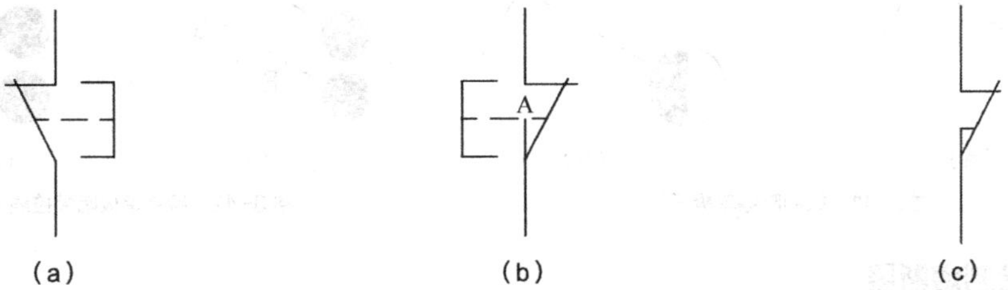

图 3-38 绘制“行程开关动断触点”

20. 绘制行程开关动合触点

（1）取适当点为起始点连续向下绘制 3 段长度分别为 6、6.5 和 6 的竖线段。

（2）捕捉线段 2 的上端点为起点，水平向左绘制长为 6 的水平线段 4。

（3）捕捉线段 2 的下端点为起点，绘制一条长为 9.7 且与线段 2 夹角为 30° 的斜线段 5。

（4）捕捉线段 2 的下端点为起点，绘制一条长为 4 且与斜线段 5 夹角为 30° 的斜线段 6。

（5）捕捉线段 6 的上端点为起点，绘制一条与斜线段 5 垂直相交的线段，结果如图 3-39（a）所示。

（6）删除线段 2，结果如图 3-39（b）所示，即为行程开关动合触点。

（7）以行程开关动合触点上侧竖线的上端点为基点，创建名为“行程开关动合触点”的块，并将其保存。

21. 绘制单极明装开关、单极暗装开关与防爆单极开关。

（1）绘制半径为 1 的圆。打开极轴追踪功能，捕捉圆心并绘制长度为 5 且与水平方向成 30° 夹角的线段，继续沿线段末端绘制与其成 90° 夹角且长度为 2 的线段，修剪圆中的直线，如图 3-40（a）所示，即单极明装开关。

（2）利用填充图案“SOLID”填充圆，结果如图 3-40（b）所示，即单极暗装开关。

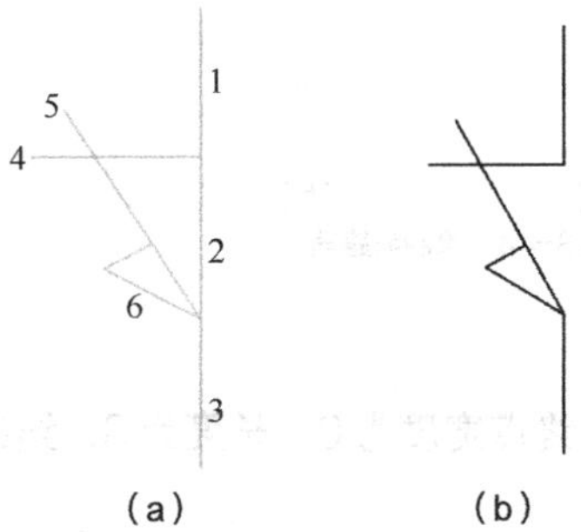

图 3-39 绘制“行程开关动合触点”

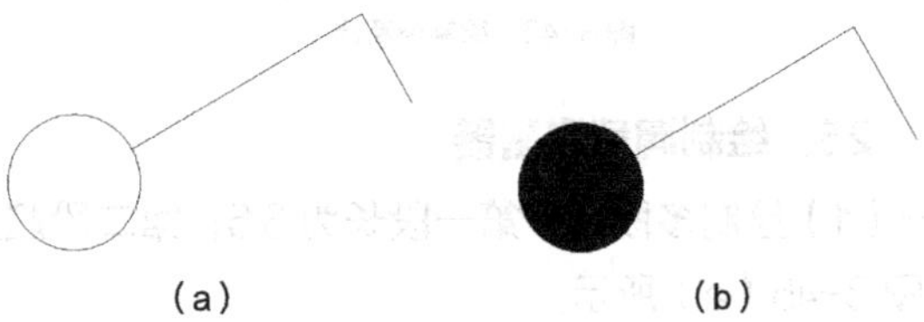

图 3-40 绘制单极明装和单极暗装开关

（3）复制图 3-40（a）所示，再过圆心绘制一条纵向线段，如图 3-41（a）所示。

（4）利用填充图案“SOLID”填充右半圆，结果如图 3-41（b）所示，即防爆单极开关。

22. 绘制单极暗装拉线开关

（1）复制两个图 3-40（b），垂直复制距离为 2.5。延伸线段 F、E 相交于点 G，结果如图 3-42（a）所示。

（2）以点 G 为起点，绘制起点宽度为 0、端点宽度为 1、沿线段 EG 方向长度为 2 的箭头，结果如图 3-42（b）所示，即单极暗装拉线开关。

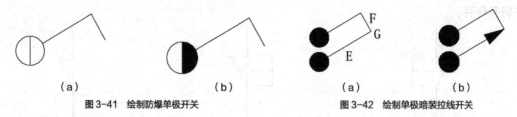

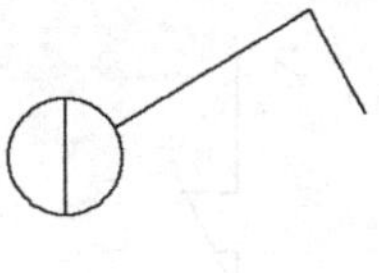

（a）　　（b）

图 3-41　绘制防爆单极开关

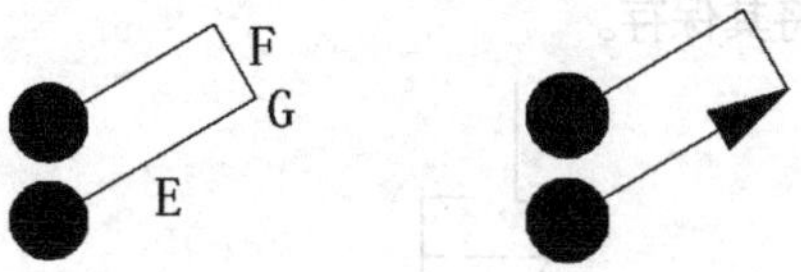

（a）　　（b）

图 3-42　绘制单极暗装拉线开关

23. 绘制熔断器

（1）绘制一个 1.5×3.5 的矩形，如图 3-43（a）所示。

（2）以距矩形顶边中点（0，0.85）处为起点，向下绘制一条长为 5.35 的垂直线段，结果如图 3-43（b）所示，即熔断器。

（3）单击【默认】选项卡中【块】面板上的按钮，以熔断器最下侧端点为基点，创建名为“熔断器”的块，并将其保存。

24. 绘制断路器

（1）插入块“常用开关”，设定其【插入点】为“在屏幕上指定”，设定【旋转】分组框中的【角度】为“90”，其他为系统默认值，插入块，如图 3-44（a）所示。。

（2）选择菜单命令【格式】/【点样式】，打开【点样式】对话框，选择点样式为×，设置【点大小】为 1.35，并选择“按绝对单位设置大小”单选项，然后单击【默认】选项卡中【绘图】面板上的按钮，在点 A 处绘制点，结果如图 3-44（b）所示，即断路器。

（3）单击【默认】选项卡中【块】面板上的按钮，以最下侧竖线的下端点为基点，创建名为“断路器”的块，并将其保存。

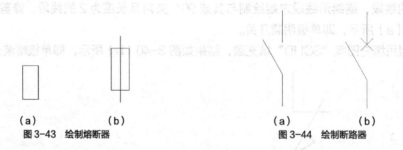

（a）　　（b）

图 3-43　绘制熔断器

（a）　　（b）

图 3-44　绘制断路器

25. 绘制阀型避雷器

（1）绘制多段线。第一段长为 3.5；第二段起点宽度为 1.5、终点宽度为 0、长度为 3，结果如图 3-45（a）所示。

（2）绘制 3 × 8 的矩形，然后以矩形下侧边中点为起点，向下绘制长度为 3 的垂线，并将箭头移至合适位置，结果如图 3-45（b）所示。

（3）以垂直线段的最下端为基点，创建名为“阀型避雷器”的块，并将其保存。

26. 绘制常闭隔离开关

（1）插入块“隔离开关”，设定其【插入点】为“在屏幕上指定”，设定【比例】为“在屏幕上指定”，设定【旋转】分组框中的【角度】为“270”，其他均为默认，插入该块，如图 3-46（a）所示。

（2）分解块，向左延长水平线段至斜线并修剪掉多余线段，结果如图 3-46（b）所示。

（3）以最下侧端点为基点创建块，将块命名为“常闭隔离开关”，并将其保存。

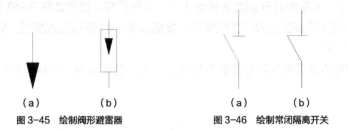

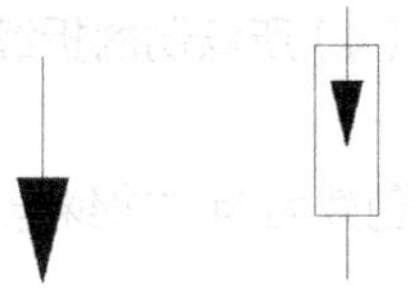

（a）（b）

图 3-45 绘制阀形避雷器

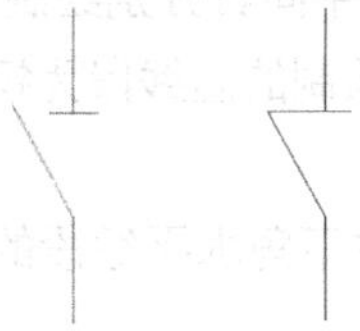

（a）（b）

图 3-46 绘制常闭隔离开关

27. 绘制动断触点（常闭）

（1）单击【默认】选项卡中【块】面板上的按钮，打开【插入】对话框，如图 3-47 所示。从【名称】下拉列表中选择“接触器”，设定【插入点】位置为“在屏幕上指定”，其他为默认值。

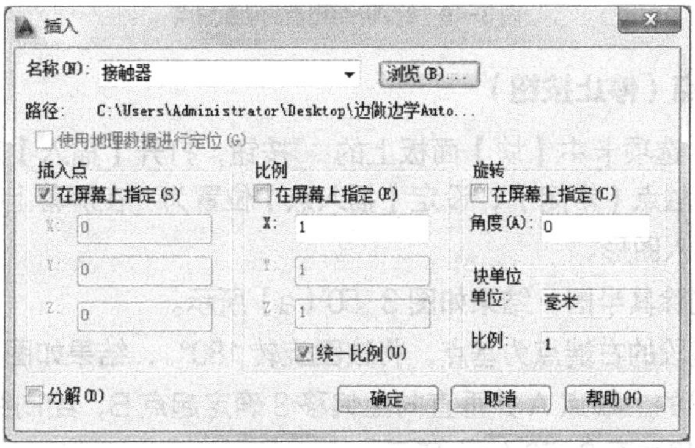

图 3-47 【插入】对话框

（2）单击确定按钮，在绘图区的适当位置插入块，结果如图 3-48（a）所示。

（3）分解块。捕捉半圆的左象限点为起始点，竖直向上绘制长为 5.7 的线段，结果如图 3-48（b）所示，即为动断触点（常闭）。

（4）以动断触点（常闭）开关左侧水平线段的左端点为基点，创建名为“动断触点（常闭）”的块，并将其保存。

（a）（b）

图 3-48 绘制“动断触点（常闭）”

28. 绘制热继电器的动断触点

（1）单击【默认】选项卡中【块】面板上的按钮，打开【插入】对话框，从【名称】下拉列表中选择块“动断触点（常闭）”，设定【插入点】位置为“在屏幕上指定”，其他为默认值，在绘图区的适当位置插入图形。

（2）分解块“动断触点（常闭）”。删掉半圆和最左侧水平线段，再将右侧水平线段水平向左拉伸 2，删掉多余线段，结果如图 3-49（a）所示。

（3）以过图 3-49（a）水平线段右端点的竖线为基线，镜像图 3-49（a）。

（4）设置“虚线层”为当前层。以镜像后的斜边中点为起点，垂直向下绘制长为 5 的虚线段。

（5）设置“细实线层”为当前层。捕捉步骤（4）绘制的虚线段的下端点为起始点，依次水平向右、垂直向下、水平向右分别绘制长为 3、3、3 的折线，结果如图 3-49（b）所示。

（6）以步骤（5）绘制的虚线段为镜像线，镜像步骤（4）所绘制的折线，结果如图 3-49（c）所示，即为拉拔开关。

（7）以拉拔开关左下角水平线段的左端点为基点，创建名为“热继电器的动断触点”的块，并将其保存。

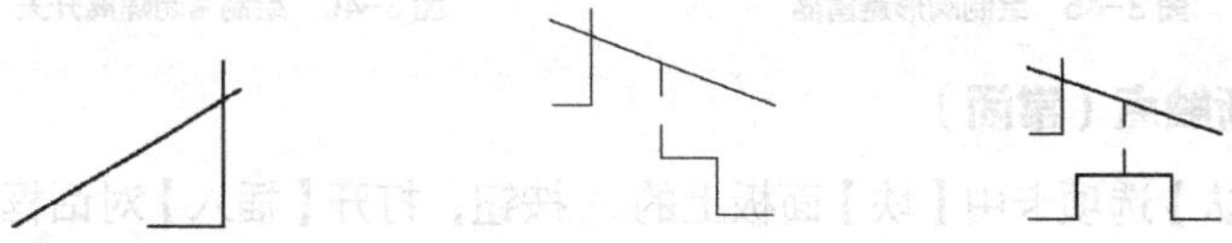

（a）　（b）　（c）

图 3-49　绘制热继电器的动断触点

29. 绘制动断触点（停止按钮）

（1）单击【默认】选项卡中【块】面板上的按钮，打开【插入】对话框，从【名称】下拉列表中选择块“动断触点（常闭）”，设定【插入点】位置为“在屏幕上指定”，其他为默认值，在绘图区的适当位置插入图形。

（2）分解块，并删除其半圆，结果如图 3-50（a）所示。

（3）以右侧水平线段的右端点为基点，将该图旋转 180°，结果如图 3-50（b）所示。

（4）捕捉垂直线段的上端点 A 并垂直向上偏移 3 确定起点 B，绘制线段 BC、CD、DE，长度分别为 4、8、4，结果如图 3-50（c）所示。

（5）设置“虚线层”为当前层。捕捉线段 CD 的中点为起始点，垂直向下绘制虚线段，并使其与斜线段相交，结果如图 3-50（d）所示，即为动断触点（停止按钮）。

（6）以按钮左下角水平线的左端点为基点，创建名为“动断触点（停止按钮）”的块，并将其保存。

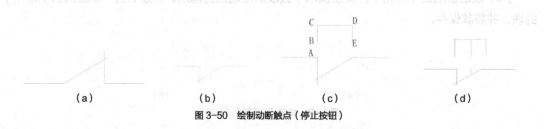

（a）　（b）　（c）　（d）

图 3-50　绘制动断触点（停止按钮）

3.4 电能的发生和转换类电气符号的绘制

1. 绘制直流电动机

（1）绘制一个半径为 7.5 的圆，然后在圆内的适当位置填写文字“M”和直流符号“_”，结果如图 3-51 所示。

（2）以圆心为基点，创建名为“直流电动机”的块，并将其保存。

2. 绘制交流电动机

（1）单击【默认】选项卡中【块】面板上的按钮，打开【插入】对话框，单击浏览(B)...按钮，选择“直流电动机”，设定其【插入点】为“在屏幕上指定”，设定【比例】为“在屏幕上指定”，其他为默认值，插入图块，然后将其分解。

（2）双击直流符号“_”将其激活并进入修改状态，删除该符号，并在打开的【文字编辑器】选项卡中单击【插入】面板上的@按钮，插入交流符号“~”，结果如图 3-52 所示。

（3）以圆的左侧象限点为基点，创建名为“交流电动机”的块，并将其保存。

3. 绘制双绕组变压器

（1）绘制 1 个半径为 2.5 的圆，再垂直向下复制，复制距离为 1，结果如图 3-53 所示，即双绕组变压器。

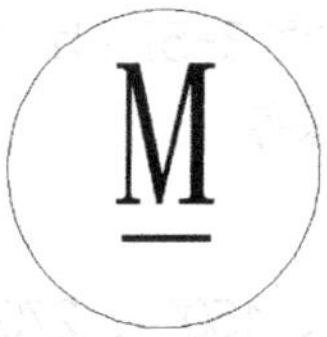

图 3-51 绘制直流电动机

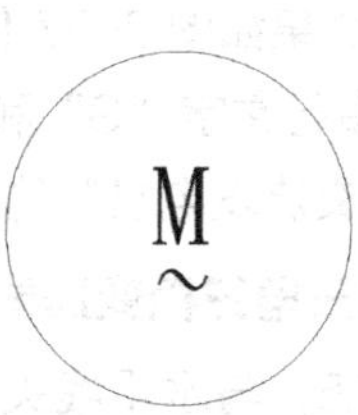

图 3-52 绘制交流电动机

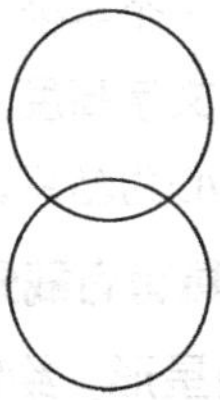
图 3-53 绘制双绕组变压器

（2）单击【默认】选项卡中【块】面板上的按钮，打开【块定义】对话框，如图 3-54 所示，设定【拾取点】为双绕组变压器的最下侧象限点，【选择对象】为双绕组变压器，单击确定按钮，块创建完毕。

（3）在命令行中输入“WBLOCK”，打开【写块】对话框，如图 3-55 所示，在【源】分组框中选择【块】选项，然后在其下拉列表中选择【双绕组变压器】，单击【目标】分组框中的...按钮，设置【文件名和路径】为“C:\Users\Administrator\Desktop\CAD 符号块 \ 双绕组变压器 .dwg”。

（4）单击确定按钮，关闭【写块】对话框。写块操作完毕。

图 3-54 【块定义】对话框

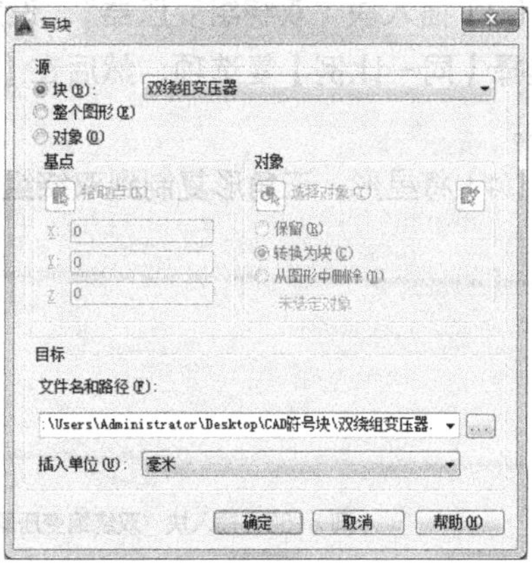

图 3-55 【写块】对话框

4. 绘制三绕组变压器

（1）绘制一个正三角形，外切于圆，圆半径为 1，结果如图 3-56（a）所示。

（2）捕捉正三角形的 3 个顶点，分别绘制半径为 2.5 的圆，结果如图 3-56（b）所示。

（3）删除正三角形，结果如图 3-56（c）所示，即三绕组变压器。

（4）以最左侧圆的下侧象限点为基点，创建名为“三绕组变压器”的块，然后将其保存在桌面的“CAD 符号块”文件夹中。

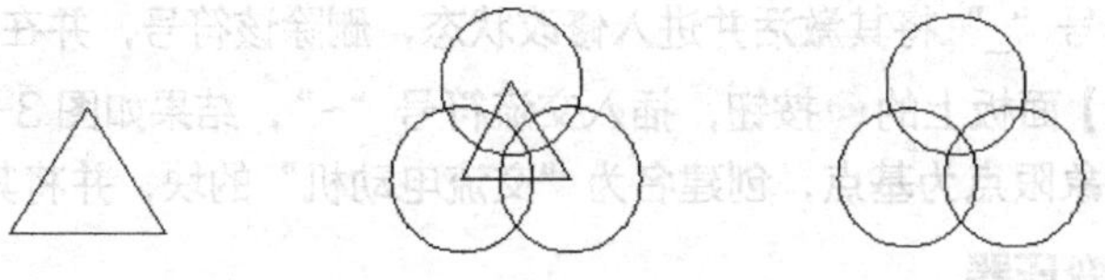

（a）　（b）　（c）

图 3-56　绘制三绕组变压器

5. 绘制交流发电机

（1）绘制一个半径为 2.5 的圆，结果如图 3-57（a）所示。

（2）设置文字高度为 2.5，填写多行文字“G”和“~”，结果如图 3-57（b）所示。

（3）以圆心为基点，创建名为“交流发电机”的块，然后将其保存。

6. 绘制具有有载分接开关的星三角三相变压器

（1）绘制星形。绘制 3 段长为 2.5，与水平线夹角依次为 30°、150°、270° 的线段，结果如图 3-58 所示。

（2）以内接圆方式绘制三角形，内接圆半径为 2.5，结果如图 3-59 所示。

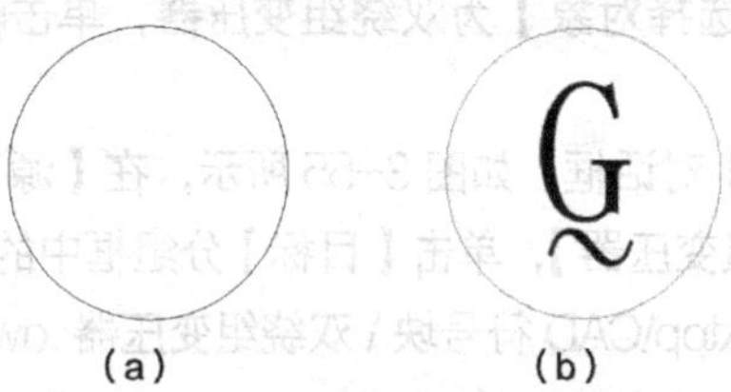

（a）　（b）

图 3-57　绘制交流发电机

图 3-58　绘制星形

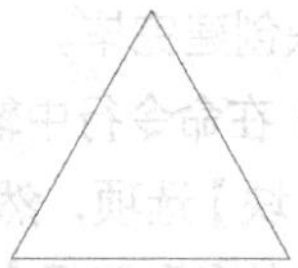

图 3-59　绘制三角形

（3）插入块“双绕组变压器”，设定其【插入点】为“在屏幕上指定”，在【比例】分组框中选择【同一比例】复选项，然后在【X】文本框中输入“2”，其他为系统默认值，如图 3-60 所示。

（4）将星形、三角形复制到双绕组变压器内部的适当位置，结果如图 3-61 所示。

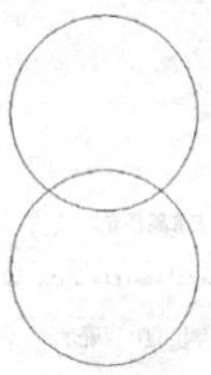

图 3-60　插入块“双绕组变压器”

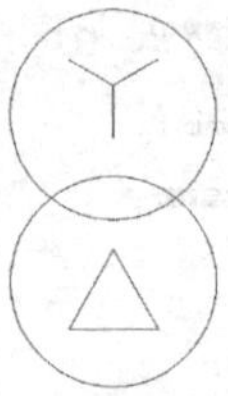

图 3-61　复制星形及三角形

（5）绘制长度为 21.5 且与水平夹角为 20° 的斜线。再以该斜线的上端点为起点，沿该斜线反方向绘制起点宽度为 0、终点宽度为 1.2 且长度为 3.5 的箭头，结果如图 3-62（a）所示。

（6）在箭头右侧的适当位置绘制折线，其中线段 AB 长为 1.5、BC 长为 3、CD 长为 1.5，结果如图 3-62（b）所示。

（7）捕捉双绕组变压器的最上端象限，垂直向上绘制长为 8 的线段，然后在适当位置绘制 3 段平行斜线，并将其镜像，结果如图 3-62（c）所示。

（8）以星三角三相变压器最下侧象限点为基点，创建名为“星三角三相变压器”的块，并将其保存。

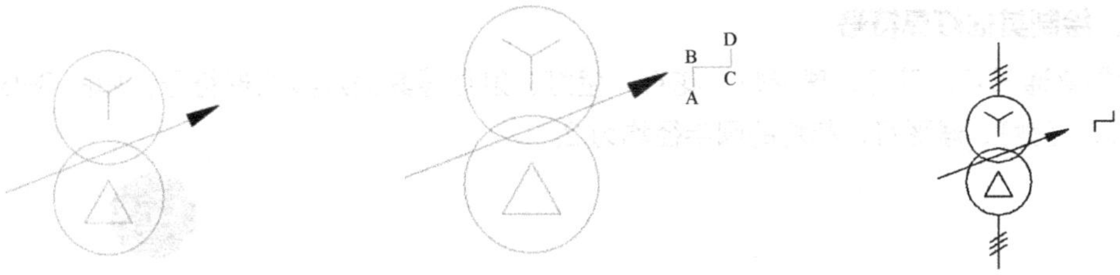

（a）（b）（c）

图 3-62 绘制星三角三相变压器

7. 绘制电流互感器

（1）绘制一个半径为 5 的圆，然后以圆心为中点绘制一条长度为 25 的竖直线段，结果如图 3-63（a）所示。

（2）以圆形左象限点为起点，向左绘一条长度为 7.5 的水平线段，结果如图 3-63（b）所示。

（3）单击【默认】选项卡中【块】面板上的 按钮，创建块，将块命名为“电流互感器”，基点选择上端点。

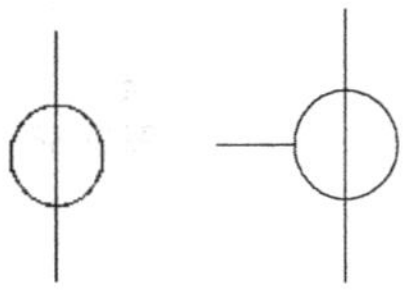

（a）（b）

图 3-63 绘电流互感器

3.5 测量仪表、灯和信号器件类电气符号的绘制

1. 绘制信号灯

（1）绘制一个半径为 5 的圆，以圆心为中点绘制长为 40 的线段，结果如图 3-64（a）所示。

（2）以圆心为起点，分别绘制两条与圆相交且与水平方向夹角分别为 45° 和 135° 的斜线，并修剪图形，结果如图 3-64（b）所示。

（3）以左侧水平线的最左侧端点为基点，创建名为“信号灯”的块，并将其保存。

2. 绘制防水防尘灯

（1）绘制半径为 2.5 的圆，然后向里偏移 1.5，绘制小圆，并将小圆填充为黑色，结果如图 3-65（a）所示。

（2）过圆心在圆内绘制一条水平和垂直直径，结果如图 3-65（b）所示。

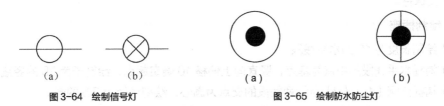

(a) (b)

图 3-64 绘制信号灯

（a）（b）

图 3-65 绘制防水防尘灯

（3）以大圆的下侧象限点为基点，创建名为“防水防尘灯”的块，并将其保存。

3. 绘制三管荧光灯

（1）绘制线段。水平长度为 3、垂直长度为 5，如图 3-66（a）所示。

（2）将水平线段向下偏移 5，将垂直线段向左偏移，偏移量依次为 0.75、0.75、0.75，并删除最右边的垂直线段，结果如图 3-66（b）所示，即三管荧光灯。

4. 绘制其他灯具符号

绘制普通吊灯、壁灯、球形灯、花灯、壁灯、射灯等其他灯具图形符号，如图 3-67 所示。普通吊灯、壁灯、球形灯、花灯的圆半径均为 2。

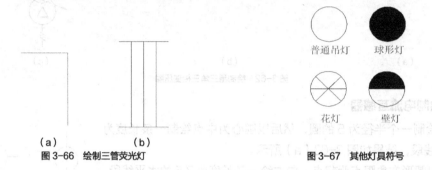

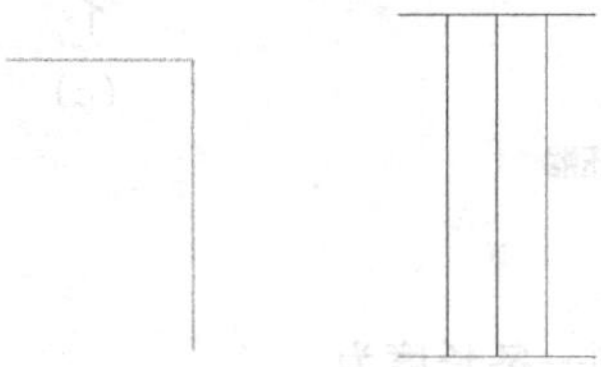

（a）　（b）

图 3-66　绘制三管荧光灯

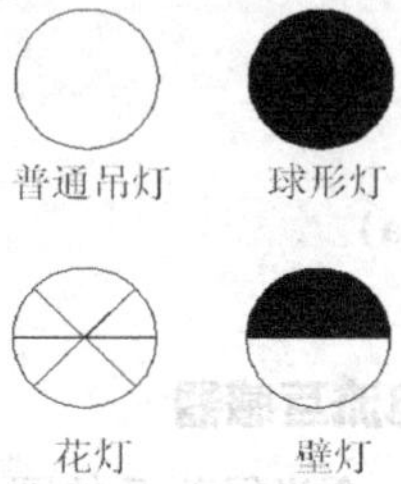

图 3-67　其他灯具符号

3.6 电力、照明、电信和建筑布置类实体符号的绘制

1. 绘制热继电器驱动线圈

（1）绘制 31.5×27 的矩形，并分解，结果如图 3-68（a）所示。

（2）捕捉矩形左侧边，并水平向右阵列为 1 行 7 列，且水平阵列总间距为 27，并分解。

（3）捕捉矩形顶边，依次垂直向下偏移 4.5、9。

（4）捕捉矩形底边，依次垂直向上偏移 4.5、9，结果如图 3-68（b）所示。

（5）修剪并删除多余线段，结果如图 3-68（c）所示，即为热继电器驱动线圈。

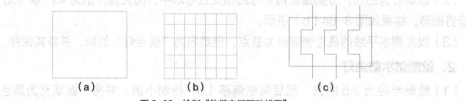

（a）　（b）　（c）

图 3-68　绘制“热继电器驱动线圈”

（6）以热继电器驱动线圈左下角竖线的下端点为插入点，创建名为“热继电器驱动线圈”的块，并将其保存。

2. 绘制插座

（1）绘制长度为 10 的水平线段。

（2）捕捉水平线段的中点为基点，竖直向上偏移 10 确定起点，绘制长为 25 的竖线。

（3）捕捉步骤（1）、（2）所绘两线段的交点为圆心，绘制半径为 2.5 的圆。

（4）以圆心为基点水平向左偏移 1 确定起点，绘制 2×5 的矩形，结果如图 3-69（a）所示。

（5）修剪掉多余线段和圆弧，结果如图 3-69（b）所示。

（6）填充矩形为■，结果如图 3-69（c）所示，即为插座。

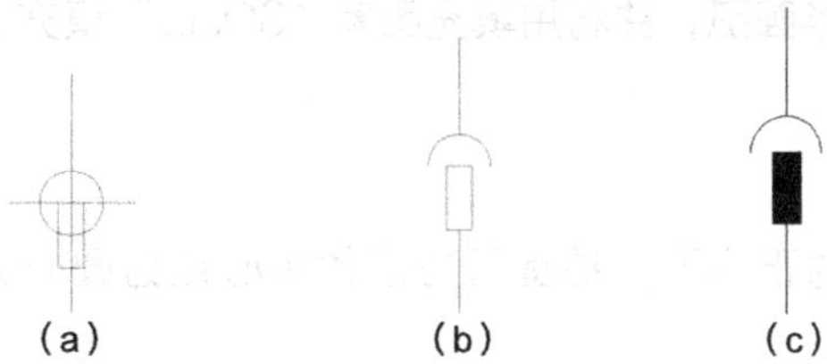

图 3-69 绘制插座

（7）捕捉插座下侧竖线的下端点为基点，创建名为“插座”的块，并将其保存。

3. 绘制电磁吸盘

（1）绘制 4 个不相交的矩形，尺寸分别为 2×8、4×10、6×12、10×12，结果如图 3-70（a）所示。

（2）捕捉 6×12 矩形顶边中点为基点，将其移动至 10×12 的矩形顶边中点位置。

（3）分别捕捉 2×8 和 4×10 两矩形的中心点为基点，将两矩形分别移动至 10×12 矩形的中心点处。

（4）分别绘制 6×12 与 4×10 矩形顶边左端点和右端点的连接线，结果如图 3-70（b）所示。

（5）分解矩形，修剪并删除掉多余线段，结果如图 3-70（c）所示，即为电磁吸盘。

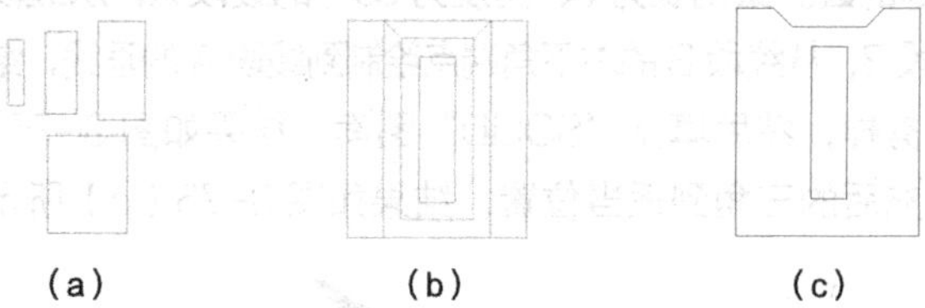

图 3-70 绘制电磁吸盘

（6）以电磁吸盘左侧边中点为基点，创建名为“电磁吸盘”的块，并将其保存。

4. 绘制照明配电箱

（1）绘制一个 2×5 的矩形，并在其中间绘制一条垂直线段，结果如图 3-71（a）所示。

（2）利用填充图案“SOLID”填充矩形的左半部分，结果如图 3-71（b）所示。

（3）以照明配电箱左侧边中点为基点，创建名为“照明配电箱”的块，并将其保存。

5. 绘制动力配电箱

绘制动力配电箱的尺寸分别为 3×6、4×2，结果如图 3-72 所示。

图 3-71 绘制照明配电箱

图 3-72 绘制照明配电箱

6. 绘制暗装插座

（1）绘制线段 HI，长度为 2。打开极轴追踪功能，分别绘制两条长度为 3、角度为 150° 和 210° 的线段，如图 3-73（a）所示。

（2）将线段 HI 向左偏移 2，然后拉伸线段，结果如图 3-73（b）所示。

（3）绘制半径为 1 的半圆弧，并利用填充图案“SOLID”填充，结果如图 3-73（c）所示，即暗装插座。

7. 绘制风机盘管

（1）绘制边长为 10 的正方形，捕捉正方形的中心点为圆心并绘制正方形的内接圆，如图 3-74（a）所示。

（2）单击【默认】选项卡中【注释】面板上的 A 按钮，捕捉圆心，利用【文字编辑器】选项卡在圆内填写“%%p”，然后单击“关闭文字编辑器”按钮，结果如图 3-74（b）所示。

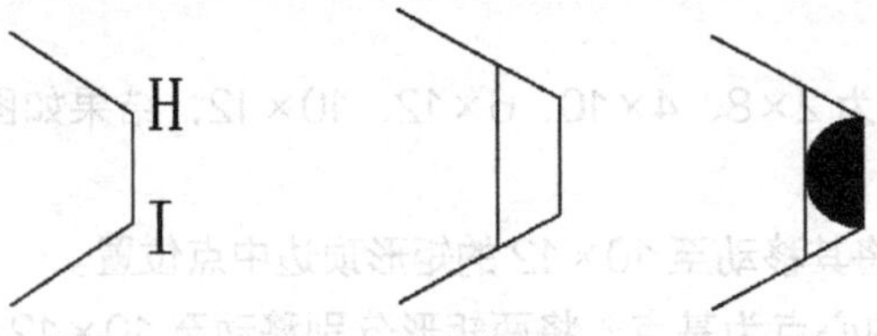

（a）（b）（c）

图 3-73 绘制暗装插座

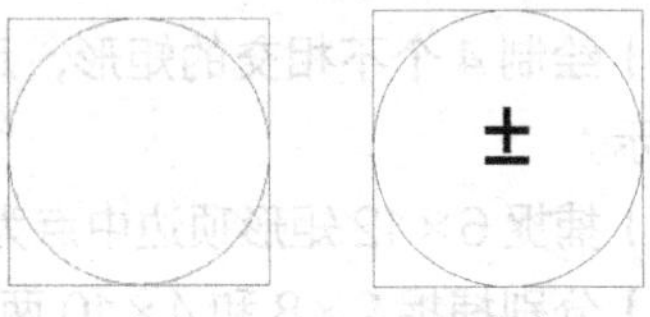

（a）（b）

图 3-74 绘制风机盘管

8. 绘制上下敷管

（1）绘制半径为 1.5 的圆。绘制长为 6、角度为 30° 的线段 A，从线段 A 的右上角端点绘制长为 2.5 角度为 240° 的线段 B，从线段 B 的左下角端点绘制到线段 A 的垂线，结果如图 3-75（a）所示。

（2）将圆内线段修剪掉，然后填充“SOLID”图案，结果如图 3-75（b）所示。

（3）复制线段和填充后的三角到适当位置，结果如图 3-75（c）所示。

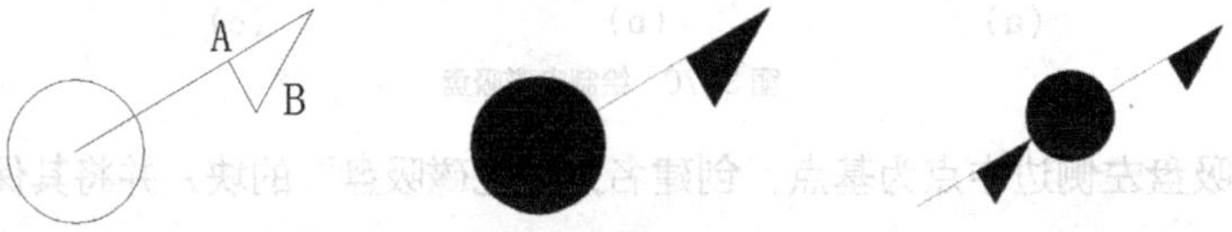

（a）（b）（c）

图 3-75 绘制上下敷管

9. 绘制温控与三速开关控制器

温控与三速开关控制器圆的半径为 4，结果如图 3-76 所示。

10. 绘制管理中心

绘制 35×15 的矩形，然后在矩形内部填写单行文字“管理中心”，文字高度为 3，结果如图 3-77 所示。

11. 绘制主控制器

绘制 14×9 的矩形，用直线将左下和右上的两个角相连，结果如图 3-78 所示。

图 3-76 绘制温控与三速开关控制器

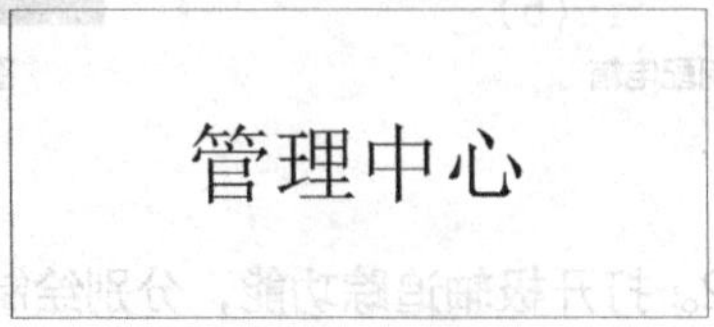

图 3-77 绘制管理中心

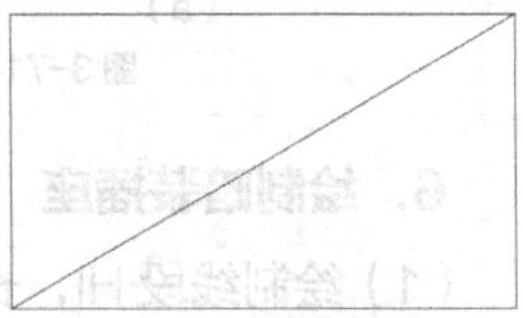

图 3-78 绘制主控制器

12. 绘制8口交换机

（1）在绘图区的适当位置绘制3.8×2.4的矩形，并将其分解。然后水平向左偏移矩形右侧边，偏移距离分别为0.25、0.25、0.9、1.0、0.9、0.25；垂直向下偏移矩形顶边，偏移距离分别为0.25、0.95、0.8，结果如图3-79（a）所示。

绘制8口交换机

（2）修剪多余线段，结果如图3-79（b）所示，即单个网络接口。

（3）水平向右阵列网络接口为1行8列，阵列总间距为32。

（4）绘制40×5的矩形，然后将阵列的图形移动到矩形内部，结果如图3-79（c）所示。

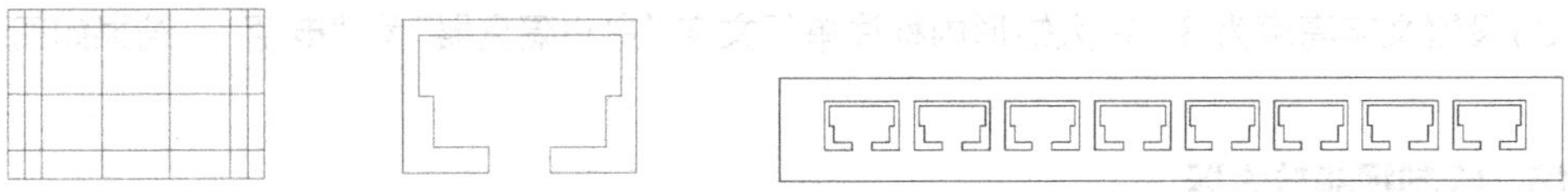

（a） （b） （c）

图3-79 绘制8口交换机

13. 绘制单元门口机和围墙机

（1）在绘图区的适当位置绘制8×4的矩形，然后过矩形上下边的适当点，绘制一尺寸适当的斜线。

（2）分解矩形，并向下偏移矩形顶边，偏移距离均为1.3，结果如图3-80（a）所示。

（3）修剪多余线条，结果如图3-80（b）所示。

（4）捕捉梯形底边左端点并水平向右偏移1.7，再垂直向下偏移1.5确定起点，绘制4×1.3的小矩形。

（5）捕捉梯形顶边左端点并水平向左偏移1.3，再垂直向上偏移1.3确定起点，绘制10×13的矩形。

（6）将小矩形底边左右端点分别与大矩形底边左右端点相连，结果如图3-81（a）所示。

（7）启动多段线命令，以大矩形底边中点为起点垂直向上绘制两段多段线，第一段长度为0.6，宽度均为0，第二段长度为2，起点宽度为1.3，端点宽度为0。

（8）镜像箭头，并保留原对象，结果如图3-81（b）所示。

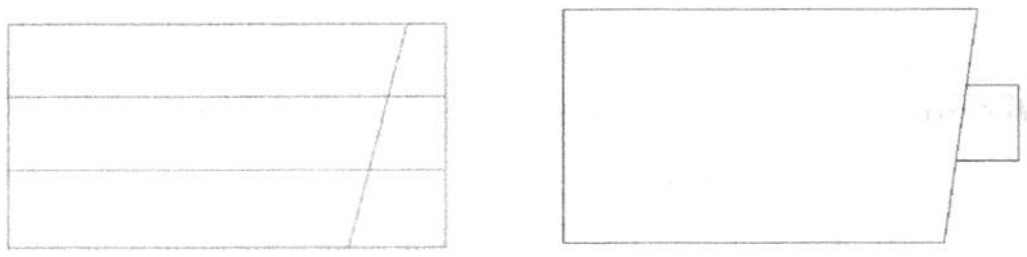

（a） （b）

图3-80 绘制单元门口机和围墙机（1）

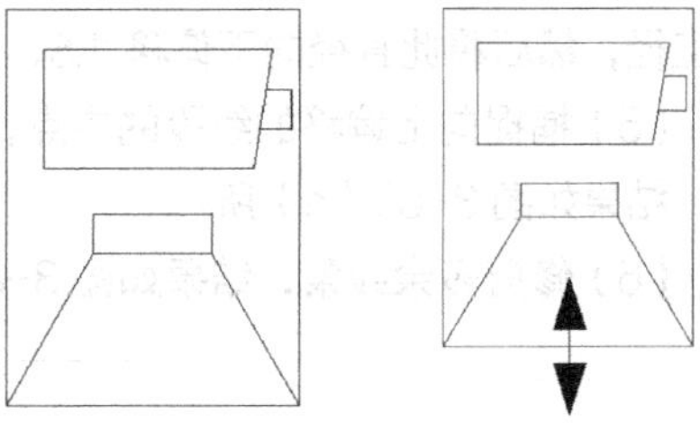

（a） （b）

图3-81 绘制单元门口机与围墙机（2）

14. 绘制电源

（1）在绘图区的适当位置绘制9×10的矩形。

（2）以偏移矩形左下角顶点（1.2，2.5）处为圆心，绘制3个直径分别为1.2、0.8、0.4的同心圆。

（3）以距矩形左上角顶点（3，-1.8）处为起点，绘制5×3.5的小矩形，然后以小矩形中心点为起点，水平向右绘制长度为 4.5 的线段。

（4）设置文字高度为 3，在图形右侧的适当位置标注单行文字“UPS”。

（5）捕捉小矩形的右侧边中点，并垂直向下偏移 0.4 确定起点，水平向左绘制长为 1 的线段，结果如图 3-82（a）所示。

（6）向下阵列此线段，5 行 1 列，阵列总间距为 1，结果如图 3-82（b）所示。

15. 绘制户户隔离器

（1）在绘图区的适当位置绘制 33×25 的矩形。

（2）以距矩形左下角顶点（1.5，1.5）处为起点，绘制 30×7 的小矩形。

（3）设置文字高度为 3，在大矩形内标注单行文字“户户隔离器”和“电源”，结果如图 3-83 所示。

16. 绘制视频放大器

（1）在【草图设置】对话框中，设置【极轴追踪】选项卡的【增量角】为“15”。

（2）启动正多边形命令，在绘图区的适当位置绘制边长为 3.5 的正三角形，结果如图 3-84 所示。

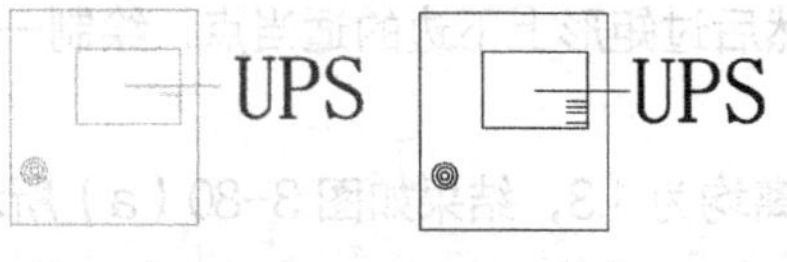

（a）　（b）

图 3-82　绘制电源

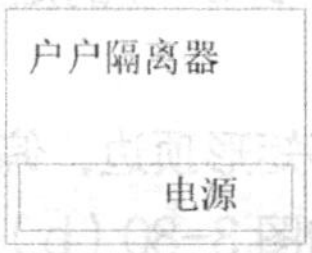

图 3-83　绘制户户隔离器

图 3-84　绘制视频放大器

17. 绘制户内可视分机

（1）在绘图区的适当位置绘制 12×8 的矩形。

（2）以距矩形左上角顶点（7，−1.8）处为起点，绘制 4×3.5 的小矩形，然后将其向内部偏移 0.5，结果如图 3-85（a）所示。

（3）单击【默认】选项卡中【修改】面板上的按钮，倒圆角，设置圆角半径为 0.5，结果如图 3-85（b）所示。

（4）以偏移小矩形左侧边中点（−4，−0.3）处为圆心，绘制直径为 4 的圆，并绘制一条水平直径，然后将此直径向下偏移 1.5，向上偏移 0.5。

（5）捕捉向上偏移的线段的中点，并水平向左偏移 1.5 确定起点，绘制连接线，然后将其镜像，结果如图 3-86（a）所示。

（6）修剪多余线条，结果如图 3-86（b）所示。

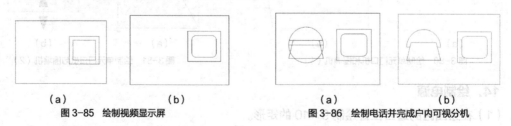

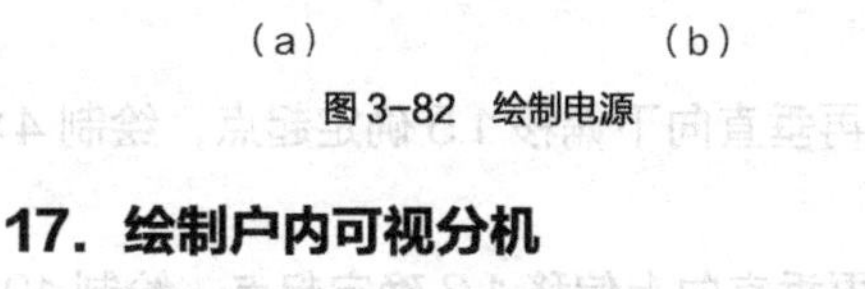

（a）　（b）

图 3-85　绘制视频显示屏

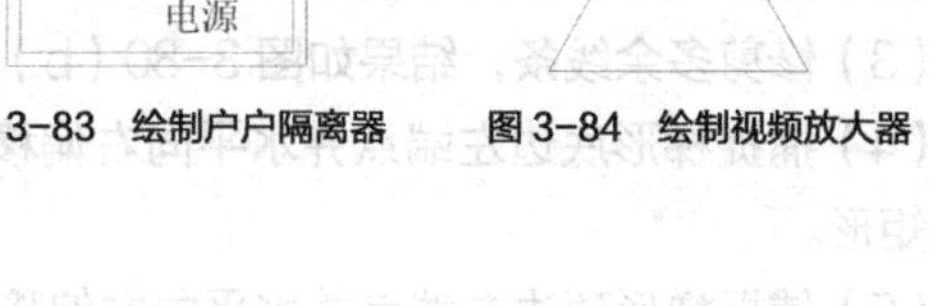

（a）　（b）

图 3-86　绘制电话并完成户内可视分机

18. 绘制紧急报警按钮

（1）在绘图区的适当位置绘制 8×8 的正方形。

(2)捕捉正方形的中点为圆心，绘制直径为5的圆，结果如图3-87所示。

19. 绘制天然气泄漏探测器

(1)在绘图区的适当位置绘制8×8的正方形。

(2)以距正方形右下角顶点(-2.8，2.8)处为圆心，绘制直径为2.6的圆，并利用填充图案“SOLID”填充该圆。

(3)以填充圆的圆心为起点，分别绘制长为3.5且与水平线夹角为105°、长为5且与水平线夹角为135°及长为3.5且与水平线夹角为165°的线段，结果如图3-88所示。

20. 绘制红外微波双鉴报警探测器

(1)在绘图区的适当位置绘制6×8的矩形。

(2)分别以矩形上下两边的中点为圆心、上下两边长为直径，绘制两个圆。

(3)捕捉下圆的上象限点为起点，分别绘制长为5的竖直线段及长为5且与水平夹角为240°的斜线。

(4)修剪多余线条，结果如图3-89(a)所示。

(5)镜像线段，结果如图3-89(b)所示。

图3-87 绘制紧急报警按钮

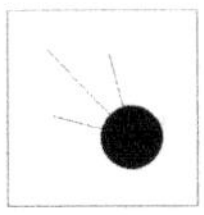

图3-88 绘制天然气泄漏探测器

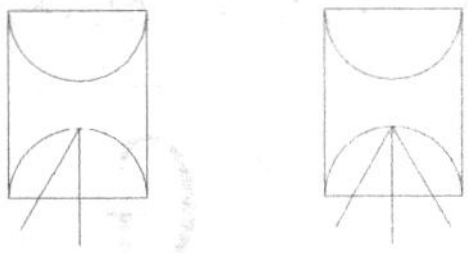

(a) (b)

图3-89 绘制红外微波双鉴报警探测器

21. 绘制门磁开关

(1)在绘图区的适当位置绘制5×8的矩形。

(2)绘制线段AB、CD、DE，其中线段AB长为2，点A距矩形底边中点(0，1)；线段CD长为2，点C距点B(0，3.7)；线段DE长为2且与水平夹角为300°，结果如图3-90所示。

22. 绘制电锁

(1)在绘图区的适当位置绘制7×6的矩形，然后依次连接其各边中点，形成菱形，并删除矩形。

(2)设置文字高度为2.5，在菱形中心位置填写多行文字“EL”，结果如图3-91所示。

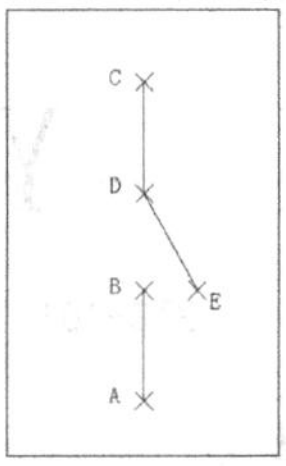

图3-90 绘制门磁开关

图3-91 绘制电锁

23. 绘制智能光电感烟探测器

(1)绘制5×5的正方形，然后绘制其左上角顶点和右下角顶点之间的对角线。

(2)捕捉左上顶点并沿对角线方向斜向下偏移2为起点，绘制长为1.5的垂线，结果如图3-92(a)所示。

（3）将垂线旋转 180° 并复制，然后以对角线的中点镜像对象并删除原对象，结果如图 3-92（b）所示。

（4）修剪多余线条，结果如图 3-92（c）所示。

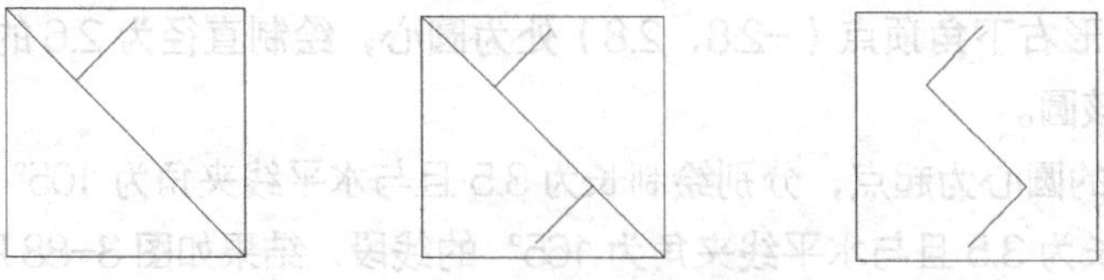

（a） （b） （c）

图 3-92 绘制智能光电感烟探测器

24. 绘制广播模块、电话模块、控制模块、输入模块、气体灭火终端模块及总线隔离器模块

（1）在绘图区的适当位置绘制 5×5 的正方形。

（2）在正方形的正中心位置编辑多行文字“G”，结果如图 3-93 所示，即广播模块。

（3）设置文字高度为 3，复制 5 个广播模块，并将其中的文字“G”分别修改为“H”“C”“M”“T”和“ZG”，结果分别如图 3-94、图 3-95、图 3-96、图 3-97 和图 3-98 所示，即电话模块、控制模块、输入模块、气体灭火终端模块及总线隔离器模块。

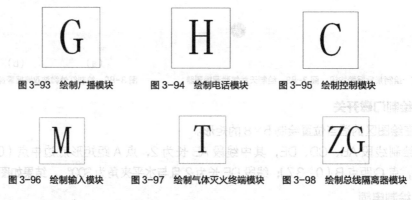

图 3-93 绘制广播模块

图 3-94 绘制电话模块

图 3-95 绘制控制模块

图 3-96 绘制输入模块

图 3-97 绘制气体灭火终端模块

图 3-98 绘制总线隔离器模块

25. 绘制气体喷洒指示灯、电磁阀和压力开关

继续复制 3 个广播模块，并将其中的文字“G”分别修改为“PS”“DC”和“YK”，结果分别如图 3-99、图 3-100 和图 3-101 所示，即分别为气体喷洒指示灯、电磁阀和压力开关。

图 3-99 绘制气体喷洒指示灯

图 3-100 绘制电磁阀

图 3-101 绘制压力开关

26. 绘制转换模块、双动作切换模块、转换接口模块

继续复制 3 个广播模块，并将其中的文字“G”分别修改为“J1”“J2”和“J3”，结果分别如图 3-102、图 3-103 和图 3-104 所示，即分别为转换模块、双动作切换模块和转换接口模块。

27. 绘制电动卷帘门控制箱

（1）在绘图区的适当位置绘制 6.5×5 的矩形。

（2）在矩形的中心位置填写多行文字“JLM”，结果如图 3-105 所示，即卷帘门控制箱。

图3-102 绘制转换模块

图3-103 绘制双动作切换模块

图3-104 绘制转换接口模块

图3-105 绘制电动卷帘门控制箱

28. 绘制配电照明箱、排烟防火阀、防火调节阀及湿式自动报警阀

（1）在绘图区的适当位置绘制6.5×3的矩形，然后连接两对角线，结果如图3-106所示，即配电照明箱。

（2）复制图3-106所示的图形，以距矩形中心点（-1,0.8）处为起点，绘制2×0.6的矩形，并利用填充图案“SOLID”填充该矩形，结果如图3-107所示，即排烟防火阀。

（3）复制图3-107所示的圆形，并利用填充图案“SOLID”填充左右两三角形区域，结果如图3-108所示，即防火调节阀。

（4）复制图3-106所示的圆形，捕捉对角线交点并垂直向上绘制长为2.5的线段，然后以该线段的上端点为圆心绘制直径为1.5的圆，并用填充图案“SOLID”填充图形。

（5）分解矩形，并删除矩形上下两边，结果如图3-109所示，即湿式自动报警阀。

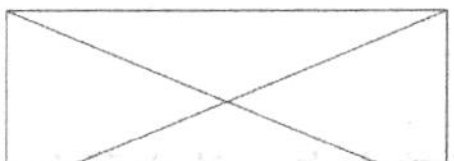

图3-106 绘制配电照明箱

图3-107 绘制排烟防火阀

图3-108 绘制防火调节阀

图3-109 绘制湿式自动报警阀

29. 绘制火灾报警显示盘和电梯控制箱

（1）在绘图区的适当位置绘制6.5×3的矩形。

（2）捕捉矩形左上角顶点，并垂直向下偏移0.7，绘制线段到矩形右侧边，结果如图3-110所示，即火灾报警显示盘。

（3）复制6.5×3的矩形，然后连线其左右两侧的中点，并利用填充图案“SOLID”填充矩形下侧的封闭区域，结果如图3-111所示，即电梯控制箱。

30. 绘制紧急启停按钮和水流指示器

（1）在绘图区的适当位置绘制5×5的正方形，然后连线左下角顶点与右上角顶点的对角线，并在对角线上下两侧的适当位置填写多行文字“Q”和“T”，文字高度为3，结果如图3-112所示，即紧急启停按钮。

（2）在绘图区的适当位置绘制5×5的正方形，然后捕捉其左侧边中点，并水平向右偏移0.5确定起点，绘制长为2.7的线段。

（3）启动多段线命令，捕捉线段的右端点水平向右绘制多段线，其起点宽度为0.5，端点宽度为0，长度为1.3，结果如图3-113所示，即水流指示器。

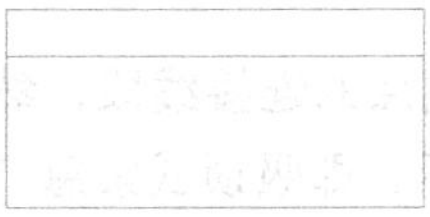

图3-110 绘制火灾报警显示盘

图3-111 绘制电梯控制箱

图3-112 绘制紧急启停按钮

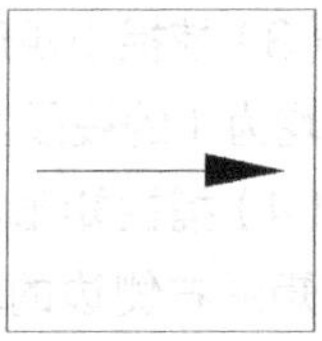

图3-113 绘制水流指示器

31. 绘制排烟兼排气风机控制箱和加压送风机控制箱

（1）在绘图区的适当位置绘制直径为 5 的圆，然后在圆内绘制一个内接于圆的正三角形，结果如图 3-114 所示，即排烟兼排气风机控制箱。

（2）复制图 3-114 所示的圆形，然后连线三角形上顶点至下底边中点，并利用填充图案“SOLID”填充三角形的右侧封闭区域，结果如图 3-115 所示，即加压送风机控制箱。

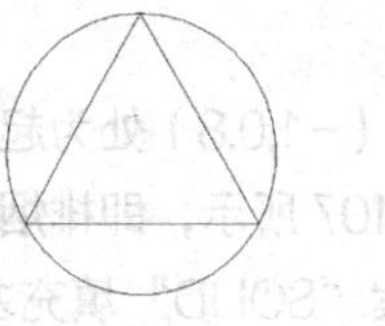

图 3-114 绘制排烟兼排气风机控制箱

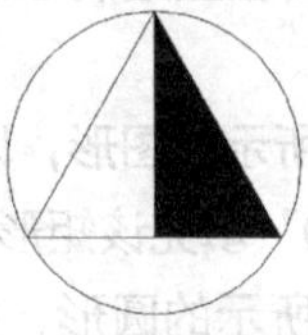

图 3-115 绘制加压送风机控制箱

32. 绘制编码手动报警按钮

（1）在绘图区的适当位置绘制 5×5 的正方形。

（2）以距正方形左上角顶点（1.7，−1）处为圆心，绘制直径为 3 的圆，并绘制圆的水平直径，结果如图 3-116（a）所示。

（3）修剪并删除多余线条，结果如图 3-116（b）所示。

（4）捕捉圆的下象限点并垂直向下绘制长为 1.8 的线段，然后捕捉其中点，并水平向右偏移 2 确定圆心，绘制直径分别为 1 和 2 的同心圆，结果如图 3-116（c）所示，即编码手动报警按钮。

（a）　（b）　（c）

图 3-116 绘制编码手动报警按钮

33. 绘制编码消火栓报警按钮

（1）在绘图区的适当位置绘制 5×5 的正方形，然后以其中心点为圆心绘制直径分别为 3 和 4 的同心圆。

（2）绘制小圆的 45° 直径和 135° 直径，结果如图 3-117 所示，即编码消火栓报警按钮。

34. 绘制吸顶式紧急广播音箱

（1）在绘图区的适当位置绘制直径为 5 的圆。

（2）以距圆心（−1.3，0.7）处为起点绘制 1.2×1.5 的矩形。

（3）捕捉小矩形右侧边中点，并水平向右偏移 1.2 确定起点，分别垂直向上和垂直向下绘制长度均为 1 的线段。

（4）捕捉矩形右上角端点向下偏移 0.3 为起点，绘制与右侧线段端点的连接线段，然后以过矩形右侧边的水平线为镜像线，镜像此斜线，结果如图 3-118 所示，即吸顶式紧急广播音箱。

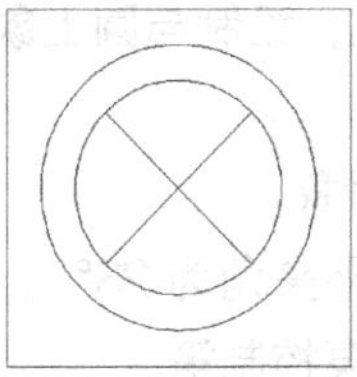

图 3-117 绘制编码消火栓报警按钮

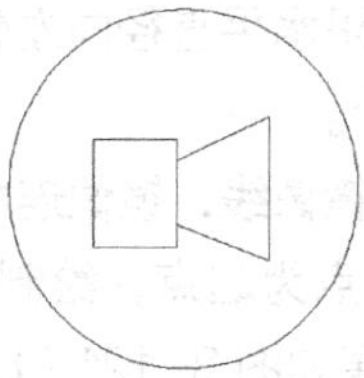

图 3-118 绘制吸顶式紧急广播音箱

35. 绘制报警电话

（1）在绘图区的适当位置绘制 5×5 的正方形，然后以其中心点为圆心，绘制直径为 4 的圆，并绘制圆的水平直径。修剪掉下半圆，结果如图 3-119（a）所示。

（2）分别向上、向下偏移水平直径 0.5、2。

（3）捕捉点 A 向右偏移 0.8 为起点，捕捉点 B 水平向右偏移 0.2 为终点，绘制两点间的连接线，再以水平直径的中线为镜像线，镜像该连接线，结果如图 3-119（b）所示。

（4）修剪多余线段，结果如图 3-119（c）所示，即报警电话。

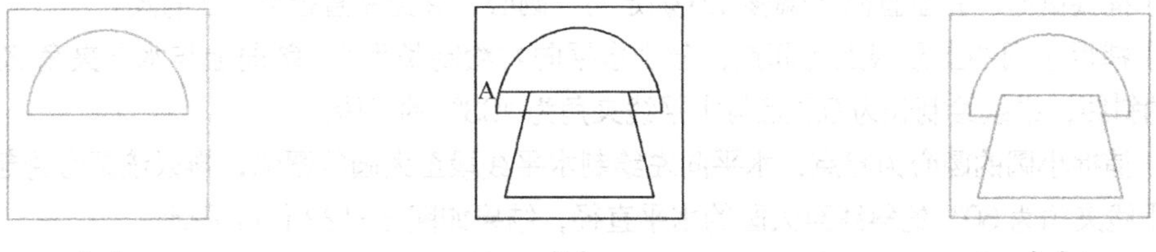

图 3-119 绘制报警电话

36. 绘制编码火灾声光报警器

（1）在绘图区的适当位置绘制封闭线框，其中线段 CD 长为 1.5、DE 长为 3.5、EF 长为 2.5，并封闭图形，然后以纵向线为镜像线，镜像图形，结果如图 3-120（a）所示。

（2）以距点 E（-0.9，1）处为圆心绘制直径为 1.4 的圆，然后以距圆心（-0.4，2）处为起点绘制 0.8×1.5 的矩形。修剪多余线条，结果如图 3-120（b）所示。

（3）以距点 E（0.5，0.4）处为起点，绘制 1×0.8 的矩形。

（4）捕捉此矩形的左上角顶点，并水平向右偏移 0.2 确定起点，垂直向上绘制长为 2 的线段。

（5）捕捉此矩形的右上角顶点，并水平向左偏移 0.2 确定起点，垂直向上绘制长为 1.5 的线段，然后连线，结果如图 3-120（c）所示，即编码火灾声光报警器。

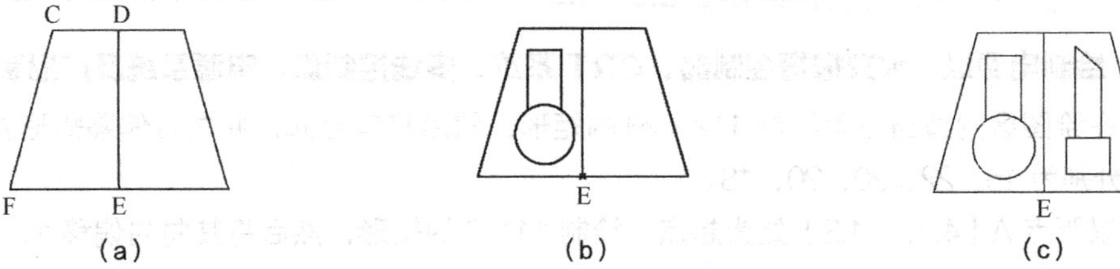

图 3-120 绘制编码火灾声光报警器

37. 绘制喷淋泵控制箱

（1）在绘图区的适当位置绘制直径为 5 的圆，然后绘制其水平和竖直半径，并修剪掉下半圆的弧线。

（2）捕捉圆心，并沿水平直径向左偏移 1.3 处为起点，绘制与圆上象限点之间的连接线，结果如图 3–121（a）所示。

（3）以竖直半径为镜像线，镜像连接线，并保留原对象。

（4）捕捉圆上象限点为起点，绘制长为 1.2 且与水平夹角为 23°、长为 0.7 且与水平线夹角为 193° 的折线，结果如图 3–121（b）所示，即喷淋泵控制箱。

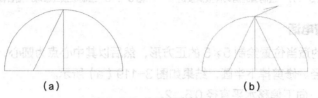

（a）　（b）

图 3–121　绘制喷淋泵控制箱

38. 绘制消防泵控制箱

（1）在绘图区的适当位置绘制直径为 5 的圆，然后绘制其水平直径，并修剪掉下半圆的圆弧。

（2）捕捉圆心，并垂直向上偏移 1.5 确定另一圆心，并绘制直径为 1.2 的圆。

（3）捕捉小圆的上象限点为起点，分别水平向右绘制长为 1、斜向上与水平夹角 23° 且长为 1.7 的斜线，继续绘制长为 0.7 且与水平线夹角为 193° 的线段。

（4）捕捉小圆的圆心为起点，水平向左绘制水平线段至大圆的圆弧，再以该圆心为起点，绘制与水平线夹角为 60° 的斜线至大圆的水平直径，结果如图 3–122（a）所示。

（5）以大圆的纵向半径为镜像线，镜像此斜线，然后修剪多余线条，结果如图 3–122（b）所示，即消防泵控制箱。

39. 绘制气体灭火控制盘

（1）在绘图区的适当位置绘制 26×5 的矩形。

（2）在矩形中心位置填写多行文字“气体灭火控制”，结果如图 3–123 所示，即气体灭火控制盘。

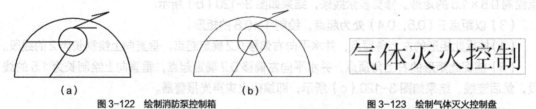

（a）　（b）

图 3–122　绘制消防泵控制箱

图 3–123　绘制气体灭火控制盘

40. 绘制电源盘、火灾报警控制器、CRT 系统、多线控制盘、电源系统及广播系统

（1）在绘图区的适当位置绘制 112×20 的矩形，然后将其分解，并向右偏移矩形左侧边，偏移距离分别为 15、22、20、20、18。

（2）以距点 A（4.4，–1.3）处为起点，绘制 11×9 的矩形，然后将其向内偏移 1，结果如图 3–124（a）所示。

（3）单击【默认】选项卡中【修改】面板上的按钮，设置圆角半径为 0.8，将小矩形倒圆角。

（4）设置文字高度为 3，在图框的适当位置填写多行文字“电源盘”“火灾报警控制器”“CRT 系统”“多线控制盘”“电源系统”及“广播系统”，结果如图 3–124（b）所示。

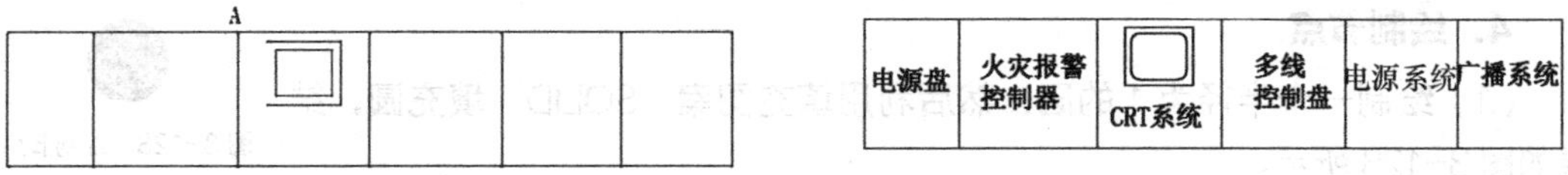

（a） （b）

图 3-124 绘制电源盘、火灾报警控制器、CRT 系统、多线控制盘、电源系统及广播系统

3.7 导线和连接器件类符号的绘制

1. 绘制电源接线端

（1）绘制一条长为 8 且与水平线夹角为 45° 的线段，然后捕捉该线段的中点垂直向下绘制一条长为 9 的线段，结果如图 3-125（a）所示。

（2）捕捉两线段交点为圆心，绘制一个半径为 3 的圆，结果如图 3-125（b）所示。

（3）以垂直线段的下端点为基点，创建名为“电源接线端”的块，并将其保存。

2. 绘制网络接线盒

（1）绘制 10×10 的矩形，然后以距其左侧边中点（1.5，1.5）处为起点，绘制 3×3 的正方形。

（2）单击【默认】选项卡中【修改】面板上的按钮，将矩形的两个底角倒角，距离为 0.6，结果如图 3-126（a）所示。

（3）以矩形纵向中线为镜像线，镜像图形，并保留原对象，结果如图 3-126（b）所示，即网络接线盒。

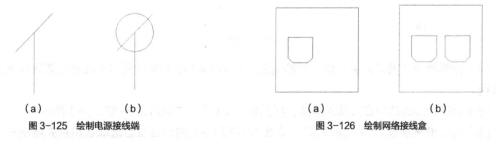

（a） （b）

图 3-125 绘制电源接线端

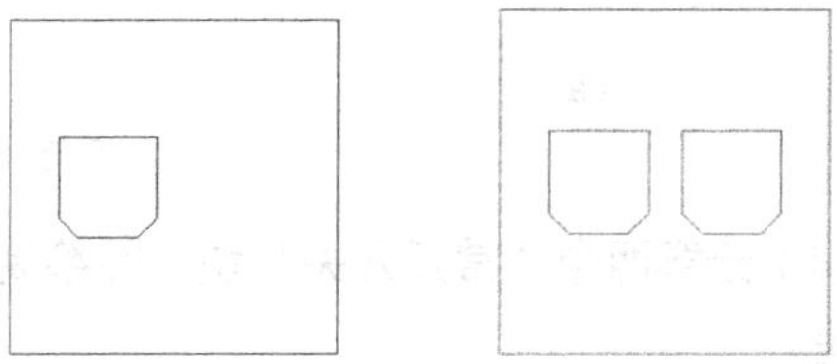

（a） （b）

图 3-126 绘制网络接线盒

3. 绘制配线架 MDF

（1）在绘图区的适当位置绘制 6×14 的矩形，然后距其右边水平向右 11 处复制，结果如图 3-127（a）所示。

（2）捕捉点 A 向下偏移 4 确定起点，捕捉点 B 向上偏移 4 确定终点，绘制两点间的连接线，然后将其镜像，结果如图 3-127（b）所示，即一种配线架图形。

（3）水平向右复制图 3-127（b）所示的图形，并将其左侧矩形与右侧矩形完全重合，再删掉其中的一个重合矩形，结果如图 3-127（c）所示，即另一种配线架图形。

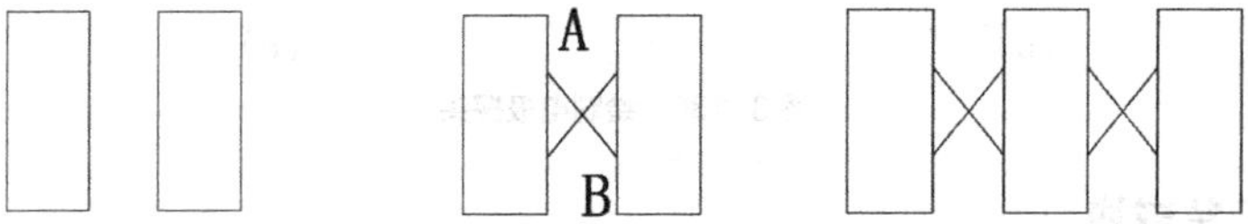

（a） （b） （c）

图 3-127 绘制配线架 MDF

4. 绘制节点

（1）绘制一个半径为 1 的圆，然后利用填充图案“SOLID”填充圆，结果如图 3-128 所示。

图 3-128 绘制节点

（2）以圆心为基点，创建名为“节点”的块，并将其保存。

3.8 其他电气符号的绘制

1. 绘制电极探头

（1）单击【默认】选项卡中【块】面板上的按钮，在打开的【插入】对话框中单击浏览(B)...按钮，选择符号块“常开开关”，设定其【插入点】为“在屏幕上指定”，设定【比例】为“在屏幕上指定”，设定【旋转】角度为“180”，其他为默认。

（2）单击确定按钮，关闭该对话框。在绘图区域中选取适当点为插入点插入该块，结果如图 3-129（a）所示。

（3）重复操作步骤（1），但需要设置【旋转】分组框中的【角度】为“0”，在绘图区的适当位置再次插入块“常开开关”，然后移动该块使其与旋转 180° 的块水平且保持适当距离，结果如图 3-129（b）所示。

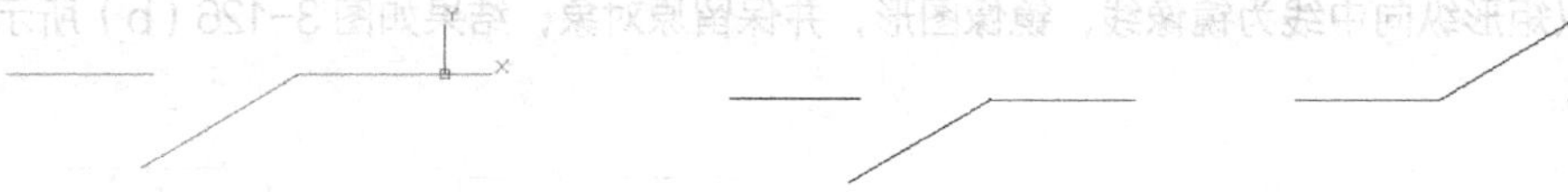

（a） （b）

图 3-129 绘制电极探头

（4）分解两个“常开开关”块，并绘制图 3-130（a）所示中间两水平线的相邻端点之间的连接线。

（5）捕捉连接线的中点为插入基点，插入块“节点”，结果如图 3-130（a）所示。

（6）将当前图层设置为“虚线层”，在图 3-130（a）的适当位置选取起始点并绘制一个尺寸适当的矩形，结果如图 3-130（a）所示。

（7）以垂直过节点圆心的直线为镜像线，镜像虚线矩形到节点的另一侧，结果如图 3-130（b）所示。

（8）以左侧水平线的最左侧端点为基点，创建名为“电极探头”的块，并将其保存。

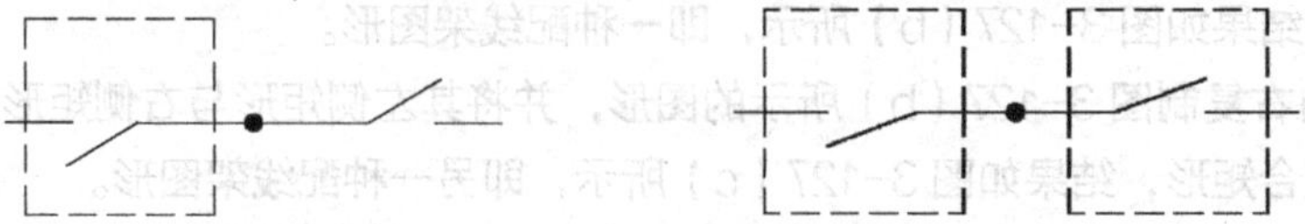

（a） （b）

图 3-130 绘制电极探头

2. 绘制 UF 集成块

（1）绘制 220×90 的矩形，并分解该矩形。

（2）水平向右偏移矩形左侧边 10，然后将偏移后的线段分别向上和向下拉长 30，再将拉长后的线段向右依次偏移 20、20、30、30、20、20、20、20、20；再垂直向下偏移矩形顶边，偏移量依次为 30、30，结果如图 3-131 所示。

（3）修剪并删除多余线段，结果如图 3-132（a）所示。

（4）在与矩形顶边的交点处将线段 C、D 打断，然后将线段 A、B、C、D 分别向下偏移 4，结果如图 3-132（b）所示。

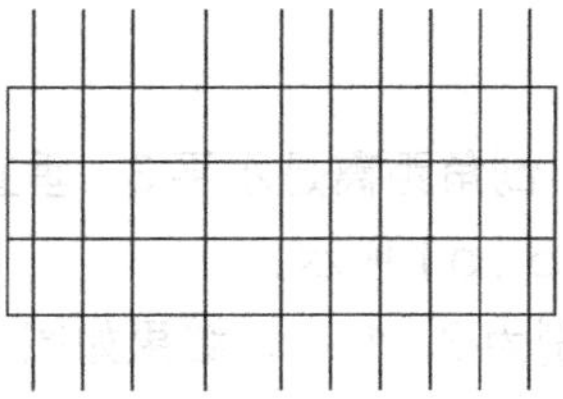

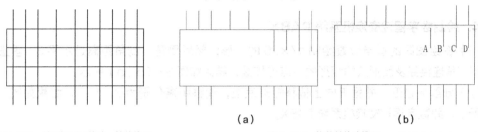

图 3-131 绘制矩形及偏移、拉伸线段

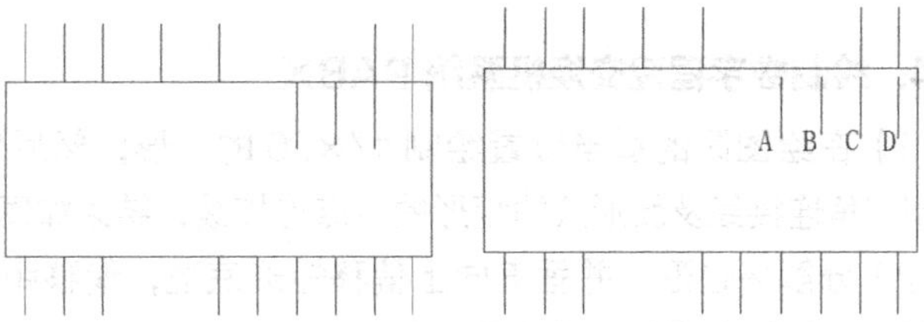

（a） （b）

图 3-132 修剪并偏移线段

（5）绘制半径为 2 的圆。分别捕捉圆的上象限点和下象限点为基点，复制该圆到图中各相应线段的端点处，结果如图 3-133（a）所示。

（6）填写单行文字，字体高度为 7，在图中的各相应接线处添加数字和字母文字，结果如图 3-133（b）所示。

（7）以最左下角端点为基点，创建名为“UF 集成”的块，然后将其保存。

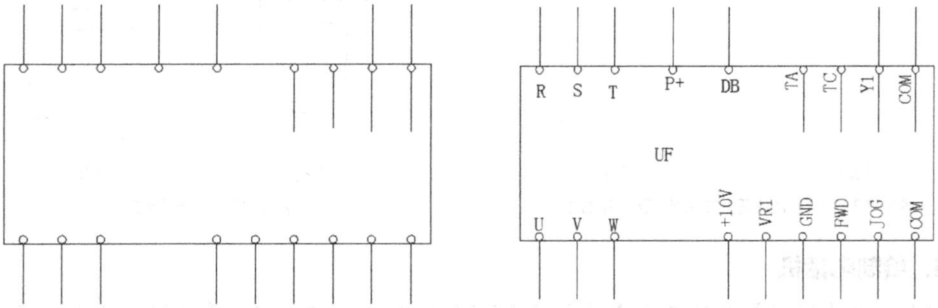

（a） （b）

图 3-133 绘制圆及填写文字

3. 绘制接地符号

（1）绘制一条长度为 8.3 的竖直线段。

（2）捕捉竖直线段的下端点为起点水平向右绘制长为 1.5 的线段。

（3）以距竖直线段下端点（0，1.4）处为起点，水平向右绘制长为 2.5 的线段。

（4）捕捉竖直线段的上端点为基点并垂直向下偏移 4 确定起点，水平向右绘制长为 3.5 的线段，结果如图 3-134（a）所示。

（5）以步骤（1）所绘竖线为镜像线，镜像步骤（2）、（3）、（4）所绘水平线段，并保留源对象，结果如图 3-134（b）所示。

（6）修剪掉多余线段，结果如图 3-134（c）所示，即为接地符号。

（7）以接地符号竖线的上端点为基点，创建名为“接地符号”的块，并将其保存。

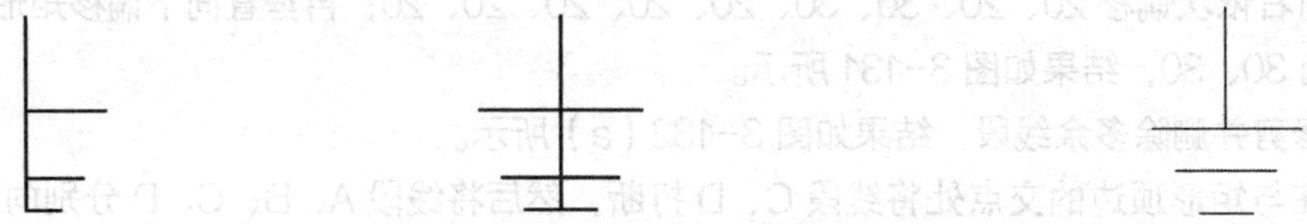

(a) (b) (c)

图 3-134 绘制“接地符号”

4. 绘制数字程控交换机系统 PABX

（1）在绘图区的适当位置绘制 17×20 的矩形，然后倒角，倒角距离是水平 3、垂直 1.5，再绘制倒角连接线及新形成的矩形的中点连接线，结果如图 3-135（a）所示。

（2）分解多边形，并垂直向上偏移矩形底边，偏移距离分别为 3、1、1，结果如图 3-135（b）所示，即数字程控交换机系统 PABX。

5. 绘制计算机

（1）在绘图区的适当位置绘制 10×9 的矩形，然后将其向内偏移 2。

（2）捕捉大矩形的底边中点并垂直向下偏移 1 确定起点，水平向右绘制长为 5 的线段。

（3）捕捉线段的左端点，并水平向下偏移 2 确定起点，水平向右绘制长为 6 的线段并连线，结果如图 3-136（a）所示。

（4）以矩形纵向中线为镜像线，镜像线段，结果如图 3-136（b）所示，即计算机。

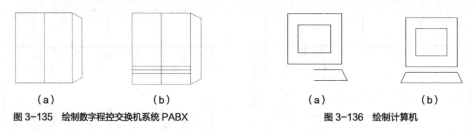

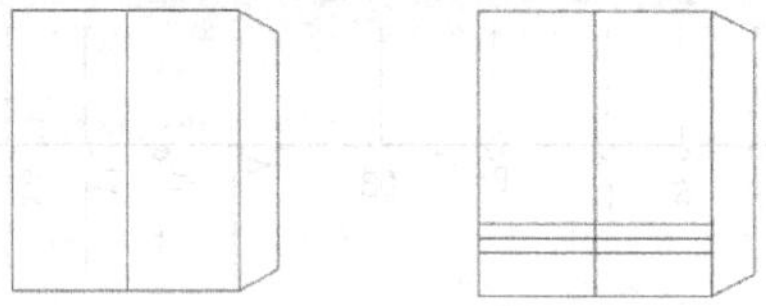

(a) (b)

图 3-135 绘制数字程控交换机系统 PABX

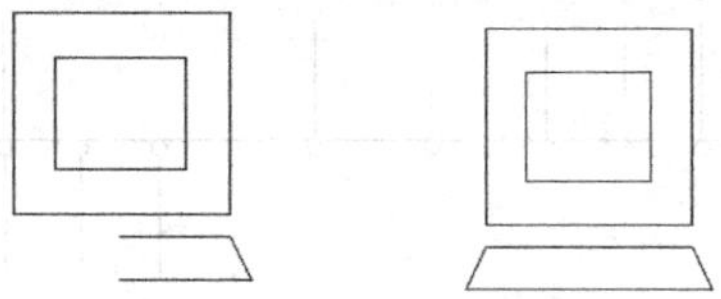

(a) (b)

图 3-136 绘制计算机

6. 绘制电话机

（1）单击【视图】选项卡中【选项板】面板上的按钮，打开【设计中心】对话框，如图 3-137 所示。

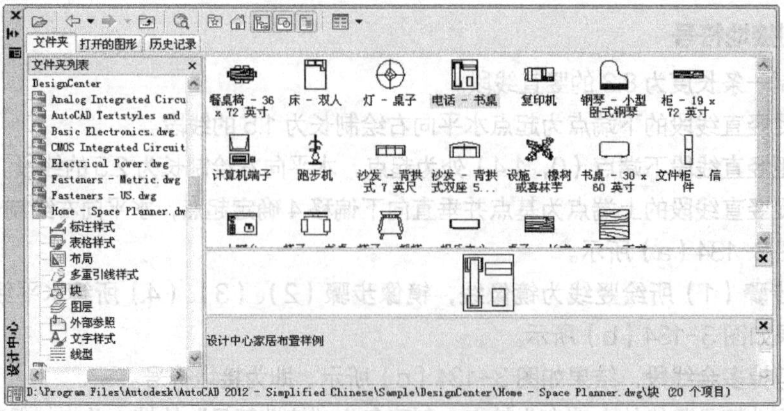

图 3-137 【设计中心】对话框

要点提示

利用 AutoCAD 的“设计中心”可直接插入相应的元器件块，再根据当前绘图需要进行适当的比例缩放，无需另行绘制。

（2）进入【文件夹】选项卡，选择文件路径“Autodesk\AutoCAD 2014\Sample\zh-CN\DesignCenter\Home - Space Planner.dwg”，双击图标，展开所有相应的块文件。

（3）双击其中的“电话 - 书桌”图标，打开【插入】对话框，设置【插入点】为“在屏幕上指定”，在【比例】分组框中选择“统一比例”复选项，然后在【X】文本框中输入“0.04”，如图 3-138 所示。

（4）在绘图区的适当位置选取一点作为块的插入点，插入“电话 - 书桌”块，并关闭【设计中心】对话框，结果如图 3-139 所示。

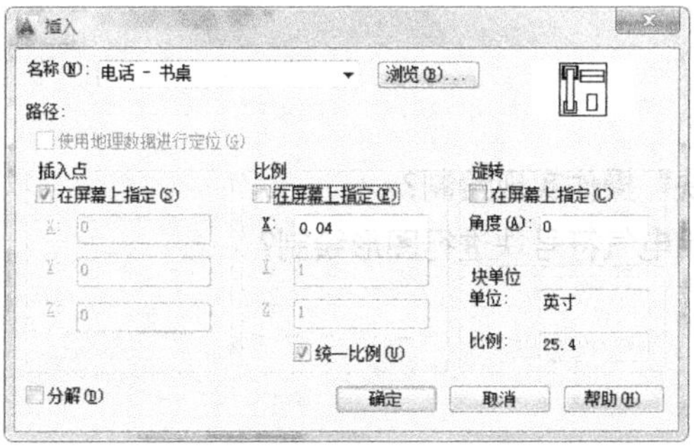

图 3-138 【插入】对话框

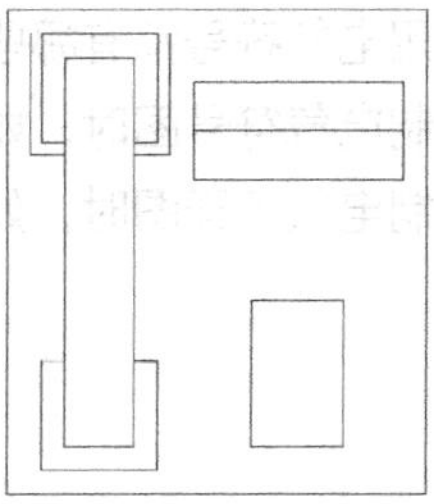

图 3-139 插入“电话 - 书桌”块

7. 绘制蓄电池组

（1）绘制 1×3.5 的矩形，然后将其分解，再水平向左偏移矩形左边，偏移距离为 0.5，结果如图 3-140（a）所示。

（2）水平向右复制图 3-140（a）所示的图形，复制距离为 2，结果如图 3-140（b）所示。

（3）绘制左侧矩形右边中点与右侧纵向线段中点之间的连接线，结果如图 3-140（c）所示，即蓄电池组。

（4）以图 3-140（c）所示最左侧竖线的上端点为基点，创建名为“蓄电池组”的块，并将其保存。

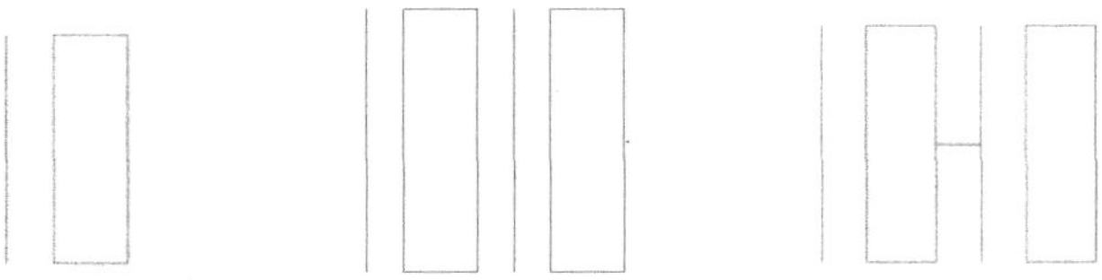

（a）（b）（c）

图 3-140 绘制蓄电池组

要点提示

由于篇幅所限，后续章节可能用到的图块将不再一一介绍其具体的绘制方法，读者可以直接从人邮教育社区（www.ryjiaoyu.com）上免费下载。

小结

本章针对电气工程制图中常用的电气符号进行了分类，并系统讲解了如何利用 AutoCAD 的相关命令绘制各符号，并以符号“块”的形式进行存储，以便于后续各章节中电气工程图的顺利绘制。

习题

1. 常用电气符号都有哪些分类?
2. 绘制电气符号图时，如何利用“块”操作实现绘制?
3. 绘制电气工程图时，如何综合利用电气符号块进行图形绘制?

Chapter

4

第4章 工业控制电气工程图的绘制

【学习目标】

- 熟练掌握绘制工厂电气中的主接线图。
- 掌握工业控制电气图中各个元器件的绘制方法。
- 了解工业控制电气中常用的设备、器件及其符号。

本章将以工业中比较常见的电机拖动控制系统电路、液位控制系统电路和变频调速控制电路为例，详细讲解工业控制电气图的绘制。

AutoCAD 2014

4.1 创建自定义样板文件

本节将着重讲解如何为具有相同图层、文字样式、标注样式和表格样式的工业控制电气图创建通用的自定义样板文件。

1. 设置图层

本例一共设置以下 3 个图层："外框线层""文字编辑"和"虚线层"，将"外框线层"设置为当前图层。设置好的各图层属性如图 4-1 所示。

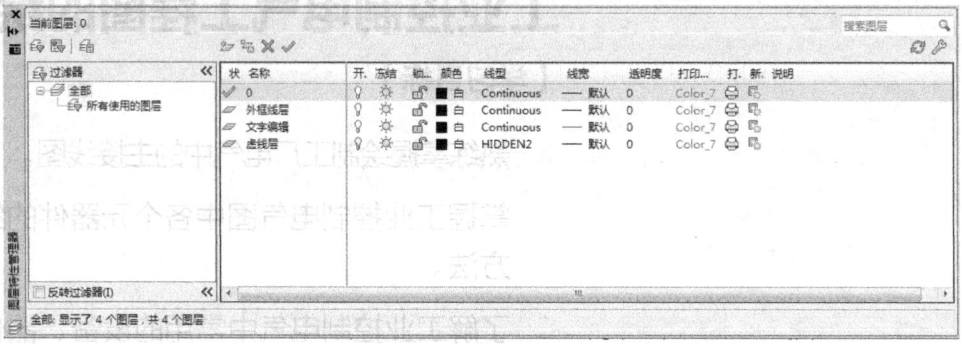

图 4-1 设置图层

2. 设置文字样式

（1）选择菜单命令【格式】/【文字样式】，弹出【文字样式】对话框。

（2）创建名为"工业控制"的文字样式。设置【字体名】为"宋体"，设置【字体样式】为"常规"，其他为系统默认，并将该文字样式置为当前应用状态，如图 4-2 所示。

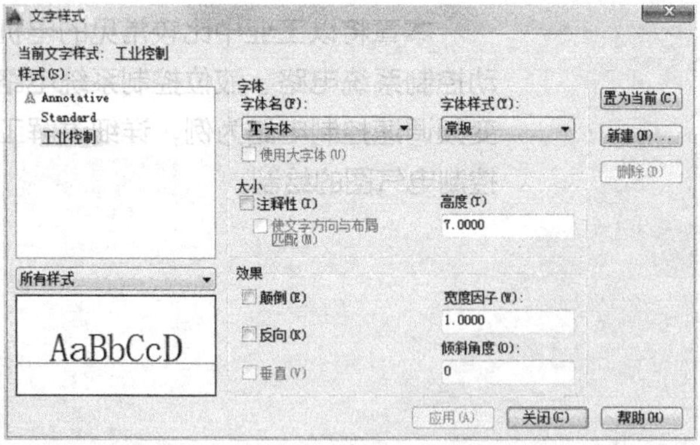

图 4-2 【文字样式】对话框

3. 保存为自定义样本文件

（1）单击快速访问工具栏上的按钮，弹出【图形另存为】对话框，选择【文件类型】为"AutoCAD 图形样板（*.dwt）"，输入【文件名】为"工业控制电气图用样板"，如图 4-3 所示。

（2）单击 保存(S) 按钮，弹出【样板选项】对话框，如图 4-4 所示。选择【测量单位】为"公制"，在【新图层通知】分组框中选择"将所有图层另存为未协调"单选项。

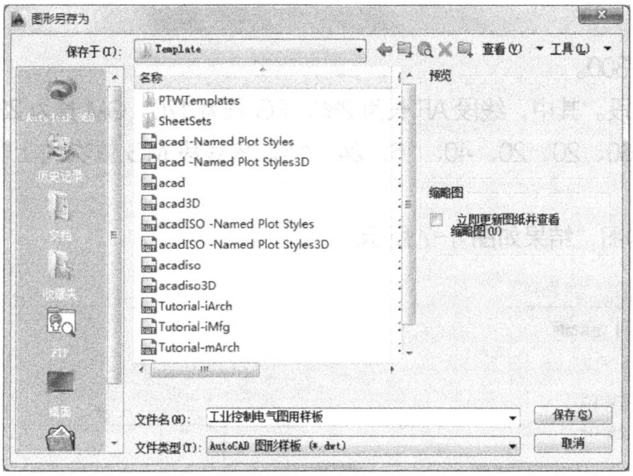

图 4-3 【图形另存为】对话框

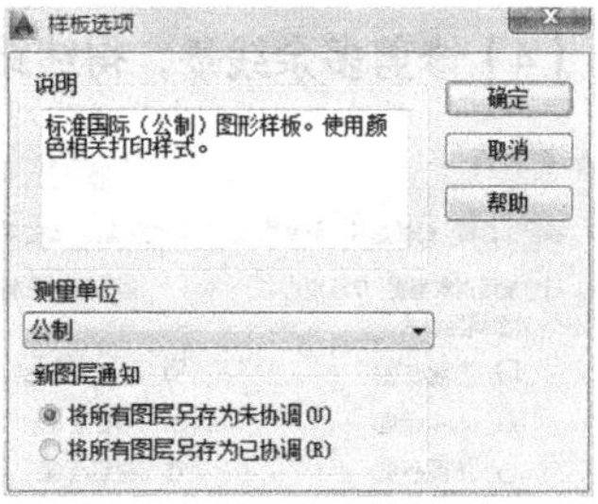

图 4-4 【样板选项】对话框

（3）单击 确定 按钮，关闭【样板选项】对话框，样板文件创建完毕。

4.2 电机拖动控制系统电路图的绘制

图 4-5 所示为并励直流电动机串联电阻起动电路图，这是一种很常见的电机拖动控制系统电路图。该电路图结构相对比较简单，本节将详细介绍其绘制方法。

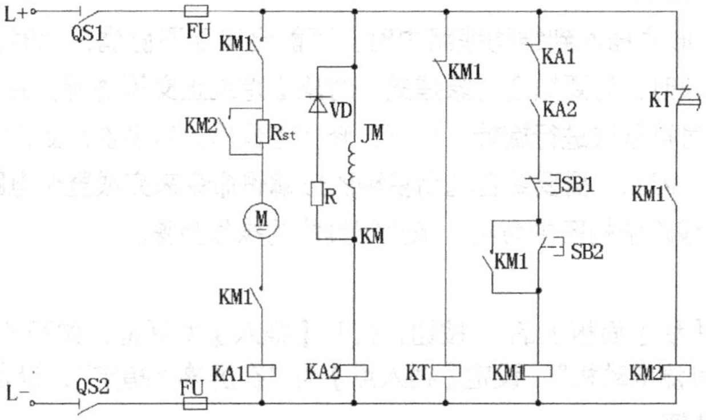

图 4-5 并励直流电动机串联电阻起动电路图

电机拖动控制系统电路图的绘制

1. 建立新文件

（1）启动 AutoCAD 2014 应用程序。

（2）在命令行键入命令“NEW”或单击快速访问工具栏上的按钮，在弹出的【选择样板】对话框中选择样板文件为“工业控制电气图用样板 .dwt”。

（3）在命令行中输入命令“OSNAP”，弹出【草图设置】对话框，如图 4-6 所示，将其中的选项全部选中，以便于后期操作。

（4）单击快速访问工具栏上的按钮，在弹出的【图形另存为】对话框中设置【文件类型】为“AutoCAD 2014/LT2014 图形（*.dwg）”，输入【文件名】为“电机拖动控制系统电路图 .dwg”，并设置保存路径。

2. 绘制线路结构图

（1）设定绘图区域大小为 400×300。

（2）在绘图区的适当位置绘制线段。其中，线段 AF 长为 280、FG 长为 170，GM 长为 280。

（3）将线段 FG 依次向左偏移 60、20、20、40、16、24、14，将线段 MG 依次向上偏移 49、26、4、29、20、22。

（4）修剪多余线条，得线路结构图，结果如图 4-7 所示。

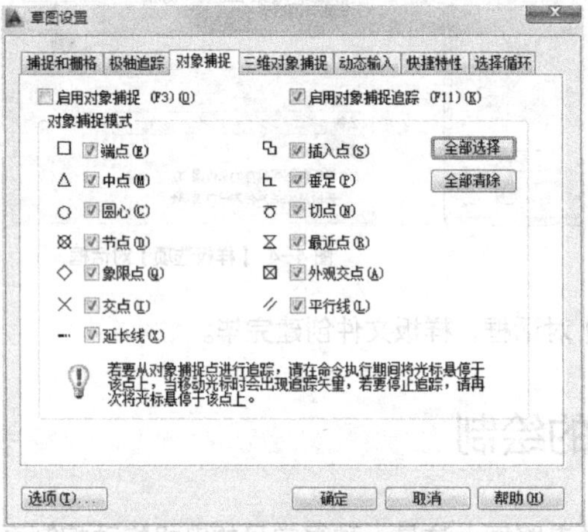

图 4-6 【草图设置】对话框

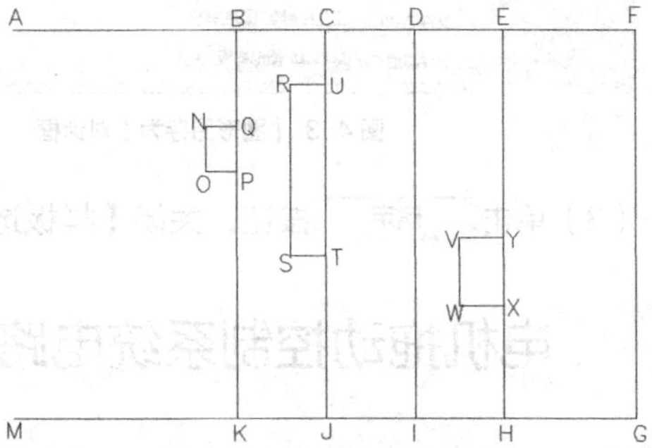

图 4-7 绘制线路结构图

3. 将实体符号插入到线路结构图

单独绘制的符号以"块"的形式插入到结构线路中时，可能会出现不协调，此时需要根据实际情况来缩放。插入实体符号块时，需要结合对象捕捉、对象追踪或正交等功能，并选择合适的块插入点。此外，也可能需要对符号块进行旋转、平移、修剪等操作。当多次用到同一元器件时，可将相应的符号块进行复制。因此，需要综合利用多种图形编辑命令来完成整个电路图。

下面将以实体符号块插入到线路结构图中为例，来介绍具体的操作步骤。

（1）插入块"直流电动机"

① 单击【默认】选项卡中【块】面板上的按钮，打开【插入】对话框，如图 4-8 所示。从【名称】下拉列表中选择块"直流电动机"，设定【插入点】为"在屏幕上指定"，设定【比例】为"在屏幕上指定"，其他为默认值。

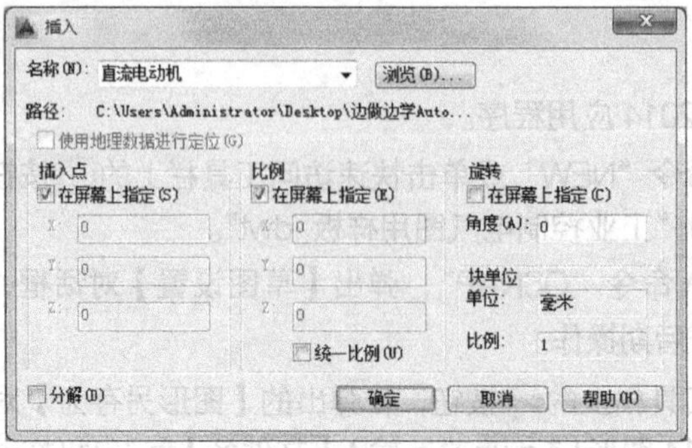

图 4-8 【插入】对话框

② 单击 确定 按钮，关闭【插入】对话框，返回绘图区。

③ 在线路 PK 上拾取适当点作为块的插入点，插入块“直流电动机”，结果如图 4-9（a）所示。

④ 修剪图形，结果如图 4-9（b）所示。

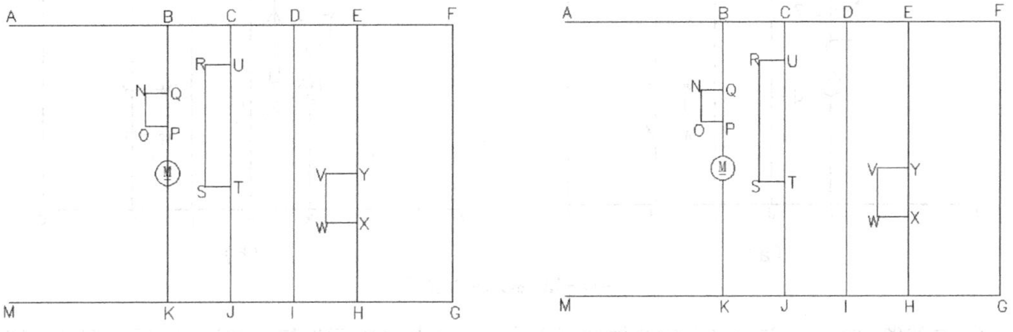

（a）　　（b）

图 4-9 插入块“直流电动机”

（2）插入块“二极管”

① 单击【默认】选项卡中【块】面板上的按钮，打开【插入】对话框，如图 4-10 所示。从【名称】下拉列表中选择块“二极管”，设定【插入点】为“在屏幕上指定”，设定【比例】为“在屏幕上指定”，设定【旋转】分组框中的【角度】为“90”，其他为默认值。

② 单击 确定 按钮，关闭【插入】对话框，返回绘图区。

③ 在线路RS上拾取适当点作为块的插入点，先将块“二极管”按适当比例进行缩放再插入，结果如图 4-11 所示。

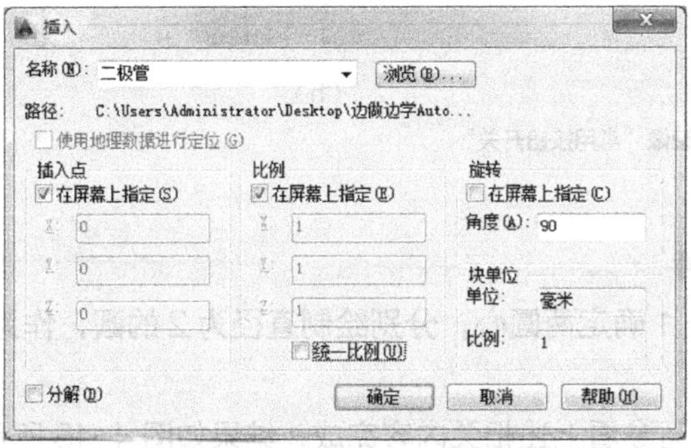

图 4-10 【插入】对话框

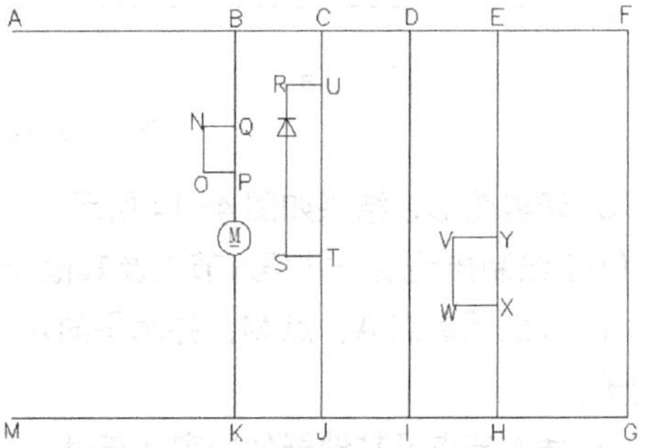

图 4-11 插入块“二极管”

（3）插入块“电阻”（该操作同插入“二极管”）

① 插入块“电阻”。在【插入】对话框中设定【插入点】为“在屏幕上指定”，设定【旋转】分组框中的【角度】为“90”，其他为默认值。

② 单击 确定 按钮，关闭【插入】对话框，返回绘图区。

③ 在线路 RS 上拾取适当点作为块的插入点，插入块“电阻”，结果如图 4-12（a）所示。

④ 修剪图形，结果如图 4-12（b）所示。

（4）插入块“常用按钮开关”（该操作同插入“二极管”）

① 插入块“常用按钮开关”，在【插入】对话框中设定【插入点】为“在屏幕上指定”，设

定【比例】为“在屏幕上指定”，设定【旋转】分组框中的【角度】为“90”，其他为默认值。

② 单击 确定 按钮，关闭【插入】对话框，返回绘图区。

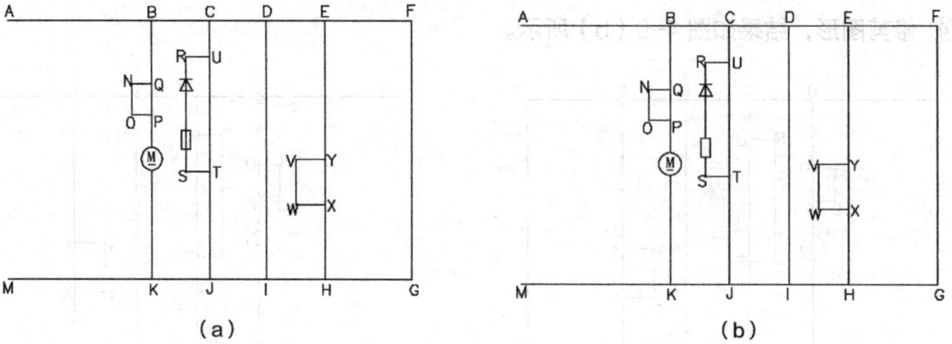

图 4-12 插入块“电阻”

③ 在线路 YX 上拾取适当点作为块的插入点，插入块“常用按钮开关”，结果如图 4-13（a）所示。

④ 以线路 YX 为镜像线，镜像块到另一侧，并删除原对象，结果如图 4-13（b）所示。

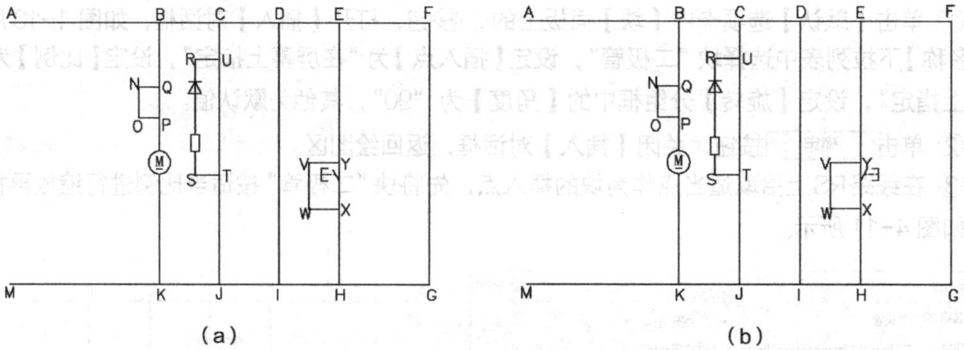

图 4-13 插入并镜像“常用按钮开关”

⑤ 修剪图形，结果如图 4-14 所示。

（5）绘制接线端子并插入节点及其他元器件

① 分别捕捉点 A、点 M，并水平向左偏移 1 确定两圆心，分别绘制直径为 2 的圆，作为接线端子。

② 插入节点及其他器件的实体符号，用户可参看上述相关内容完成，结果如图 4-15 所示。

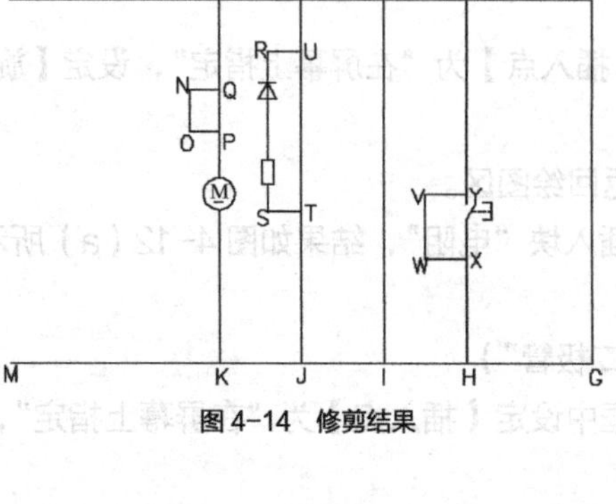

图 4-14 修剪结果

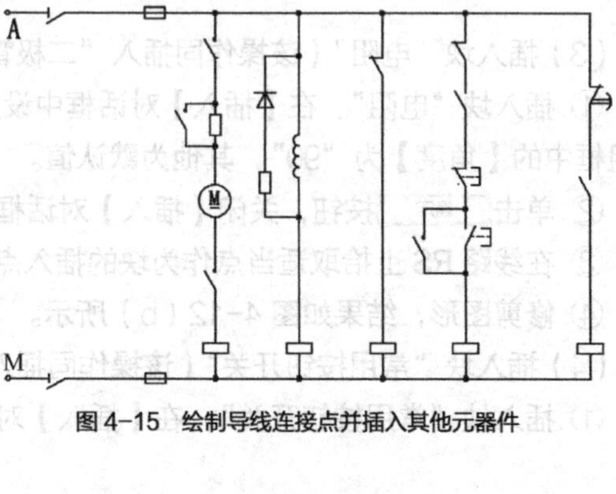

图 4-15 绘制导线连接点并插入其他元器件

4. 添加注释和文字

单击【默认】选项卡中【注释】面板上的A按钮，在图 4-15 所示的适当位置添加文字和注释，最终结果如图 4-5 所示。

4.3 液位自动控制系统电路图的绘制

图 4-16 所示为液位自动控制器电路图，这是一种很常见的自动控制装置。该电路图结构比较简单，包含了按钮开关、信号灯、扭子开关、电极探头、电源接线头等多种电气元件，本节将详细介绍其绘制方法。

液位控制系统电路图的绘制

1. 建立新文件

（1）启动 AutoCAD 2014 应用程序。

（2）在命令行键入命令“NEW”或单击快速访问工具栏上的按钮，在弹出的【选择样板】对话框中选择样板文件为“工业控制电气图用样板 .dwt”，单击 打开(O) 按钮，进入 CAD 绘图区域。

（3）在命令行中输入命令“OSNAP”，弹出【草图设置】对话框，将其中的选项全部选中。

（4）单击快速访问工具栏上的按钮，弹出【图形另存为】对话框，输入【文件名】为“液位控制系统电路图 .dwg”，并设置保存路径。

2. 绘制线路结构图

（1）设定绘图区域大小为 400×300。

（2）绘制一条长为 114 的垂直线段 LJ，以 J 为端点水平向左绘制一条长为 160 的线段 JK。

（3）将线段 LJ 依次向左偏移 25、45、40、50、45，再将线段 KJ 依次向上偏移 34、29、11、9，向下偏移 20。

（4）修剪、延伸并删除多余线段，结果如图 4-17 所示。

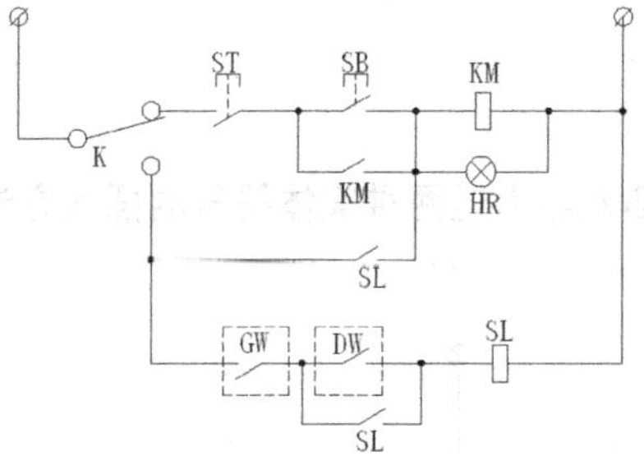

图 4-16 液位自动控制器电路图

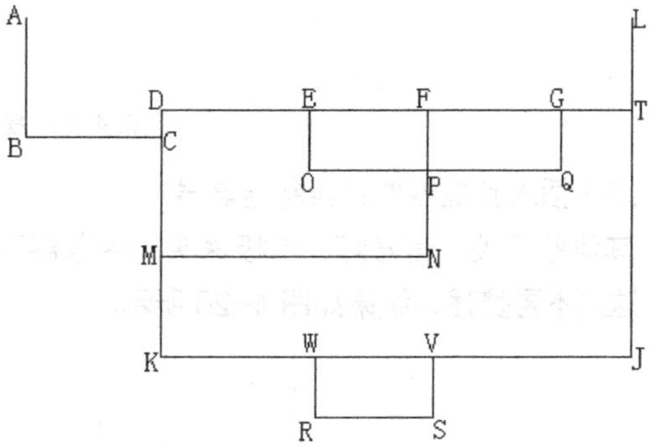

图 4-17 绘制线路结构图

3. 将实体符号插入到线路结构图

单独绘制的符号以“块”的形式插入到结构线路中时，如果出现不协调，操作如 4.2 节标题 3 的第一段所述。下面将选择几个典型的实体符号插入结构线路图。

（1）插入常用按钮开关

① 插入块“常用按钮开关”，设定其【插入点】为“在屏幕上指定”，其他为默认。

② 取线路 EF 上的适当点为插入点并插入该块，结果如图 4-18（a）所示。

③ 修剪多余线段，结果如图 4-18（b）所示。

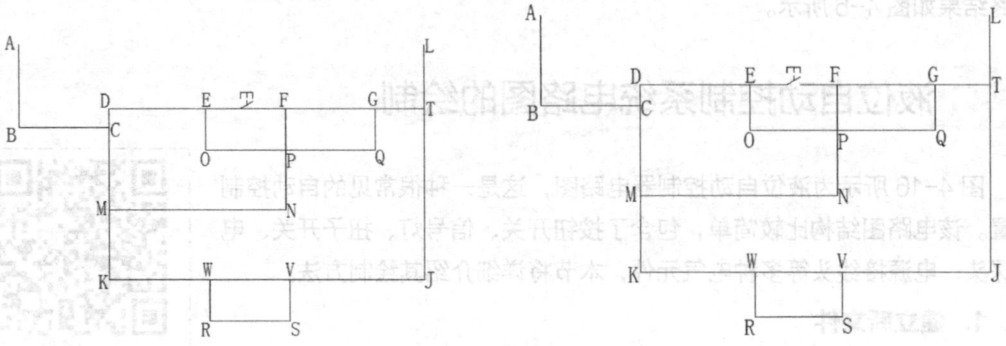

（a）（b）

图 4-18 插入按钮开关

（2）插入扭子开关

① 插入块“扭子开关”，设定其【插入点】为“在屏幕上指定”，其他为默认。

② 捕捉右上侧圆的圆心为基点插入到点 D 处，使得该块的位置如图 4-19（a）所示。

③ 修剪多余线段，结果如图 4-19（b）所示。

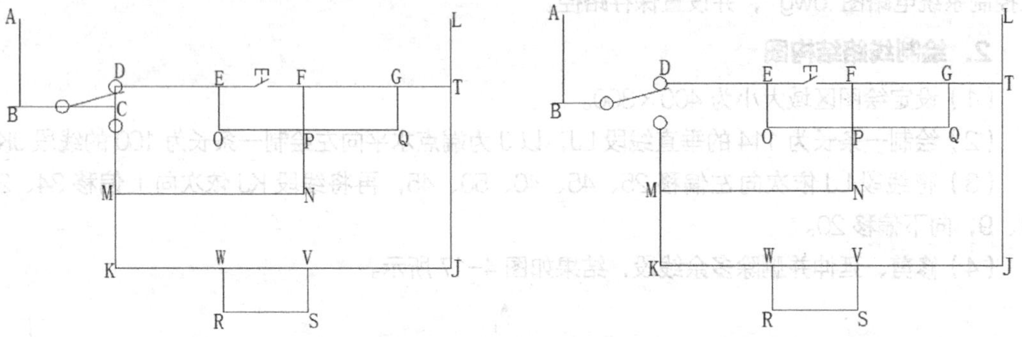

（a）（b）

图 4-19 插入扭子开关

（3）插入其他器件并绘制继电器

其他各开关、信号灯、电极探头、继电器及节点的插入与上述两种实体符号的插入方法相同，这里不再赘述，结果如图 4-20 所示。

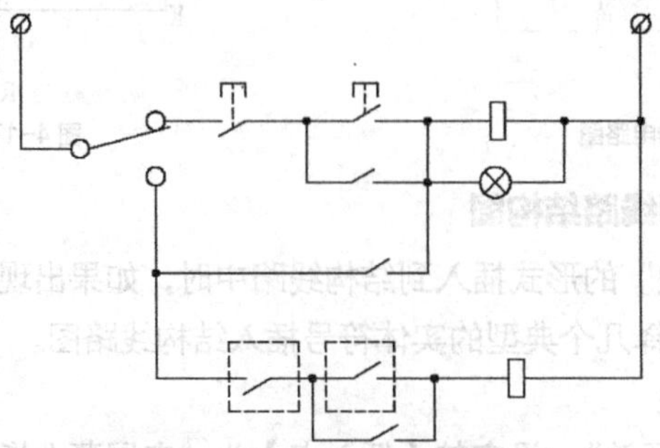

图 4-20 插入其他器件并绘制继电器

4. 添加注释和文字

设置文字高度为 7，在图 4-21 所示的适当位置填写多行文字，结果如图 4-16 所示。

4.4 饮料灌装输送装置变频调速电气控制电路图的绘制

图 4-21 所示为饮料灌装输送装置变频调速电气控制电路图，它由主回路和控制回路两部分构成。其驱动电动机为 YEJ 系列电磁制动电动机，容量为 5.5 kW，额定转速为 960 r/min。本节将详细讲解该图的绘制方法。

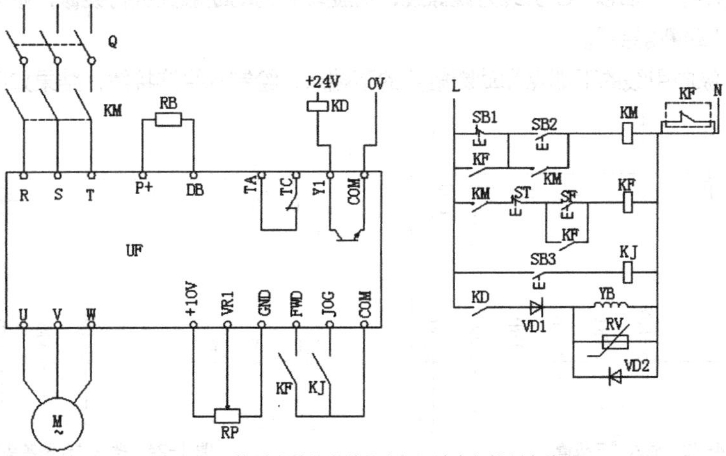

图 4-21 饮料灌装输送装置变频调速电气控制电路图

1. 建立新文件

（1）启动 AutoCAD 2014 应用程序。

（2）在命令行键入命令 “NEW” 或单击快速访问工具栏上的按钮，在弹出的【选择样板】对话框中选择样板文件为 “工业控制电气图用样板 .dwt”，单击打开(O)按钮，进入 CAD 绘图区域。

（3）单击快速访问工具栏上的按钮，弹出【图形另存为】对话框，输入【文件名】为 “饮料灌装输送装置变频调速电气控制电路图 .dwg”，并设置保存路径。

饮料灌装输送装置变频调速电气控制电路图的绘制（1）

2. 绘制主回路并标注文字

（1）插入 “UF 集成块”

单击【默认】选项卡中【块】面板上的按钮，打开【插入】对话框，单击浏览(B)...按钮，选择 “UF 集成块”，设定其【插入点】为 “在屏幕上指定”，设定【比例】为 “在屏幕上指定”，其他均为默认。插入块 “UF 集成块”，结果如图 4-22 所示。

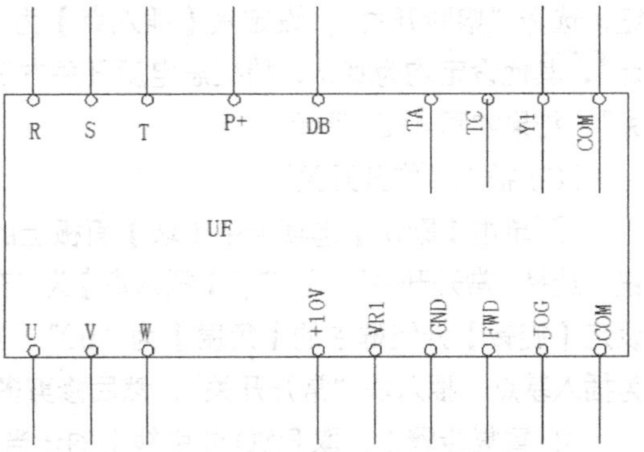

图 4-22 插入块 “UF 集成块”

（2）插入 “三极管”

单击【默认】选项卡中【块】面板上的

按钮，打开【插入】对话框，单击浏览(B)...按钮，选择“三极管”，设定其【插入点】为“在屏幕上指定”，设定【比例】为“在屏幕上指定”，设定【旋转】分组框中的【角度】为“90”，其他设定均为默认，取UF集成块上的适当点为插入点，插入块“三极管”，并绘制相应水平连接线，结果如图4-23所示。

（3）插入“动断触头”

① 单击【默认】选项卡中【块】面板上的按钮，打开【插入】对话框，单击浏览(B)...按钮，选择“动断触头”，设定其【插入点】为“在屏幕上指定”，设定【比例】为“在屏幕上指定”，设定【旋转】分组框中的【角度】为“270”，其余设定均为默认，取UF集成块TC引线上的适当点为插入点，插入块“动断触头”，然后以TC引线为镜像线，对旋转后的动断触头进行镜像，修剪多余纵向引线。

② 分解块“动断触头”。

③ 捕捉TA纵向引线的下端点和动断触头的下端点，绘制水平连接线，结果如图4-24所示。

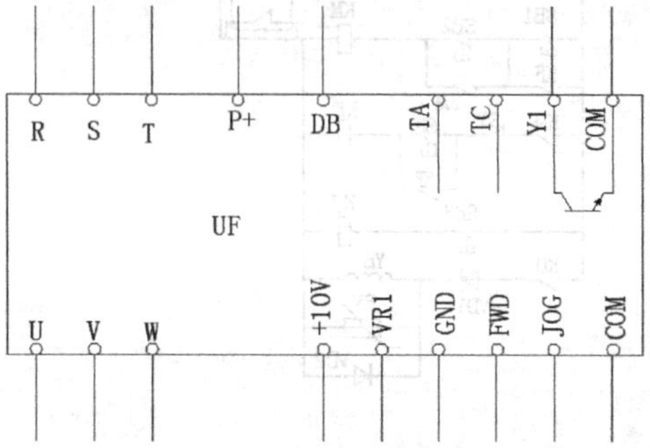

图4-23 插入“三极管”

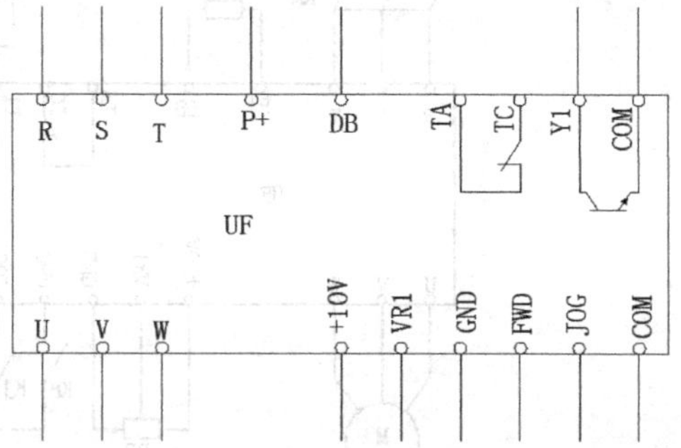

图4-24 插入“动断触头”

（4）插入“总电源开关”

① 分解块“UF集成块”。

② 单击【默认】选项卡中【块】面板上的按钮，打开【插入】对话框，单击浏览(B)...按钮，选择“总电源开关”，设定其【插入点】为“在屏幕上指定”，设定【比例】为“在屏幕上指定”，其他设定均为默认，捕捉R外引线上的适当点为插入基点，插入块“总电源开关”，结果如图4-25所示。

（5）插入“熔断开关”

① 分解块“总电源开关”。

② 单击【默认】选项卡中【块】面板上的按钮，打开【插入】对话框，单击浏览(B)...按钮，选择“熔断开关”，设定其【插入点】为“在屏幕上指定”，设定【比例】为“在屏幕上指定”，其他设定均为默认，捕捉总电源开关右侧垂直线段的适当点为插入基点，插入块“熔断开关”，结果如图4-26所示。

（6）插入“常开开关”

① 单击【默认】选项卡中【块】面板上的按钮，打开【插入】对话框，单击浏览(B)...按钮，选择“常开开关”，设定其【插入点】为“在屏幕上指定”，设定【比例】为“在屏幕上指定”，设定【旋转】分组框中的【角度】为“90”，其他设定均为默认，捕捉JOG外引线上的适当点为插入基点，插入块“常开开关”，然后修剪多余纵向引线。

② 重复步骤①，取FWD外引线上的适当点为插入基点，插入块“常开开关”，然后修剪多余纵向引线。

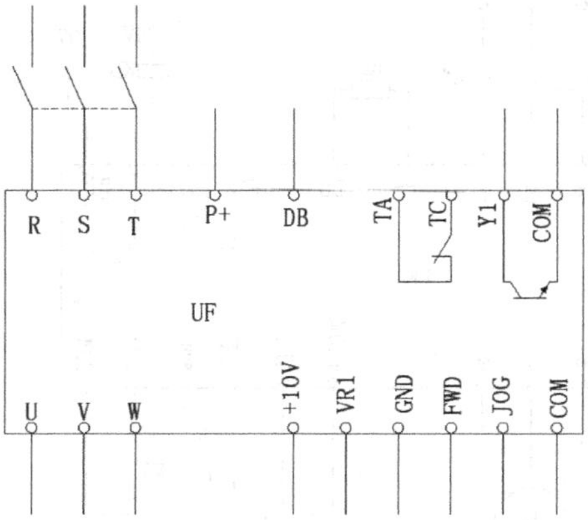

图 4-25 插入“总电源开关”

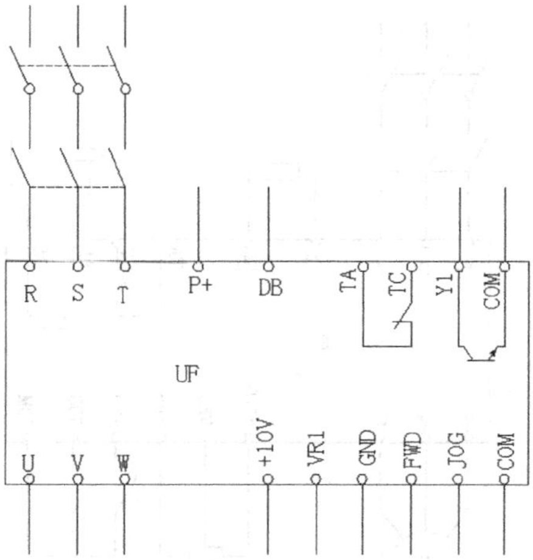

图 4-26 插入“熔断开关”

③ 捕捉新插入的两“常开开关”的下端点，并绘制连接线，使其与“UF”底边 COM 纵向引线的延长线相交，结果如图 4-27 所示。

（7）插入“交流电动机”

① 单击【默认】选项卡中【块】面板上的按钮，弹出【插入】对话框，单击 浏览(B)... 按钮，选择“交流电动机”，设定其【插入点】为“在屏幕上指定”，设定【比例】为“在屏幕上指定”，其他设定均为默认，捕捉 V 外引线延长线的适当点为插入基点，插入块“交流电动机”。

② 绘制 U、V、W 外引线下端点与电动机的连接线，结果如图 4-28 所示。

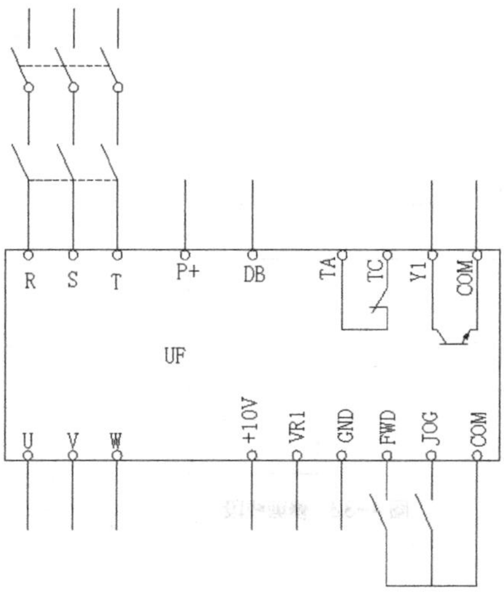

图 4-27 插入“常开开关”

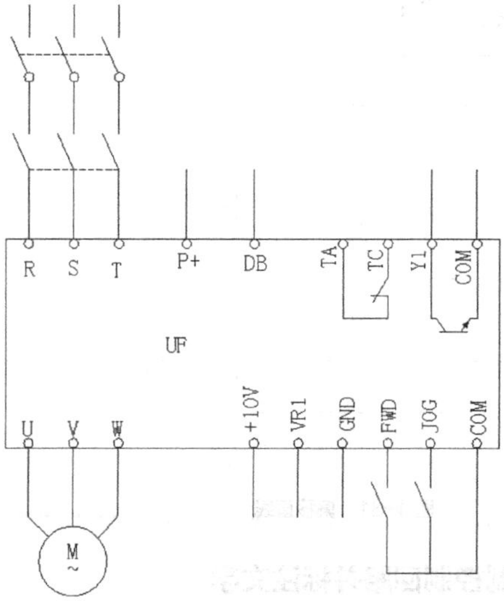

图 4-28 插入“交流电动机”

（8）插入“电阻”并绘制其他符号

以相同的方式插入“电阻”，并绘制相应的箭头、继电器等符号，再修剪多余线条，结果如图 4-29 所示。

（9）标注文字

标注文字，设置文字高度为 7，在图 4-29 所示的适当位置填写多行文字，结果如图 4-30 所示。

饮料灌装输送装置变频调速电气控制电路图的绘制（2）

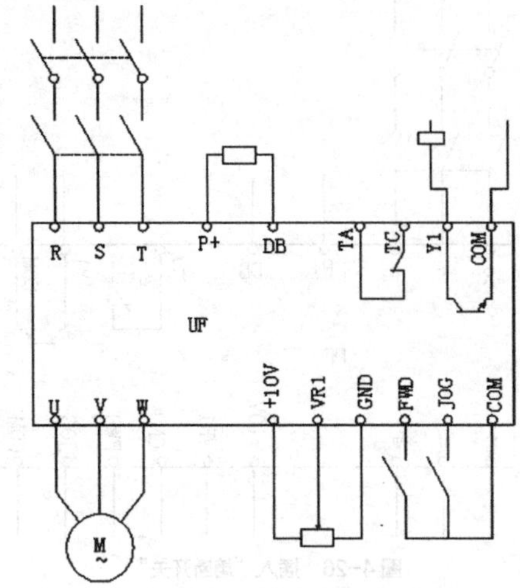

图 4-29　插入“电阻”

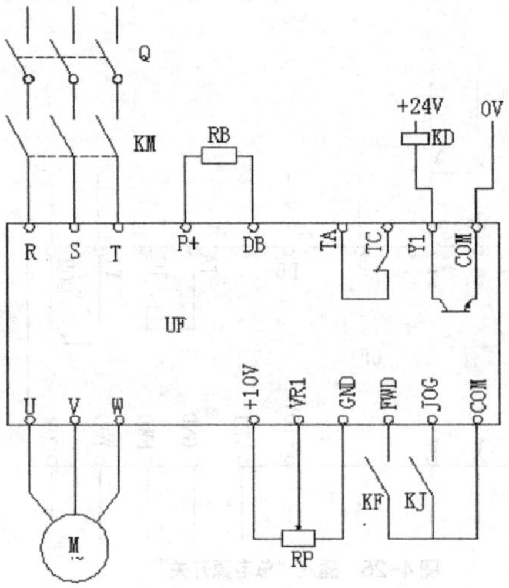

图 4-30　标注文字

饮料灌装输送装置变频调速电气控制电路图的绘制（3）

3. 绘制控制回路的线路结构图

（1）绘制线段 AF、AO，长度分别为 140、156。

（2）将线段 AF 向右偏移，偏移量依次为 70、50、36，将线段 AO 向下偏移，偏移量依次为 20、20、20、40、20、20，如图 4-31 所示。修剪线段，结果如图 4-32 所示。

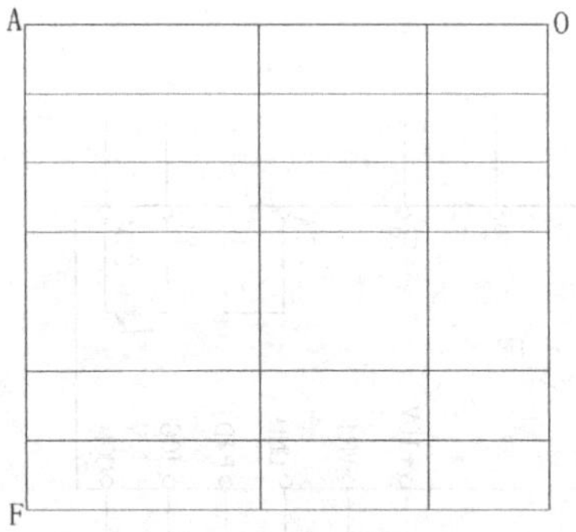

图 4-31　偏移直线

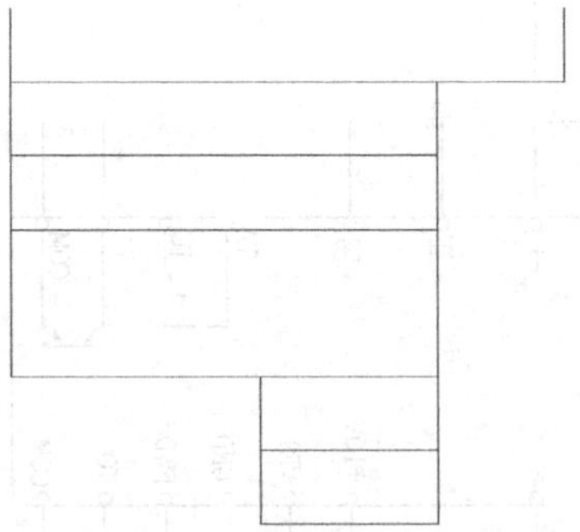

图 4-32　修剪线段

4. 绘制控制回路并标注文字

在图 4-32 所示的基础上，插入并修改各元器件的符号块，可完成控制回路的绘制，具体操作步骤如下所述。

（1）插入“按钮动断开关”

① 单击【默认】选项卡中【块】面板上的按钮，弹出【插入】对话框，单击浏览(B)...按钮，选择“按钮动断开关”，设定其【插入点】为“在屏幕上指定”，设定【比例】为“在屏幕上指定”，其他均为默认，插入该块。

② 以开关左侧的任意垂直线段作为镜像线，镜像该按钮动断开关，且删除原对象，结果如

图 4-33 所示。

③ 在线路 BC、DF 上拾取适当点作为块的插入点，插入镜像后的块，结果如图 4-34（a）所示。

④ 修剪多余线段，结果如图 4-34（b）所示。

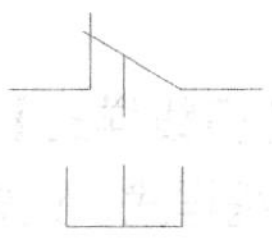

图 4-33　镜像后的按钮动断开关

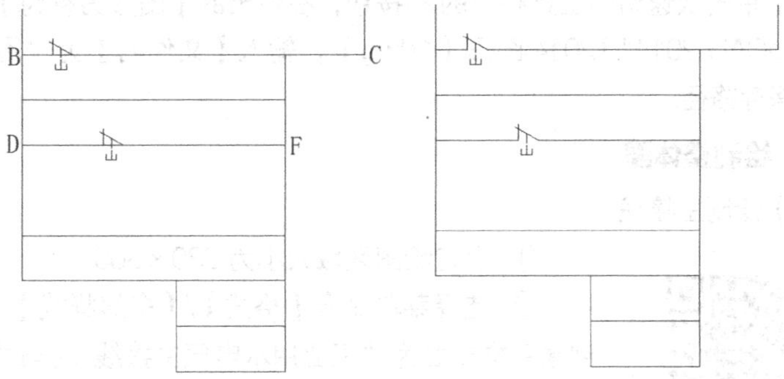

（a）　（b）

图 4-34　插入"按钮动断开关"并修剪

（2）插入"动断触头 2"

单击【默认】选项卡中【块】面板上的按钮，弹出【插入】对话框，单击浏览(B)...按钮，选择"动断触头 2"，设定其【插入点】为"在屏幕上指定"，设定【比例】为"在屏幕上指定"，其他均为默认，插入该块。

（3）插入其他图形符号。

以相同的方法插入其他图形符号，并修剪多余线段，结果如图 4-35 所示。

（4）标注文字

标注文字，结果如图 4-36 所示，该图即为绘制成的液位控制器电路图。

饮料灌装输送装置变频调速电气控制电路图的绘制（4）

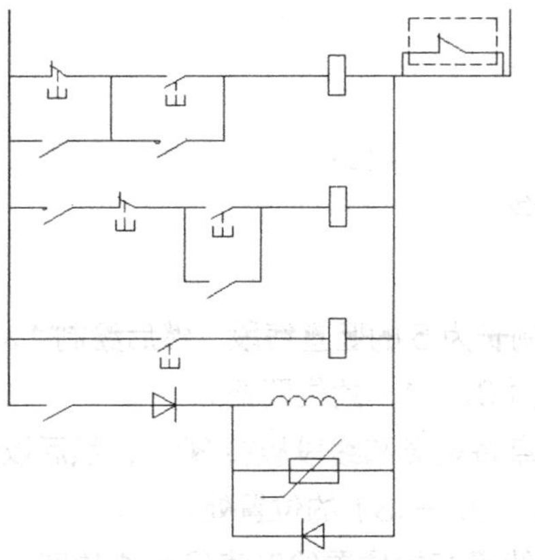

图 4-35　插入其他图形符号

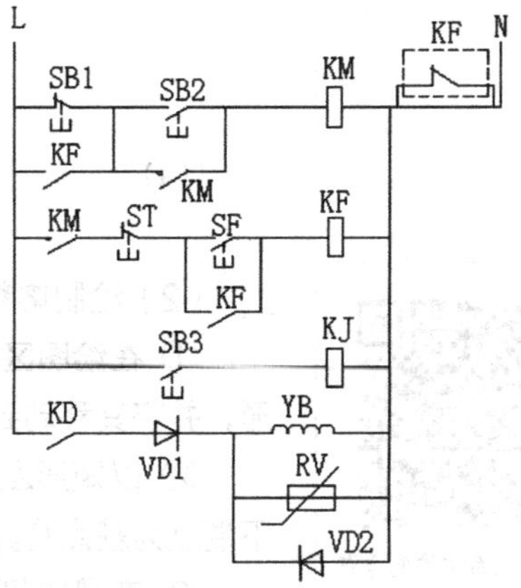

图 4-36　标注文字

4.5 工业用水系统控制电气图的绘制

本节将详细讲解一台变频器控制多台水泵的工业用水系统电气控制图的绘制。

1. 建立新文件

（1）启动 AutoCAD 2014 应用程序。

（2）在命令行键入命令“NEW”或单击快速访问工具栏上的按钮，在弹出【选择样板】对话框中选择样板文件为“建筑设备电气控制图用样板 .dwt”。

（3）单击快速访问工具栏上的按钮，在弹出的【图形另存为】对话框中设置【文件类型】为“AutoCAD 2014/LT2014 图形（*.dwg）”，输入【文件名】为“用水系统控制电气图 .dwg”，并设置保存路径。

2. 绘制整体图

（1）绘制主接线

工业用水系统控制电气图的绘制（1）

① 设定绘图区域大小为 230×300。

② 选择菜单命令【格式】/【多线样式】，打开【多线样式】对话框，创建新样式名为“工业用水电气主接线用样式”的多线样式，设置偏移距离为 0.25、0、−0.25，其他为系统默认，并将该样式设置为当前样式。

③ 选择菜单命令【绘图】/【多线】，绘制长为 80 的垂直多线，然后从 A 点垂直向下偏移 18，继续绘制水平向右 85、垂直向下 35、水平向左 72、垂直向下 11 的多线，结果如图 4-37（a）所示。

④ 将多线分解，然后修剪多余线条，再绘制其他连接线，结果如图 4-37（b）所示。

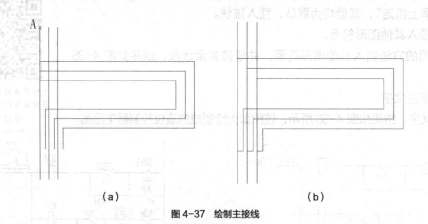

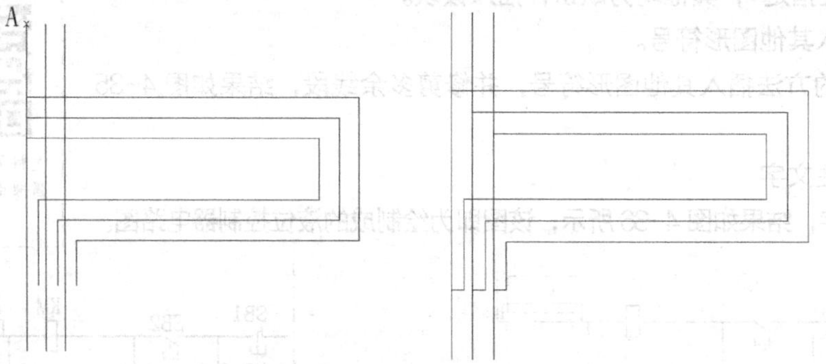

（a）　　（b）

图 4-37 绘制主接线

工业用水系统控制电气图的绘制（2）

（2）绘制熔断式负荷开关

① 在绘图区的适当位置绘制长为 5 的竖直线段，然后绘制 1×3 的矩形，并将其移动到距线段上端点（0，−1）的位置处。

② 以矩形左下角定点为基点将矩形和线段旋转 30°，然后以线段的下端点为基点将其移动到距 A 点（0，−13）的位置处。

③ 在最左侧纵向线段与斜线等高的位置绘制直径为 1 的圆，再以该圆的上象限点为中点绘制长为 1 的线段。

④ 将斜线、矩形、圆、水平线段复制到其他纵向线，结果如图 4-38（a）所示。

⑤ 修剪掉多余线段，然后捕捉斜线中点并绘制连接线，匹配到“虚线层”，结果如图 4-38（b）所示。

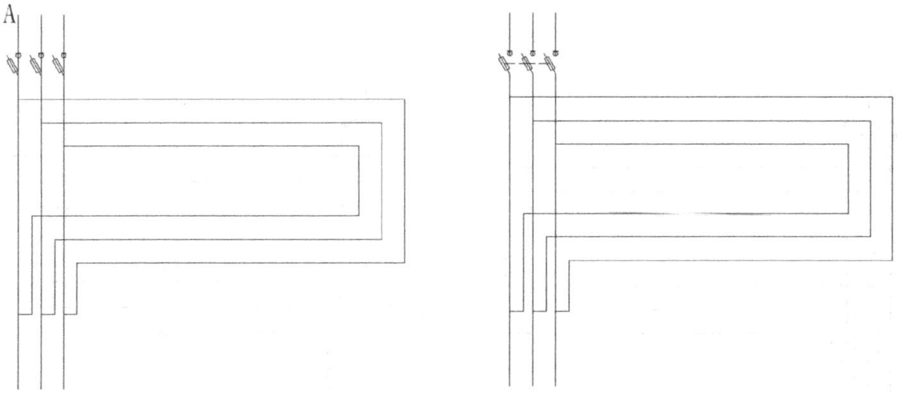

（a）　　　　　　　　　　（b）

图 4-38　绘制熔断式负荷开关

（3）绘制接触器

① 复制图 4-38（b）所示的熔断式负荷开关到纵向主接线的各适当位置。

② 复制图 4-38（b）到绘图区的适当位置并旋转 90°，然后将其移动到水平主接线的适当位置，结果如图 4-39（a）所示。

③ 修剪多余线条，结果如图 4-39（b）所示。

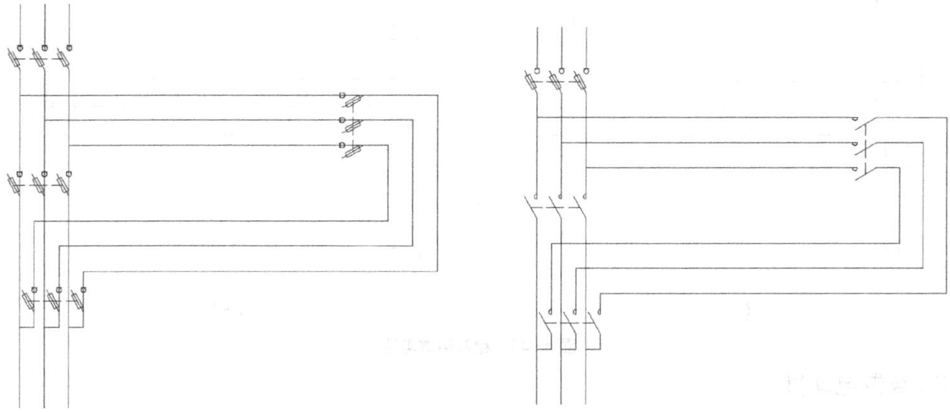

（a）　　　　　　　　　　（b）

图 4-39　绘制接触器

（4）绘制节点

① 以交点 B 为圆心，绘制直径为 1 的圆，然后利用填充图案“SOLID”填充圆内部，结果如图 4-40（a）所示。

② 复制填充圆到适当位置，结果如图 4-40（b）所示。

（5）绘制热继电器

① 捕捉最左侧纵向线段的适当点，并水平向左偏移 1，确定一点，以该点为起始点绘制一个 12×6 的矩形，并将其分解。

② 向矩形内部偏移矩形顶边两次，偏移距离均为 2；向矩形内部偏移矩形左侧边，偏移距离为 3，结果如图 4-41（a）所示。

③ 修剪多余线条，结果如图 4-41（b）所示。

工业用水系统控制电气图的绘制（3）

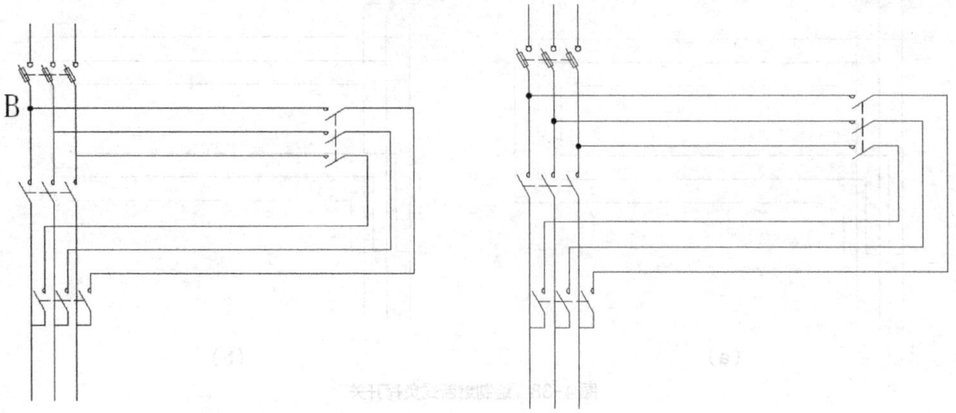

（a）　　　　　　　　　　　　　　（b）

图 4-40　绘制节点

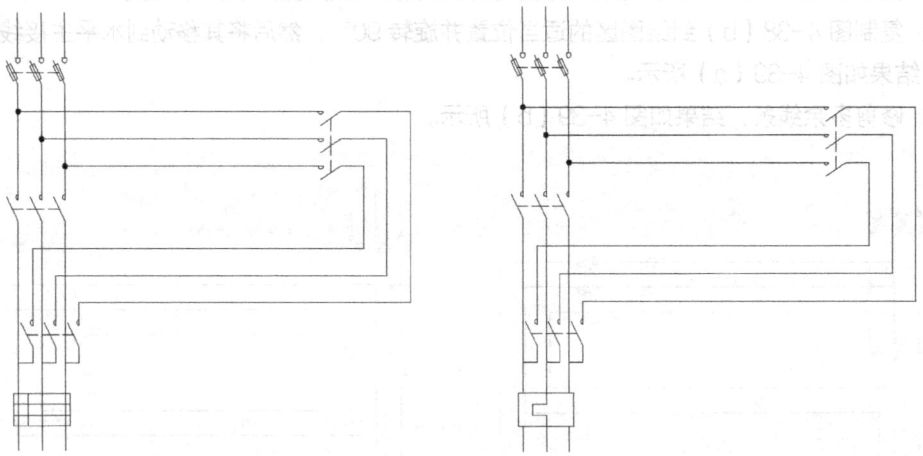

（a）　　　　　　　　　　　　　　（b）

图 4-41　绘制热继电器

（6）绘制电动机

① 捕捉端点 C 为起点，绘制长为 11 且与水平线夹角为 120° 的斜线，然后将其镜像。

② 捕捉左下方中间纵向线段的下端点，垂直向下拉伸该线段到两斜线的交点处。

③ 以这 3 条线段的交点为圆心，绘制直径为 14 的圆，结果如图 4-42（a）所示。

④ 修剪多余线段，并设置文字高度为 3，在圆内适当位置填写文字“M1”，结果如图 4-42（b）所示。

工业用水系统控制电气图的绘制（4）

（7）复制以上相关器件

① 复制图形，并修剪多余线段，结果如图 4-43（a）所示。

② 修改新复制的两个电动机的文字分别为 M2 和 M3，结果如图 4-43（b）所示。

（8）绘制变频器

① 捕捉点 D 并垂直向下偏移 13，再水平向右偏移 4，确定起点，向左下方向绘制 18×9 的矩形，然后修剪掉该矩形内的多余线条。

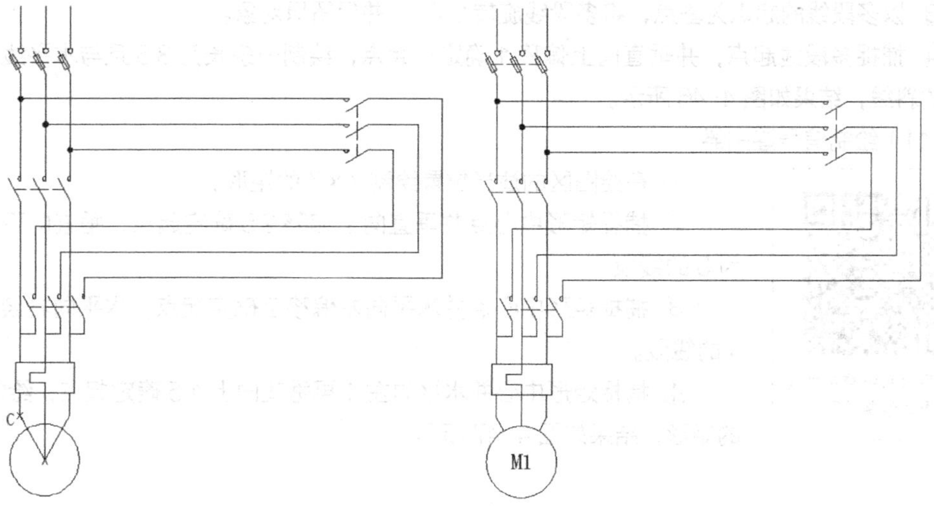

（a） （b）

图 4-42 绘制电动机

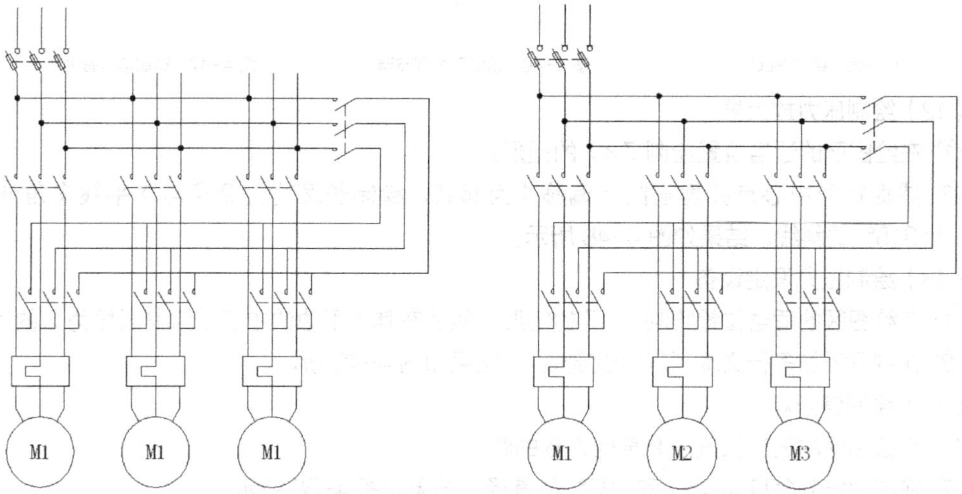

（a） （b）

图 4-43 复制各元器件

② 设置文字高度为 3，在矩形内的适当位置填写文字“变频器”，结果如图 4-44 所示。

（9）绘制 PLC

① 在绘图区的适当位置绘制 12×9 的矩形。

② 设置文字高度为 3，在矩形内的适当位置填写文字“PLC”，结果如图 4-45 所示。

（10）绘制压力调节器

① 在绘图区的适当位置绘制 7×7 的矩形。

② 在矩形左下角相对坐标为（1，1）的位置处为起点，水平向右连续绘制两段多段线，第一段的长度为 3，宽度为默认；第二段的长度为 1，起点宽度为 0.5，端点宽度为 0。

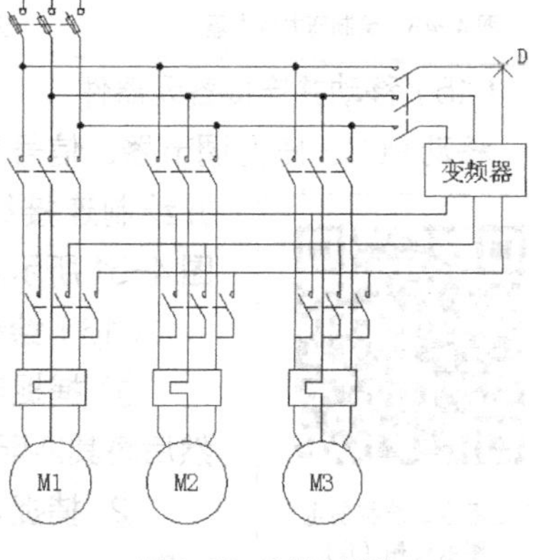

图 4-44 绘制变频器

③ 以多段线的起点为基点，将多段线旋转 90°，并保留原对象。

④ 捕捉多段线起点，并垂直向上偏移 1 确定一起点，绘制一条长为 3.5 且与水平线夹角为 30° 的斜线，结果如图 4-46 所示。

(11) 绘制信号鉴别器

工业用水系统控制电气图的绘制（5）

① 在绘图区的适当位置绘制 7×7 的矩形。

② 捕捉矩形中心点并垂直向上偏移 2.5 确定起点，垂直向下绘制长为 5 的线段。

③ 捕捉矩形中心点并水平向左偏移 2 确定起点，水平向右绘制长为 4 的线段。

④ 捕捉矩形中心并水平向左 1 再垂直向上 1.5 确定起点，绘制 2×3 的矩形，结果如图 4-47 所示。

图 4-45　绘制 PLC

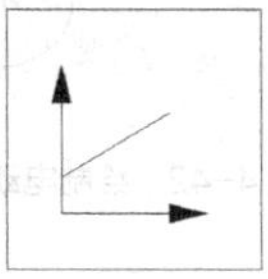

图 4-46　绘制压力调节器

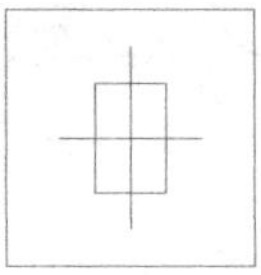

图 4-47　绘制信号鉴别器

(12) 绘制压力放大器

① 在绘图区的适当位置绘制 7×7 的矩形。

② 捕捉矩形中心点并垂直向上偏移 1 为起点，绘制长度均为 2 且与水平线夹角分别为 225° 和 315° 的斜线，结果如图 4-48 所示。

(13) 绘制压力设定设备

① 在绘图区的适当位置绘制 2×7 的矩形，然后在其上下边的中点处绘制长度为 2 的线段。

② 在右侧添加多行文本“压力设定值”，结果如图 4-49 所示。

(14) 绘制信号灯

① 在绘图区的适当位置绘制直径为 6 的圆。

② 在圆内绘制角度为 45° 和 135° 的直径，结果如图 4-50 所示。

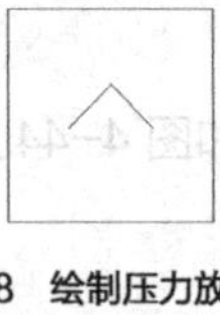

图 4-48　绘制压力放大器

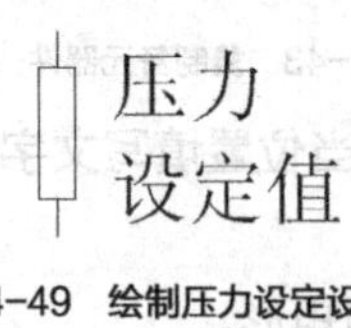

图 4-49　绘制压力设定设备

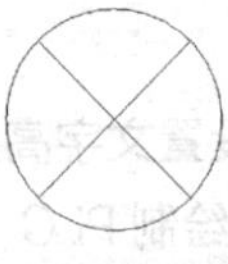

图 4-50　绘制信号灯

(15) 移动并连接各元器件

移动 PLC、压力调节器、信号鉴别器、压力放大器、压力设定设备、信号灯至适当位置，并绘制连接线，再参看上述相关内容以多线命令绘制各箭头，结果如图 4-51 所示。

工业用水系统控制电气图的绘制（6）

(16) 绘制水泵

① 捕捉电动机 M3 圆的下象限点，并垂直向下绘制长为 24 的线段，然后将其匹配到“虚线层”。

② 捕捉该虚线的下端点为圆心，绘制两个直径分别为 14 和 10 的同心圆。

③ 以圆心为起点，绘制 7×12.5 的矩形，并将其分解，然后修剪多余线条，结果如图 4-52（a）所示。

④ 在直径为 10 的小圆内绘制一条水平直径、一条与水平线夹角为 60° 的直径和一条与水平线夹角为 120° 的直径，结果如图 4-52（b）所示。

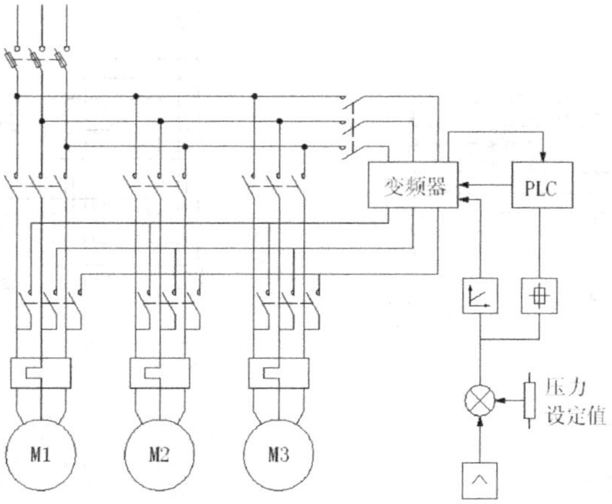

图 4-51 移动并连接各元器件

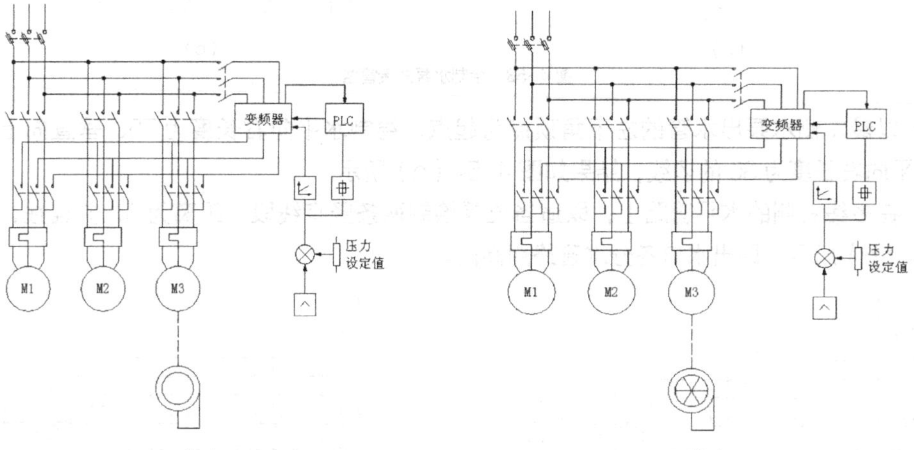

（a） （b）

图 4-52 绘制水泵

（17）绘制水泵外接管路

① 捕捉水泵出水口底边中点并水平向左 1.5 确定起点，绘制 3×5 的矩形，作为水泵出水口外接部分管路。

② 捕捉矩形左下角顶点并水平向左偏移 2 确定起点，水平向右绘制长为 8 的线段，然后将其向下偏移两次，偏移距离分别为 4.5、8，连接相应的线，完成阀门的绘制。

工业用水系统控制电气图的绘制（7）

③ 以阀门底边中点为基点，复制 3×5 的矩形到适当位置。

④ 选择菜单命令【格式】/【多线样式】，打开【多线样式】对话框，创建名为“工业用水管路用样式”的多线样式，设置偏移距离为 0、-0.2，其他为系统默认，并将该样式设置为当前样式。

⑤ 捕捉水泵外圆的左象限点，水平向左绘制长为 6、垂直向上长为 12、水平向左长为 55 的多线，然后将其分解，并延长线段至水泵外圆，结果如图 4-53（a）所示。

⑥ 复制相关元器件分别至电动机 M1 和 M2 的正下方，并修剪多余线段，结果如图 4-53（b）所示。

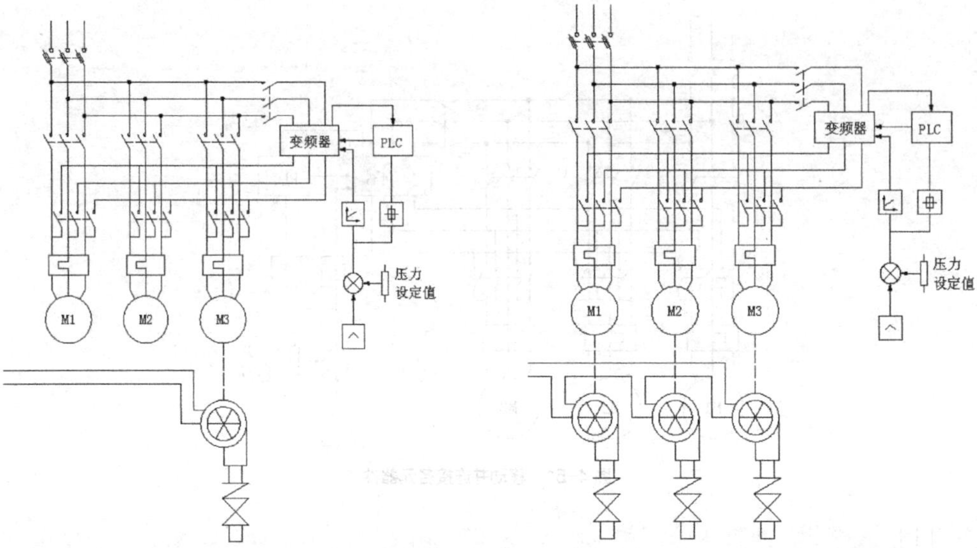

（a）　　（b）

图 4-53　绘制水泵外接管路

⑦ 以最左侧水泵出水管的左下角顶点为起点，绘制水平向右长度为 75、垂直向上长度为 20、水平向右长度为 30 的多线，结果如图 4-54（a）所示。

⑧ 在多线右侧的水平管路上，取适当位置绘制两条竖直线段，距离为 5，并连线，结果如图 4-54（b）所示，即出水口各分水管路用阀门。

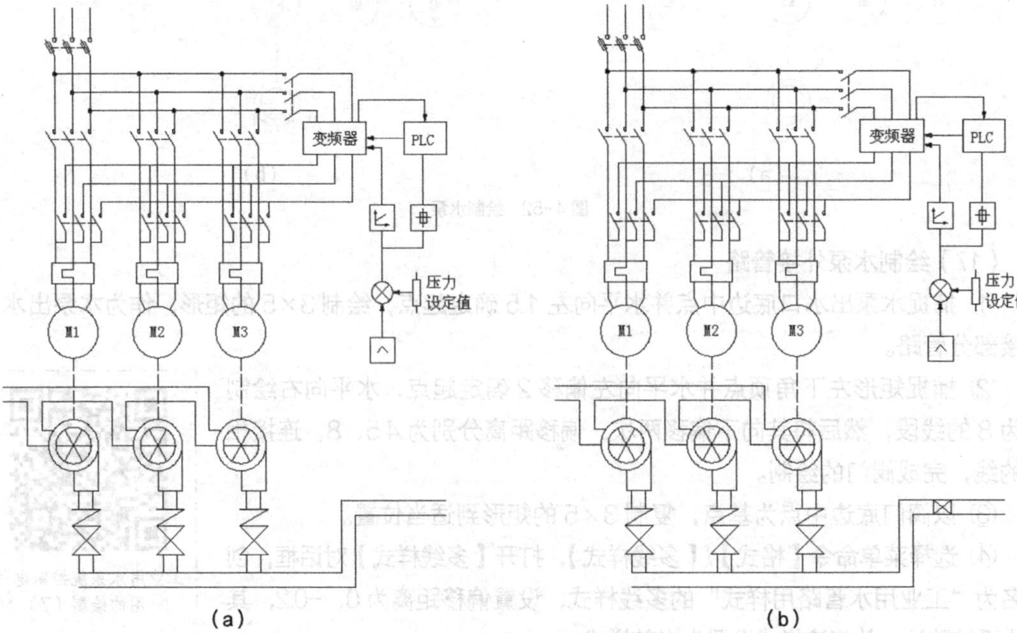

（a）　　（b）

图 4-54　绘制出水口分水管路及阀门

⑨ 分解多线，并向下阵列多线的右侧水平部分和阀门，3 行 1 列，阵列总间距为 20，并将其分解，结果如图 4-55（a）所示。

⑩ 修剪多余线条，并绘制相应连接线，完成所有管路绘制，结果如图 4-55（b）所示。

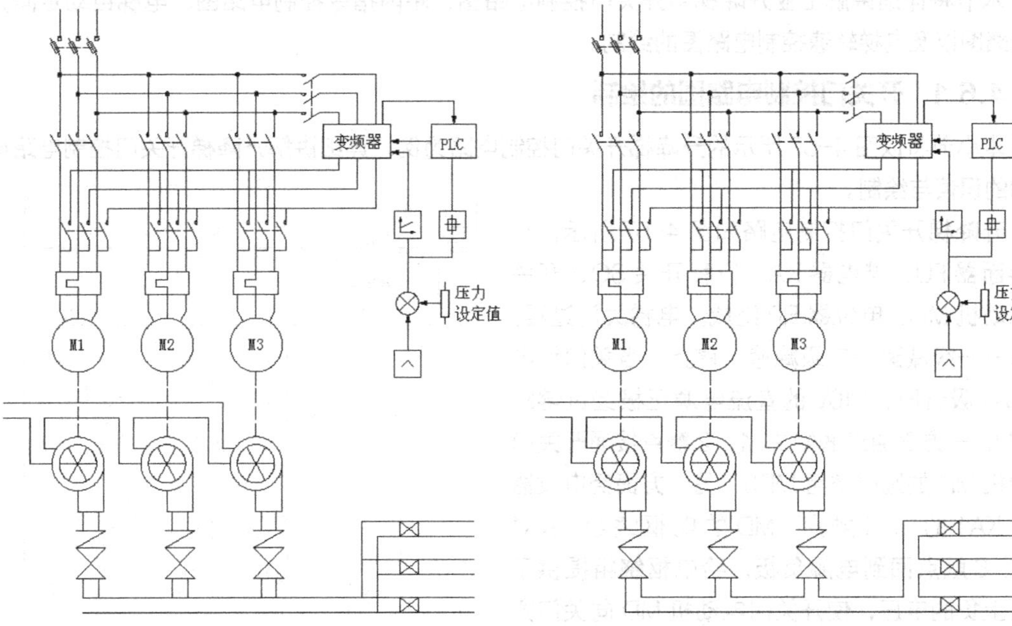

（a） （b）

图 4-55 阵列并修剪

（18）绘制压力传感器及相应连接线

在绘图区的适当位置绘制 7×7 的矩形，并将其连接到相应位置，如图 4-56（a）所示。

（19）标注文字

标注文字后的结果如图 4-56（b）所示。

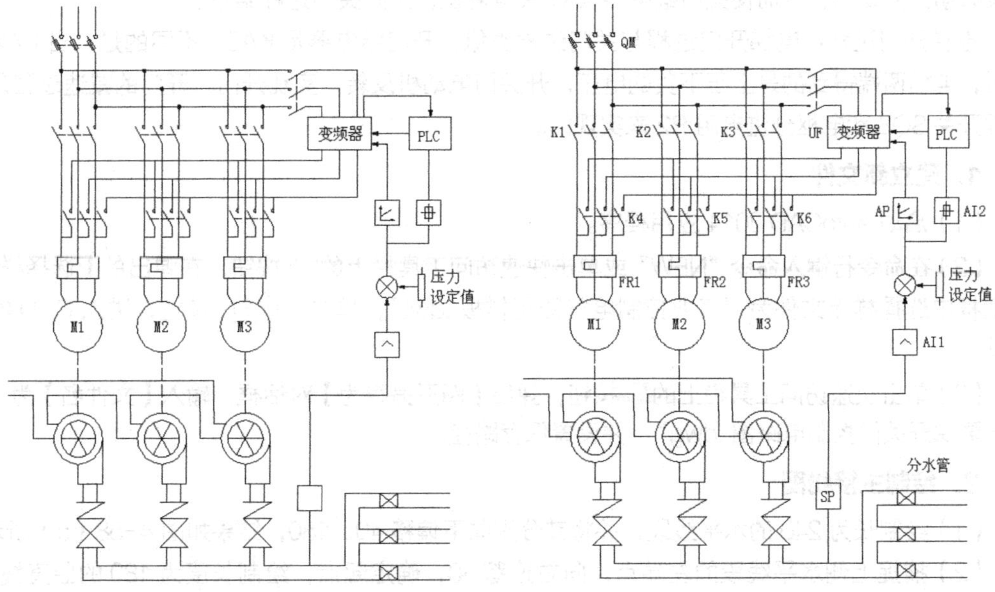

（a） （b）

图 4-56 绘制传感器并标注文字

4.6 工业升降梯电气控制图的绘制

本节将详细讲解工业升降梯中开关门控制电路图、轿内指令控制电路图、电梯自动定向控制电路图以及电梯转速控制电路图的绘制。

4.6.1 开关门控制电路图的绘制

本小节将以图 4–57 所示的升降梯开关门控制电路为例，详细讲解升降梯开关门控制电路原理图的识读与绘制。

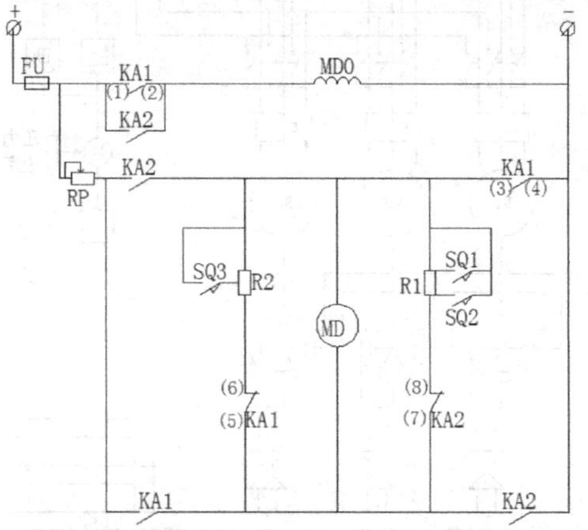

图 4–57　升降梯开关门控制电路

升降梯开关门控制电路如图 4–57 所示，它由熔断器 FU、继电器 KA、行程开关 SQ、开关门电动机 MD、电位器 RP 组成。电梯关门过程：快速→一级减速→二级减速→停止。当关门继电器 KA1 吸合时，110V 的直流电源正极经过熔断器 FU，一方面通过 KA1 的 1、2 触点接通开关门电动机 MD 的励磁绕组 MD0，另一方面经电位器 RP，KA1 的 3、4 触点，MD 的电枢绕组，KA1 的 5、6 触点回到电源负极，给电枢绕组提供了下正上负的电压，使开关门电动机 MD 向关门方向旋转。同时，电源还经开门继电器 KA2 的 7、8 动断触点和电阻 R1 进行“电枢分流”，以备实现关门调速。当关门至门宽的 2/3 时，行程开关 SQ1 动作，短接了 R1 的部分电阻，使电枢分流加大，电枢两端的电压降低，关门速度减慢。当门继续关闭至只有 100~150mm 的距离时，行程开关 SQ2 动作，又短接了一部分 R1 的电阻，关门实现第 2 次减速，关门速度更慢，直至将门轻轻地平稳关闭到位。当门关闭到位时，让关门到位微动开关动作，从而使关门继电器 KA1 失电复位，至此关门过程结束。

电梯开门过程：电梯开门过程与关门过程类似，开门继电器是 KA2。不同的是，当 KA2 动作时，电枢两端得到的是上正下负的电压，开关门电动机反转，实现开门。开门的减速过程是靠行程开关 SQ3 和电枢分流电阻 R2 来实现的。

1. 建立新文件

（1）启动 AutoCAD 2014 应用程序。

（2）在命令行键入命令“NEW”或单击快速访问工具栏上的 按钮，在弹出的【选择样板】对话框中选择样板文件为“工业控制电气图用样板 .dwt”，单击 打开(O) 按钮，进入 CAD 绘图区域。

（3）单击快速访问工具栏上的 按钮，弹出【图形另存为】对话框，输入【文件名】为“工业升降梯开关门控制电路图 .dwg”，并设置保存路径。

2. 绘制主接线图

（1）绘制长为 240 的水平线段，并将其分别向下偏移 40、180，结果如图 4–58（a）所示。

（2）捕捉上侧水平线段的左端点，向右追踪 40，确定起点，绘制长度为 180 的竖直线段，然后分别向右偏移 60、100、140、200，结果如图 4–58（b）所示。

（a）（b）

图 4-58 绘制主接线

3. 绘制整体图

（1）插入熔断器和滑动电阻

① 插入“CAD 符号块”文件夹中的“熔断器”，将其放置在第 1 条水平线段的合适位置。

② 插入“CAD 符号块”文件夹中“滑动电阻”，将其放置在第 2 条水平线段的合适位置，结果如图 4-59（a）所示。

③ 修剪并删除多余线段，连接相关线段，完善图形，结果如图 4-59（b）所示。

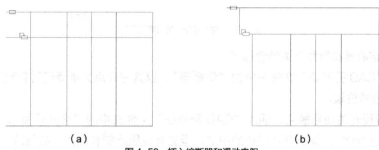

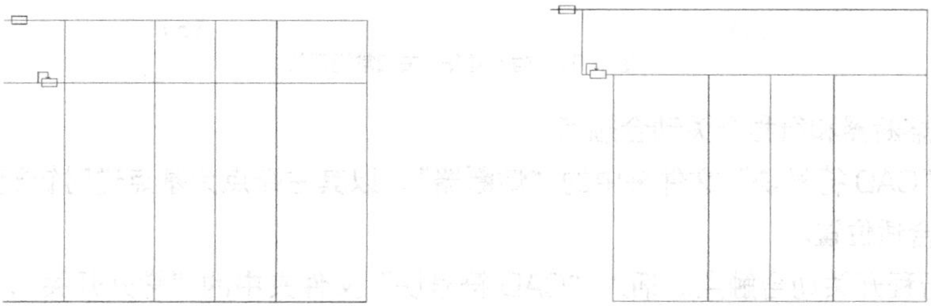
（a）（b）

图 4-59 插入熔断器和滑动电阻

（2）插入接线端子、常开开关和线圈

① 捕捉第 1 条水平线段的左端点、第 1 条水平线与最右侧竖直线的交点，分别向上绘制长为 23.1 的竖直线，以“CAD 符号块”文件夹中的“接线端子”的下象限点为基点，将其分别插入至刚绘制的竖直线的上端点处。

② 插入“CAD 符号块”文件夹中“常开开关”，以左端点为基点逆时针旋转 180°，依次插入到主接线的合适位置。

③ 插入“CAD 符号块”文件夹中的“线圈”，以最下侧圆的下象限点为基点顺时针旋转 90°，插入到第一条水平线段的合适位置，结果如图 4-60（a）所示。

④ 修剪并删除多余线段，结果如图 4-60（b）所示。

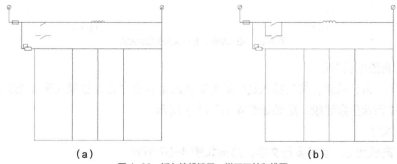

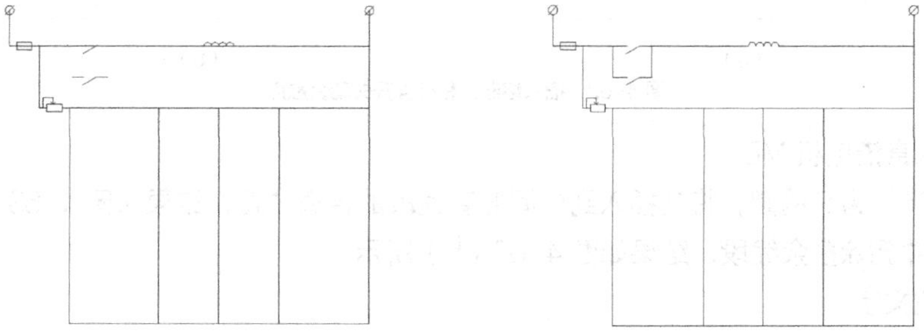
（a）（b）

图 4-60 插入接线端子、常开开关和线圈

（3）插入常开开关和常闭开关

① 插入“CAD 符号块”文件夹中的“常开开关”，以左端点为基点逆时针旋转 180°，分别插入到水平主接线的合适位置。

② 插入“CAD 符号块”文件夹中的“常闭开关”，以左端点为基点逆时针旋转 180°，再以竖直线段为镜像线且删除源文件，依次插入到竖直主接线的合适位置，结果如图 4-61（a）所示。

③ 修剪并删除多余线段，结果如图 4-61（b）所示。

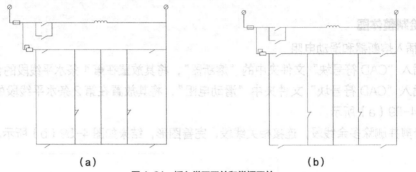

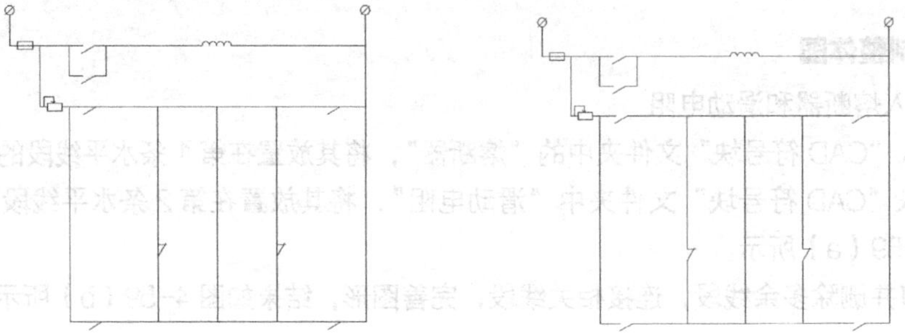

（a）　　（b）

图 4-61　插入常开开关和常闭开关

（4）插入熔断器和行程开关动合触点

① 插入“CAD 符号块”文件夹中的“熔断器”，以其左端点为基点逆时针旋转 90°，依次插入到图中的合适位置。

② 绘制行程开关动合触点。插入“CAD 符号块”文件夹中的“常开开关”，以其左端点为基点顺时针旋转 180°，捕捉开关斜边的中点，垂直其线段绘制长度为 2 的线段，与右侧水平线段的左端点相交，即为行程开关动合触点。

③ 将行程开关动合触点依次插入到图中的合适位置，结果如图 4-62（a）所示。

④ 修剪并删除多余线段，然后绘制连接线，结果如图 4-62（a）所示。

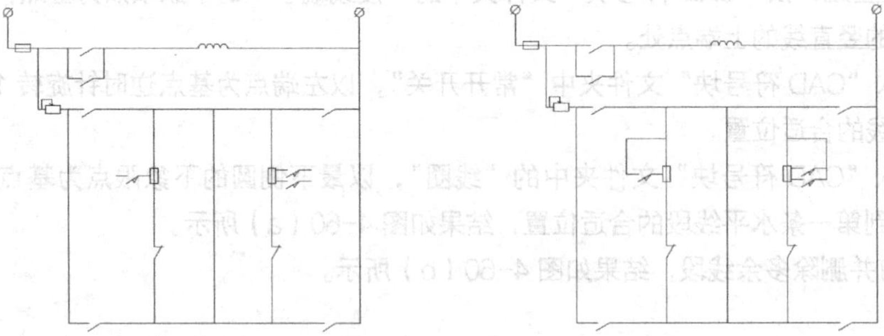

（a）　　（b）

图 4-62　插入熔断器和行程开关动合触点

（5）插入直流电机 MD

① 绘制半径为 9 的圆，将其插入到中间竖直线段的合适位置，结果如图 4-63（a）所示。

② 修剪并删除多余线段，结果如图 4-63（b）所示。

（6）标注文字

设置文字高度为 6，填写多行文字，结果如图 4-57 所示。

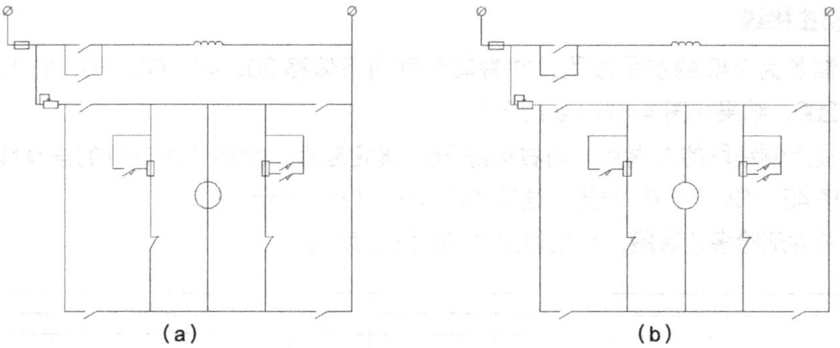

（a）　　　　　　　　　　（b）

图 4-63　插入直流电机 MD

4.6.2　轿内指令控制电路图的绘制

本小节将以图 4-64 所示为例，详细讲解工业升降梯轿内指令控制电气图的绘制。

轿内指令控制电路主要对轿内指令和层外召唤信号进行控制。当乘客进入电梯，按下轿内指令按钮，或有乘客在层站按下层外召唤按钮时，这些信号就会被登记，同时记忆指示灯亮起。当电梯到达该层站，响应了这些指令后，这些指令信号被消除，同时对应的指示灯熄灭。

某 5 层电梯的轿内指令控制电路如图 4-64 所示，对应每层分别设置了 5 个轿内指令信号继电器 KA11 ~ KA15，5 个楼层的轿内选层按钮分别为 SB1 ~ SB5。图 4-64 所示 KA10 和 KA20 为上行和下行方向继电器。如当有乘客在轿厢内按下了 3 层的选层按钮 SB3 时，3 层指令信号继电器 KA13 的线圈得电，（随即通过电梯的定向控制线路上行或下行方向继电器）通过其动合触点自锁，实现了轿内指令的登记，并将带灯按钮 SB3 的信号记忆指示灯点燃。

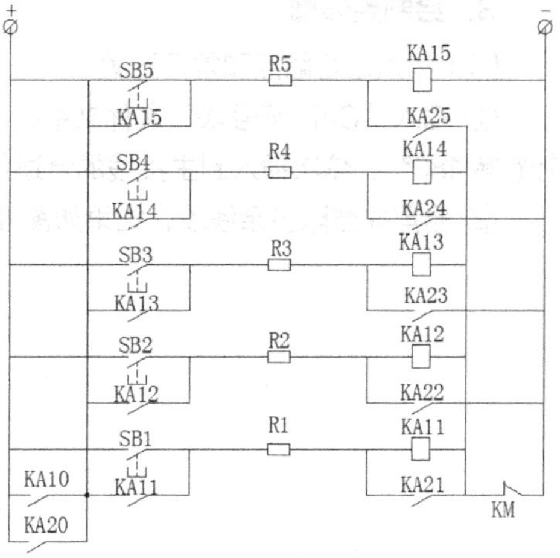

图 4-64　轿内指令控制电路

图 4-64 中的 R1 ~ R5 是为了在消号时避免发生短路的消号电阻。另外，KM 是电梯的快速运行继电器，当电梯接近欲到达层时，由快速换为慢速，准备停层时，快速继电器 KM 线圈失电，其动断触点复位闭合，此时便可将该层的轿内指令信号消号，从而使消号的时机恰好合适。

图 4-64 所示的只是 5 层电梯，但层数更多的电梯其原理也是相同的，只是指令登记和消号电路的数目增多罢了。

1. 建立新文件

（1）启动 AutoCAD 2014 应用程序。

（2）在命令行键入命令“NEW”或单击快速访问工具栏上的按钮，在弹出的【选择样板】对话框中选择样板文件为“工业控制电气图用样板 .dwt”，单击 打开(O) 按钮，进入 CAD 绘图区域。

（3）单击快速访问工具栏上的按钮，弹出【图形另存为】对话框，输入【文件名】为“工业升降梯轿内指令控制电路图 .dwg”，并设置保存路径。

2. 绘制主接线

（1）绘制长为 240 的水平线段，并将其分别向下偏移 20、40、60、80、100、120、140、160、180、200，结果如图 4-65（a）所示。

（2）捕捉上侧线段的左端点，向右追踪 35，确定起点，绘制长为 200 的垂直线段，并将其分别向右偏移 45、125、170、205，结果如图 4-65（b）所示。

（3）修剪并删除多余线段，结果如图 4-65（c）所示。

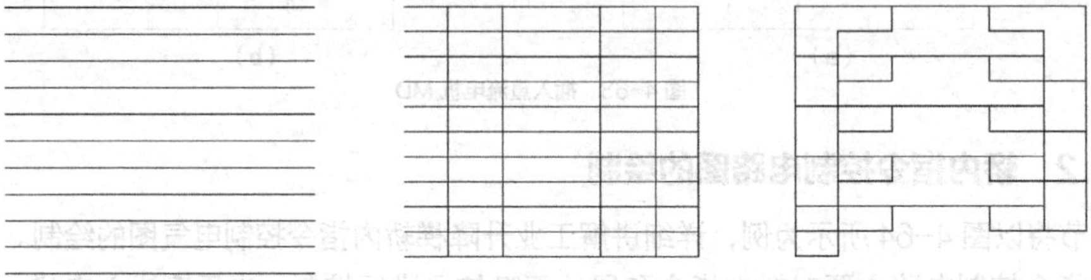

（a）（b）（c）

图 4-65 绘制主接线

3. 绘制整体图

（1）插入动合触点和常开开关

① 插入“CAD 符号块”文件夹中的“常开开关”“动合触点”，分别以其左端点为基点逆时针旋转 180°，依次插入到主接线的合适位置，如图 4-66（a）所示。

② 修剪并删除多余线段，结果如图 4-66（b）所示。

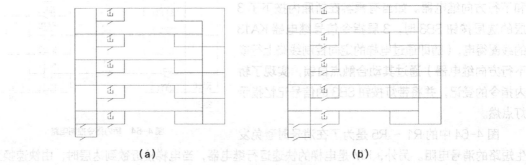

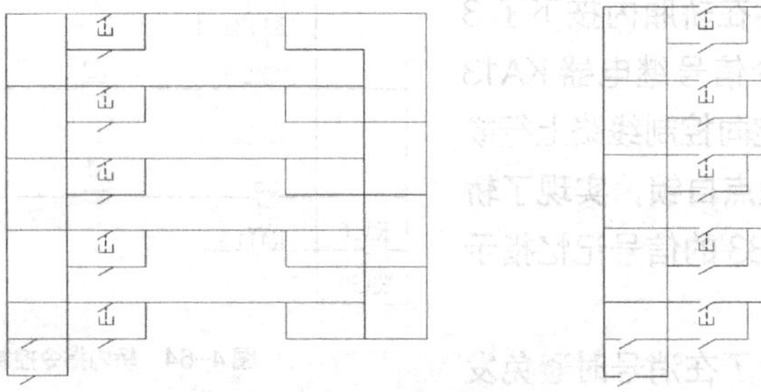

（a）（b）

图 4-66 插入动合触点和常开开关

（2）插入电阻

① 插入“CAD 符号块”文件夹中的“电阻”分别至水平主接线的中间位置，结果如图 4-67（a）所示。

② 修剪并删除多余线段，结果如图 4-67（b）所示。

（3）插入接触器线圈

① 将“CAD 符号块”文件夹中的“接触器线圈”缩放适当比例后插入并复制到图中水平主接线的各适当位置，结果如图 4-68（a）所示。

② 修剪并删除多余线段，结果如图 4-68（b）所示。

（4）插入常开开关和常闭开关

① 插入“CAD 符号块”文件夹中的“常开开关”，以其左端点为基点逆时针旋转 180°，

依次插入到主接线的合适位置。

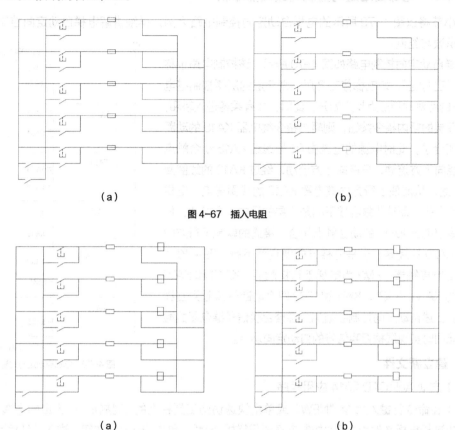

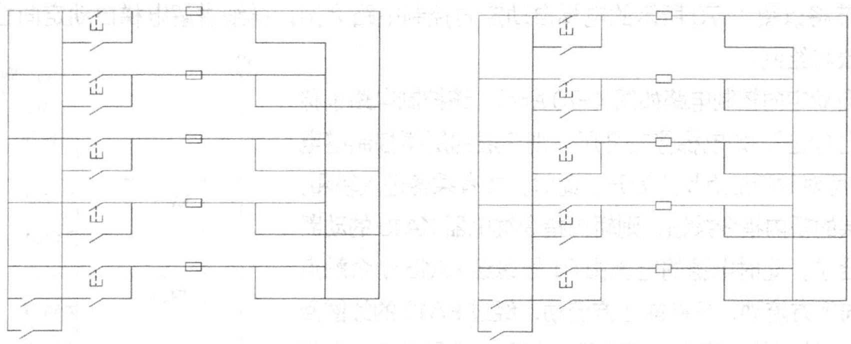

（a）　　（b）

图 4-67　插入电阻

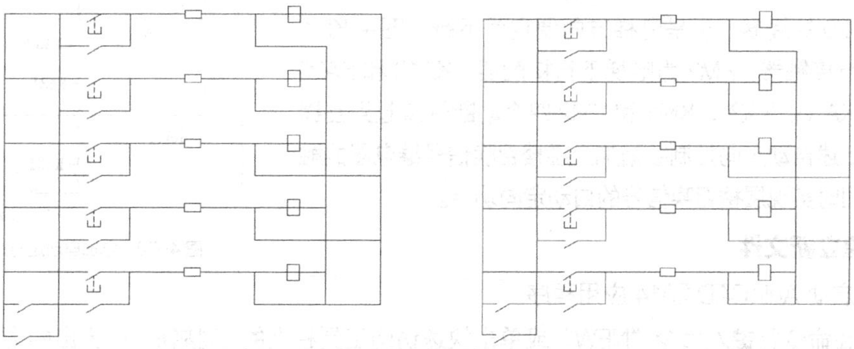

（a）　　（b）

图 4-68　插入接触器线圈

② 插入“CAD 符号块”文件夹中的“常闭开关”，以其左端点为基点逆时针旋转 180°，并将其镜像且删除源对象，然后插入到右下侧水平线的合适位置，结果如图 4-69（a）所示。

③ 插入接线端子修剪多余线段，结果如图 4-69（b）所示。

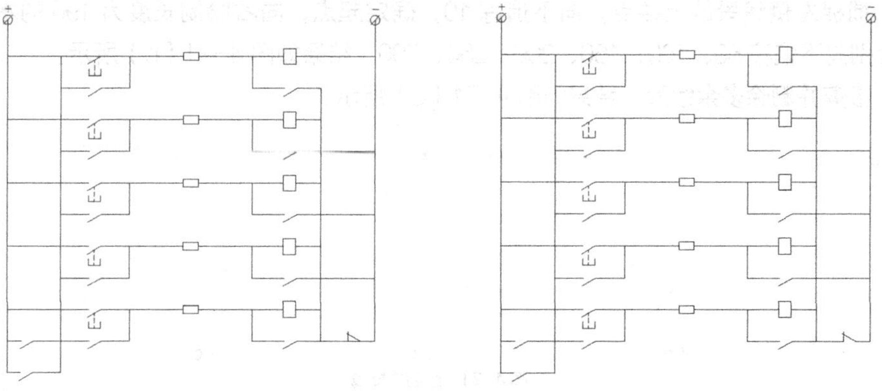

（a）　　（b）

图 4-69　插入常开开关和常闭开关

（5）标注文字。设置文字高度为 6，填写多行文字，结果如图 4-64（b）所示。

4.6.3 电梯自动定向控制电路图的绘制

本小节将以图 4-70 所示的电梯自动定向控制电路为例，详细讲解电梯自动定向控制电路原理图的识读与绘制。

电梯自动定向控制电路如图 4-70 所示，该控制电路也称为一条“定向链”。如电梯停在 2 层，则 2 层的层楼控制继电器 KA32 的两对动断触点均应断开，此时，如有乘客进入轿厢，按下了 5 层的轿内指令按钮，则轿内指令继电器 KA15 的动断触点便闭合了，此时电源的电流由 01 号线经 KA15 动合触点后，不能向下方流动，只能向上方流动，经过 KA10 的线圈回到 02 号线，从而使上行方向继电器 KA10 的线圈得电，电梯方向定为上行。而若此乘客按下的是 1 层的轿内指令按钮，使轿内指令继电器 KA11 的动合触点闭合，接通的就是下行方向继电器 KA20 的线圈，于是电梯方向便定为下行。图中 KM1 为电梯上行接触器，KM2 为电梯下行接触器。KA10 和 KA20 线圈前的 KA10、KA20、KM1 和 KM2 四个动断触点起到互锁的作用。上述自动定向控制线路加上层楼召唤信号继电器的触点，就能同时实现层楼召唤信号的自动定向功能。

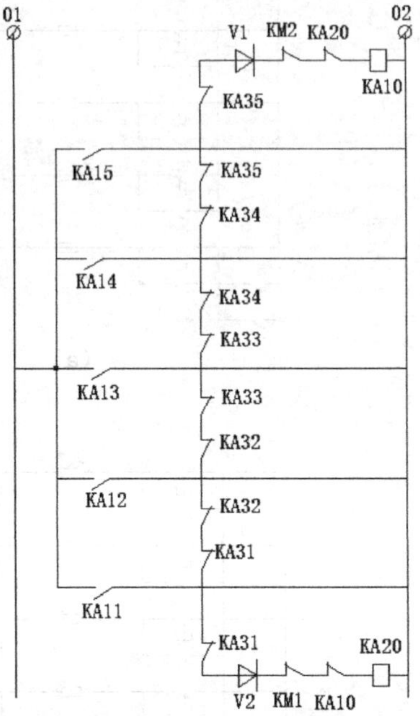

图 4-70 电梯自动定向控制电路

1. 建立新文件

（1）启动 AutoCAD 2014 应用程序。

（2）在命令行键入命令“NEW”或单击快速访问工具栏上的按钮，在弹出的【选择样板】对话框中选择样板文件为“工业控制电气图用样板.dwt”，单击打开(O)按钮，进入 CAD 绘图区域。

（3）单击快速访问工具栏上的按钮，弹出【图形另存为】对话框，输入【文件名】为“工业升降梯自动定向控制电路图.dwg”，并设置保存路径。

2. 绘制主接线

（1）绘制长为 300 的竖直线段，并将其分别向右偏移 20、90、190，结果如图 4-71（a）所示。

（2）捕捉左侧线段的上端点，向下追踪 10，确定起点，向右绘制长度为 190 的水平线段，并将其分别向下偏移 50、100、150、200、250、300，结果如图 4-71（b）所示。

（3）修剪并删除多余线段，结果如图 4-71（c）所示。

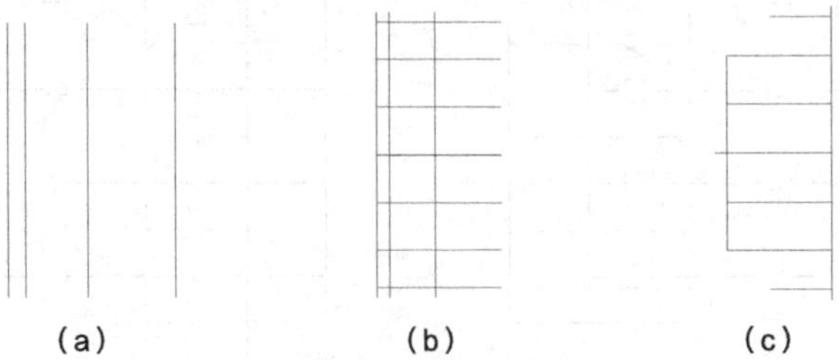

（a） （b） （c）

图 4-71 绘制主接线

3. 绘制整体图

（1）插入常开开关

① 插入“CAD 符号块”文件夹中的“常开开关”，以其左端点为基点逆时针旋转 180°，

依次插入到主接线的合适位置，结果如图 4-72（a）所示。

② 修剪并删除多余线段，结果如图 4-72（b）所示。

（2）插入常闭开关

① 插入“CAD 符号块”文件夹中的“常闭开关”，以其左端点为基点逆时针旋转 90°，并将其镜像且删除源对象，并依次插入到右侧第 3 条竖直线段的合适位置，结果如图 4-73（a）所示。

② 修剪并删除多余线段，结果如图 4-73（b）所示。

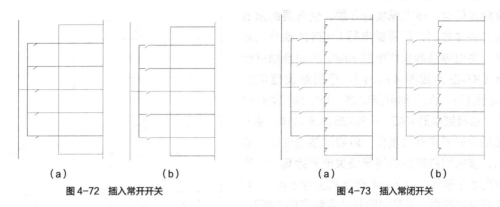

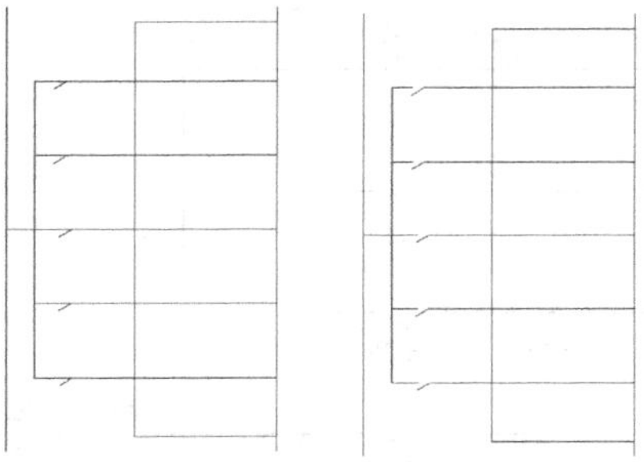

（a）（b）

图 4-72 插入常开开关

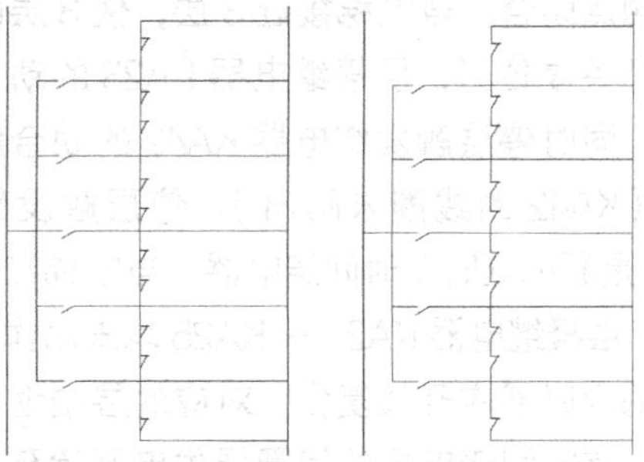

（a）（b）

图 4-73 插入常闭开关

（3）插入二极管、常闭开关、接触器线圈

① 插入“CAD 符号块”文件夹中的“二极管”至最上侧水平线段的合适位置。

② 插入“CAD 符号块”文件夹中的“常闭开关”，以竖直线段为镜像线，将其镜像并删除源文件后，插入到第一条水平线段的合适位置。

③ 插入“CAD 符号块”文件夹中的“接触器线圈”缩放适当比例，插入到第一条水平线段的合适位置。

④ 将步骤①～③插入的图形整体复制到最下侧水平线段上，结果如图 4-74（a）所示。

⑤ 插入接线端子并修剪多余线段，结果如图 4-74（b）所示。

（4）插入节点

插入节点后的结果如图 4-75 所示。

（5）标注文字

设置文字高度为 6，填写多行文字，结果如图 4-70 所示。

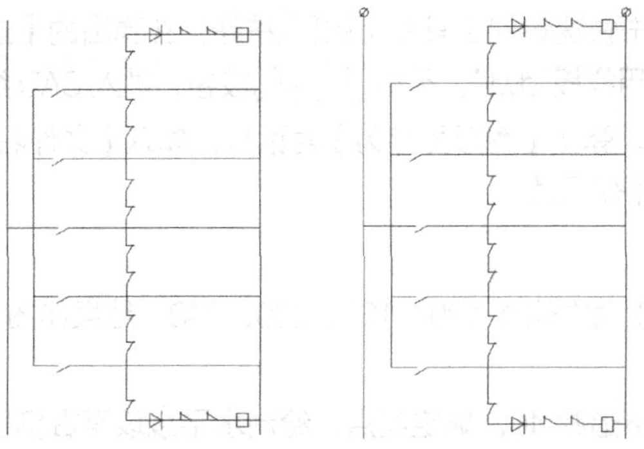

（a）（b）

图 4-74 插入二极管、常闭开关、接触器线圈等

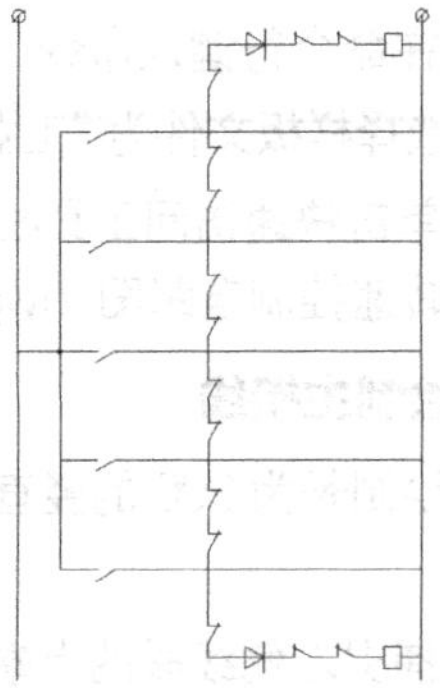

图 4-75 插入节点

4.6.4 电梯转速控制电气图的绘制

本小节将以图 4–76 所示的电梯转速控制线路为例，详细讲解电梯转速控制电路原理图的识读与绘制。

电梯转速控制线路的原理图如图 4–76 所示。

若电梯原来停在 1 层，某乘客按下了 3 层的轿内指令按钮，则轿内指令继电器 KA13 动合触点闭合，电梯起动上行，运行继电器 KA40 的动合触点闭合。当电梯接近 3 层，使 3 层的永磁感应开关复位时，层楼继电器 KA23 的动合触点闭合，同时停层触发继电器 KA42 的动合触点也闭合（KA42 的线圈未画出），停层触发继电器 KA42 是断电延时型时间继电器，当电梯在运行过程中，层楼继电器 KA21 ~ KA25 均未动作，插入各层的永磁感应开关复位，对应的层楼继电器动作时，该时间继电器的线圈便失电开始延时。当电梯到达 3 楼时，由于此时停层触发继电器 KA42 尚在延时过程中，其延时断开动合触点仍未断开，所以便可使停层继电器 KA41 的线圈得电，并通过运行继电器 KA40 的动合触点和 KA41 的延时断开动合触点自锁，从而发出减速控制信号。若电梯曳引电动机为 Y/YY 型双速电动机，则切断快车运行接触器，接通慢车运行接触器，使曳引电动机从 YY 型快速运行接入至转速为 1000 r/min 的慢行状态。

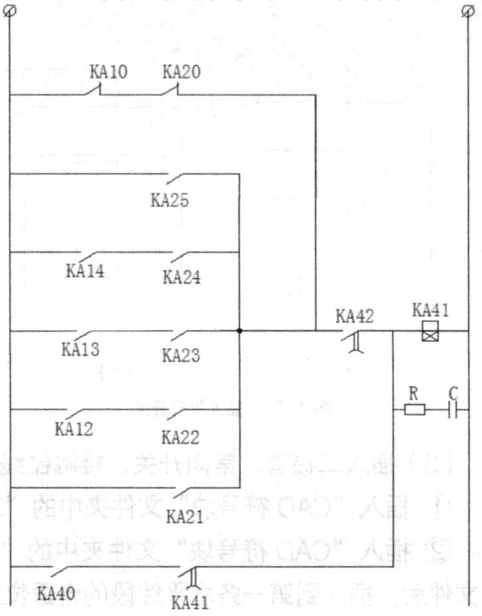

图 4–76 电梯转速控制线路

停层触发继电器 KA42 和停层继电器 KA41 均使用断电延时型时间继电器，可以使停层换速过程中电梯在层站停靠后，时间继电器延时时间到自动复位，为电梯的下一次起动运行做好准备。图中 R 和 C 是延时时间调整电阻和电容。将 KA10 和 KA20 的动断触点串联，以保证电梯安全停靠在指定楼层上。

1. 建立新文件

（1）启动 AutoCAD 2014 应用程序。

（2）在命令行键入命令“NEW”或单击快速访问工具栏上的□按钮，在弹出的【选择样板】对话框中选择样板文件为“工业控制电气图用样板.dwt”，单击 打开(O) 按钮，进入 CAD 绘图区域。

（3）单击快速访问工具栏上的□按钮，弹出【图形另存为】对话框，输入【文件名】为“工业升降梯转速控制电路图.dwg”，并设置保存路径。

2. 绘制主接线

（1）绘制长为 300 的竖直线段，并分别向右偏移 120、160、200、240，结果如图 4–77（a）所示。

（2）捕捉左侧线段的上端点，竖直向下追踪 40，确定起点，绘制水平线段至右侧竖直线段，然后将此水平线段分别向下偏移 40、80、120、160、200、240，结果如图 4–77（b）所示。

（3）修剪并删除多余线段，结果如图 4–77（c）所示。

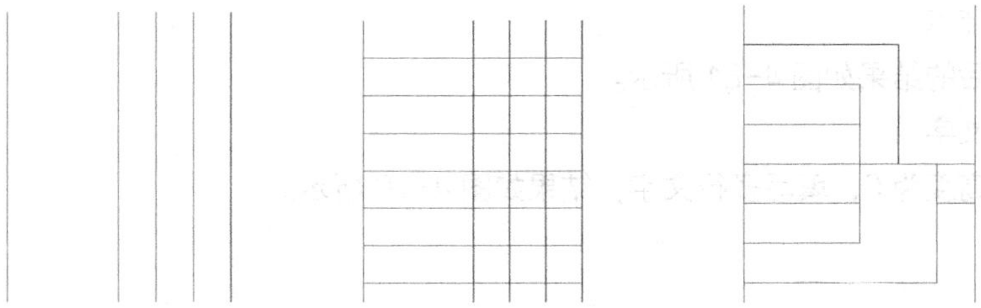

(a) (b) (c)

图 4-77 绘制主接线

3. 绘制整体图

(1) 插入常开开关和常闭开关

① 插入"CAD 符号块"文件夹中的"常开开关",以其左端点为基点逆时针旋转 180°,将其插入到第 2 条水平主接线的合适位置。

② 插入"CAD 符号块"文件夹中的"常闭开关",以竖直线段为镜像线,镜像并删除源文件,依次插入到第一条水平主接线的合适位置,结果如图 4-78(a)所示。

③ 修剪并删除多余线段,结果如图 4-78(b)所示。

(2) 插入时间继电器和常开开关

① 插入"CAD 符号块"文件夹中的"时间继电器(延时闭合常开)",以其左端点为基点逆时针旋转 180°,将其分解,并将上侧圆弧以水平线段进行镜像且删除源文件,将镜像后的圆弧移动到与两条竖直线段相交,然后将此图形移动到最下侧水平线段的合适位置。

② 插入"CAD 符号块"文件夹中的"常开开关",以其左端点为基点逆时针旋转 180°,依次插入到水平主接线的合适位置,结果如图 4-79(a)所示。

③ 修剪并删除多余线段,结果如图 4-79(b)所示。

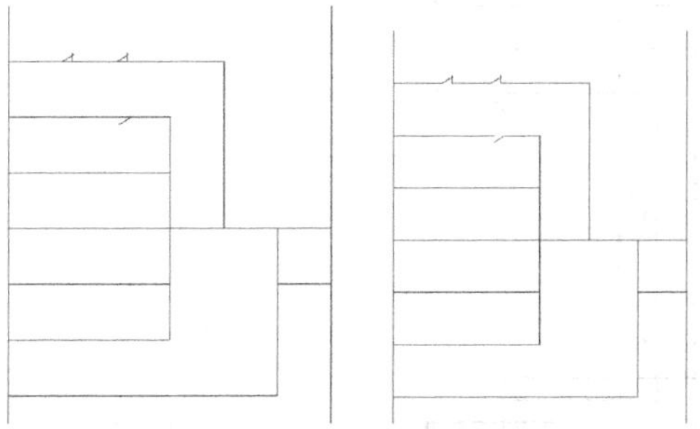

(a) (b)

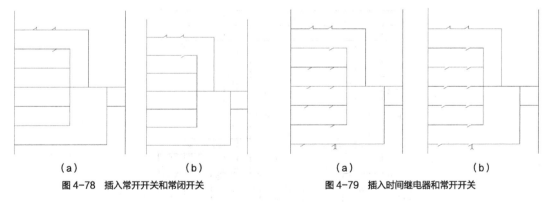

图 4-78 插入常开开关和常闭开关

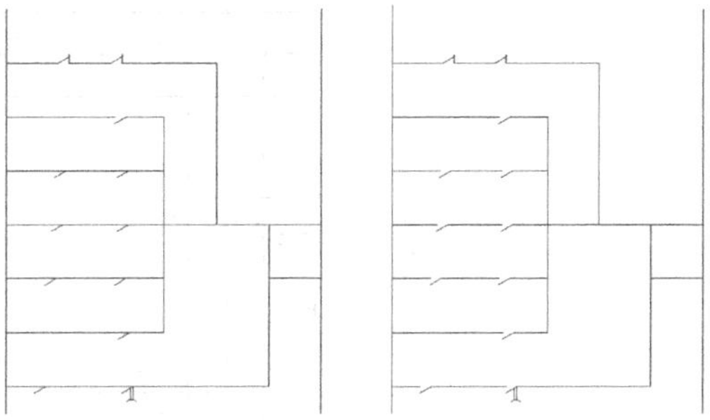

(a) (b)

图 4-79 插入时间继电器和常开开关

(3) 插入继电器、电阻、电容和接触器线圈

① 将步骤 2(1)中绘制的时间继电器插入到中间最长水平线段的合适位置。

② 插入"CAD 符号块"文件夹中的"电阻"和"电容"至主接线的合适位置。

③ 插入"CAD 符号块"文件夹中的"接触器线圈"缩放适当比例,并将其分解,捕捉左侧竖直线段的中点,水平向右绘制线段与右侧竖直线段相交,然后绘制下侧矩形的对角线,将其移动到主接线的合适位置,结果如图 4-80(a)所示。

④ 修剪并删除多余线段,结果如图 4-80(b)所示。

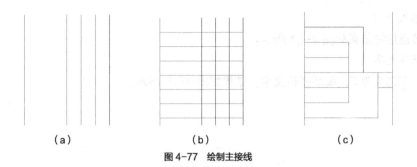

（4）插入节点

插入节点后的结果如图 4-81 所示。

（5）标注文字

设置文字高度为 6，填写多行文字，结果如图 4-76 所示。

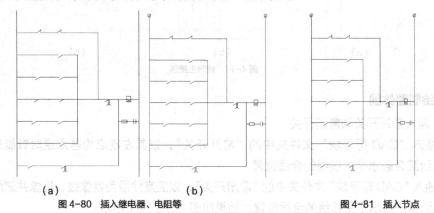

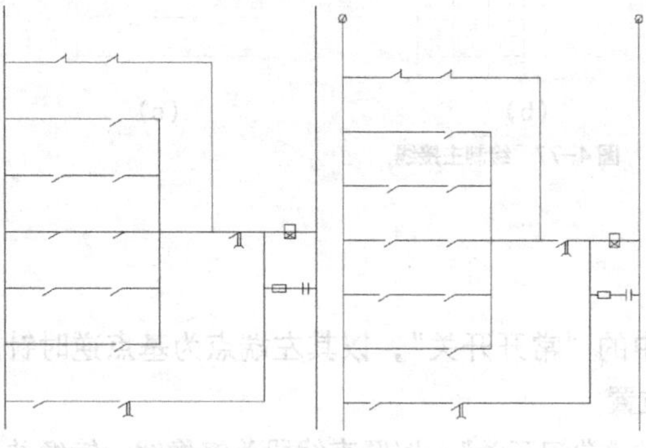

（a）　（b）

图 4-80　插入继电器、电阻等

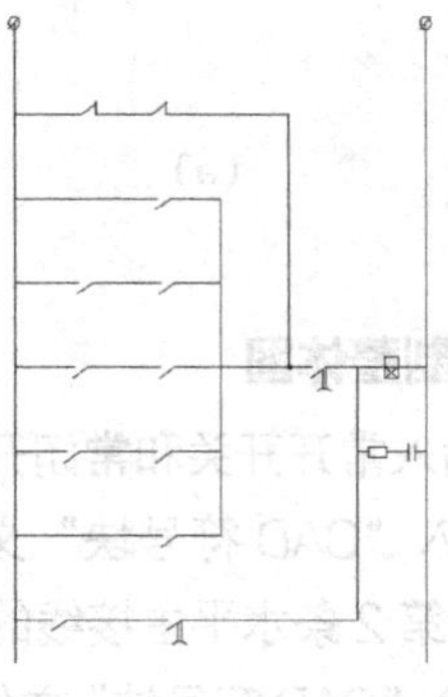

图 4-81　插入节点

4.7 工业消防用电气控制图的绘制

本节将以工业消防用自动喷洒用消防泵主电路原理图、自动喷洒用消防泵控制电路图以及防火卷帘门控制电路图为例，详细讲解工业消防用电气控制图的绘制。

4.7.1 自动喷洒用消防泵主电路图的绘制

本小节将以图 4-82 所示的自动喷洒用消防泵主电路图为例，详细讲解该图的识读与绘制。

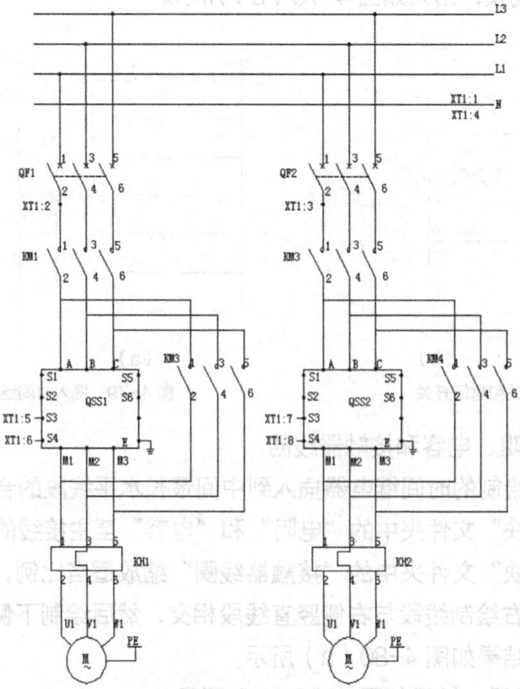

图 4-82　自动喷洒用消防泵主电路图

自动喷洒用消防泵一般设计为两台泵，一用一备，互为备用，当工作泵出故障时，备用泵自动延时投入运行。图 4-82 所示为带软起动器的自动喷洒用消防泵主电路图，后续的图 4-90 和图 4-91 所示为自动喷洒用消防泵控制电路图。在控制电路中设有水泵工作状态选择开关 SAC，可使两台泵分别处于 1 号泵用 2 号泵备、2 号泵用 1 号泵备，或两台泵均为手动的工作状态。

1. 建立新文件

（1）启动 AutoCAD 2014 应用程序。

（2）在命令行键入命令“NEW”或单击快速访问工具栏上的按钮，在弹出的【选择样板】对话框中选择样板文件为“工业控制电气图用样板 .dwt”，单击 打开(O) 按钮，进入 CAD 绘图区域。

（3）单击快速访问工具栏上的按钮，弹出【图形另存为】对话框，输入【文件名】为“工业消防用自动喷洒用消防泵主电路图 .dwg”，并设置保存路径。

2. 绘制主接线

（1）绘制长度为 350 的水平线段，并依次向下偏移 20、40、60，结果如图 4-83（a）所示。

（2）捕捉下侧水平线段的左端点，向右追踪 20，向下绘制长为 350 的竖直线段，并依次向右偏移 20、40、80、100、120，结果如图 4-83（b）所示。

3. 绘制整体图

（1）绘制左侧主电路图

① 在主接线的合适位置插入断路器和接触器常开触点，结果如图 4-84（a）所示。

② 连接左侧竖直线段与上侧水平线段，并修剪删除多余线段，结果如图 4-84（b）所示。

工业消防用电气控制图的绘制（1）

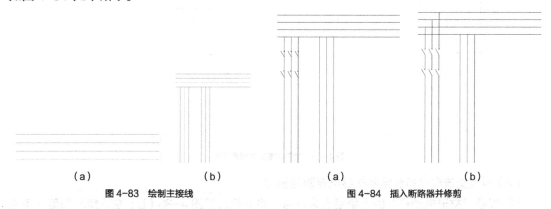

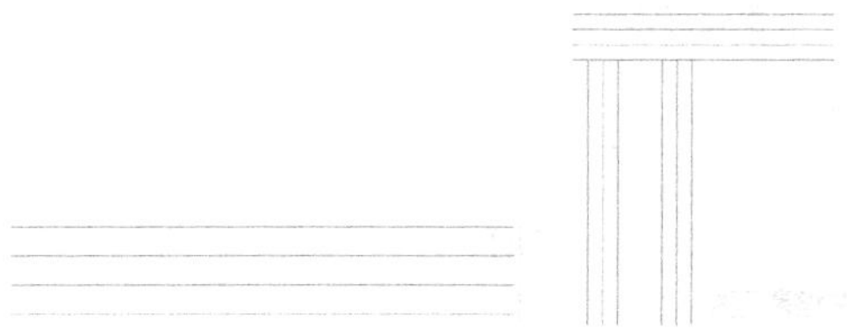

（a）　（b）

图 4-83　绘制主接线

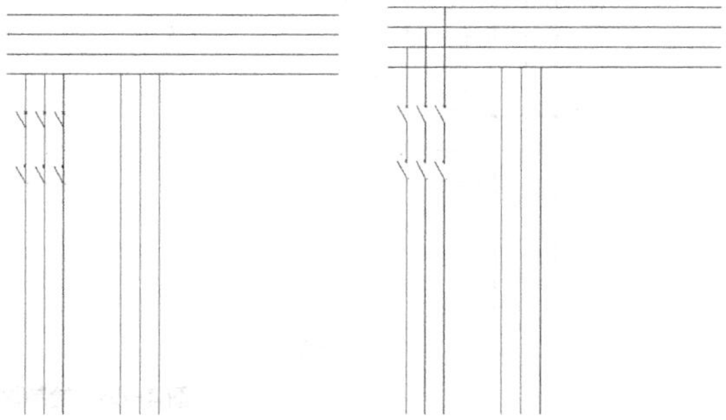

（a）　（b）

图 4-84　插入断路器并修剪

（2）插入右侧接触器常开触点

① 捕捉左侧下方接触器的下端点，水平向右绘制长度为 140 的线段，并将其依次向下偏移 128、138、247、257、267。

② 在图中的合适位置插入接触器常开触点，结果如图 4-85（a）所示。

③ 修剪并删除多余线段，结果如图 4-85（b）所示。

（3）绘制隔离开关熔断器组

① 绘制 74×52 的矩形，将其长边中点落在左侧第 2 条竖直线段上，放置在合适位置。

工业消防用电气控制图的绘制（2）

② 将节点插在矩形的合适位置，并在隔离开关熔断器组右下角插入接地符号，结果如图 4-86（a）所示。

③ 修剪多余线段，结果如图 4-86（b）所示。

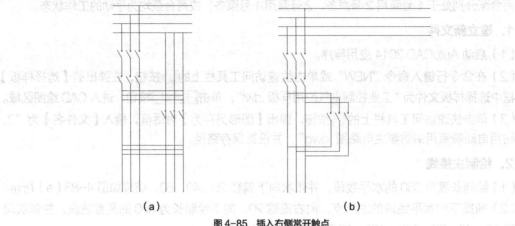

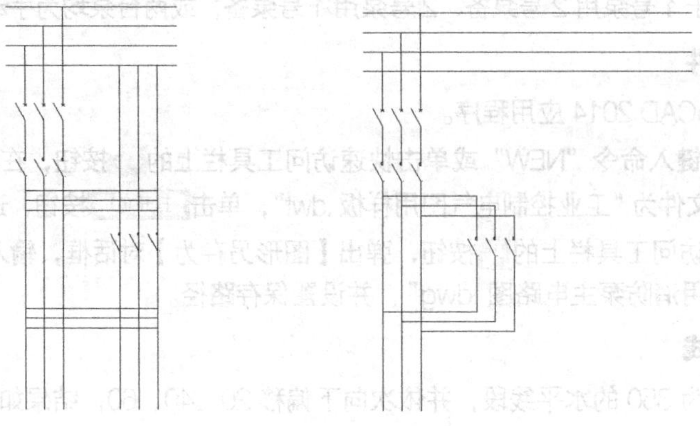

（a）　　（b）

图 4-85　插入右侧常开触点

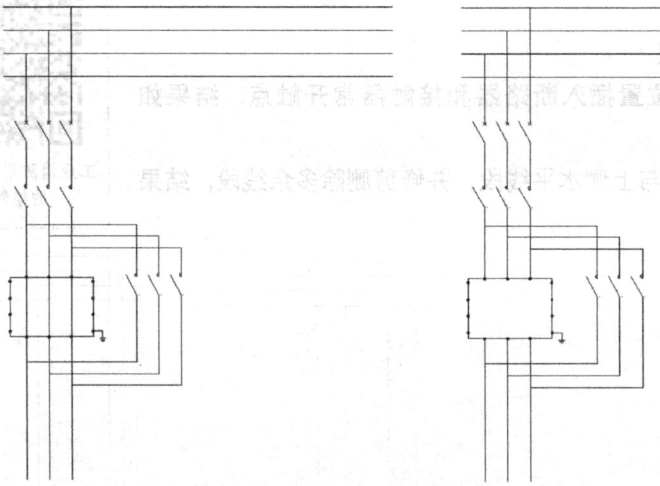

（a）　　（b）

图 4-86　绘制隔离开关熔断器组

（4）插入交流电动机和绘制热继电器驱动器件

① 以块“交流电动机”的上象限点为基点，将其插入至图 4-86（b）左下角右侧第 2 条竖线的下端点。

② 绘制热继电器驱动器件。选择图 4-87（a）所示适当点 A 为基点，水平向左偏移 6.8 确定起点并绘制 54.9×15.5 的矩形，并将其分解。将矩形左侧边水平向右偏移 17.8，然后将矩形顶边分别向下偏移 3.3 和 12.3。

③ 绘制点 B 和点 C 与交流电动机圆心的连接线。

④ 捕捉交流电动机的右象限点为起点，水平向右、垂直向上、水平向右绘制长度分别为 22、9、5 的折线，然后镜像长度为 5 的水平线段，即为地线，结果如图 4-87（a）所示。

⑤ 修剪并删除多余线段，结果如图 4-87（b）所示。

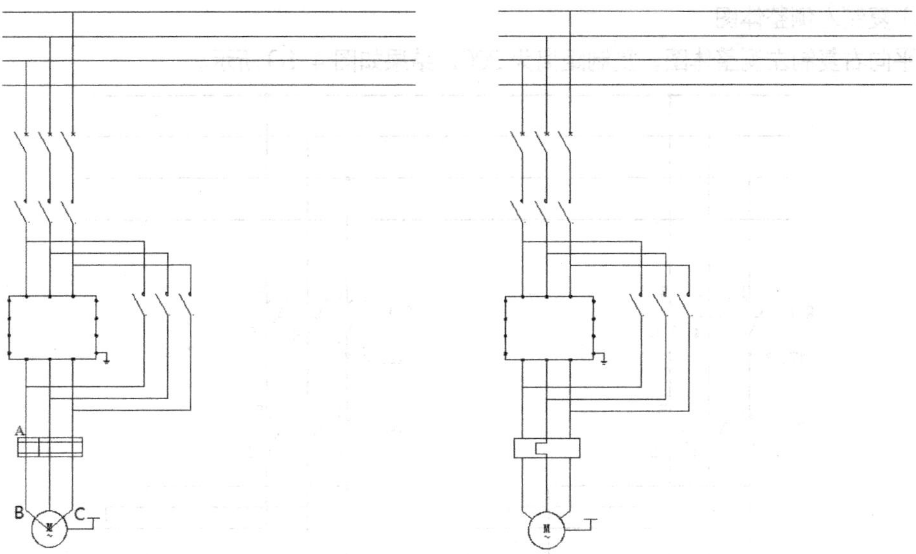

（a） （b）

图 4-87 插入“交流电动机”并绘制热继电器驱动器件

（5）标注文字

设置文字高度为 6，填写多行文字，结果如图 4-88 所示。

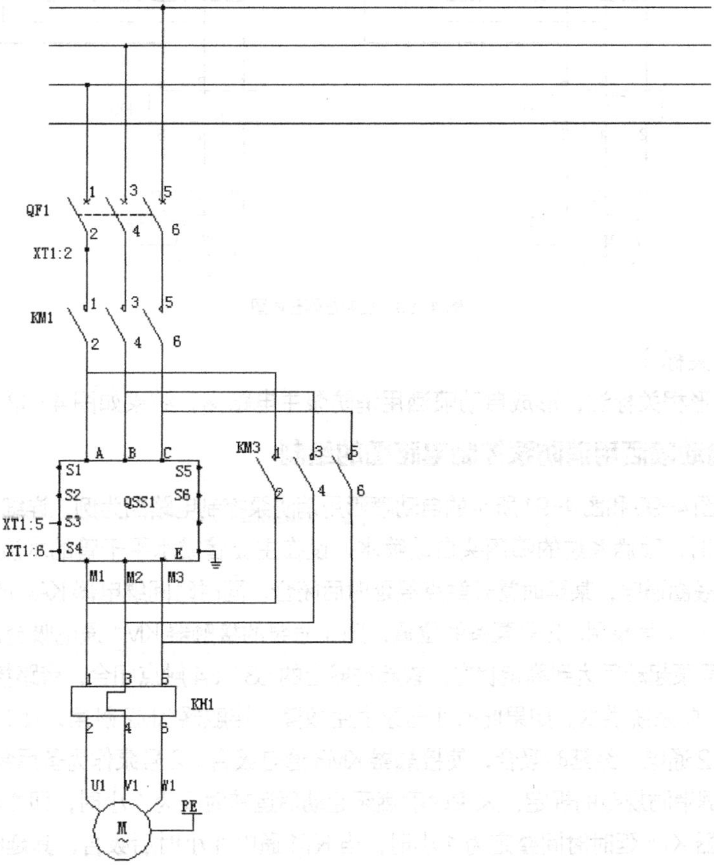

图 4-88 标注文字

（6）复制左侧整体图

水平向右复制左侧整体图，复制距离为 200，结果如图 4-89 所示。

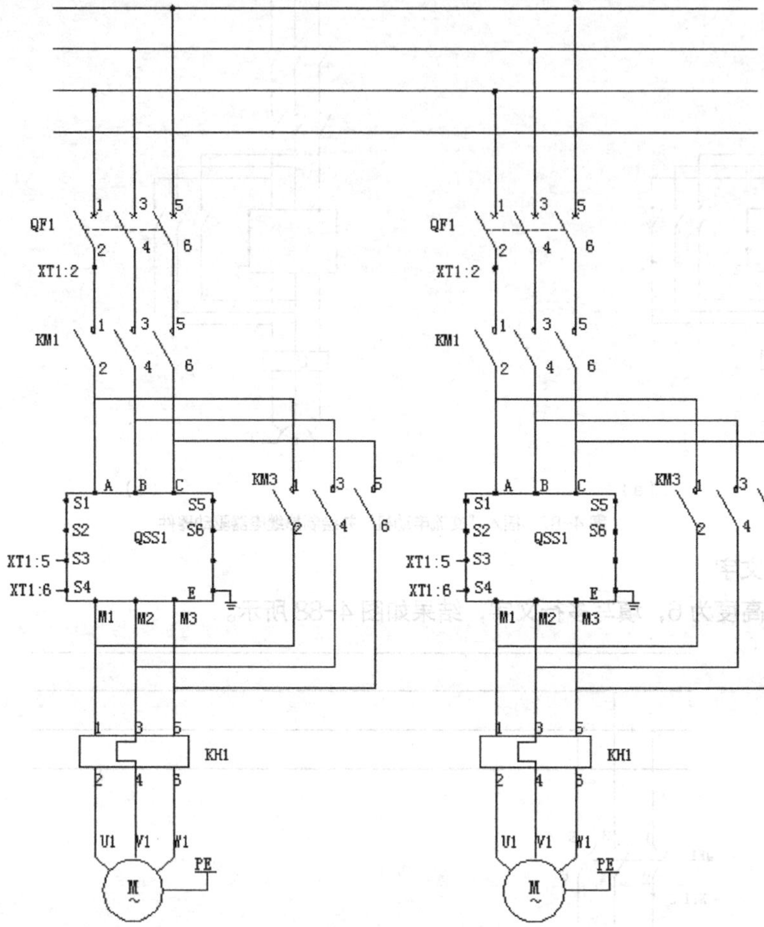

图 4-89　复制左侧整体图

（7）修改相关标注

修改右侧图形相关标注，形成自动喷洒用消防泵主电路图，结果如图 4-82 所示。

4.7.2　自动喷洒用消防泵控制电路图的绘制

本小节将以图 4-90 和图 4-91 所示的自动喷洒用消防泵控制电路图为例，详细讲解该图的绘制。

当火灾发生时，喷洒系统的喷洒头自动喷水，设在主立管或水平干管的水流继电器 SP 接通，时间继电器 KT3 线圈通电，某延时常开触点经延时后闭合，同时时间继电器 KA4 通电，此时，如果选择开关 SAC 置于 1 号泵用、2 号泵备的位置，则 1 号泵的接触器 KM1 通电吸合，经软起动器，1 号泵起动，当 1 号泵起动后达到稳定状态，软起动器上的 S3、S4 触点闭合，旁路接触器 KM2 通电，1 号泵正常运行，向系统供水。如果此时 1 号泵发生故障，接触器 KM2 跳闸，使 2 号泵控制回路中的时间继电器 KT2 通电，经延时吸合，使接触器 KM3 通电吸合，2 号泵作为备用泵起动，向自动喷洒系统供水。根据消防规范的规定，火灾时喷洒泵起动后运转时间为 1 小时，即 1 小时后自动停泵。因此，时间继电器 KT4 延时时间整定为 1 小时，当 KT4 通电 1 小时后吸合，其延时常闭触点打开，中间继电器 KA4 断电释放，使正在运行的喷洒泵控制回路断电，水泵自动停止运行。

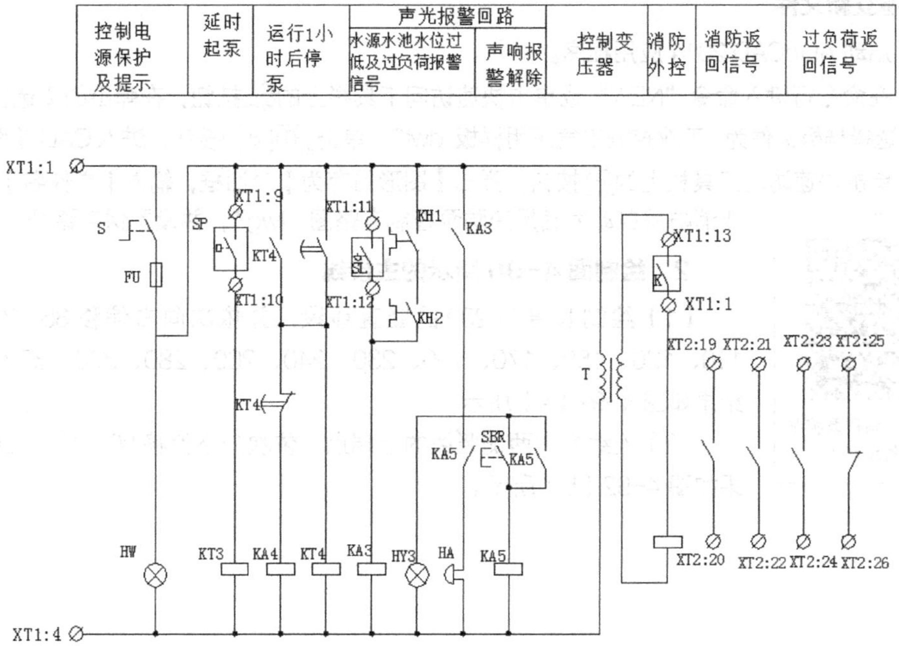

图 4-90 自动喷洒用消防泵控制电路图一

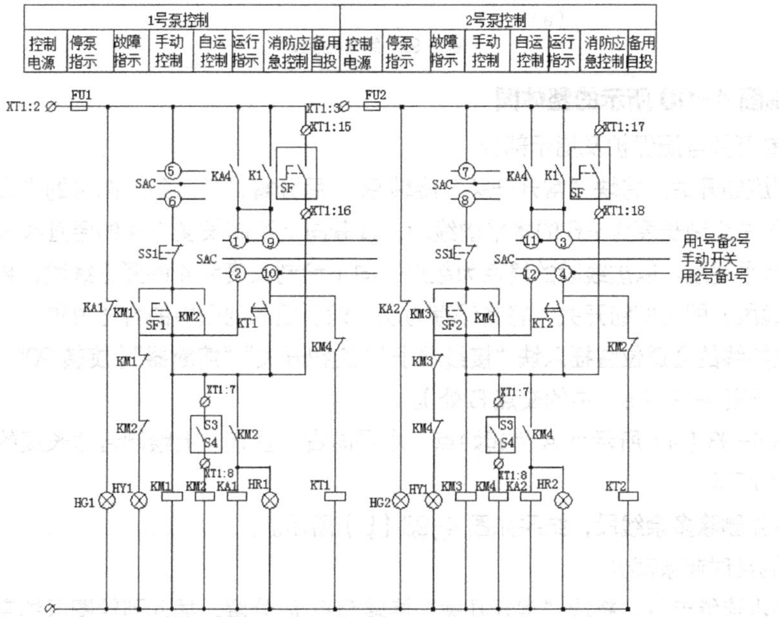

图 4-91 自动喷洒用消防泵控制电路图二

根据国家强制性条文规定，消防用水泵过负荷，热继电器只报警不动作于跳闸。当 1 号泵、2 号泵发生过负荷时，热继电器 KH1、KH2 闭合，中间继电器 KA3 通电，发出声光报警信号。同理，当水源水池无水时，安装在水源水池内的液位计 SL 接通，使中间继电器 KA3 通电吸合，其常开触点闭合，发出声光报警信号。可通过复位按钮 SBR 关闭警铃。

在两台泵的自动控制回路中，常开触点 K 的引出线接在消防控制模块上，由消防控制室集中控制水泵的起停。起动按钮 SF 引出线为水泵硬接线，引至消防控制室，作为消防应急控制。

1. 建立新文件

（1）启动 AutoCAD 2014 应用程序。

（2）在命令行键入命令“NEW”或单击快速访问工具栏上的按钮，在弹出的【选择样板】对话框中选择样板文件为“工业控制电气图用样板 .dwt”，单击打开(O)按钮，进入 CAD 绘图区域。

（3）单击快速访问工具栏上的按钮，弹出【图形另存为】对话框，输入【文件名】为“工业消防用自动喷洒用消防泵控制电路图 .dwg”，并设置保存路径。

自动喷洒用消防泵控制电路图的绘制（1）

2. 绘制图 4-90 所示的主接线

（1）绘制长度为 200 的竖直线段，并依次向右偏移 35、70、90、110、130、150、170、190、230、240、260、280、300、320、340，结果如图 4-92（a）所示。

（2）连线左右两侧竖线的上端点，依次向下偏移 80、170、200，结果如图 4-92（b）所示。

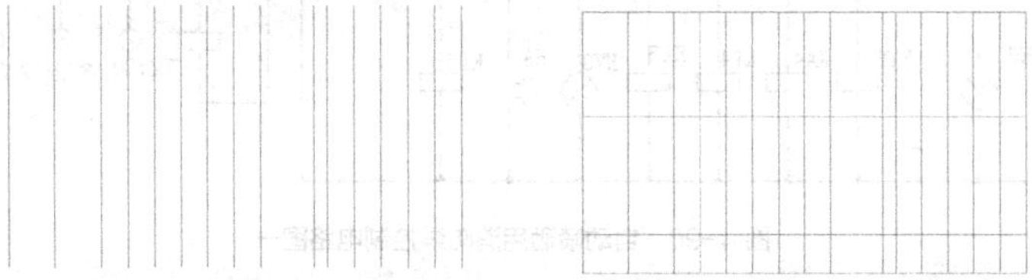

（a）　（b）

图 4-92　绘制主接线

3. 绘制图 4-90 所示的整体图

（1）绘制开关电源保护及指示部分

① 绘制旋钮开关。将块“常开开关”旋转 90° 后分解，插入到绘图区的空白区域。捕捉斜边的中点，向左绘制长度为 9.6 的水平虚线段，接着向上绘制长度为 4 的竖直线段，再向右绘制长度为 4 的水平线段。以虚线段的终点为起点，向下绘制长度为 4 的竖直线段，再向左绘制长度为 4 的水平线段，即为旋钮开关，将其保存为块，然后插入到图中的合适位置。

② 在主接线的合适位置插入块“接线端子”“旋钮开关”“熔断器”（旋转 90° ）及“信号灯”（上象限点位于图 4-93（a）中的交点 B 处）。

③ 以图 4-93（a）所示点 A 为起始点，水平向右、垂直向上绘制合适长度的折线，结果如图 4-93（a）所示。

④ 修剪并删除多余线段，结果如图 4-93（b）所示。

（2）绘制延时起泵部分

① 绘制水流继电器。将块“常开开关”旋转 90° 后分解，插入到绘图区的空白区域。捕捉斜边的中点，向左绘制长度为 3.8 的水平虚线。绘制 2×3 的矩形，使矩形的长边中点与虚线段的中点对齐。再绘制 14.4×18 的矩形，将上面部分圈围起来，即为水流继电器。

自动喷洒用消防泵控制电路图的绘制（2）

② 将两个“接线端子”分别插在水流继电器的上侧和下侧的合适位置。

③ 插入“CAD 符号块”文件夹中的“继电器”至图中的适当位置，再捕捉继电器上侧长边的中点，使其与最上侧第 3 条水平线段与左侧第 2 条竖直线段的交点重合，结果如图 4-94（a）所示。

④ 修剪并删除多余线段，结果如图 4-94（b）所示。

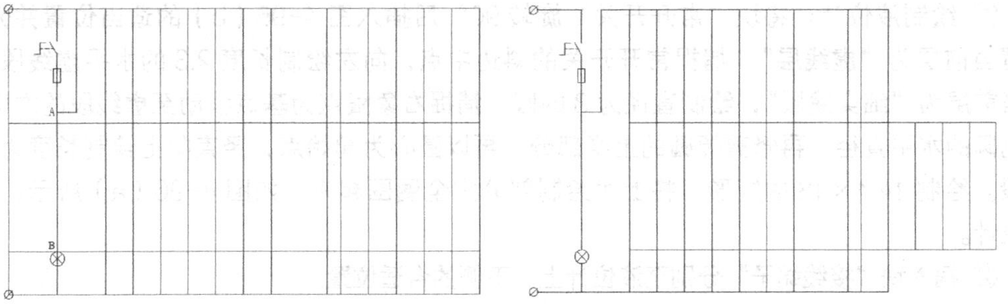

（a）　　　　（b）

图 4-93　绘制开关电源保护及指示部分

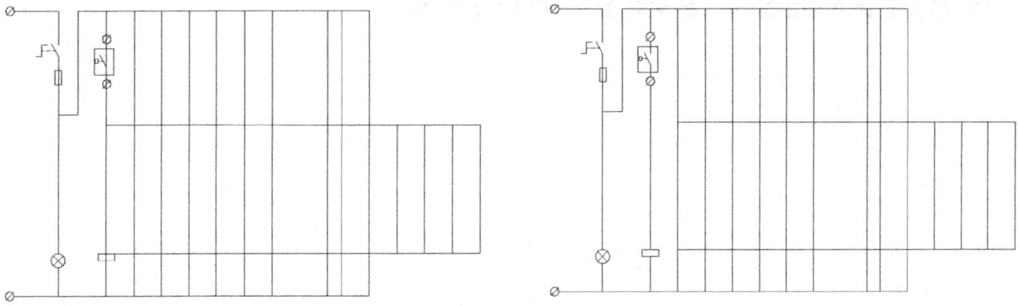

（a）　　　　（b）

图 4-94　绘制延时起泵部分

（3）绘制延时 1 小时停泵部分

① 水平向右复制图 4-94（b）中的继电器，复制距离分别为 20、40。

② 将块“常开开关”旋转 90° 后插入到左侧第 4 条竖直线段上，且与水流继电器水平对齐。

③ 在其下侧合适位置，插入“CAD 符号块”文件夹中的“延时断开的动断触点”。

④ 连接第 4 条与第 5 条竖直线段，连接线位于第 2 条水平线段上侧 20。

⑤ 将块“时间继电器（延时闭合常开）”旋转 90° 后插入至图中左侧第 5 条竖直线段上，结果如图 4-95（a）所示。

⑥ 修剪并删除多余线段，结果如图 4-95（b）所示。

自动喷洒用消防泵控制电路图的绘制（3）

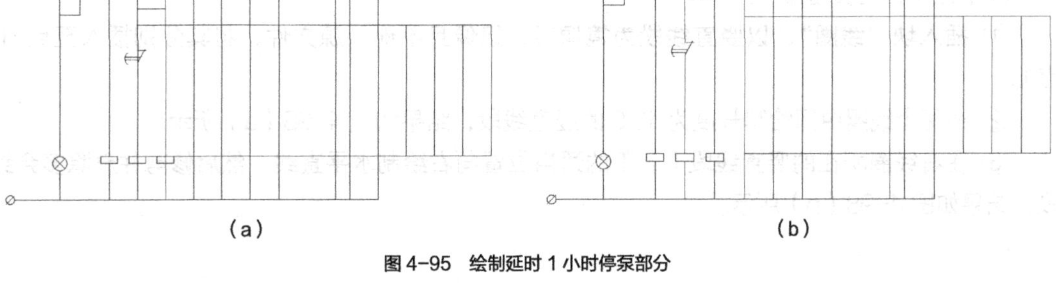

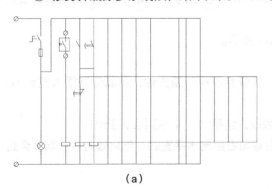

（a）　　　　（b）

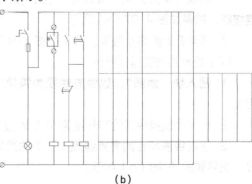

图 4-95　绘制延时 1 小时停泵部分

（4）绘制水源水池水位过低及过负荷报警信号部分

① 绘制液位计。将块“常开开关”旋转 90° 后插入图 4-95（b）的适当位置并分解。设置当前层为“虚线层”，捕捉常开开关的斜边中点，向左绘制长度 2.3 的水平虚线段。设置当前层为“细实线层”，绘制直径为 3 的圆，捕捉右象限点为基点移动至虚线段的左端点。绘制圆的水平直径，再修剪掉圆的上半部分，再以圆心为起始点，竖直向上绘制长度为 1 的线段。绘制 14.4×18 的矩形，将上述绘制部分完全圈围起来，如图 4-96（a）所示，即为液位计。

② 插入块“接线端子”分别至液位计上、下侧的合适位置。

③ 在液位计右侧的适当位置插入“CAD 符号块”文件夹中的两个块“热继电器的动合触点”。

④ 捕捉点 C 处“继电器”水平向右复制至点 D，结果如图 4-96（a）所示。

⑤ 修剪并删除多余线段，结果如图 4-96（b）所示。

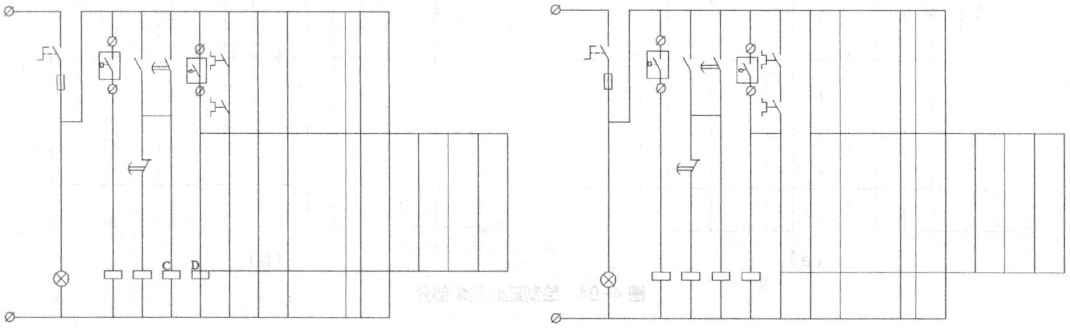

（a）（b）

图 4-96　绘制水源水池水位过低及过负荷报警信号部分

（5）绘制声响报警解除部分

① 以块“信号灯”的上象限点为基点插入该块至点 E。

② 以块“报警器”（“CAD 符号块”文件夹中）右侧竖线的上端点为基点插入该块至点 F。

③ 将继电器水平向右复制至点 G。

④ 将块“常开开关”旋转 90° 后，插入在报警器上侧的点 H。竖直向下复制该块至点 I，并以 I 点所在竖线为镜像线镜像该块，并删除源对象。

⑤ 将块“动合触点”旋转 90° 后，插入到点 G 所在竖线的适当位置。

⑥ 将块“常开开关”旋转 90° 后，插入到点 G 所在竖线的右侧适当位置，再绘制各相关连接线，结果如图 4-97（a）所示。

⑦ 修剪并删除多余线段，结果如图 4-97（b）所示。

（6）绘制控制变压器部分

① 插入块“线圈”，以竖直线段为镜像线，镜像且不删除源文件，将其分别插入至点 H、点 I。

② 在两个线圈中间绘制长度为 18.6 的竖直线段，结果如图 4-98（a）所示。

③ 在右线圈所在的竖直线段上、下的适当位置向右绘制水平直线，然后修剪并删除多余线段，结果如图 4-98（b）所示。

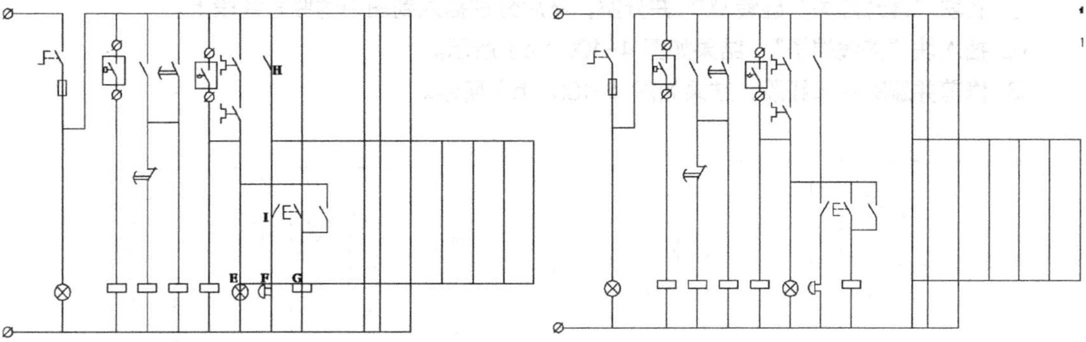

（a）　　　　　　　　　　　　（b）

图 4-97　绘制声响报警解除部分

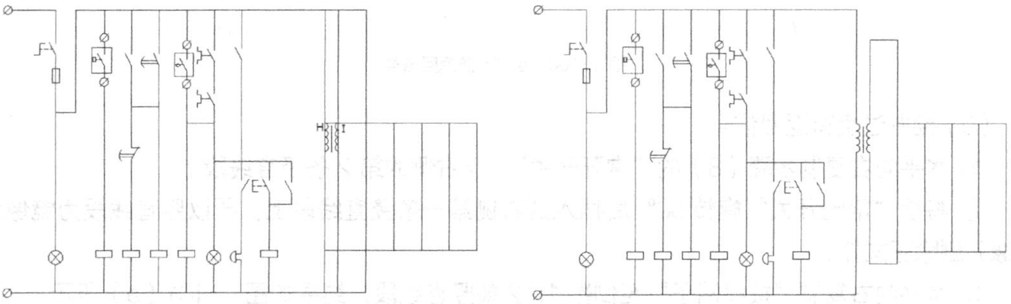

（a）　　　　　　　　　　　　（b）

图 4-98　绘制控制变压器部分

（7）绘制消防外控部分

① 将块“常开开关”旋转 90° 并分解，插入到图中的竖直线段上。再绘制 14.4×18 的矩形，将上述绘制部分完全圈围起来。

② 将块“接线端子”分别插至“常开开关”上、下侧的合适位置。

③ 捕捉继电器上侧长边的中点，将其插入点 A，结果如图 4-99（a）所示。

④ 修剪并删除多余线段，结果如图 4-99（b）所示。

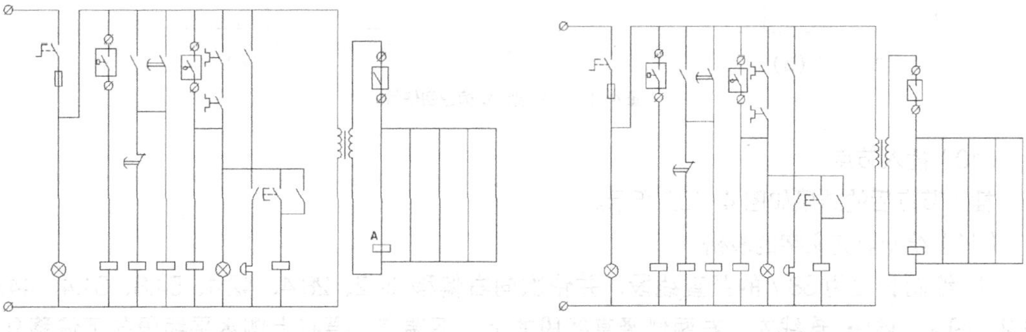

（a）　　　　　　　　　　　　（b）

图 4-99　绘制消防外控部分

（8）绘制消防返回信号

① 将块“常开开关”旋转 90° 并分解，然后分别插入到图中的竖直线段上。

② 插入块“接线端子”，结果如图 4-100（a）所示。

③ 修剪并删除多余线段，结果如图 4-100（b）所示。

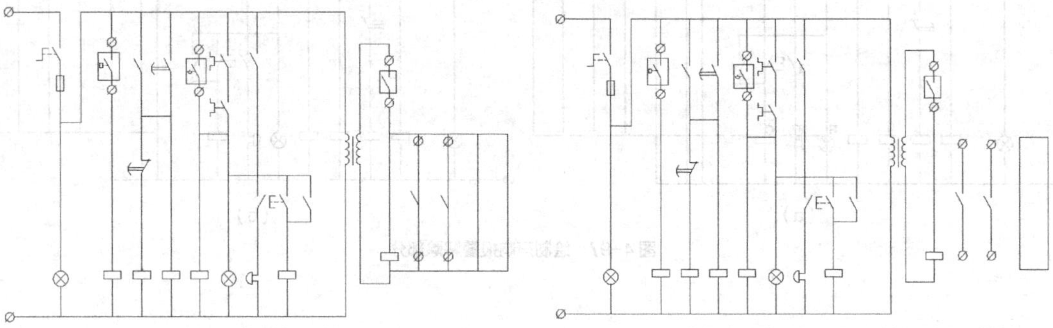

（a）　（b）

图 4-100　绘制消防返回信号

（9）绘制过负荷返回信号

① 水平向右复制步骤（8）的“常开开关”，至右侧的第 2 条竖直线段上。

② 将块“常闭开关”旋转 90° 后插入到右侧第一条竖直线段上，再以竖直线段为镜像线，镜像并删除源文件。

③ 水平向右复制“接线端子”至倒数 1、2 条竖直线段，结果如图 4-101（a）所示。

④ 修剪并删除多余线段，结果如图 4-101（b）所示。

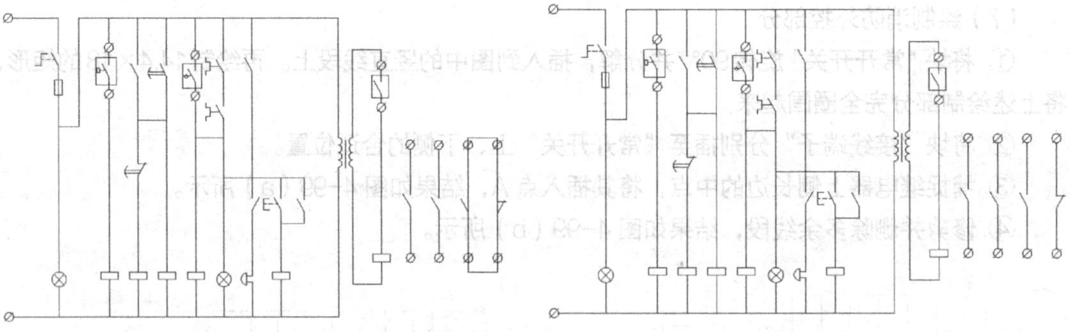

（a）　（b）

图 4-101　绘制过负荷返回信号

（10）插入节点

插入节点后的结果如图 4-102 所示。

（11）绘制填充文字的表格

① 绘制长度为 38.7 的竖直线段，并依次向右偏移 49.2、28.4、42.4、54.8、31.4、44.6、21.2、39.4、48.9；连线左、右两侧竖直线段的上、下端点，再将上侧水平线段向下偏移 9.7，结果如图 4-103 所示。

② 修剪并删除多余线段，结果如图 4-104 所示。

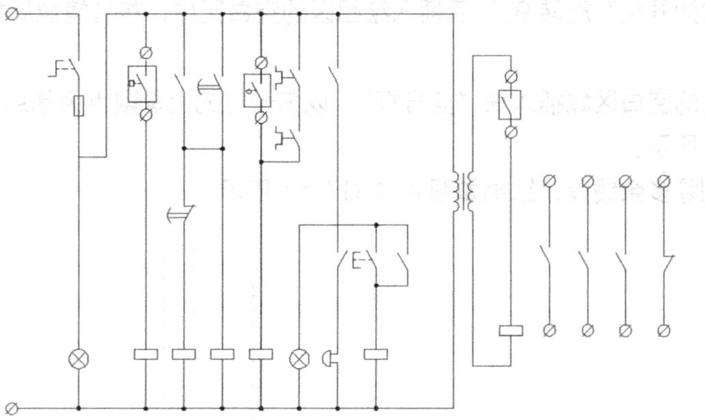

图 4-102 插入节点

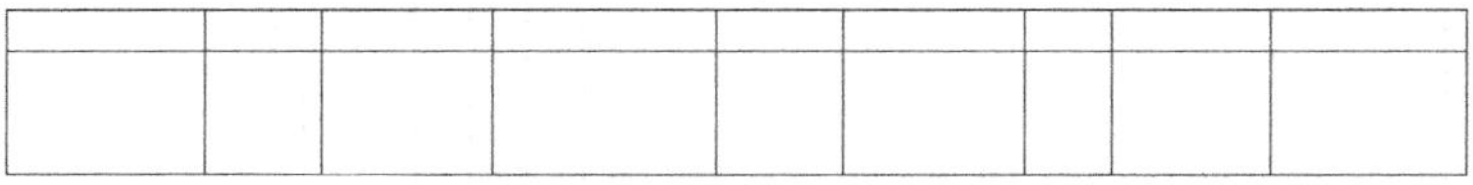

图 4-103 绘制水平和竖直接线

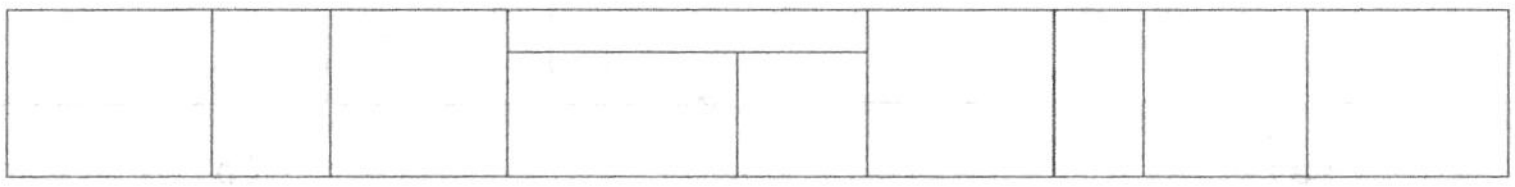

图 4-104 修剪并删除多余线段

（12）标注文字

自动喷洒用消防泵控制电路图的绘制（4）

设置文字高度为 6，填写多行文字，结果如图 4-90 所示。

4. 绘制图 4-91 所示的主接线

（1）绘制长度 300 的竖直线段，将其分别向右偏移 35、55、75、95、115、135、175，结果如图 4-105（a）所示。

（2）捕捉图 4-105（a）所示最左侧竖线的上端点为起始点，水平向右绘制长为 355 的直线段，再依次向下偏移 160、230、300，结果如图 4-105（b）所示。

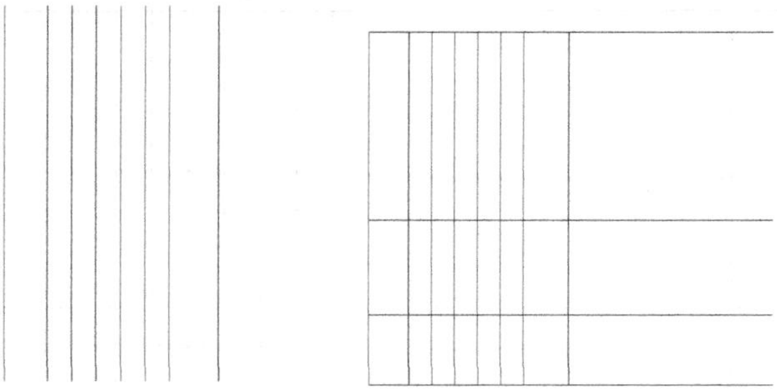

（a）　　　　（b）

图 4-105 绘制主接线

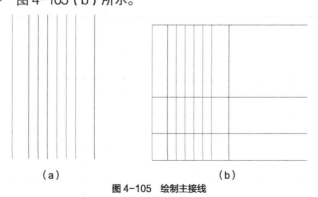

5. 绘制图 4-91 所示的整体图

（1）绘制控制电源和停泵指示部分

① 在图 4-105（b）中的适当位置插入块“接线端子”和“熔断器”。

② 将块“常闭开关”旋转 90° 后插入绘图区的空白区域，将其镜像后插入到左侧第 2 条竖直线段上。

③ 在绘图区的空白区域插入块“信号灯”，以信号灯的上象限点为基点，插入到点 A，结果如图 4-106（a）所示。

④ 修剪并删除多余线段，结果如图 4-106（b）所示。

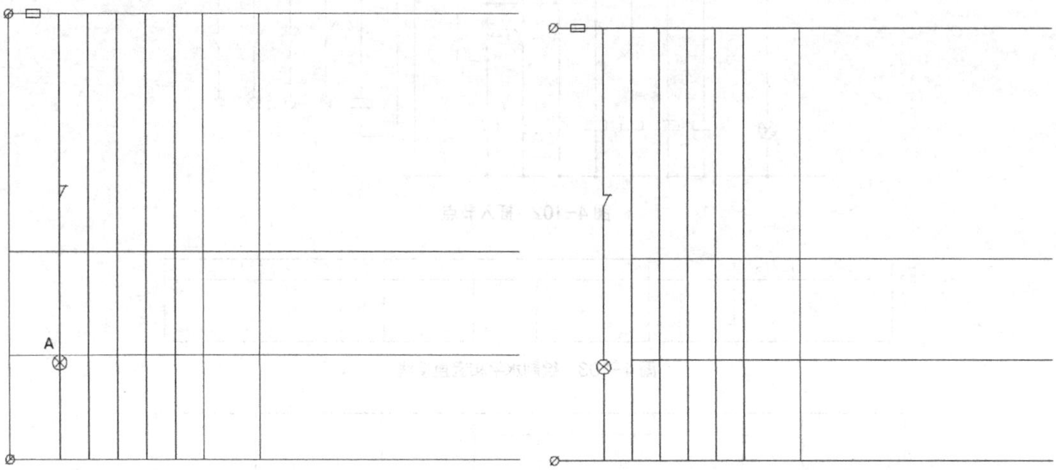

（a）（b）

图 4-106 绘制控制电源和停泵指示部分

（2）绘制故障指示部分

① 插入块“常开开关”，将其旋转 90° 后插入到左侧第 2 条竖直线段上，且与步骤 1 插入的常闭开关水平对齐。

② 在第 2 条与第 3 条竖直线段的合适位置连线。

③ 复制已插入的常闭开关，将其插入到第 2 条竖直线段适当位置。

④ 水平向右复制已插入的信号灯至左侧第 2 条竖直线段，结果如图 4-107（a）所示。

⑤ 修剪并删除多余线段，结果如图 4-107（b）所示。

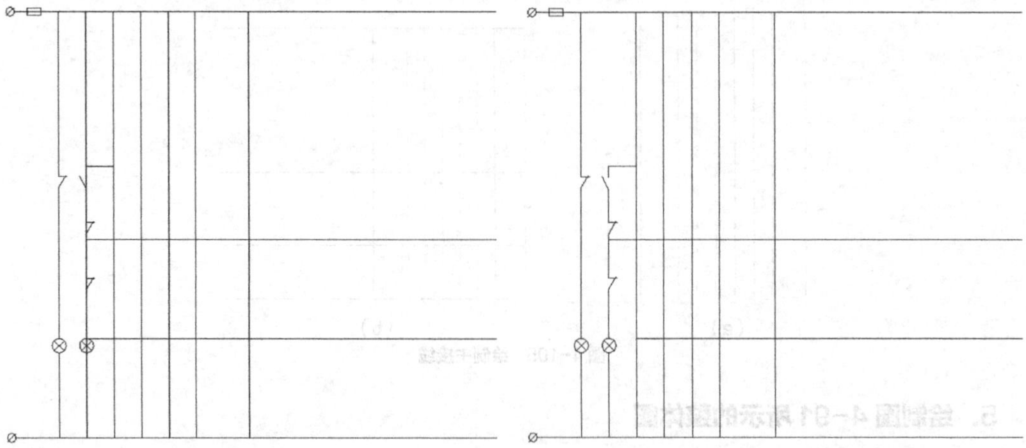

（a）（b）

图 4-107 绘制故障指示部分

（3）绘制手动控制部分

① 选取适当点 A 为起始点，向右绘制水平线段与第 4 条竖线相交。

② 以块“继电器”中矩形顶边的中点为基点，将其插入到点 B。

③ 以点 A 为基点竖直向上追踪 70.1 确定圆心，绘制直径为 10 的圆，并过圆心绘制一条长为 29 的线段与左侧第 4 条竖直线段相交。竖直向下复制该圆，复制距离为 16.7。然后竖直向下复制过圆心的线段，复制距离分别为 7.7 和 16.7。

自动喷洒用消防泵控制电路图的绘制（5）

④ 插入块“动断触点（停止按钮）”。以该块的左端点为基点，顺时针旋转 90°，并以竖直线段为镜像线镜像该块并删除源对象，再将其插入在 A 点上方适当位置。

⑤ 插入块“动合触点”。以该块的左端点为基点，逆时针旋转 90°，将其插入点 A 下方适当位置，结果如图 4-108 所示。

⑥ 修剪并删除多余线段，结果如图 4-108 所示。

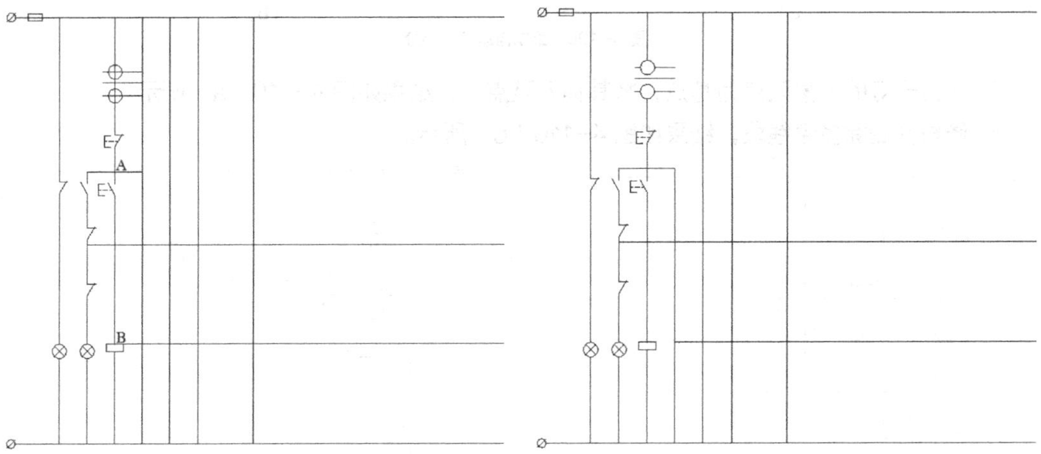

（a）　　　　（b）

图 4-108　绘制手动控制部分

（4）绘制自运控制部分

① 将块“常开开关”旋转 90°，然后插入到左侧第 4 条竖直线段上，且与左侧动合触点对齐。以常开开关下端点为起点向左绘制直线至左边第 2 条竖直线，向右绘制至左边第 3 条竖直线。

② 将步骤①插入的“常开开关”插入到与左侧第 2 条竖直线段上的常闭开关对齐的位置。

③ 在步骤②中“常开开关”上、下侧的合适位置插入块“接线端子”。

④ 以块“继电器”上侧长边的中点为基点，将其插入至点 C，结果如图 4-109（a）所示。

⑤ 将下边第 2 条水平线段向上偏移 23.6，在两个接线端子之间绘制 14.4×18 的矩形，将常开开关围圈起来。

⑥ 修剪并删除多余线段，结果如图 4-109（b）所示。

（5）绘制运行指示部分

① 复制步骤（4）中的常开开关，将其插入到左侧第 5 条和第 6 条竖直线段的上方。

② 在常开开关下方的合适位置绘制连接第 5 条、第 6 条竖直线段的水平线段。

③ 绘制 4 个直径为 10 的圆，将其插入到主接线的合适位置。绘制经过圆心的长为 94 的水平线段，再将其分别向下偏移 10.6 和 19.4。

④ 将块“时间继电器（延时闭合常开）”旋转 90° 后插入到左侧第 6 条竖直线段的合适位置。

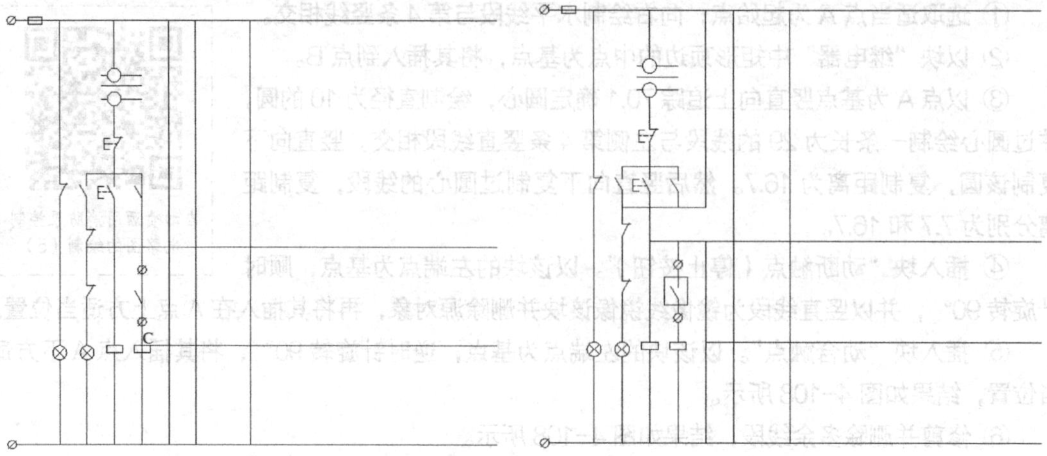

（a）　　　　　　（b）

图 4-109　绘制自运控制部分

⑤ 以信号灯的上象限点为基点，将其插入至点 D，结果如图 4-110（a）所示。

⑥ 修剪并删除多余线段，结果如图 4-110（b）所示。

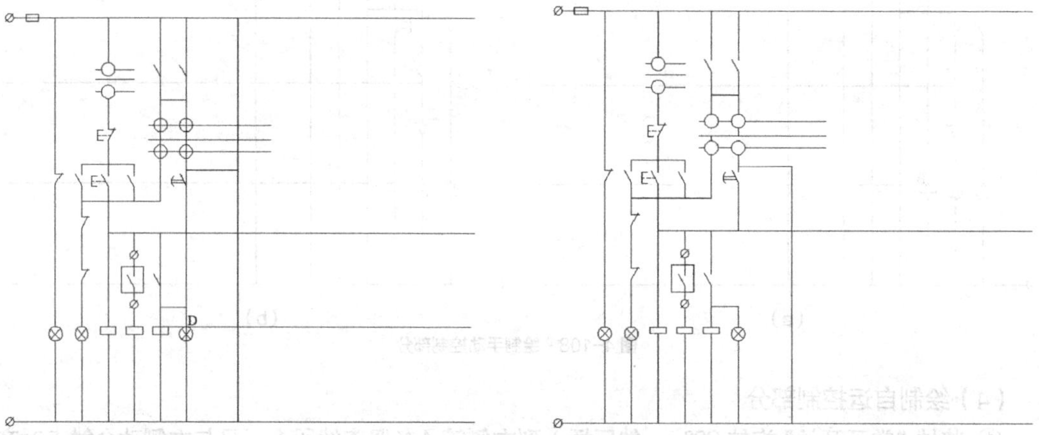

（a）　　　　　　（b）

图 4-110　绘制运行指示部分

（6）绘制消防应急控制部分

① 绘制起动按钮。将块“常开开关”旋转 90°，插入到绘图区的空白位置。捕捉斜边的中点，水平向左绘制长度为 9.5 的虚线段，然后竖直向上绘制长为 4 的实线段，再向右绘制长度为 4 的线段；捕捉虚线段的终点为起点，竖直向下绘制长为 4 的线段，再水平向左绘制长度为 4 的线段，即为起动按钮。

② 将此起动按钮插入到步骤（5）中常开开关右侧 21.5 处，且水平对齐。

③ 将块“接线端子”分别插入至起动按钮上、下侧的合适位置，以起动按钮的上端点为起点向上绘制线段，经过接线端子的圆心，与第 1 条水平线段相交，向下延长此线段，使其与第 2 条长水平线相交。在第一个接线端子下方的适当位置绘制 22.4×30.9 的矩形，将起动按钮围圈起来，结果如图 4-111（a）所示。

④ 修剪并删除多余线段，结果如图 4-111（b）所示。

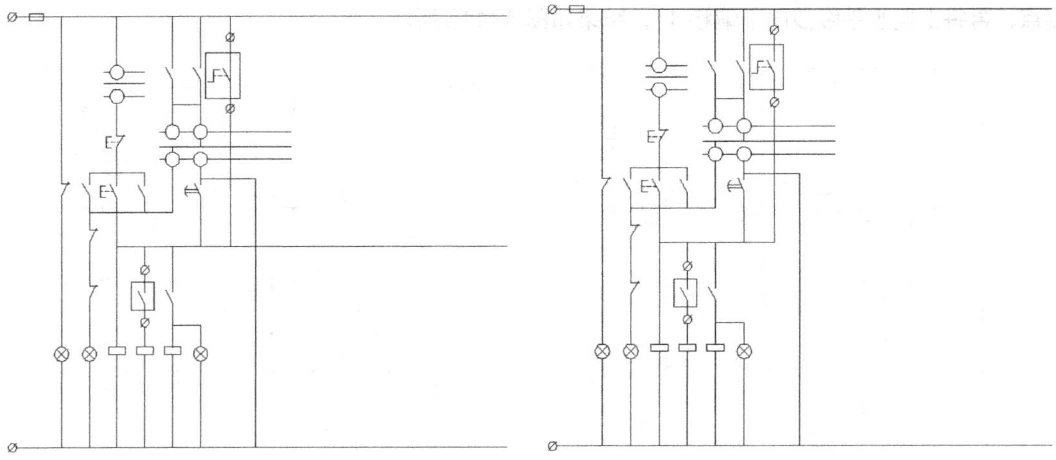

（a） （b）

图 4-111 绘制消防应急控制部分

（7）绘制备用自投部分

① 复制图中已插入的常闭开关，将其插入到左侧第 7 条竖直线段的合适位置。

② 捕捉继电器上侧长边的中点，将其插入到左侧第 7 条竖直线段使其与左侧指示灯的上象限点水平对齐，结果如图 4-112（a）所示。

③ 修剪并删除多余线段，结果如图 4-112（b）所示。

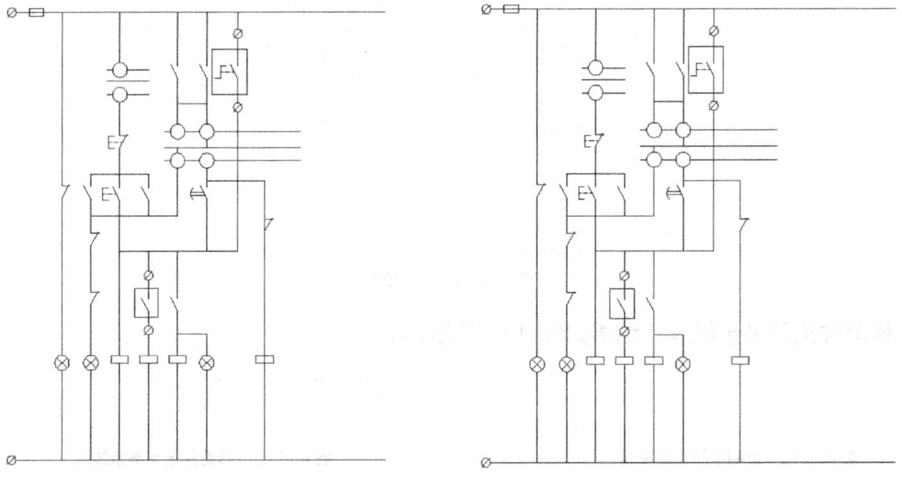

（a） （b）

图 4-112 绘制备用自投部分

（8）绘制 2 号泵控制部分

① 水平向右复制图 4-112（b）中的左侧整体图，复制距离为 40，结果如图 4-113（a）所示。

② 修剪多余线段，如图 4-113（b）所示。

（9）插入节点

插入节点后的结果如图 4-114 所示。

（10）绘制插入文字的表格

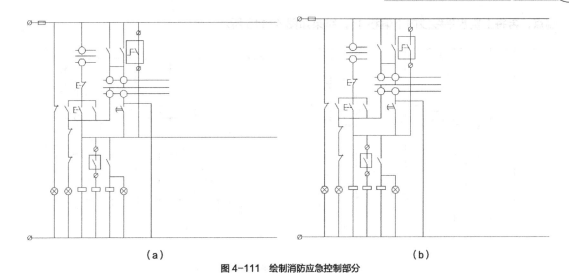

① 绘制长度为 40 的竖直线段，并依次向右偏移 26、29.1、21.4、27.1、24.3、19.2、29.4、17.1、26、29.1、21.4、27.1、24.3、19.2、29.4、17.1，连线左、右侧竖直线段的上、下

端点，再将上侧水平线段向下偏移 15，结果如图 4-115 所示。

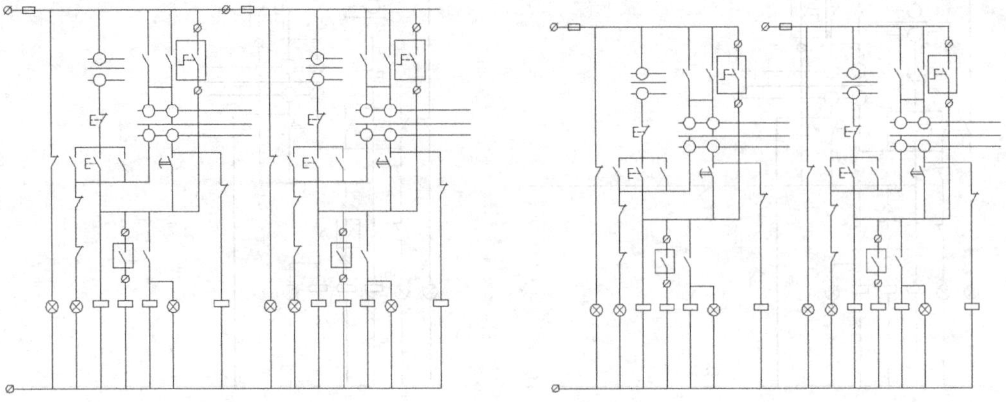

（a）　　　　　　　　　　　　　　（b）

图 4-113　绘制 2 号泵控制部分

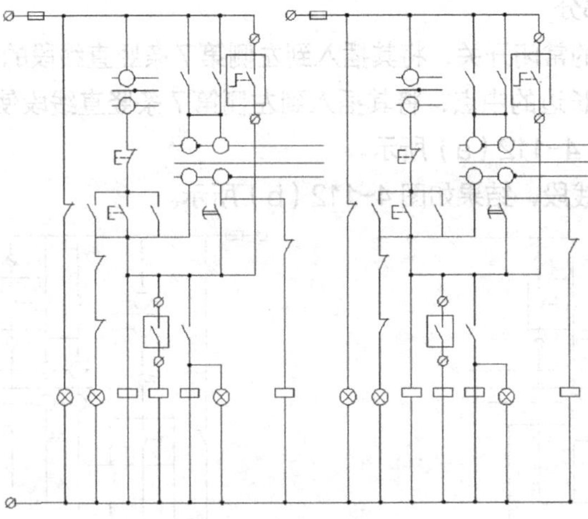

图 4-114　插入节点

② 修剪并删除多余线段，结果如图 4-116 所示。

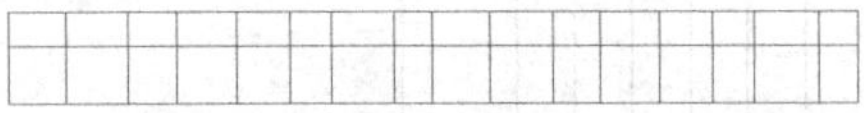

图 4-115　绘制水平竖直接线

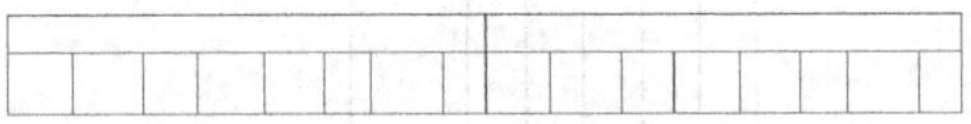

图 4-116　修剪并删除多余线段

（11）标注文字

设置文字高度为 6，填写多行文字，结果如图 4-91 所示。

4.8 防火卷帘门电气控制图的绘制

本节将以图 4-117 所示的卷帘门的电气控制线路图为例，详细讲解该图的识读与绘制。

图 4-117 所示为防火卷帘门的电气控制电路：当火灾产生烟时，感烟探测器动作，其 SS 触点闭合，继电器 KA1 线圈通电动作，使信号灯 H 亮，发光报警；电警笛 HA 响，发生报警；将 QS3 的常开触头短接，全部控制电路接通；电磁铁 YA 通电，打开锁头为防火卷帘门下降做准备；

同时继电器 KA5 线圈通电动作，将接触器 KM2 接通，KM2 触点动作，门电动机反转下降，当门下降到 1.2m 定点时，行程开关 SQ2 受碰撞而动作，使 KA5 失电，KM2 失电，门电动机停止。这样，既可隔断火灾初期的烟，也有利于人员疏散和灭火。

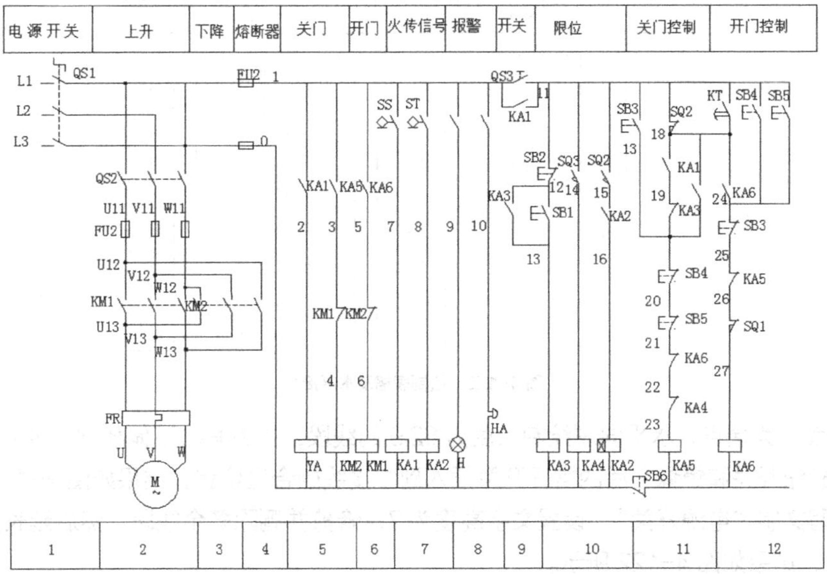

图 4-117 防火卷帘门的电气控制线路

1. 建立新文件

（1）启动 AutoCAD 2014 应用程序。

（2）在命令行键入命令“NEW”或单击快速访问工具栏上的按钮，在弹出的【选择样板】对话框中选择样板文件为“工业控制电气图用样板.dwt”，单击 打开(O) 按钮，进入 CAD 绘图区域。

（3）单击快速访问工具栏上的按钮，弹出【图形另存为】对话框，输入【文件名】为“防火卷帘门电气控制图.dwg”，并设置保存路径。

2. 绘制整体图

（1）绘制控制线路的主接线

绘制长度为 260 的竖直线段，并依次向右偏移 20、20、60、20、20、20、20、20、20、20、40、20、20、20、20、20、20、20、20，结果如图 4-118 所示。

防火卷帘门电气控制图的绘制（1）

（2）根据竖直接线绘制填充文字的表格

① 绘制竖直长度为 30 的线段，并依次向右偏移 58.7、65、29.3、29.3、46.3、25、38.9、33.5、25.5、59.6、55.9、71.5。

② 捕捉左侧竖直线段的上、下端点，水平向右绘制线段至最右侧竖直线段的上、下端点，结果如图 4-119 所示。

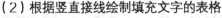

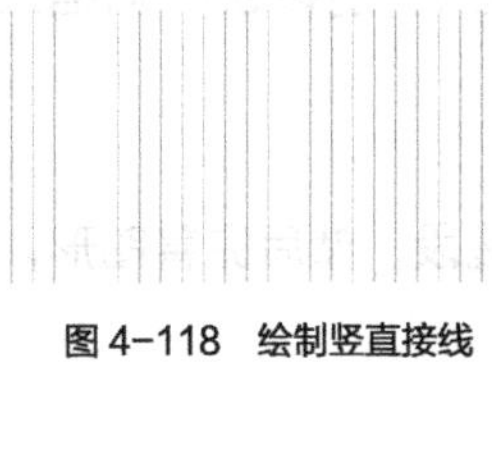

图 4-118 绘制竖直接线

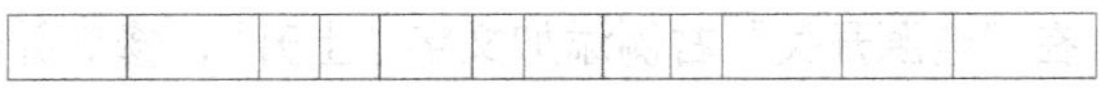

图 4-119 绘制填充文字的表格

（3）绘制旋转开关、常开开关及书写文字

① 捕捉最左侧竖直线段的上端点，绘制水平线段 AB；捕捉端点 C，绘制水平线段 CD，结果如图 4-120 所示。

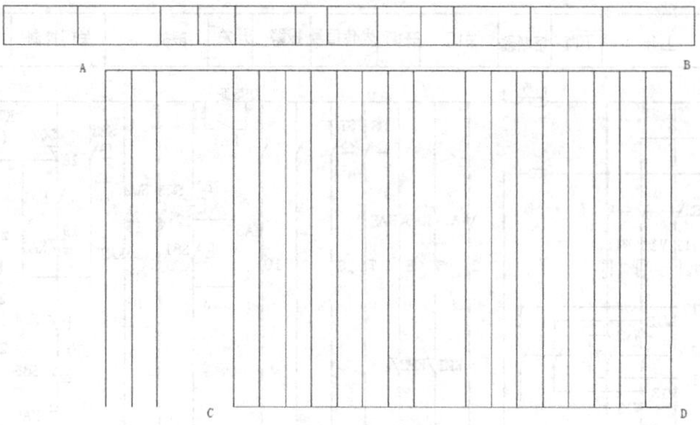

图 4-120　绘制表格及水平接线

② 以点 C 为端点，水平向左绘制长度为 62.9 的线段，并将其向下偏移 20、40。

③ 将旋钮开关和镜像之后的常开开关插入到主接线的合适位置，结果如图 4-121 所示。

④ 书写文字“电源开关”，设置文字高度为 7，修剪并删除多余线段，然后延长虚线至图中适当位置线，结果如图 4-122 所示。

图 4-121　插入旋钮开关和常开开关

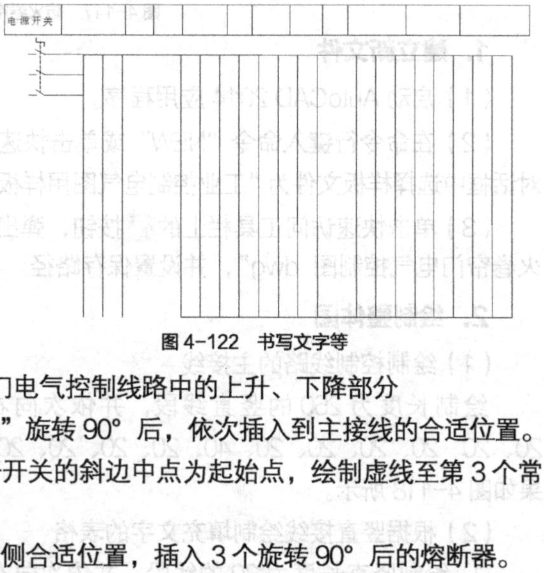

图 4-122　书写文字等

防火卷帘门电气控制图的绘制（2）

（4）绘制防火卷帘门电气控制线路中的上升、下降部分

① 将块“常开开关”旋转 90° 后，依次插入到主接线的合适位置。

② 捕捉第 1 个常开开关的斜边中点为起始点，绘制虚线至第 3 个常开开关的斜边的中点。

③ 在常开开关的下侧合适位置，插入 3 个旋转 90° 后的熔断器。

④ 复制步骤①、②中的常开开关，将其插入到熔断器下侧的合适位置，结果如图 4-123（a）所示。

⑤ 修剪并删除多余线段，然后完善图形，结果如图 4-123（b）所示。

⑥ 将“CAD 符号块”文件夹中的块“热继电器驱动器件”顺时针旋转 90° 后插入到图中的合适位置。

⑦ 插入块“交流电动机”，结果如图 4-124（a）所示。

⑧ 在“电源开关”右侧添加文字“上升”，修剪并删除多余线段，然后完善图形，结果如图 4-124（b）所示。

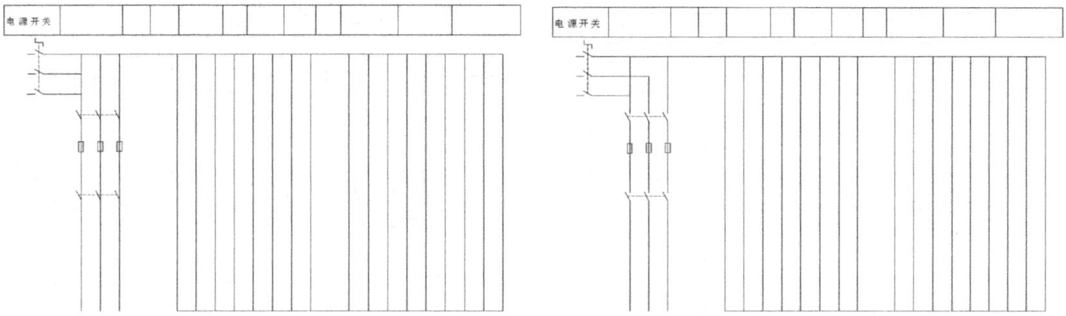

（a）（b）

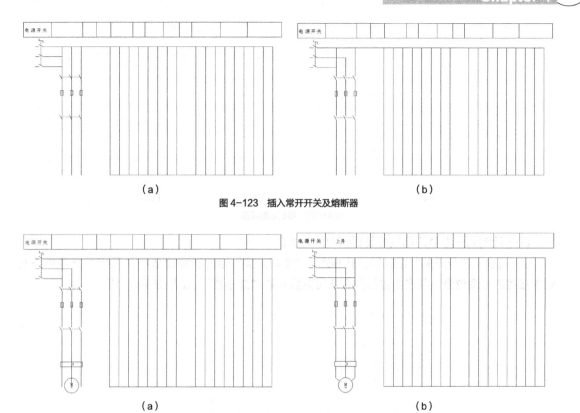

图 4-123 插入常开开关及熔断器

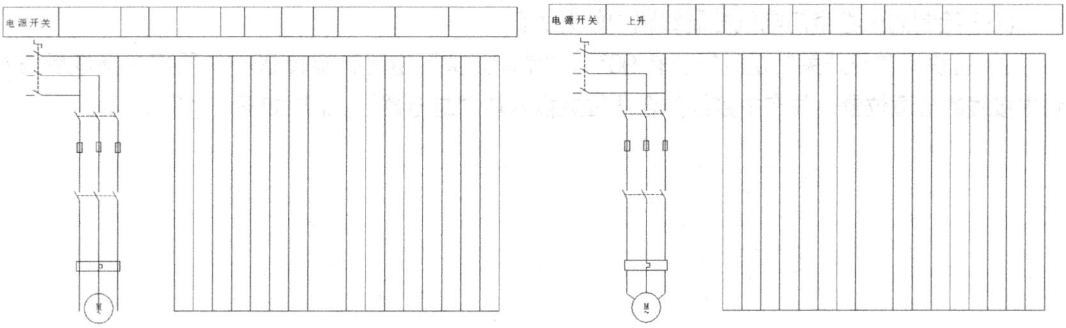

（a）（b）

图 4-124 插入热继电器和交流电动机

⑨ 复制步骤④中的常开开关，水平向右偏移 56.2 后插入，结果如图 4-125（a）所示。

⑩ 绘制相关连接线，结果如图 4-125（b）所示。

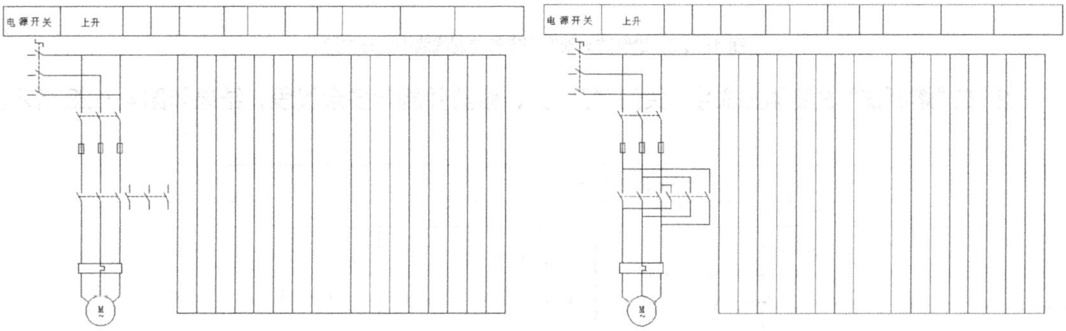

（a）（b）

图 4-125 插入右侧常开开关

（5）绘制防火卷帘门电气控制线路中的熔断器部分

① 在主接线的合适位置插入熔断器，结果如图 4-126（a）所示。

② 在“上升”右侧添加文字“下降”和“熔断器”，修剪并删除多余线段，然后完善图形，结果如图 4-126（b）所示。

防火卷帘门电气控制图的绘制（3）

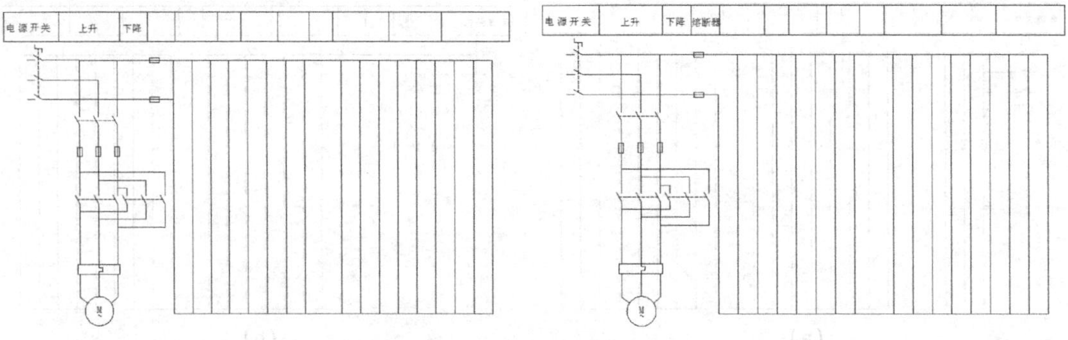

（a）　　　　　　　　（b）

图 4-126　绘制熔断器部分

（6）绘制防火卷帘门电气控制线路中的开关门

① 将块“常开开关”逆时针旋转 90°，“常闭开关”逆时针旋转 90°，再经过镜像后插入到主接线的合适位置，并在主接线的合适位置插入块“继电器”，结果如图 4-127 所示。

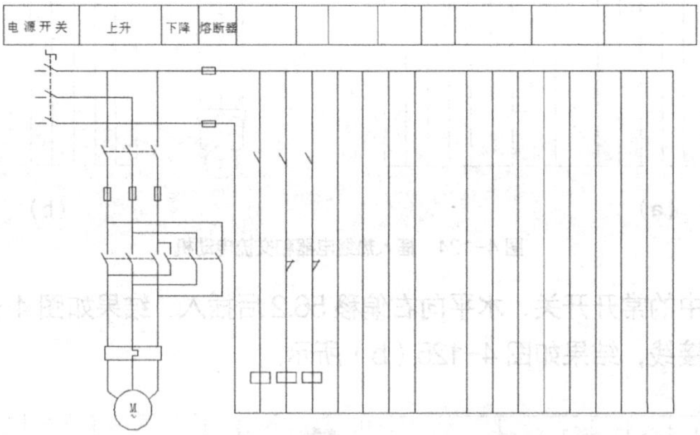

图 4-127　绘制防火卷帘门电气控制线路中的开关门

② 在“熔断器”右侧添加文字“关门”“开门”，修剪并删除多余线段，结果如图 4-128 所示。

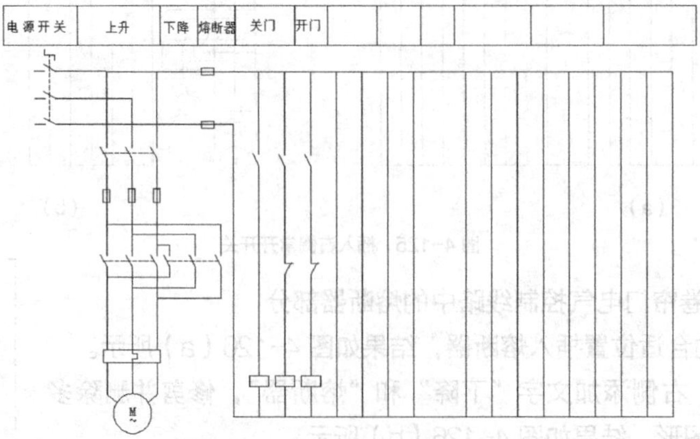

图 4-128　修剪并删除多余线段

（7）绘制防火卷帘门电气控制线路中的火传信号

① 绘制感烟探测器。将块“常开开关”旋转 90°后插入绘图区的适当位置，结果如图 4-129（a）所示。

② 捕捉常用开关斜线段的中点为起点，向左绘制长度为 4 的水平线段，结果如图 4-129（b）所示。

③ 绘制长度为 5 的正方形，并将其旋转 45°，捕捉其顶点 B，移动至水平线段的端点 A。再以顶点 C 为中点，绘制长度为 6 的水平线段，结果如图 4-129（c）所示，即为感烟探测器。

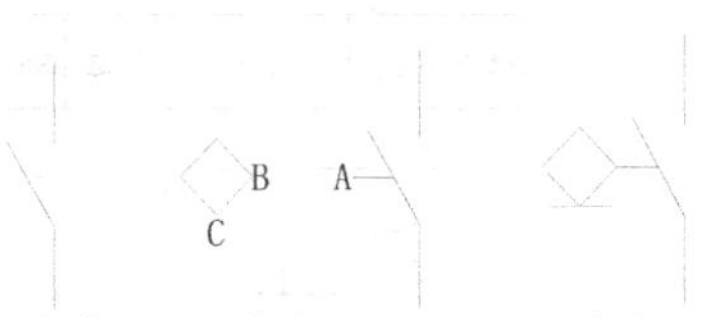

（a）　　（b）　　（c）

图 4-129　绘制感烟探测器

④ 以竖直线段的最上侧端点为基点，创建名为“感烟探测器”的块，并将其保存。

⑤ 将感烟探测器和继电器插入到主接线的合适位置，结果如图 4-130 所示。

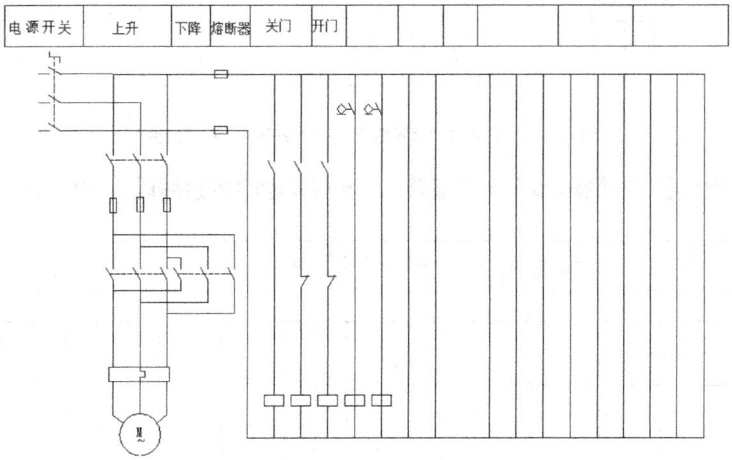

图 4-130　插入感烟探测器和继电器

⑥ 在“开门”右侧添加文字“火传信号”，修剪并删除多余线段，如图 4-131 所示。

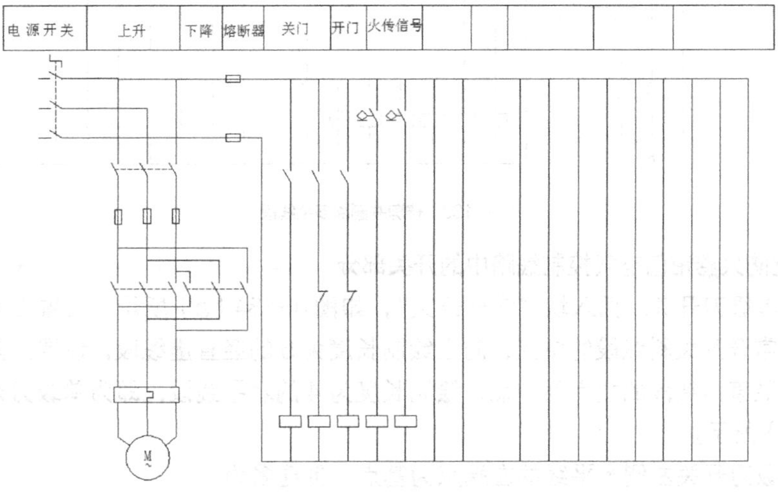

图 4-131　修剪并删除多余线段

（8）绘制防火卷帘门电气控制线路中的报警部分

① 插入块“信号灯”“常开开关”和“报警器”，结果如图 4-132 所示。

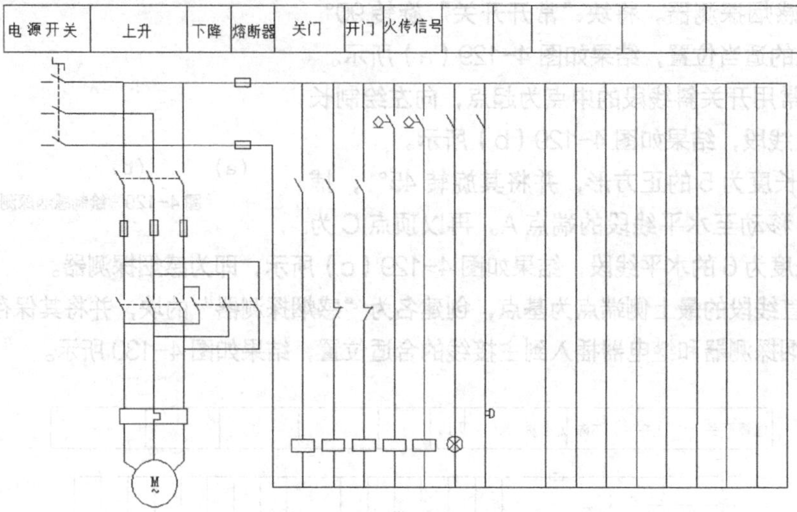

图 4-132　插入块“报警指示灯”“常开开关”和“警铃”

② 在“火传信号”右侧添加文字“报警”，修剪并删除多余线段，如图 4-133 所示。

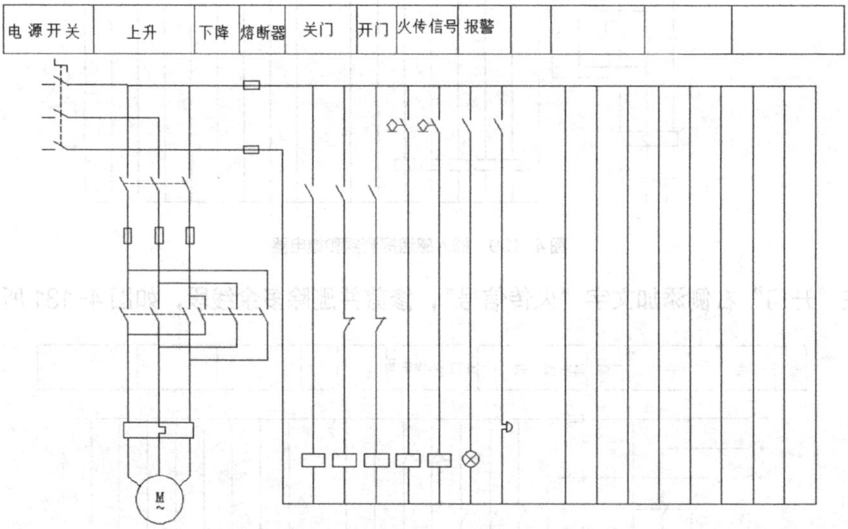

图 4-133　修剪并删除多余线段

（9）绘制防火卷帘门电气控制线路中的开关部分

① 绘制单级刀开关。插入块“常开开关”，如图 4-134（a）所示。设置当前图层为“虚线层”，捕捉常开开关斜线段的中点，向上绘制长度为 5 的竖直虚线段，设置当前图层为“细实线层”，以竖直虚线段的端点为中点，绘制长度为 4 的水平线段，即为单级刀开关，结果如图 4-134（b）所示。

② 以单级刀开关左侧水平线的左端点为基点，创建名为“单级刀开关”的块，并将其保存。

（a）　　（b）

图 4-134　绘制单级刀开关

③ 插入块“单级刀开关”和“常开开关”，并连线，然后在“报警”右侧添加文字“开关”，结果如图 4-135 所示。

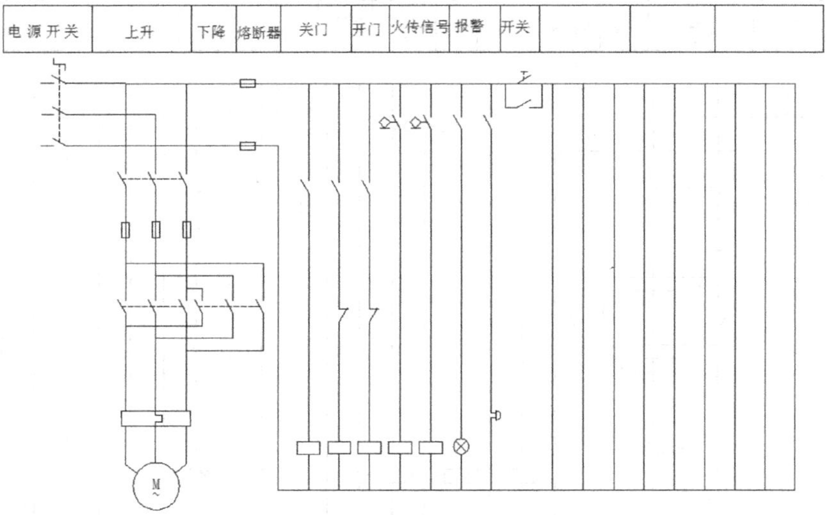

图 4-135 插入块“单级刀开关”和“常开开关”

④ 修剪并删除多余线段，结果如图 4-136 所示。

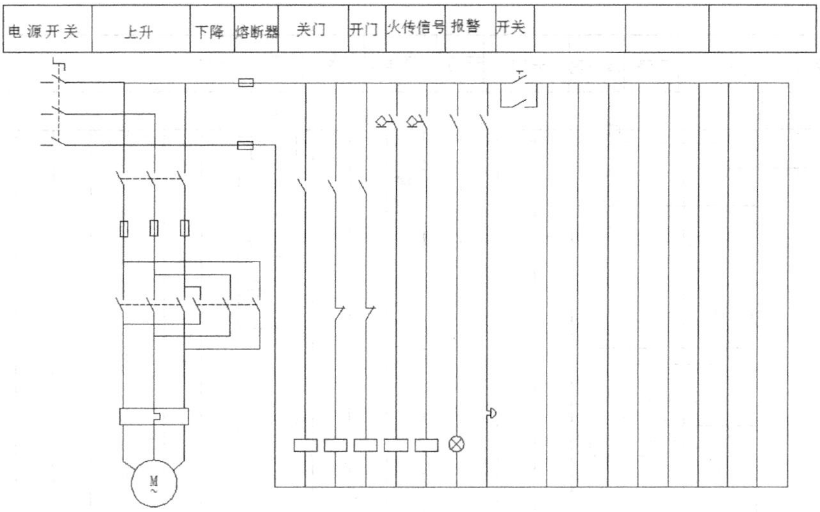

图 4-136 修剪并删除多余线段

（10）绘制防火卷帘门电气控制线路中的限位部分

① 绘制行程开关（常开触点）。将块“常开开关”旋转 90° 后插入绘图区的空白区域，如图 4-137（a）所示，捕捉斜线段的中点 A，如图 4-137（b）所示，绘制长度为 2 的垂直线段 AB，再用线段连接 BC，即为行程开关（常开触点），结果如图 4-137（c）所示。

② 以竖直线段的最上侧端点为基点，创建名为“行程开关（常开触点）”的块，并将其保存。

③ 插入块“动合触点”（旋转 90° ）、“常开开关”（旋转 90° ）、“行程开关（常开触点）”，结果如图 4-138 所示。

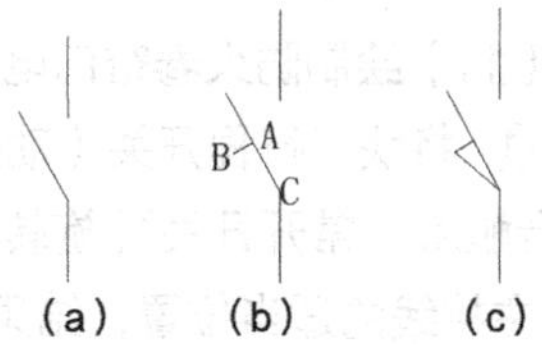

图 4-137 绘制行程开关（常开触点）

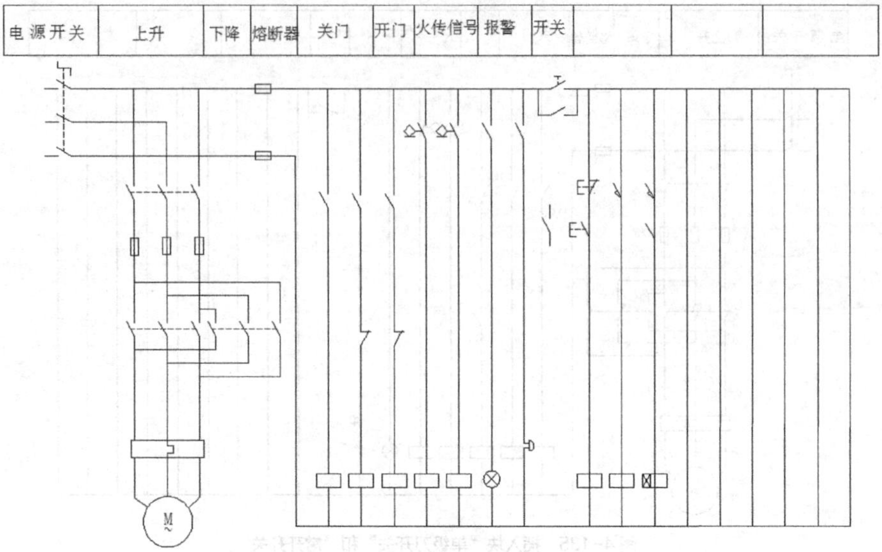

图 4-138 插入块“动合触点”“常开开关”“行程开关（常开触点）”和“时间继电器”

④ 在“开关”右侧添加文字“限位”，修剪并删除多余线段，结果如图 4-139 所示。

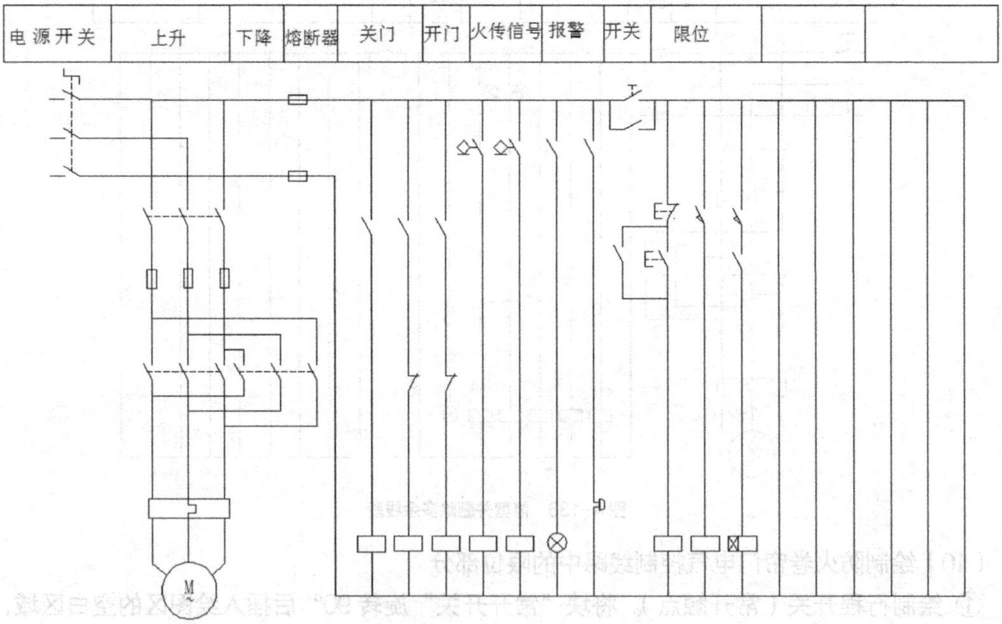

图 4-139 修剪并删除多余线段

（11）绘制防火卷帘门电气控制线路中的关门控制

① 将块“行程开关（动断触点）”（缩放到适当比例）、块“常闭开关”（旋转 90° 后镜像）、“动合触点”“常开开关”（旋转 90° ）、“继电器”及“动断触点”（顺时针旋转 90° ）插入到图 4-139 所示主接线的适当位置，结果如图 4-140 所示。

② 以点 A 为起始点向右绘制一条长为 40 的水平线段，以点 B 为起始点分别水平向左、水平向右绘制长为 20 的线段，结果如图 4-141 所示。

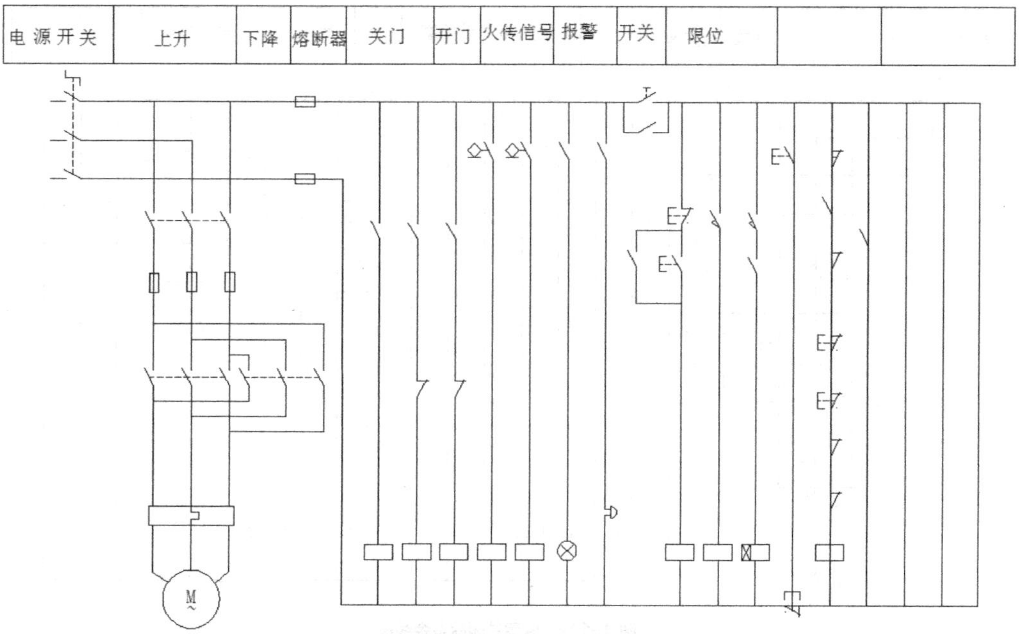

图 4-140 插入“行程开关（常闭触点）”“常闭开关”“常开开关”等

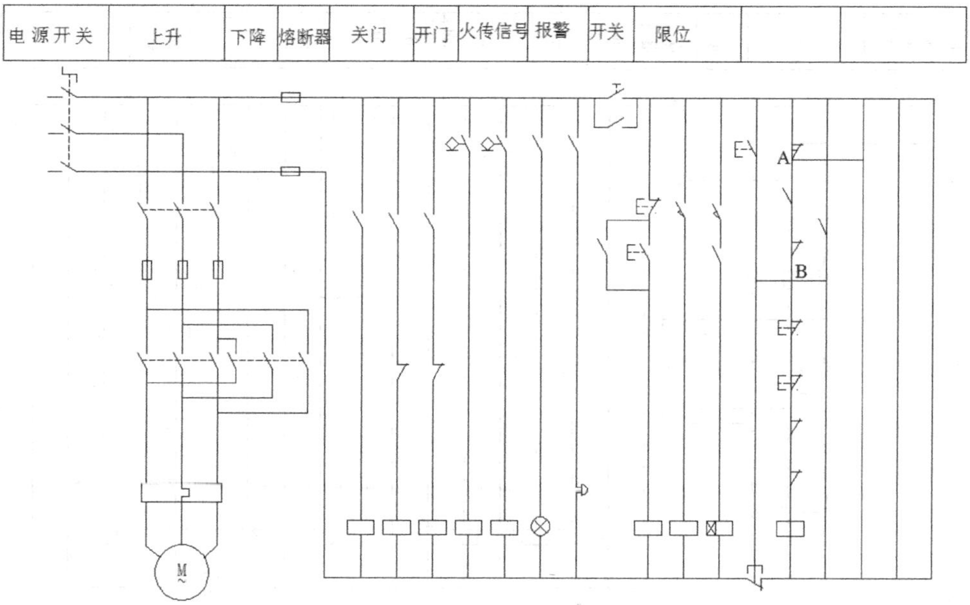

图 4-141 绘制相关连接线

③ 在“限位”右侧添加文字“关门控制”，修剪并删除多余线段，结果如图 4-142 所示。

（12）绘制防火卷帘门电气控制线路中的开门控制

① 将块“时间继电器（延时闭合常开）”“常开开关”（旋转 90°）、“动合触点”（旋转 90°）、“常闭开关”（旋转 90° 后镜像）、“行程开关动断触点”“动断触点（停止按钮）”（顺时针旋转 90°）、“继电器”等插入在主接线的合适位置，结果如图 4-143 所示。

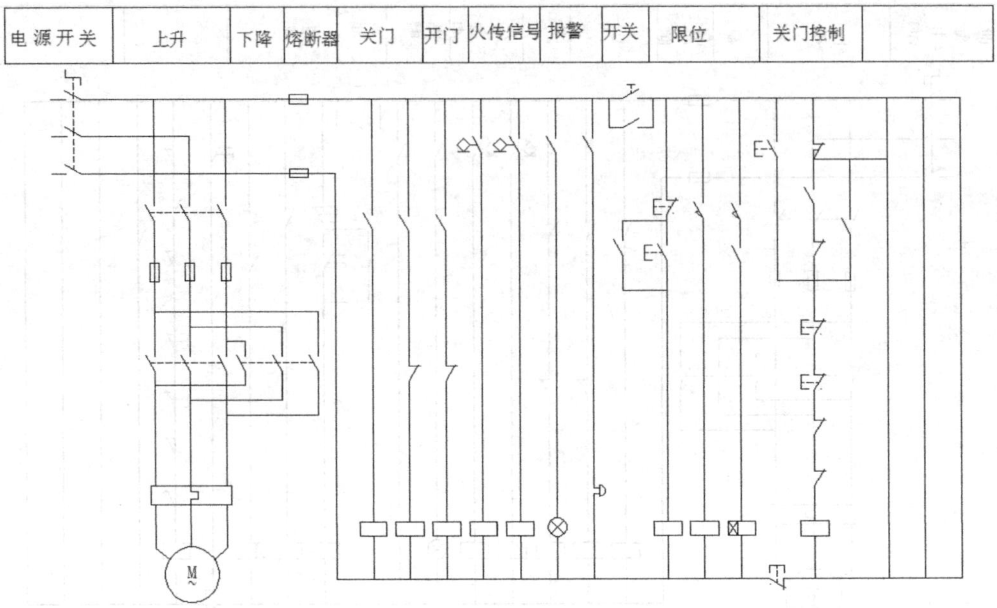

图 4-142　修剪并删除多余线段

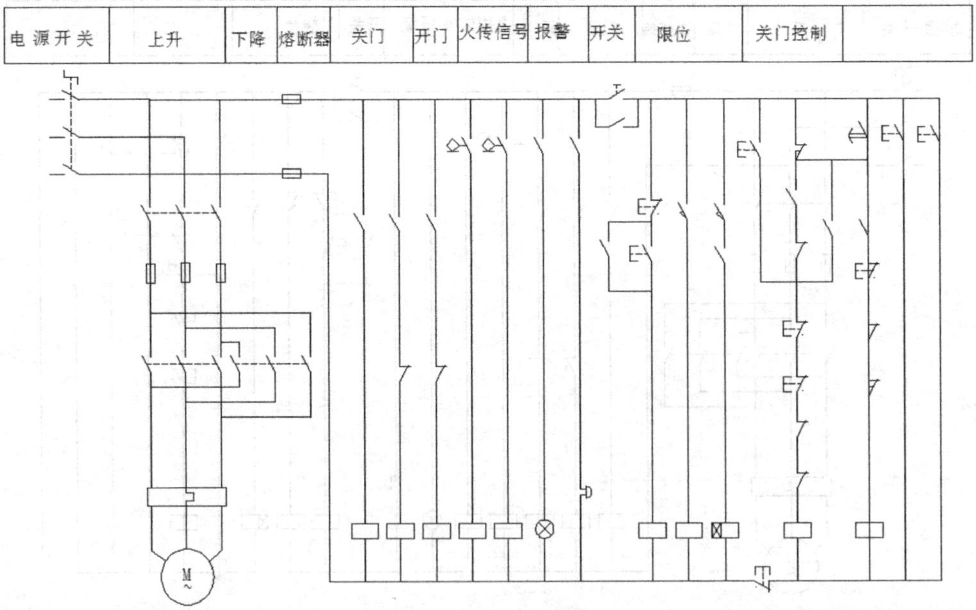

图 4-143　插入“时间继电器（延时闭合常开）”“常开开关”“动合触点”“行程开关动断触点”等

② 以右侧第 3 条竖直线段的动断触点和常开开关之间的适当点为起点，向右绘制一条水平线段，与右侧竖直线段相交。

③ 在“关门控制”右侧添加文字“开门控制”，修剪并删除多余线段，结果如图 4-144 所示。

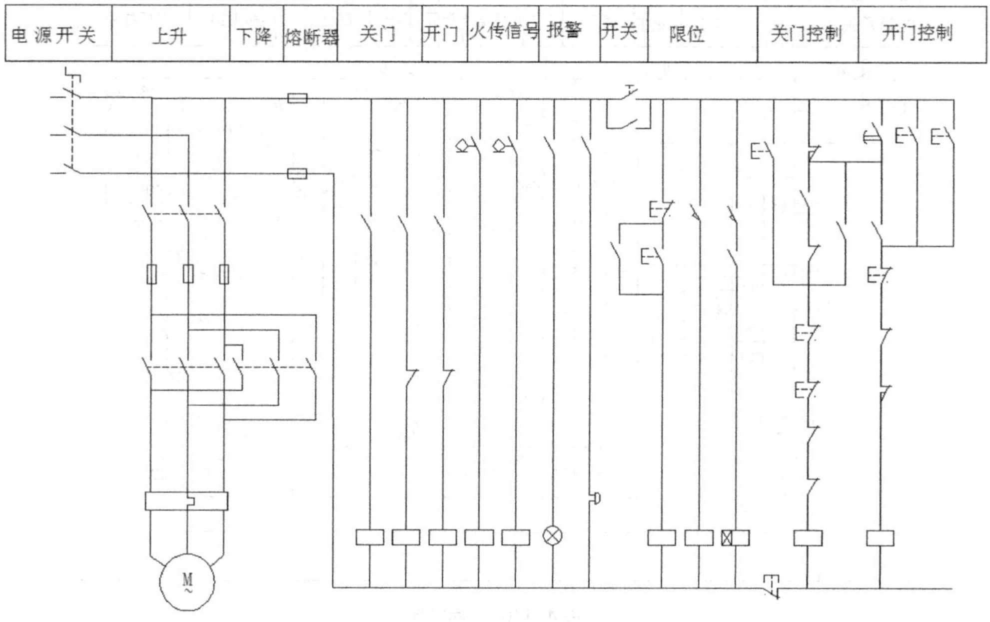

图 4-144 修剪并删除多余线段

（13）插入节点

插入节点后的结果如图 4-145 所示。

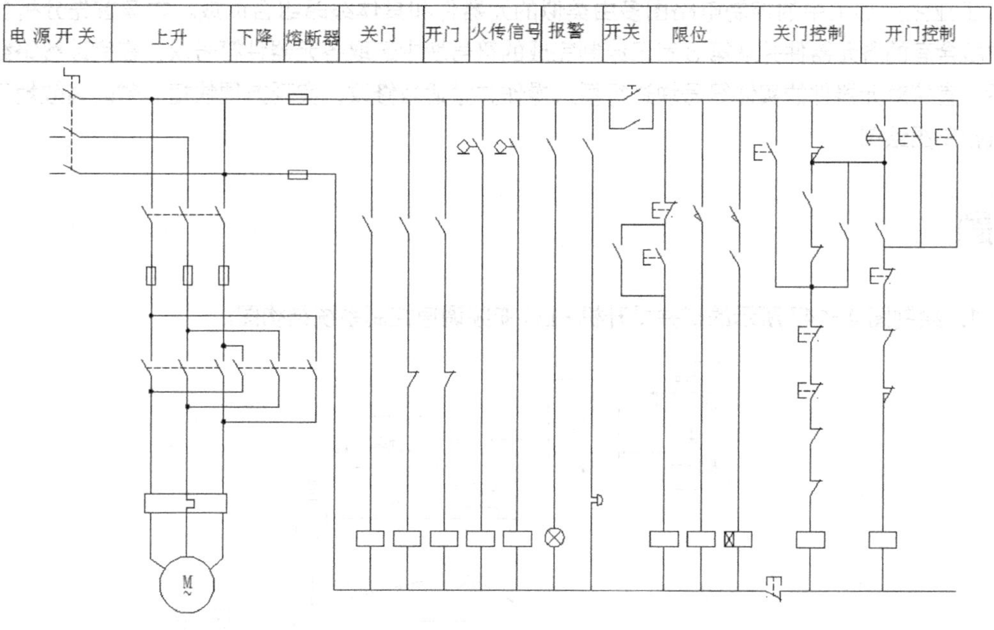

图 4-145 插入节点

（14）书写文字

设置文字高度为 7，在主电路的合适位置标注文字。复制上侧表格至控制线路的下侧，并进行标注，结果如图 4-146 所示。

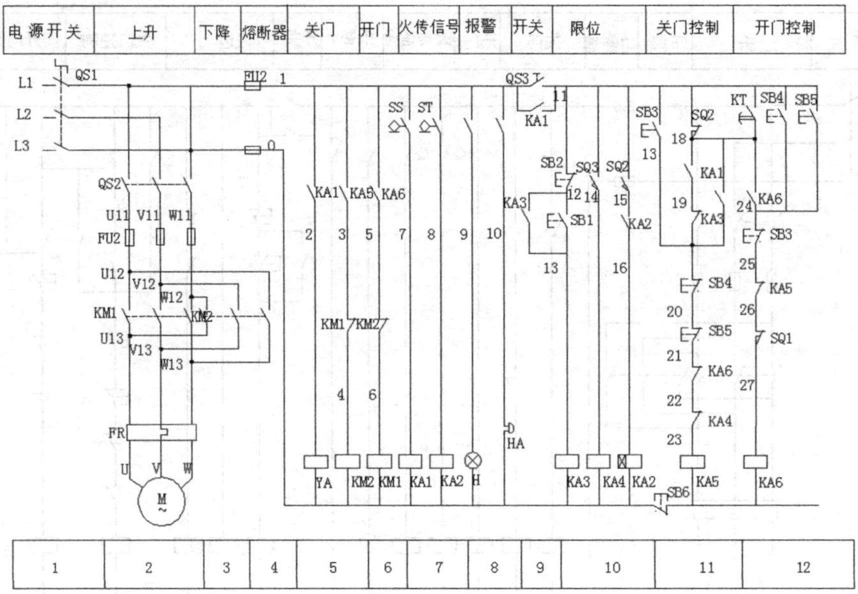

图 4-146　书写文字

小结

工业生产加工中的控制电路图多由类似的元器件和具体线路组合而成。本章首先分析各电路中所含有的各元器件并从第 3 章已绘制完成的符号块中选取各元器件符号块，在完成线路结构图后，直接对元器件的实体符号块进行插入操作并做适当修改，实现方便快捷、省时高效地工业电气控制图绘制。

习题

1. 绘制图 4-147 所示的矿井提升机 PLC 变频调速控制系统结构图。

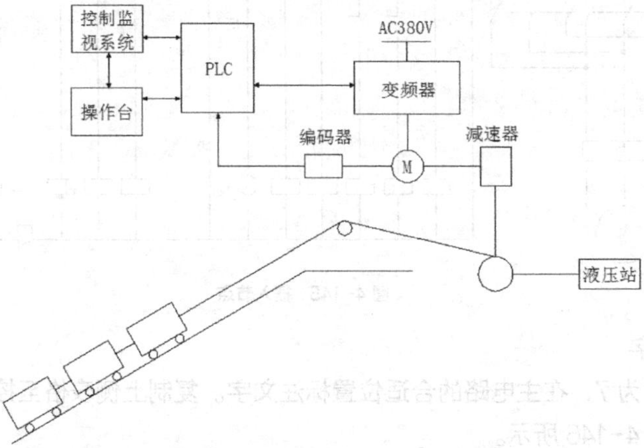

图 4-147　矿井提升机 PLC 变频调速控制系统结构图

操作提示：

（1）新建文件，并进入绘图环境。

（2）绘制小车。

（3）绘制基本结构框图。

（4）绘制基本结构框图的连接线。

（5）添加文字和注释。

（6）退出绘图环境并保存文件。

2. 绘制图 4-148 所示的起动器主回路图。

操作提示：

（1）新建文件，并进入绘图环境。

（2）绘制主回路的结构图。

（3）绘制软起动集成块。

（4）绘制中间继电器。

（5）绘制接地线。

（6）绘制 DCS 系统接入模块。

（7）绘制其他元器件。

（8）将绘制成的实体符号插入到结构图中。

（9）添加文字和注释。

（10）退出绘图环境并保存文件。

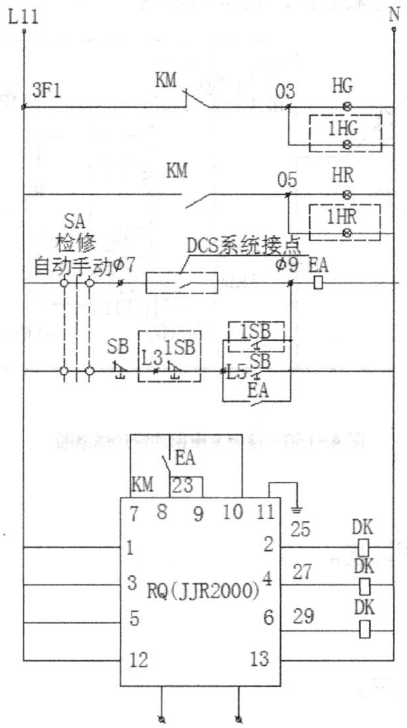

图 4-148 起动器主回路图

3. 绘制图 4-149 所示的水塔水位控制电路。

操作提示：

（1）新建文件，并进入绘图环境。

（2）绘制主回路图。

（3）绘制控制回路图。

（4）将主回路和控制回路用连接线连接起来。

（5）添加文字和注释。

（6）退出绘图环境并保存文件。

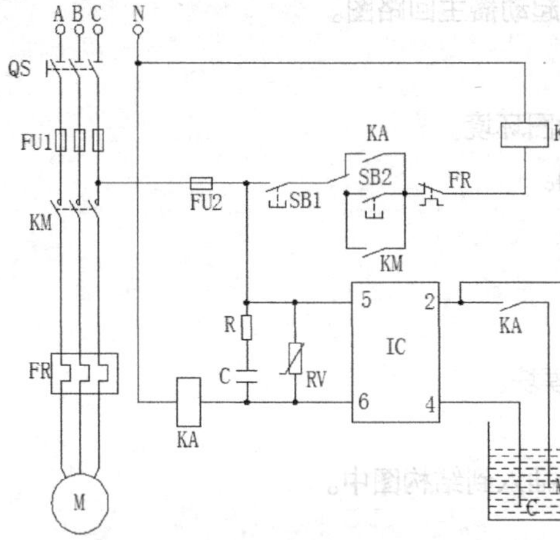

图 4-149　水塔水位控制电路

4. 绘制图 4-150 所示的停电来电自动告知线路图。

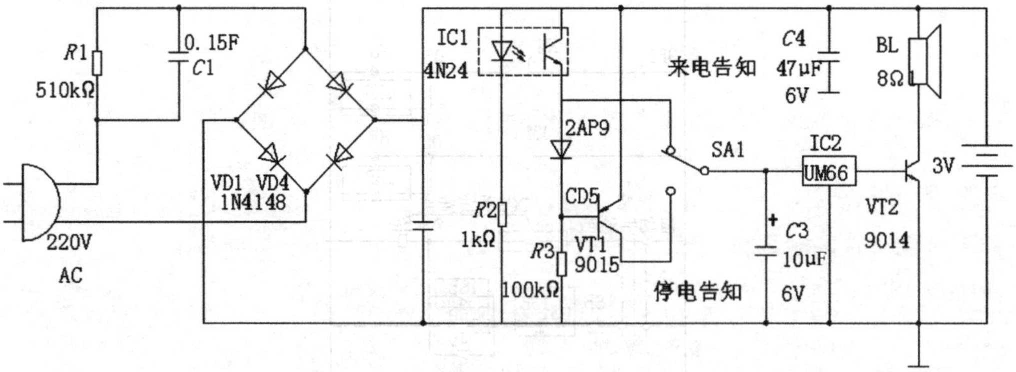

图 4-150　停电来电自动告知线路图

操作提示：

（1）新建文件，并进入绘图环境。

（2）绘制线路结构图。

（3）绘制各图形符号。

（4）将图形符号插入结构图中。

（5）添加文字和注释。

（6）退出绘图环境并保存文件。

Chapter 5

第5章 机械电气控制图的识图与绘制

【学习目标】

- 掌握机械电气控制图的识图要领。
- 掌握机械电气控制图的绘制。

本章将以机械车床电气控制图、磨床电气控制图及钻床电气控制图为例，详细讲解各图例的识读与绘制，以便于读者省时、高效地掌握机械电气控制图的识读要领与图形绘制方法。

5.1 创建自定义样板文件

在 AutoCAD 中绘图时，为当前图形设置的图层、文字样式、标注样式等仅存储在当前图纸文件里，在新建的文件里不起作用，还要重新设置。若所要绘制的批量图形均可以采用相同的图层设置、文字样式、标注样式及表格样式，则用户可在绘制图形之前设置好图层、文字样式、标注样式及其他希望保存的选项，再将该文件另存为“AutoCAD 图形样板（*.dwt）”，下次使用时直接选择该样板文件即可。

5.1.1 设置图层

一共设置以下 4 个图层：“粗实线层”“细实线层”“虚线层”和“文字编辑层”。将“细实线层”置为当前，设置好的各图层属性如图 5-1 所示。

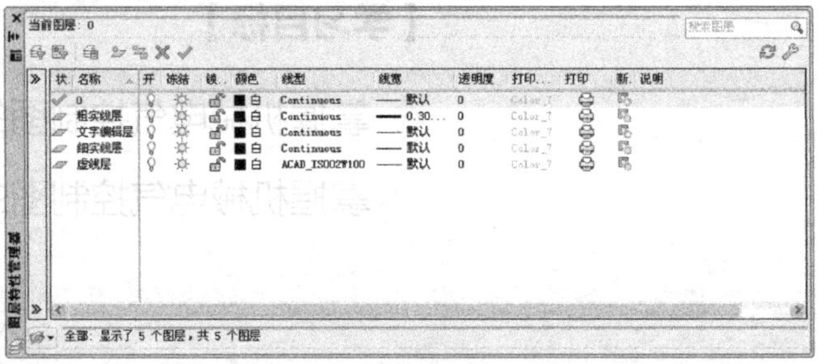

图 5-1 图层设置

5.1.2 设置文字样式

创建名为“机械电气控制图用文字”的文字样式，如图 5-2 所示，设置【字体名】为“宋体”，设置【字体样式】为“常规”，设置字体【高度】为默认值“0”，设置【宽度因子】为“1”，设置【倾斜角度】为默认值“0”，并将该文字样式置为当前应用状态。

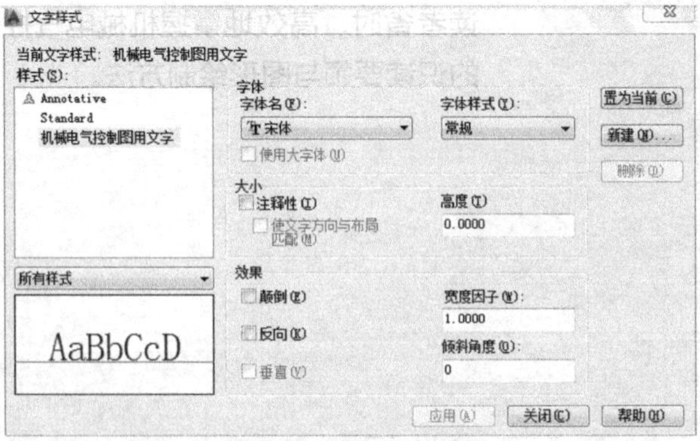

图 5-2 【文字样式】对话框

5.1.3 保存为自定义样本文件

（1）单击快速访问工具栏上的按钮，弹出【图形另存为】对话框如图 5-3 所示，选择【文件类型】为“AutoCAD 图形样板（*.dwt）”，输入【文件名】为“机床电气控制图用样板”。

（2）单击【图形另存为】对话框中的 保存(S) 按钮，弹出【样板选项】对话框，选择【测量单位】为“公制”，选择【新图层通知】分组框中的“将所有图层另存为未协调”单选项，如图 5-4 所示。

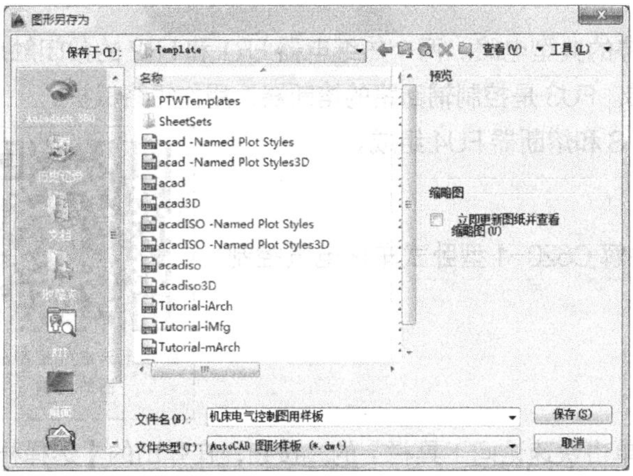

图 5-3 【图形另存为】对话框

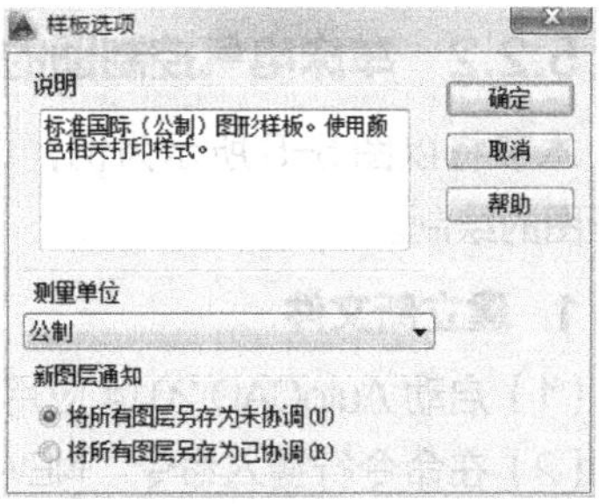

图 5-4 【样板选项】对话框

（3）单击【样板选项】对话框中的 确定 按钮，关闭【样板选项】对话框，样板文件创建完毕。

5.2 车床电气控制图的识读与绘制

本节将以图 5-5 所示的 C620-1 型卧式车床的电气控制原理图为例，详细讲解该图的识读与绘制。

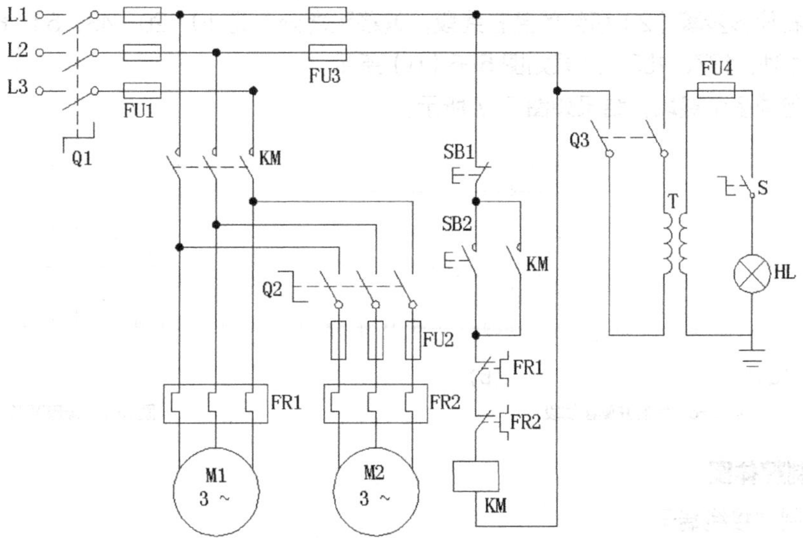

图 5-5 C620-1 型卧式车床的电气控制原理图

5.2.1 车床电气控制图的识读

如图 5-5 所示，C620-1 型卧式车床的电气控制原理图由主回路、控制辅回路和照明回路组成。

主回路有主轴电动机 M1 和冷却泵电动机 M2 两台电机，它们都由接触器 KM 控制起动，组合开关 Q2 控制冷却泵的工作，主轴电动机 M1 由熔断器 FU1 和热继电器 FR1 进行保护，冷却泵电动机 M2 由热继电器 FR2 做过载保护。M1 和 M2 的失电压保护和欠电压保护同时由接触器 KM 完成。

该车床的控制回路是一个单方向启停的典型电路。两个热继电器 FR1 和 FR2 的常闭触点串联在控制辅回路中控制两台电动机的停转。FU3 是控制辅回路的熔断器，用作短路保护。

照明回路由电源开关 Q3、灯具开关 S 和熔断器 FU4 组成。

5.2.2 车床电气控制图的绘制

本节将以图 5-5 所示为例，详细讲解 C620-1 型卧式车床电气控制原理图的绘制。

卧式车床电气控制原理图的绘制

1. 建立新文件

（1）启动 AutoCAD 2014 应用程序。

（2）在命令行键入命令“NEW”或单击快速访问工具栏上的□按钮，在弹出的【选择样板】对话框中选择“机床电气控制图用样板 .dwt”，单击 打开(O) 按钮，进入 CAD 绘图环境。

（3）单击快速访问工具栏上的□按钮，弹出【图形另存为】对话框，输入【文件名】为“C620-1 型卧式车床的电气控制原理图 .dwg”，设置文件保存路径。

2. 绘制主接线

（1）绘制一条长度为 194 的水平线段。

（2）捕捉水平线段的左端点为基点水平向右偏移 39 确定起点，垂直向下绘制长为 134 的竖线，结果如图 5-6（a）所示。

（3）向下偏移步骤（1）所绘的水平线段，偏移距离分别为 10、20、49、55、61、84、134。

（4）向右偏移步骤（2）所绘的竖直线段，偏移距离分别为 10、20、43、53、63、80、92、102、116、131、137、155，结果如图 5-6（b）所示。

（5）修剪掉多余线段，结果如图 5-7 所示。

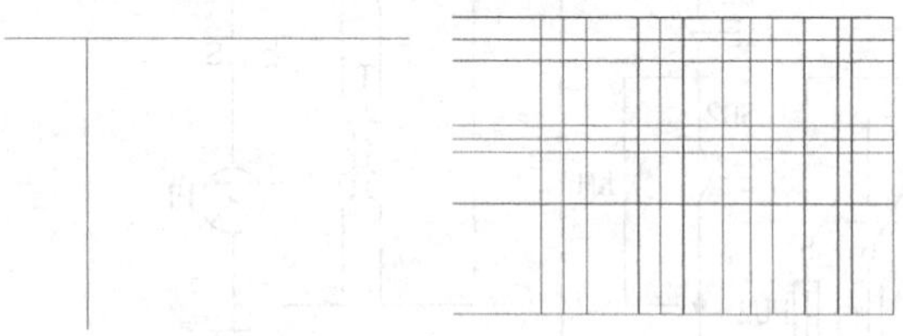

（a） （b）

图 5-6 绘制并偏移线段

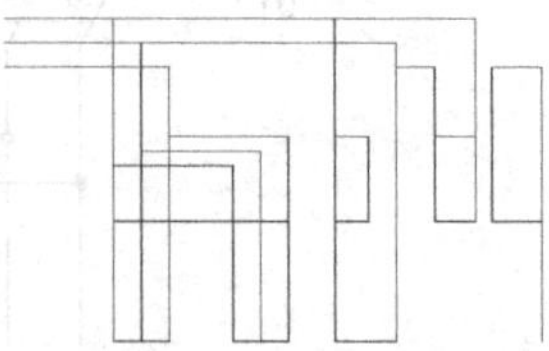

图 5-7 修剪图形

3. 绘制整体图

（1）绘制“接线端子”

① 绘制半径为 1 的圆。

② 捕捉圆的左象限点为基点，将其移动至水平线段 L1 的左端点。

③ 垂直向下复制移动后的圆分别至 L2 和 L3 的左端点，结果如图 5-8（a）所示。

④ 修剪掉多余线段，结果如图 5-8（b）所示。

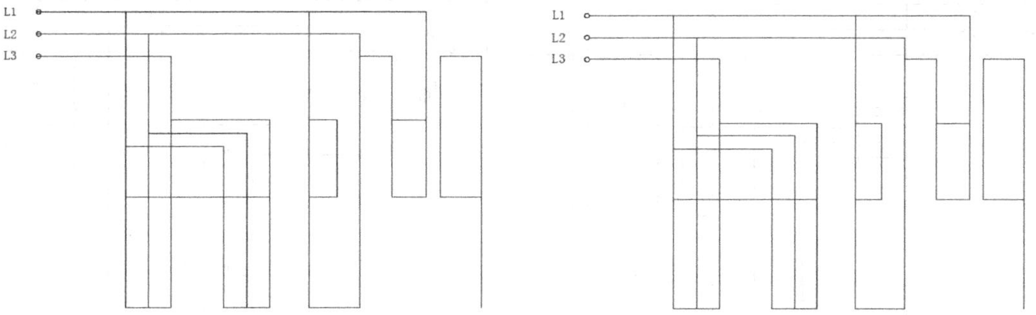

（a）　（b）

图 5-8　绘制“接线端子”

（2）插入“旋钮熔断开关”

① 插入块“旋钮熔断开关”，如图 5-9（a）所示。

② 以图 5-9（a）所示的左下角竖线的下端点为基点，将整图旋转 90°，结果如图 5-9（b）所示。

③ 以图 5-9（b）所示的左上角水平线的左端点为基点，将其移动至图 5-9（b）所示的 L1 上接线端子的左象限点，结果如图 5-10（a）所示。

④ 修剪掉多余线段，结果如图 5-10（b）所示。

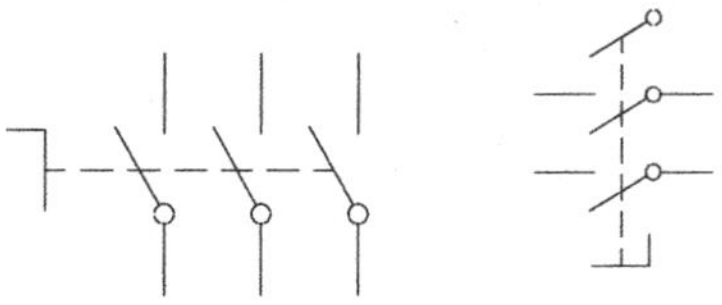

（a）　（b）

图 5-9　复制并旋转块“旋钮熔断开关”

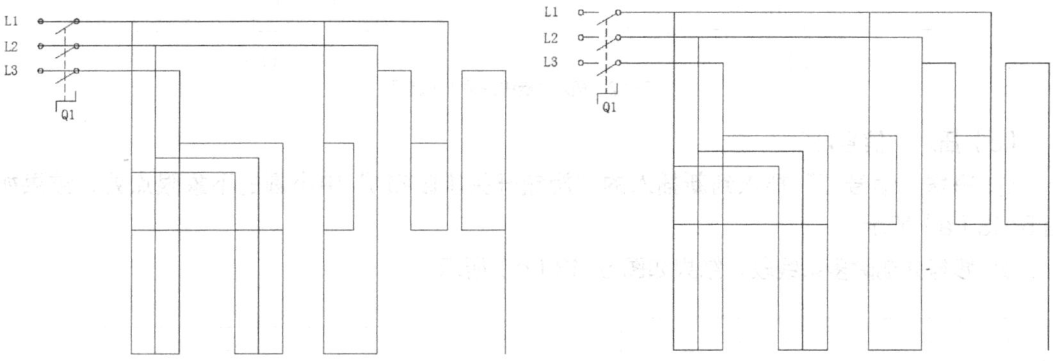

（a）　（b）

图 5-10　插入“旋钮熔断开关”

（3）插入“接触器”

① 将块“接触器”缩放到适当比例并旋转 90° 后，插入到图 5-11 所示的 B、C、D 点，且三者在同一水平线上，结果如图 5-11（a）所示。

② 修剪并删除多余线段，然后将“虚线层”设置为当前层，绘制过 B、C、D 处各斜线中点的连接线，结果如图 5-11（b）所示。

（4）插入“旋钮开关（闭锁）”

① 将块“旋钮开关（闭锁）”按 0.6 的比例缩放后，插入到图中的点 E，结果如图 5-12（a）所示。

② 修剪并删除多余线段，结果如图 5-12（b）所示。

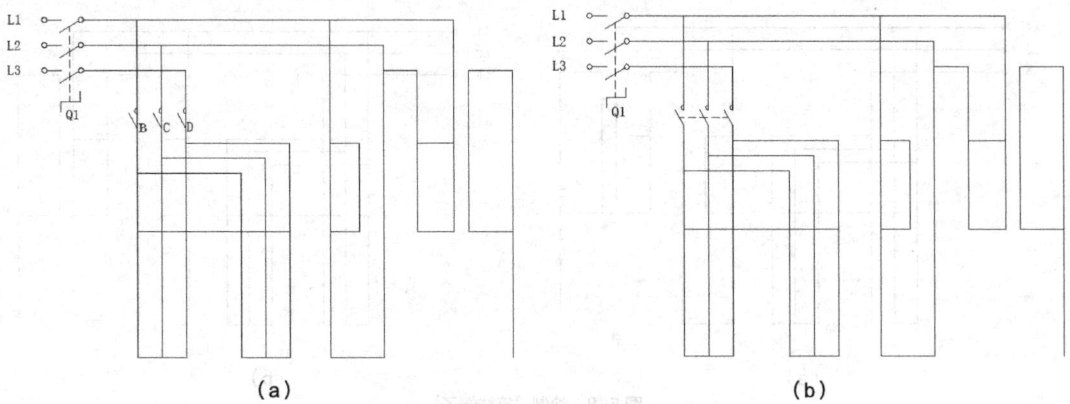

图 5-11　插入“接触器”

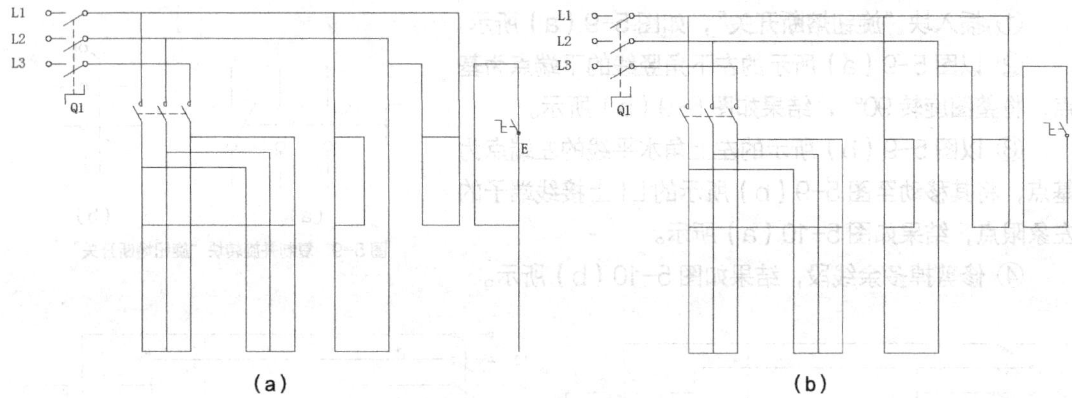

图 5-12　插入“旋钮开关（闭锁）”

（5）插入“信号灯”

① 将块“信号灯”插入到新插入的“旋钮开关（闭锁）”中小圆的下象限点处，结果如图 5-13（a）所示。

② 修剪并删除多余线段，结果如图 5-13（b）所示。

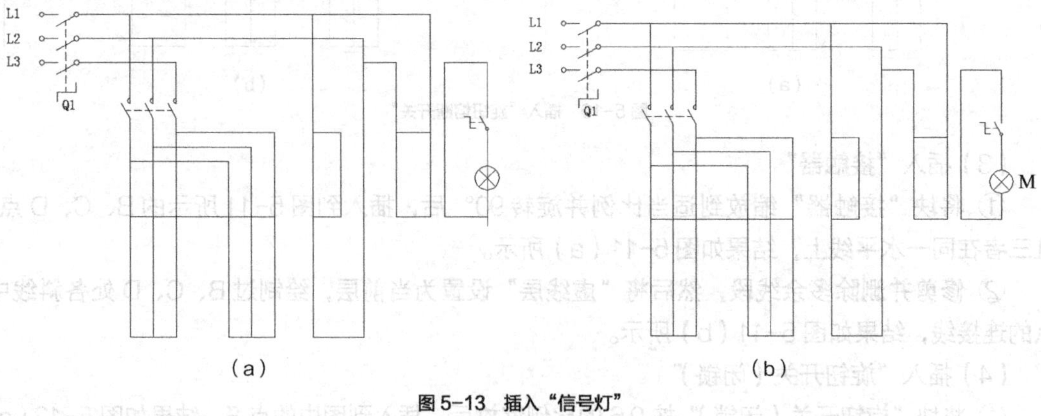

图 5-13　插入“信号灯”

（6）插入“接地符号”

将块“接地符号”插入到图 5-13（b）所示的点 M，结果如图 5-14 所示。

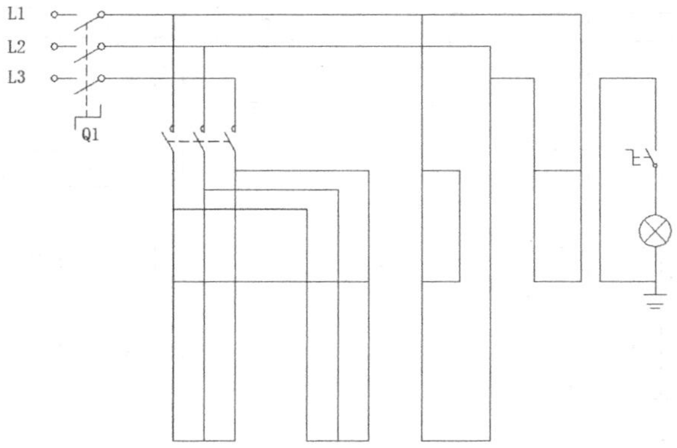

图 5-14 插入“接地符号”

（7）插入“线圈”

① 将块“线圈”缩放到适当比例再插入到图 5-15（a）的点 F 处适当位置，结果如图 5-15（a）所示。

② 以过点 F 的竖线为镜像线镜像缩放后的线圈并保留源对象，再将镜像后的线圈水平向左移动至点 G，结果如图 5-15（a）所示。

③ 修剪并删除多余线段，结果如图 5-15（b）所示。

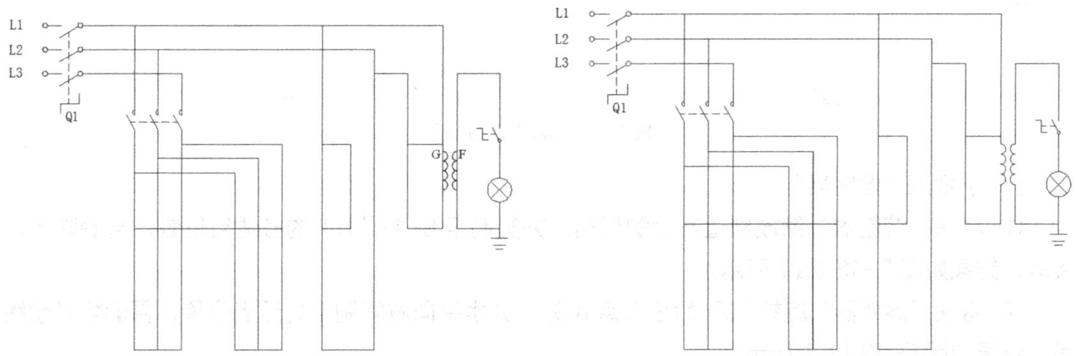

（a） （b）

图 5-15 插入“线圈”

（8）绘制“电动机”

① 捕捉线段 L4 和 L5 的适当点为圆心，分别绘制直径为 23 的圆，且两圆圆心在同一水平线上，结果如图 5-16（a）所示。

② 修剪多余线段，结果如图 5-16（b）所示。

（9）插入“动合开关”和“接触器”

① 将块“动合开关”按适当比例缩放后插入到图 5-17（a）所示的点 H，然后将其水平复制至点 I，结果如图 5-17（a）所示。

② 删除多余线段，结果如图 5-17（b）所示。

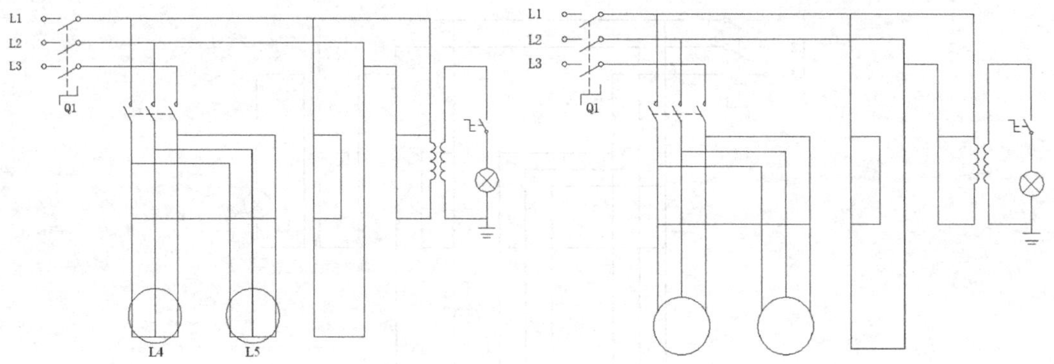

（a）　（b）

图 5-16　绘制“电动机”

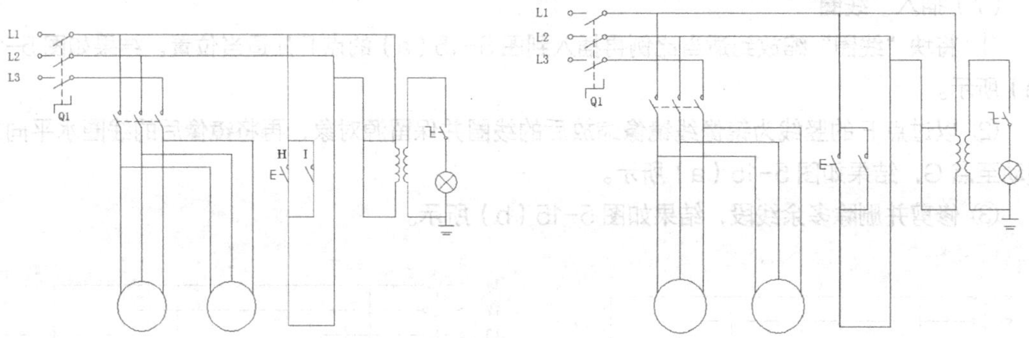

（a）　（b）

图 5-17　插入“动合开关”

（10）插入“熔断器”

① 将块“熔断器”缩放到适当比例后插入并复制至 5-17（b）的各适当位置，再删除多余线段，结果如图 5-18（a）所示。

② 将块“熔断器”旋转 90° 后插入点 K 处，并水平向右复制至各适当位置，再删除多余线段，结果如图 5-18（b）所示。

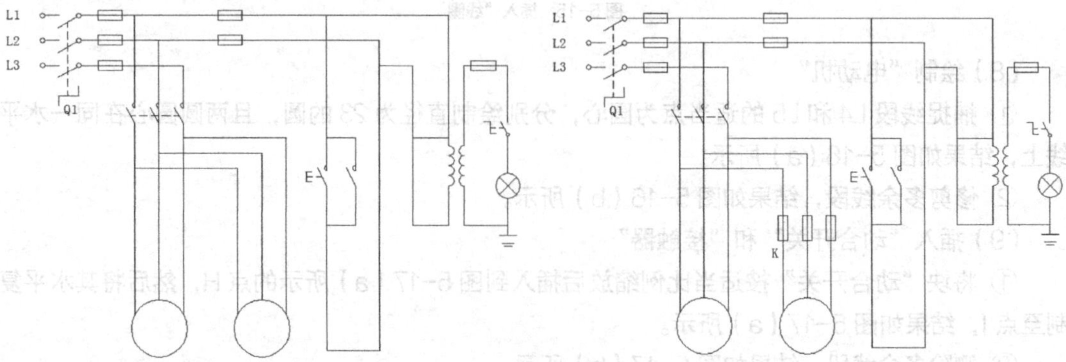

（a）　（b）

图 5-18　插入“熔断器”

（11）插入“动断触点（停止按钮）”。

① 将步骤（9）中的动合开关旋转 90° 并缩放至适当比例后，插入到图幅空白区域。

② 以过步骤①变换后的动断触点（停止按钮）最上侧竖线上端点的水平线为镜像线镜像该块，并删除源对象。

③ 捕捉镜像后的动断触点（停止按钮）上侧竖线的上端点为基点，将其插入到图 5-18（b）的适当位置，结果如图 5-19（a）所示。

④ 分解块，修剪并删除多余线段，结果如图 5-19（b）所示。

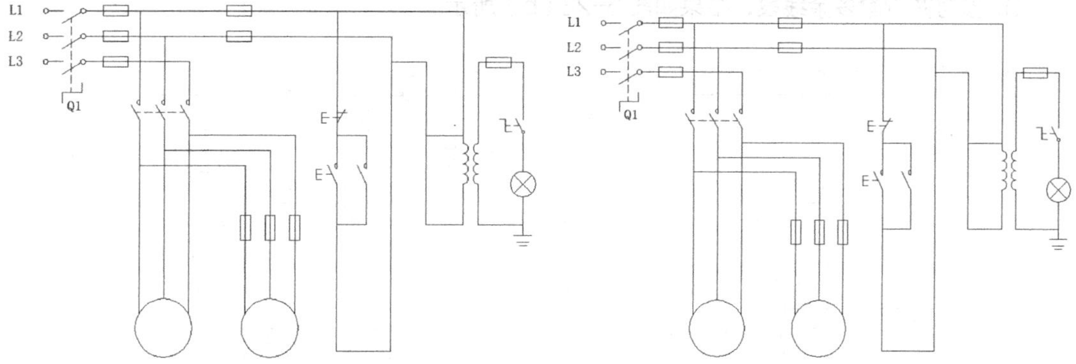

（a）　　（b）

图 5-19　插入“动断触点（停止按钮）”

（12）插入“热继电器的动断触点”

① 将块“热继电器的动断触点”插入到图幅空白区域，结果如图 5-20（a）所示。

② 以“热继电器的动断触点”右下角水平线段的右端点为基点将其旋转 270°，结果如图 5-20（b）所示。

③ 分解块。以过点 J 的竖线为镜像线，镜像过虚线段左端点的折线，并删除源对象，结果如图 5-20（c）所示，即为将要插入的热继电器动断触点。

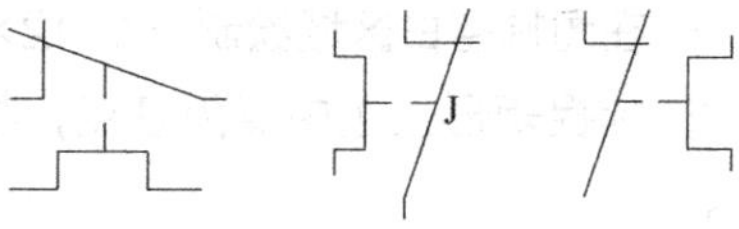

（a）　　（b）　　（c）

图 5-20　变换后的“热继电器的动断触点”

④ 捕捉图 5-20（c）中左上角竖线的上端点为基点，将其复制至图 5-19（b）的适当位置并适当缩放，结果如图 5-21（a）所示。

⑤ 修剪并删除多余线段，结果如图 5-21（b）所示。

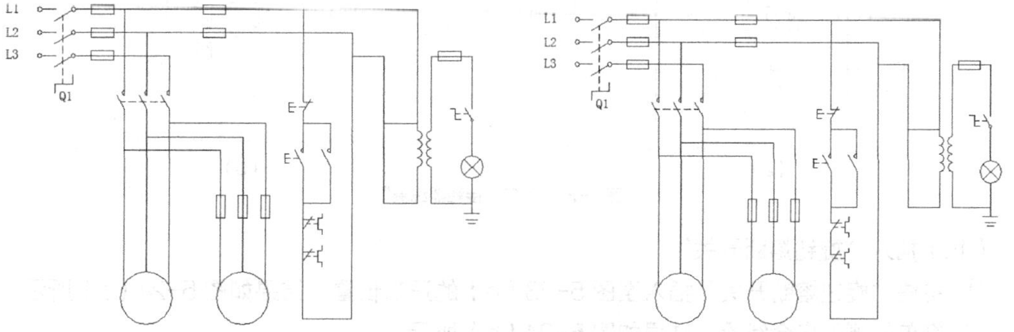

（a）　　（b）

图 5-21　插入“热继电器动断触点”

（13）绘制“热继电器驱动线圈”

① 捕捉图中最左侧长竖线的适当点 P 点为基点，再水平向左偏移 4 确定起点，绘制 28×10 的矩形。

② 分解矩形。向下偏移矩形顶边，偏移距离分别为 2 和 7。向右偏移矩形左边，偏移距离分别为 2、12 和 22。

③ 水平向右复制步骤①和②新绘制的矩形和偏移后的各条线段，复制距离为 43，结果如图 5-22（a）所示。

④ 修剪并删除多余线段，结果如图 5-22（b）所示。

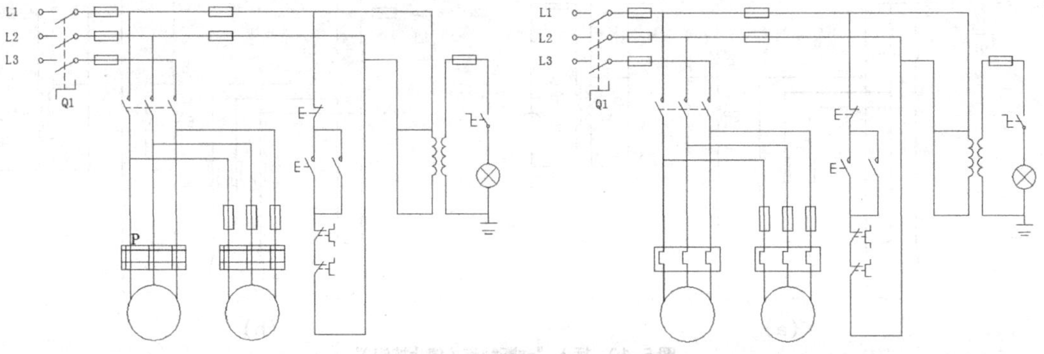

（a）　　　　（b）

图 5-22　绘制“热继电器驱动线圈”

（14）绘制“接触器线圈”

① 在图幅空白区域绘制一个 12×8 的矩形。

② 捕捉矩形顶边中点为基点，将其移动至图 5-22（b）的适当位置，结果如图 5-23（a）所示。

③ 修剪掉多余线段，结果如图 5-23（b）所示。

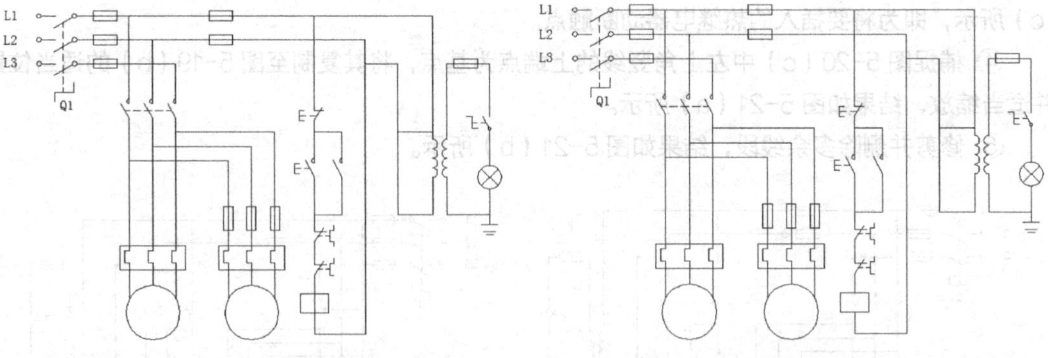

（a）　　　　（b）

图 5-23　绘制“接触器线圈”

（15）插入“旋钮熔断开关”

① 将块“旋钮熔断开关”插入至图 5-23（b）的适当位置，结果如图 5-24（a）所示。

② 修剪并删除多余线段，结果如图 5-24（b）所示。

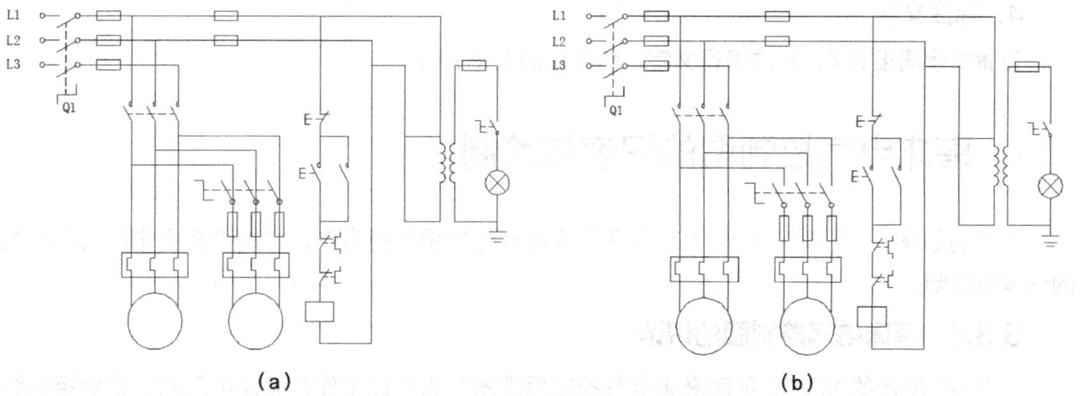

图 5-24 插入“旋钮熔断开关”

（16）插入“动合常开触点”

① 将块“动合常开触点”插入至图 5-25（a）的适当位置，且保持两触点的小圆在同一水平线上，再分解两块。

② 设置“虚线层”为当前层，绘制两“动合常开触点”的斜线段中点之间的连接线，结果如图 5-25（a）所示。

③ 修剪多余线段，结果如图 5-25（b）所示。

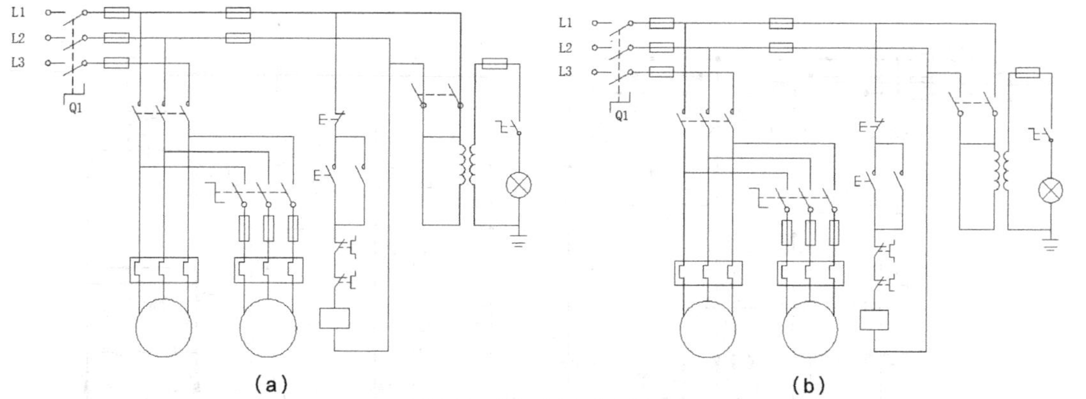

图 5-25 插入“动合常开触点”

（17）插入“节点”

将块“节点”插入至图中的各适当位置，结果如图 5-26 所示。

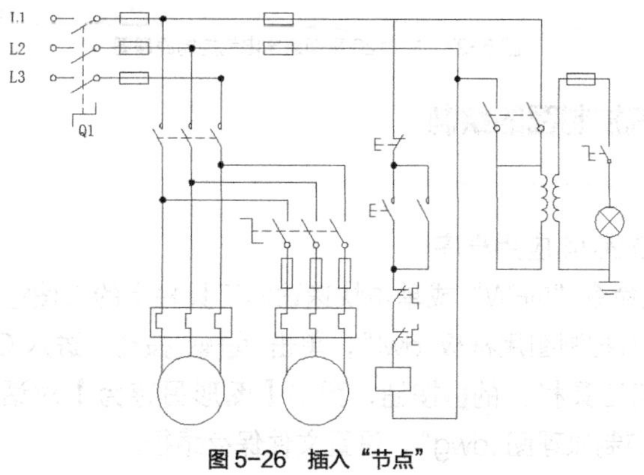

图 5-26 插入“节点”

4. 标注文字

设置文字高度为 4，标注多行文字，结果如图 5-5 所示。

5.3 磨床电气控制图的识读与绘制

本节将以图 5-27 所示的 M7120 平面磨床电气控制原理图为例，详细讲解磨床电气控制图的识读与绘制。

5.3.1 磨床电气控制图的识读

图 5-27 所示的 M7120 平面磨床电气控制原理图分为电磁工作台整流电源和电动机控制线路两部分。

电磁工作台整流电源电路包括 3 个部分：整流、控制和保护。整流部分由整流变压器 T 和桥式整流电路 VC 组成，提供 110V 直流电压。控制部分由接触器 KM5 和 KM6 的两个主触头组成，按 SB8 充磁，按 SB9 去磁。保护部分由放电电阻 R 和放电电容 C 及欠电压继电器 KV 组成，用来吸收线圈在断电瞬间释放出的磁场能量，防止损坏电器元件。

电动机控制线路用来控制液压泵电动机 M1、砂轮电动机 M2 和冷却泵电动机 M3、砂轮升降电动机 M4 工作，为线路提供动力和制冷。

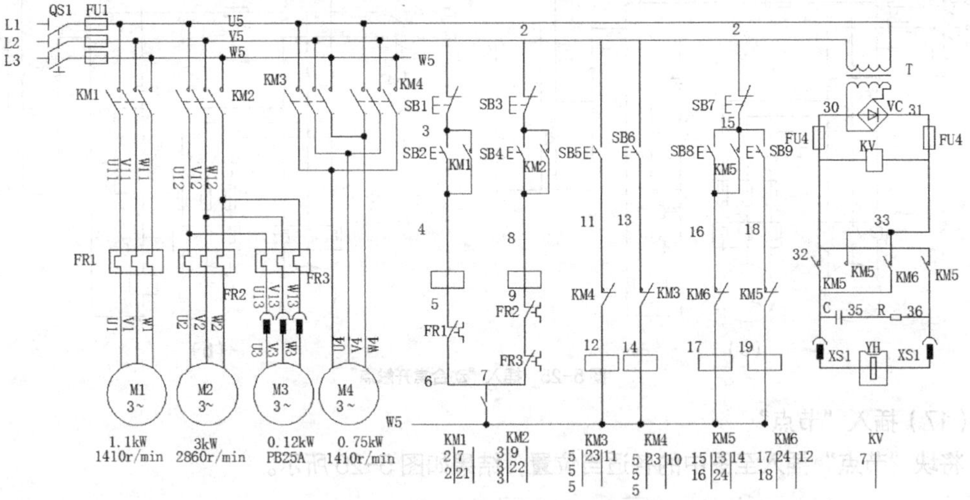

图 5-27 M7120 平面磨床电气控制原理图

5.3.2 磨床电气控制图的绘制

1. 建立新文件

（1）启动 AutoCAD 2014 应用程序。

（2）在命令行键入命令“NEW”或单击快速访问工具栏上的按钮，在弹出的【选择样板】对话框中选择“机床电气控制图用样板 .dwt”，单击打开(O)按钮，进入 CAD 绘图环境。

（3）单击快速访问工具栏上的按钮，弹出【图形另存为】对话框，输入【文件名】为“M7120 平面磨床电气控制原理图 .dwg”，设置文件保存路径。

2. 绘制基线

（1）绘制长为 325 的水平线段 L1。

（2）捕捉水平线段的左端点为基点，水平向右偏移 30 确定起点，竖直向下绘制长为 120 的竖线 L4。

（3）向下依次偏移水平线段 L1，偏移距离分别为 6、6、20、48。

（4）捕捉水平线段 L2 的左端点为基点，水平向右偏移 150 确定起点，垂直向下绘制长为 122 的竖直线段，再水平向右依次偏移 28、28、14、36、29、10、16、14，结果如图 5-28 所示。

磨床电气控制图的绘制（1）

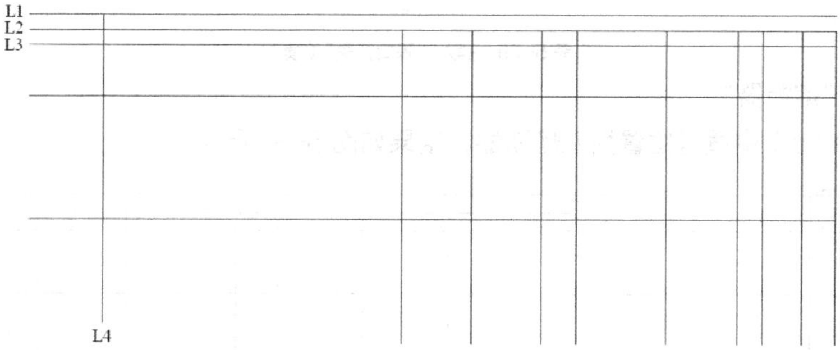

图 5-28 绘制基线

3. 绘制整体图

（1）插入“隔离开关”

① 将块“隔离开关”缩放到适当比例后插入到图幅空白区域，以“隔离开关”左侧水平线的左端点为基点将其分别复制到图 5-29 所示的 L1、L2 和 L3 的左端点。

② 修剪掉多余线段，结果如图 5-29（a）所示。

③ 设置“虚线层”为当前层。捕捉 L1 上隔离开关的斜线的中点为起点，垂直向下绘制适当长度的竖线。

④ 设置“细实线”为当前层。绘制适当长度水平线段，再捕捉其中点为基点，将其移动至竖直虚线段的下端点，结果如图 5-29（b）所示。

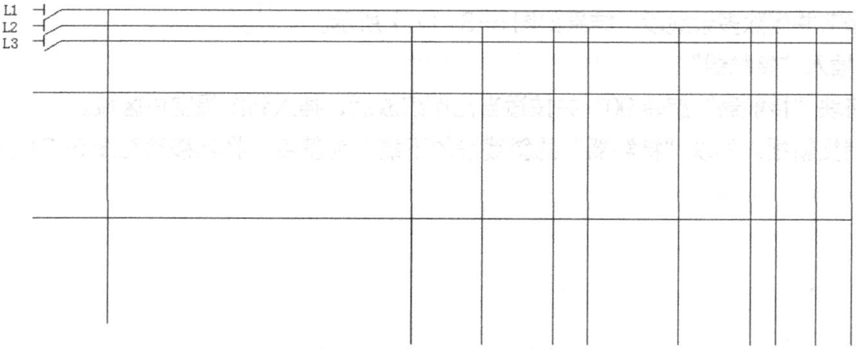

（a）

图 5-29 插入“隔离开关”

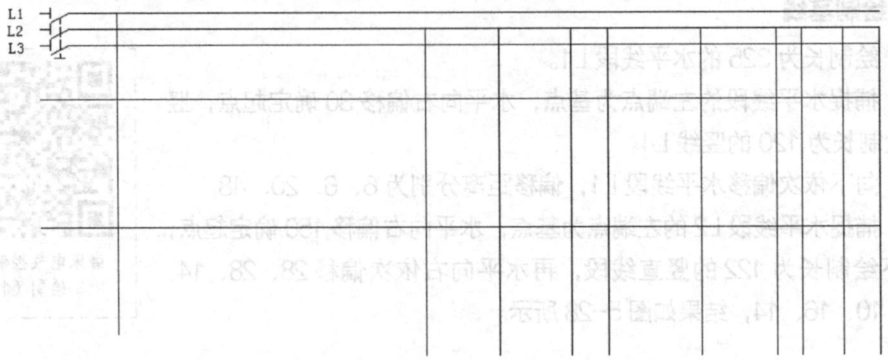

（b）

图 5-29 插入“隔离开关”（续）

（2）插入“熔断器”

在图 5-29（b）中适当位置插入熔断器，结果如图 5-30 所示。

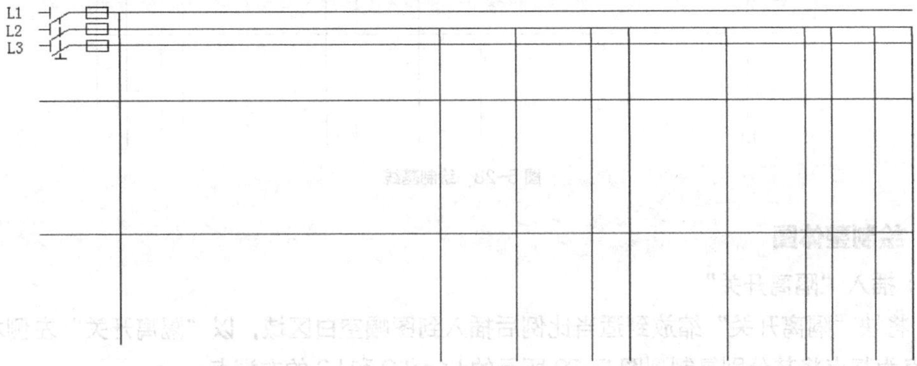

图 5-30 插入“熔断器”

（3）插入“热继电器驱动线圈”

① 将块“热继电器驱动线圈”缩放到适当比例后插入到图幅空白区域，如图 5-31（a）所示。

② 捕捉图 5-31（a）中的点 B 为基点，移动“热继电器驱动线圈”至图 5-31（b）中的点 A 处，结果如图 5-31（b）所示。

③ 延长热继电器驱动线圈的右上侧两条竖线分别至水平线段 L2 和 L3。

④ 拉伸热继电器驱动线圈的右下侧两条竖线的下端点使其与 L4 的下端点水平。

⑤ 修剪并删除多余线段，结果如图 5-31（c）所示。

（4）插入“接触器”

① 将块“接触器”旋转 90° 并按适当比例缩放后，插入到图幅空白区域。

② 捕捉新插入的块“接触器”的斜线段的下端点为基点，将其移动至图 5-31（c）所示的点 C 处。

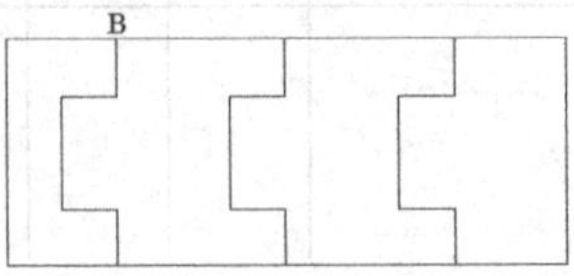

（a）

图 5-31 插入“热继电器驱动线圈”

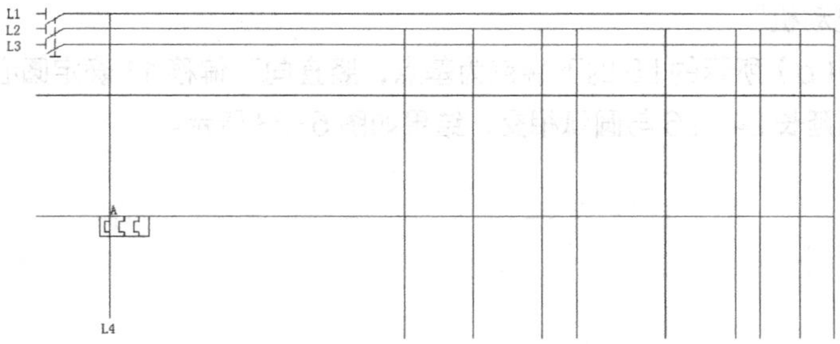

（b）

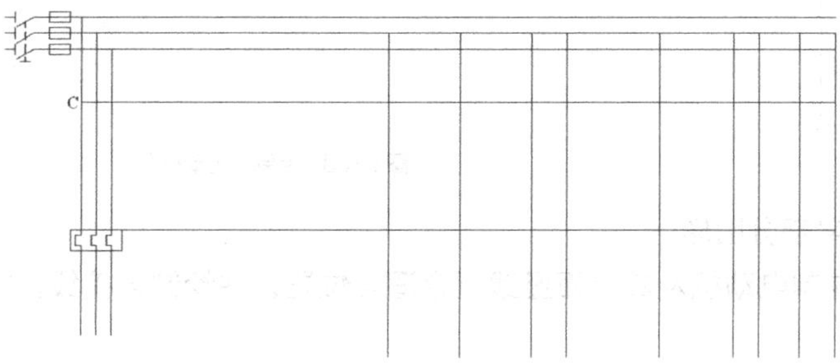

（c）

图 5-31 插入“热继电器驱动线圈”（续）

③ 以点 C 为基点，水平向右复制该“接触器”分别至适当位置，结果如图 5-32（a）所示。

④ 设置“虚线层”为当前层，绘制各接触器斜线段中点的连接线。

⑤ 分解各块，修剪并删除多余线段，结果如图 5-32（b）所示。

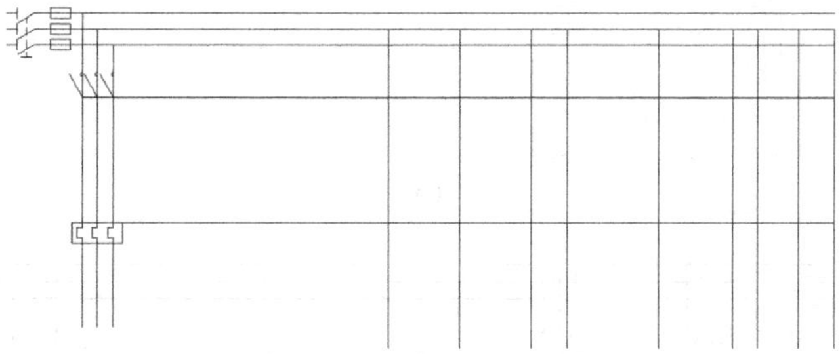

（a）

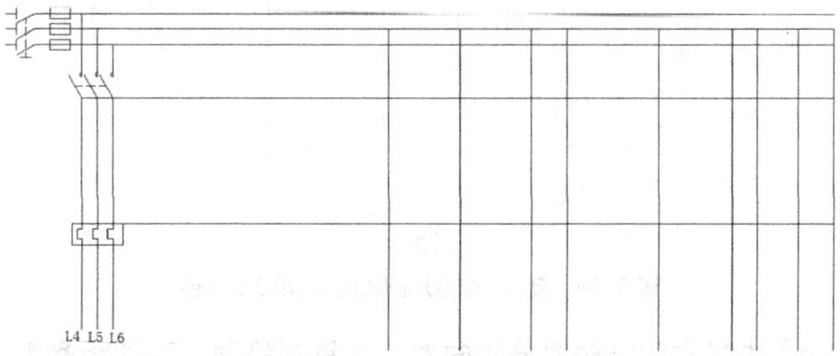

（b）

图 5-32 插入“接触器”

（5）绘制“电动机”

捕捉图 5-33（b）所示的 L5 的下端点为基点，竖直向下偏移 11 确定圆心，绘制直径为 22 的圆，并竖直向下延长 L4、L6 与圆弧相交，结果如图 5-33 所示。

磨床电气控制图的绘制（2）

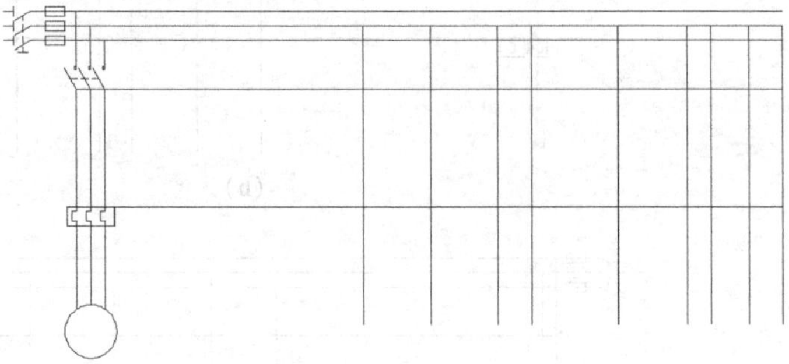

图 5-33　绘制“电动机”

（6）复制并完善部分图形

① 水平向右复制电动机及其上面竖线至合适当位置，并绘制连接线，结果如图 5-34（a）所示。

② 修剪并删除多余线段及元器件，结果如图 5-34（b）所示。

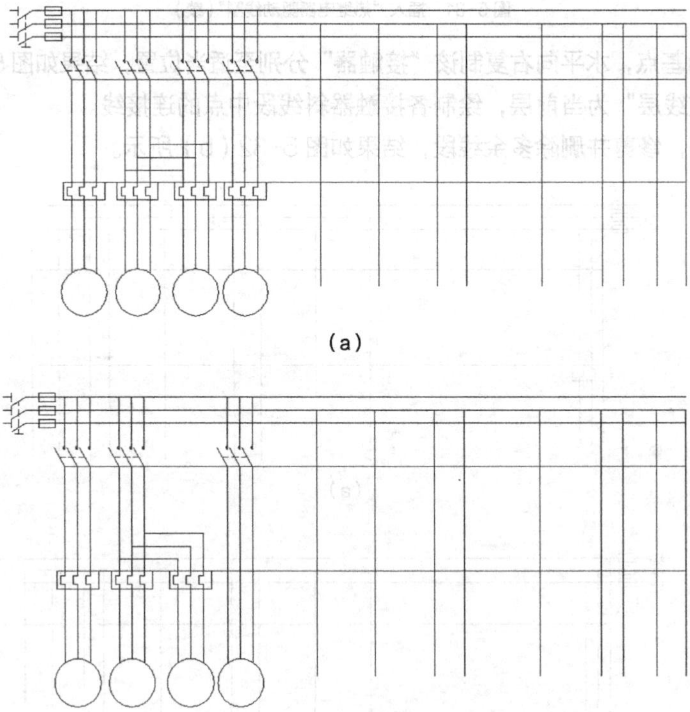

（a）

（b）

图 5-34　复制、修剪并删除部分线段及元器件

③ 将图 5-34（a）中最右侧接触器分别向左、右复制移动，移动距离为 12，如图 5-35（a）所示的点 D、点 E。

④ 连接点 D、点 E 间的线段并竖直向下复制移动 6、12，修剪删除多余线段，结果如

图 5-35（b）所示。

⑤ 延长各相应竖线至适当位置，结果如图 5-35（c）所示。

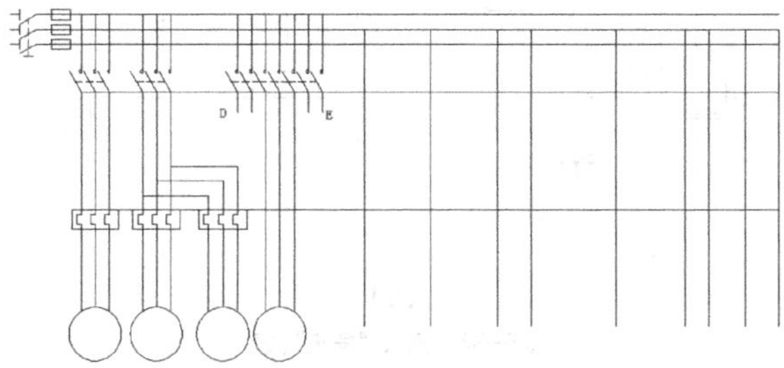

（a）

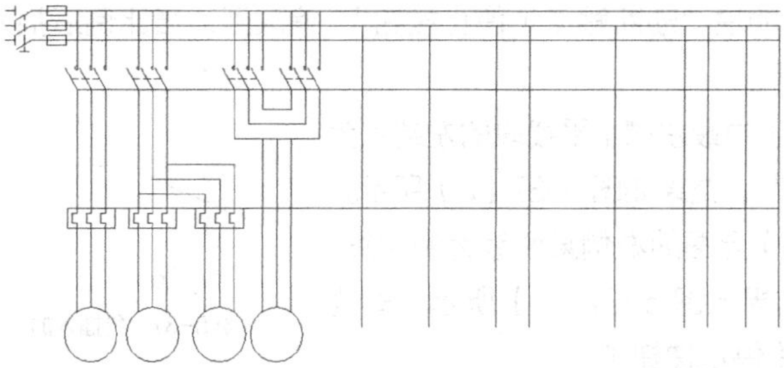

（b）

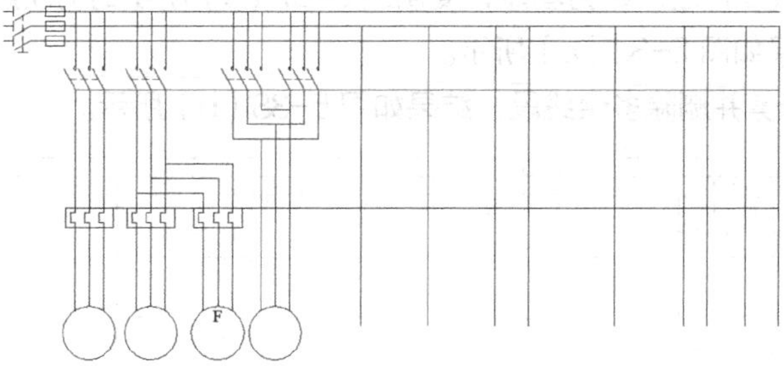

（c）

图 5-35　移动并延长部分图形

（7）插入“插座”

① 将“插座”插入到图 5-35（c）所示的第 3 个电动机圆弧的上象限点 F 处。

② 水平复制点 F 处的“插座”分别至点 F 左右两侧的竖线，结果如图 5-36（a）所示。

③ 修剪并删除掉多余线段，结果如图 5-36（b）所示。

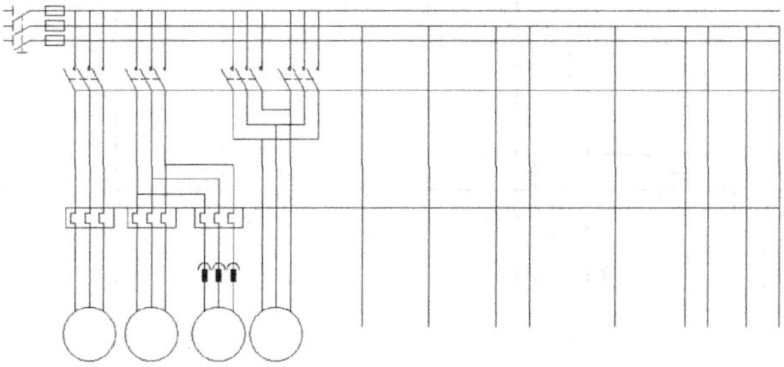

（a）

图 5-36　插入“插座”

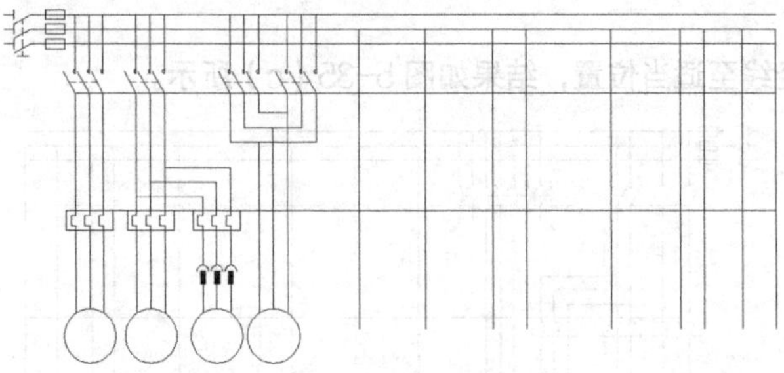

（b）

图 5-36　插入“插座”（续）

（8）插入“动断触点（停止按钮）”

① 将之前已绘制的块“动断触点（停止按钮）”缩放到适当比例后插入到图幅空白区域，结果如图 5-37（a）所示。

② 以图 5-37（a）中最左侧水平线段的左端点为基点，将整图旋转 270°，结果如图 5-37（b）所示。

③ 以图 5-37（b）全图的右侧某竖线为镜像线，镜像图 5-37（b），结果如图 5-37（c）所示，即为待插入的“动断触点（停止按钮）”。

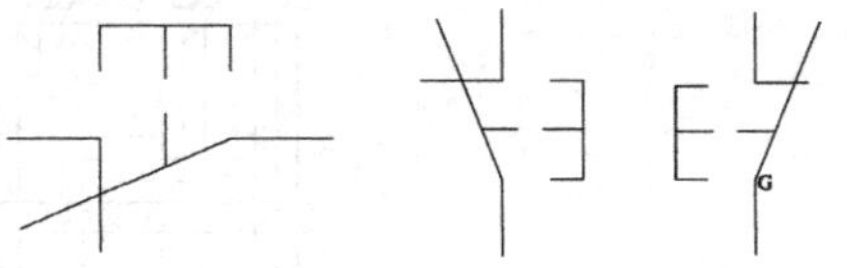

（a）　（b）　（c）

图 5-37　待插入的“动断触点（停止按钮）”

④ 捕捉图 5-37（c）的点 G 为基点，复制图 5-37（c）所示的动断触点至图 5-36（b）所示的各适当位置，结果如图 5-38（a）所示。

⑤ 分解各块，修剪并删除多余线段，结果如图 5-38（b）所示。

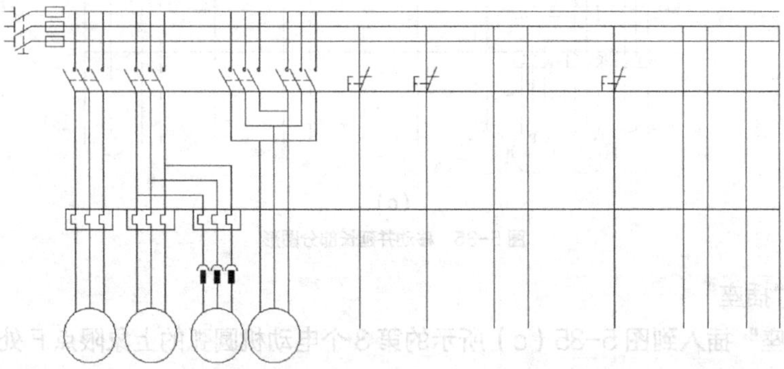

（a）

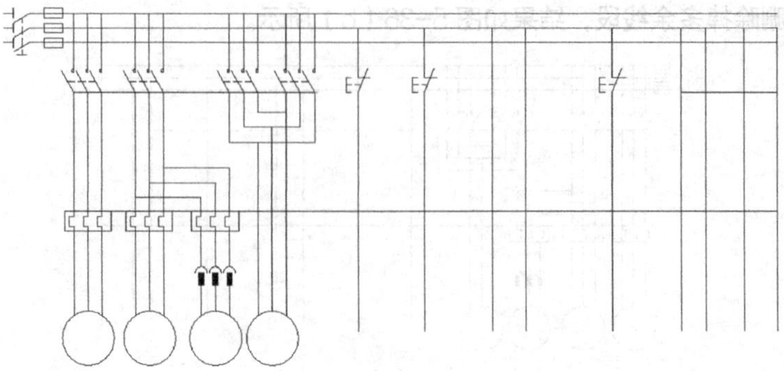

（b）

图 5-38　插入“动断触点（停止按钮）”

（9）插入“动合触点”

① 将块“动合触点”缩放到适当比例后再旋转 90°，将其插入到图形的各适当位置，结果如图 5-39（a）所示。

② 修剪并删除掉多余线段，然后完善图形，结果如图 5-39（b）所示。

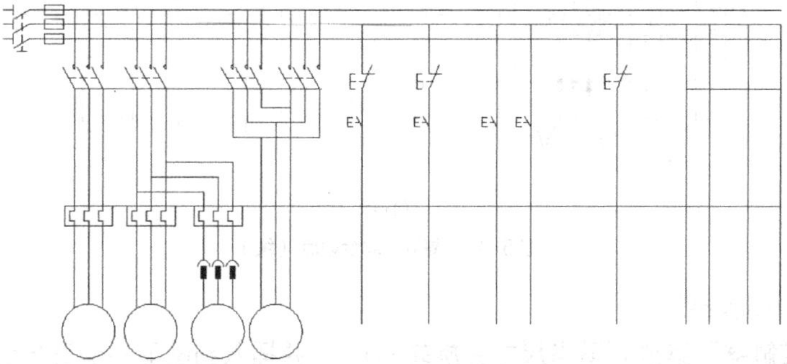

（a）

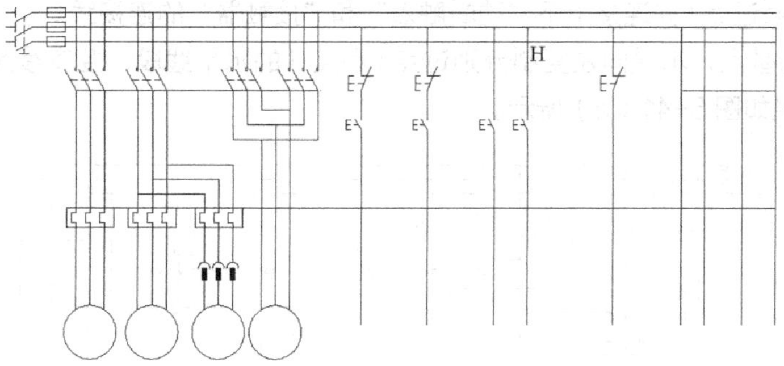

（b）

图 5-39 插入“动合触点”

③ 以图 5-39（b）所示的点 H 为基点，水平向右复制该图上过点 H 的竖线以及该竖线上的“动合触点”，复制距离分别为 27 和 45，并在适当位置绘制新复制部分的水平连接线，结果如图 5-40（a）所示。

④ 修剪并删除多余线段，结果如图 5-40（b）所示。

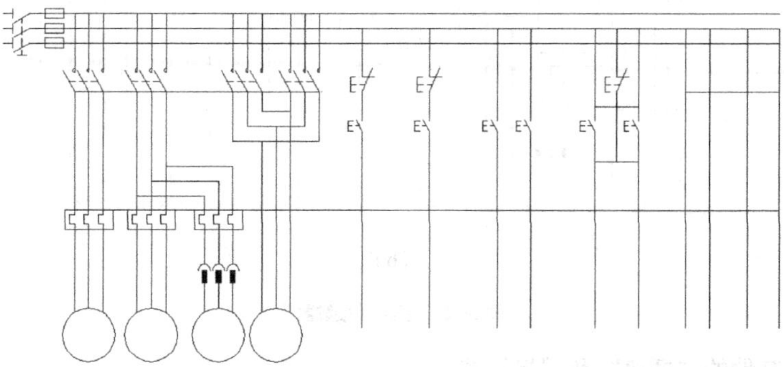

（a）

图 5-40 复制“动合触点”

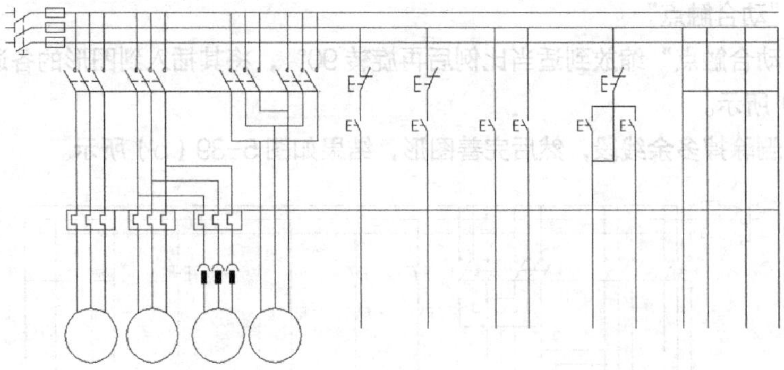

（b）

图 5-40　复制“动合触点”（续）

（10）插入“接触器”

① 将块“接触器”缩放到适当尺寸并旋转 90°，并插入到图形中的适当位置。

② 分解块“接触器”，修剪并删除掉多余线段，结果如图 5-41（a）所示。

③ 在点 I 打断过点 I 并连接上下“动断触点”和“接触器”的连接线。

④ 以点 K 为基点，水平向左复制分别过点 I 和点 J 的水平线段、竖直线段及接触器分别至各适当位置，结果如图 5-41（b）所示。

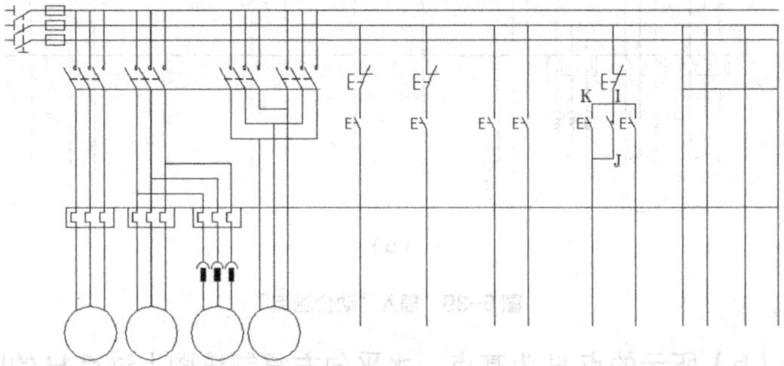

（a）

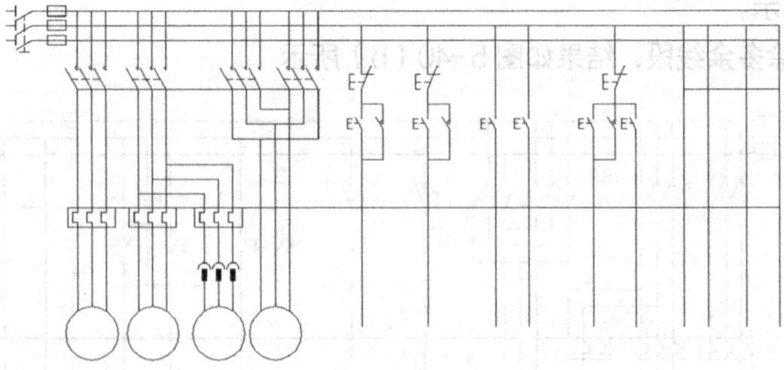

（b）

图 5-41　插入“接触器”

（11）插入其他的“插座”和“接触器”

在图 5-41（b）的适当位置绘制连接线，并用与步骤（6）和步骤（9）相同的方法，在图中的其他各相应位置上分别插入“插座”和“接触器”。分解各块，修剪并删除掉多余线段，结果如图 5-42 所示。

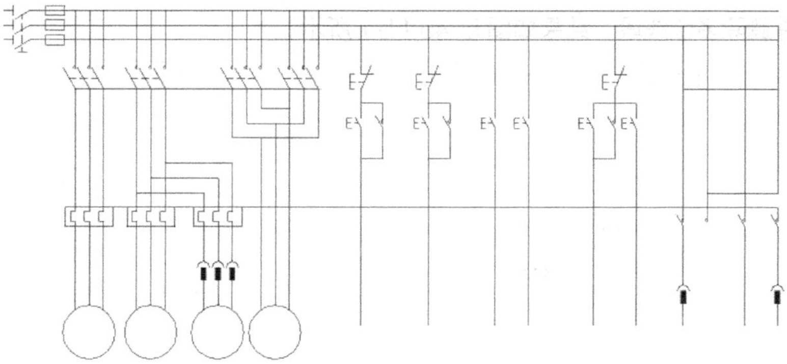

图 5-42 插入其他的“接触器”和“插座”

（12）绘制“继电器线圈”

① 在图幅空白区域绘制 12×5.9 的矩形。

② 捕捉矩形顶边的中点为基点，复制该矩形分别至图中的各适当位置，结果如图 5-43 所示。

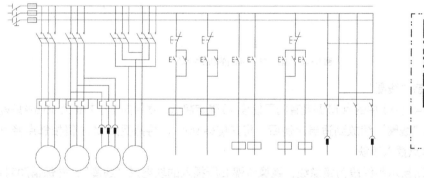

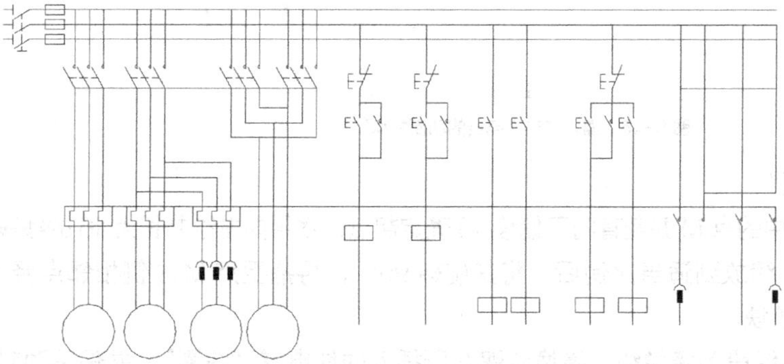

图 5-43 绘制“继电器线圈”

磨床电气控制图的绘制（3）

（13）插入“热继电器的动断触点”

① 将块“热继电器的动断触点”缩放到适当尺寸插入到图幅空白区域，结果如图 5-44（a）所示。

② 以缩放后的热继电器的动断触点的右下角水平线段的右端点为基点将其旋转 270°，结果如图 5-44（b）所示。

③ 分解块。以过点 L 的竖线为镜像线，镜像过虚线段左端点的折线，并删除源对象，结果如图 5-44（c）所示，即为将要插入的热继电器的动断触点。

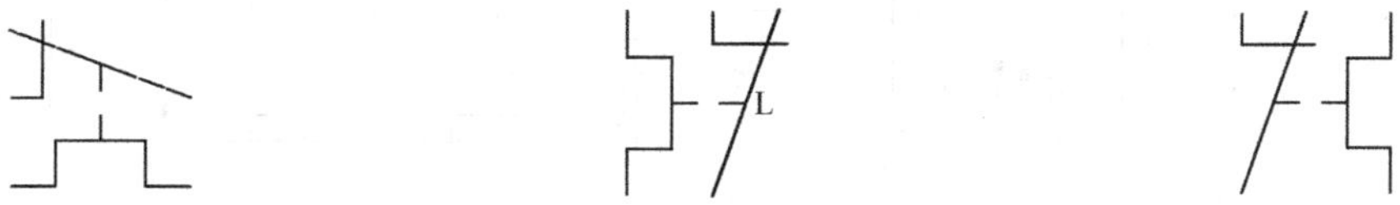

（a） （b） （c）

图 5-44 变换后的“热继电器的动断触点”

④ 在图中的适当位置插入图 5-44（c）所示的“热继电器的动断触点”，结果如图 5-45（a）所示。

⑤ 修剪并删除多余线段，结果如图 5-45（b）所示。

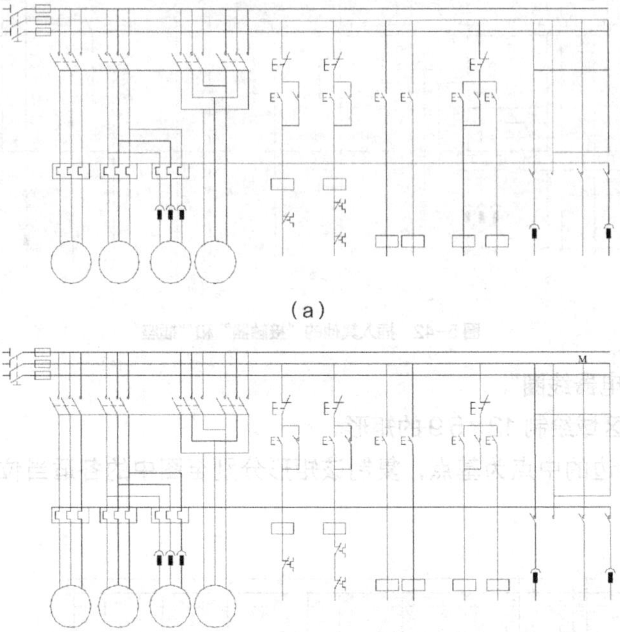

（a）

（b）

图 5-45　插入“热继电器的动断触点”

（14）插入电感“线圈”

① 捕捉图 5-45（b）中的点 M 并竖直向下偏移 13 确定起点，水平向左绘制长为 16 的线段。

② 将块电感“线圈”缩放到适当比例后，将其旋转 90°，再捕捉点 M 左侧相邻点竖直向下偏移 9 确定插入点插入该块。

③ 以步骤①所绘水平线段为镜像线，镜像步骤②所插入的块电感“线圈”，并保留源对象，结果如图 5-46（a）所示。

④ 分解块，修剪并删除多余线段，结果如图 5-47（b）所示。

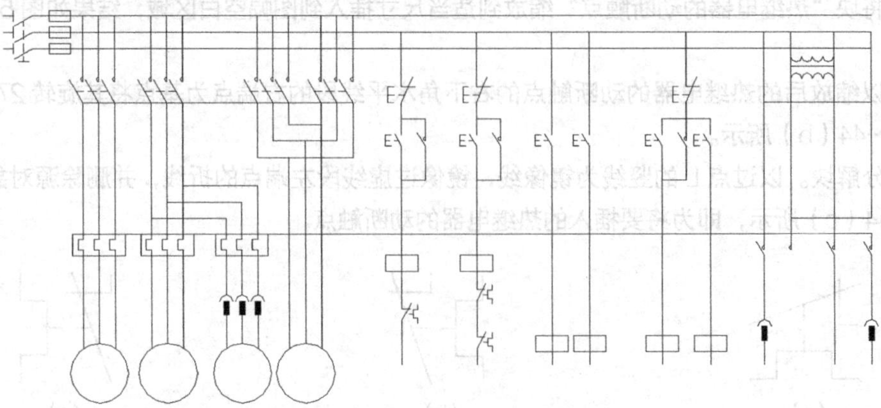

（a）

图 5-46　插入线圈

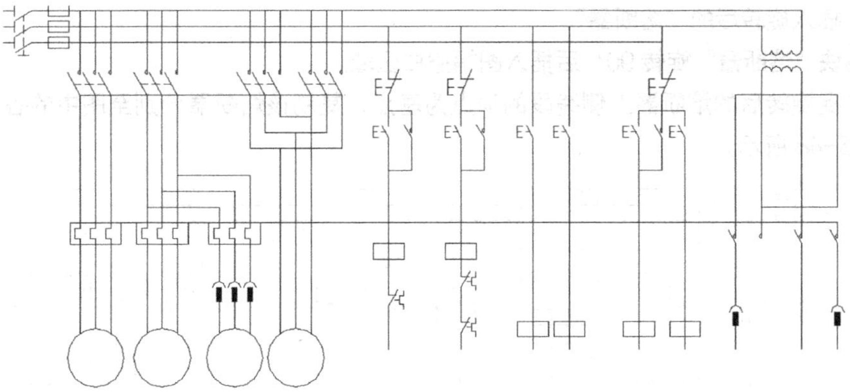

（b）

图 5-46 插入线圈（续）

（15）插入“二极管整流桥”

① 将块“二极管整流桥”先缩放到适当比例，再插入到图中的适当位置，结果如图 5-47（a）所示。

② 分解块“二极管整流桥”，修剪并删除多余线段。

③ 捕捉二极管整流桥外围菱形的上端点为起点，连续水平向右、垂直向上、水平向右绘制长度合适的折线。

④ 捕捉二极管整流桥外围菱形的下端点，并水平向左绘制线段，使其与左侧竖线相交，修减并删除多余线条，结果如图 5-47（b）所示。

磨床电气控制图的绘制（4）

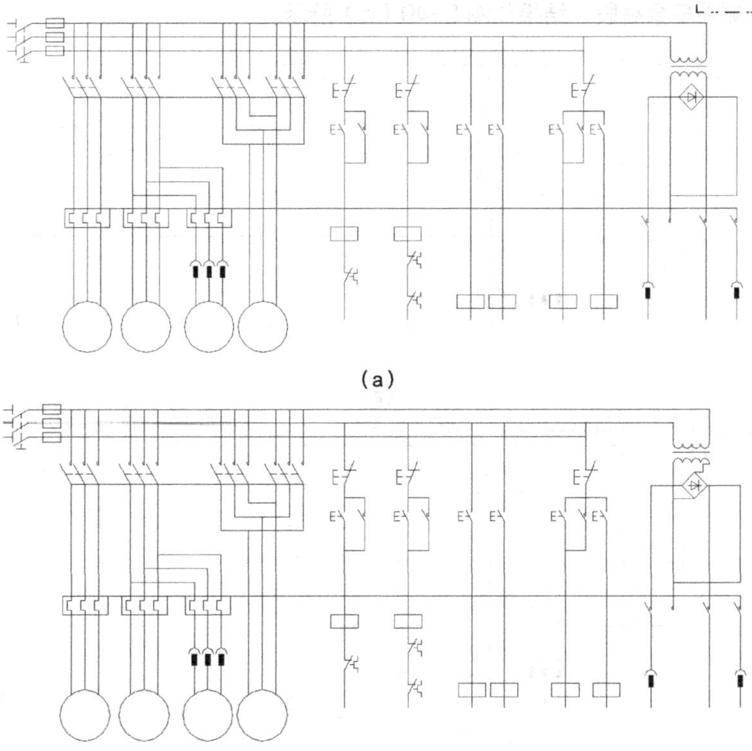

（a）

（b）

图 5-47 插入“二极管整流桥”

（16）插入旋转后的“熔断器”

① 将块“熔断器”旋转 90° 后插入图幅空白区域。

② 捕捉旋转后的熔断器上侧线段的顶点为基点，复制该熔断器分别至图中的各适当位置，结果如图 5-48 所示。

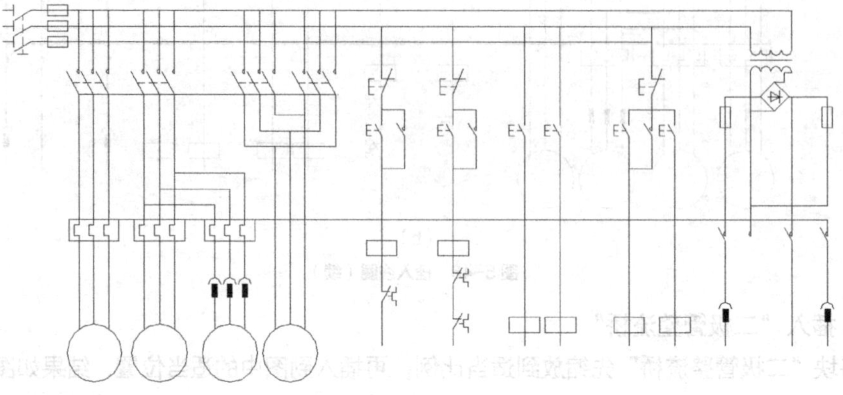

图 5-48 插入旋转后的“熔断器”

（17）绘制“电压继电器”

① 在图中的适当位置绘制水平线段 NO。

② 在图幅空白区域绘制 6×8 的矩形。

③ 捕捉矩形左侧边中点为基点，将其移动至水平线段 NO 的适当位置，结果如图 5-49（a）所示。

④ 修剪并删除多余线段，结果如图 5-49（b）所示。

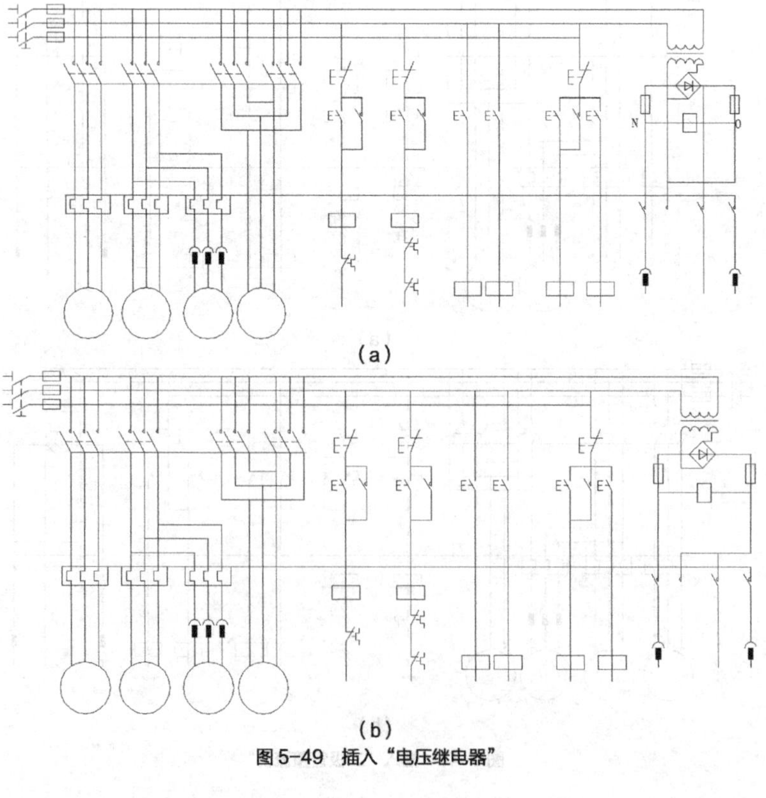

（a）

（b）

图 5-49 插入“电压继电器”

（18）插入“电磁吸盘”

① 在图 5-49（b）的适当位置绘制一条水平线段。

② 绘制图 5-49（b）所示的右侧两扦座所在竖线的下端点的连接线。

③ 捕捉块“电磁吸盘”内部小矩形的中心点为基点，将其复制至步骤①所绘水平线段的适当位置，结果如图 5-50（a）所示。

④ 分解该块。修剪多余线段，结果如图 5-50（b）所示。

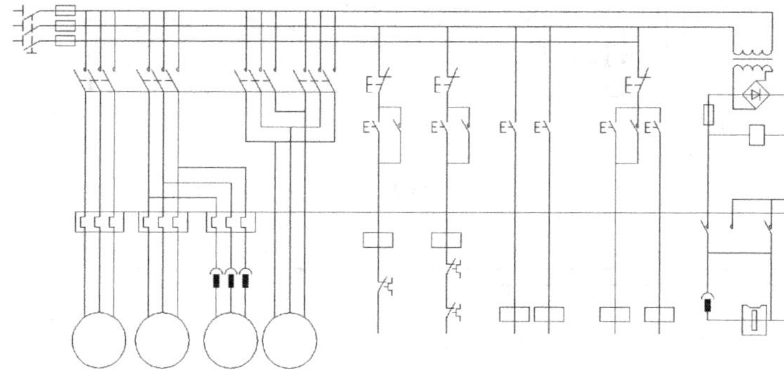

（a）

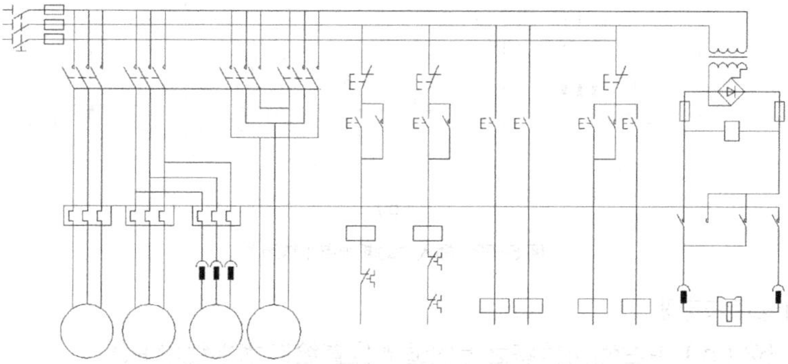

（b）

图 5-50 插入“电磁吸盘”

（19）插入“动断触点（常闭）”

① 将块“动断触点（常闭）”缩放到适当尺寸并旋转 90° 后插入图幅空白区域，结果如图 5-51（a）所示。

② 镜像图 5-51（a）并删除源对象，结果如图 5-51（b）所示，即为待插入的“动断触点（常闭）”。

③ 将图 5-51（b）所示的“动断触点（常闭）”分别复制到图中的各适当位置，结果如图 5-52（a）所示。

④ 分解各块。修剪并删除多余线段，结果如图 5-52（b）所示。

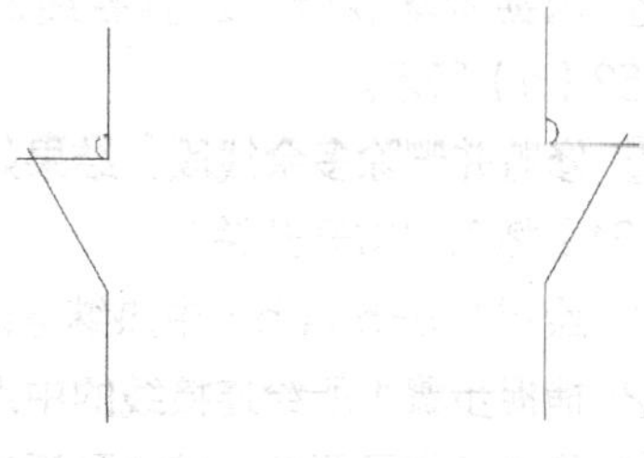

（a）　　（b）

图 5-51 待插入的“动断触点（常闭）”

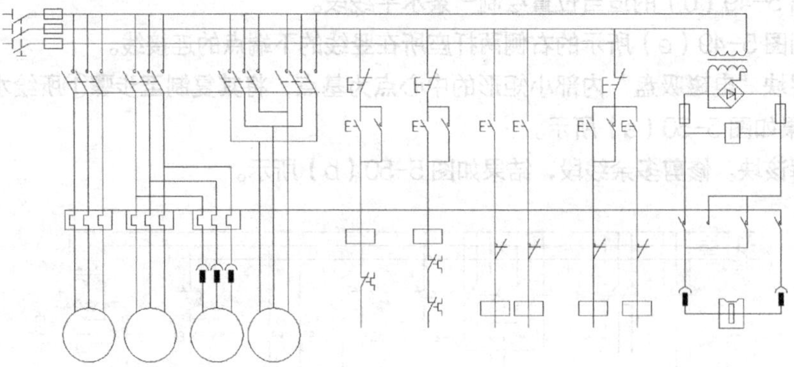

（a）

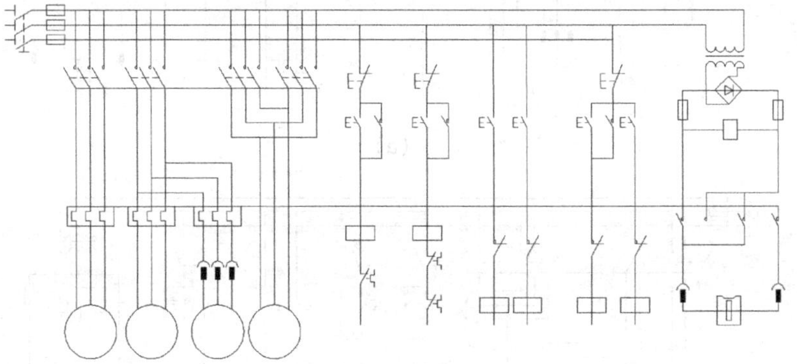

（b）

图 5-52　插入“动断触点（常闭）”

（20）绘制电容和电阻

① 在图 5-52（b）中右侧两插座之上的适当位置绘制水平线段 PQ。

② 在图幅空白区域绘制 4×2 的矩形作为电阻，并捕捉矩形左侧边的中点为基点，将其移动至 PQ 的适当位置。

③ 在图幅空白区域绘制一条长为 4.6 的竖线，然后水平向右复制，复制距离为 2.1。

④ 捕捉步骤③所绘左侧竖线的中点为基点，将其移动至线段 PQ 的适当位置，结果如图 5-53（a）所示。

⑤ 修剪并删除多余线段，结果如图 5-53（b）所示。

（21）插入“常开开关”

① 绘制图 5-53（b）中热继电器动断触点所在的两竖线的下端点连接线 RS。

② 捕捉步骤①所绘连接线的中点为起始点，垂直向下绘制长为 13.9 的竖线。

③ 将块“常开开关”缩放到适当尺寸后再旋转 90°，并将其插入到步骤②所绘竖线的适当位置，结果如图 5-54（a）所示。

④ 分解该块。修剪并删除多余线段，结果如图 5-54（b）所示。

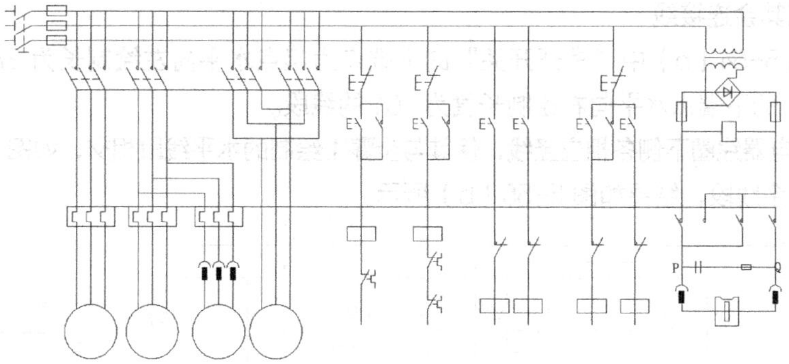

（a）

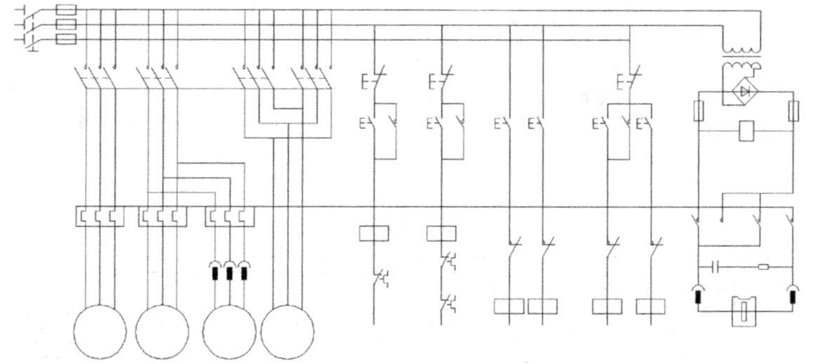

（b）

图 5-53 绘制“电容”“电阻”

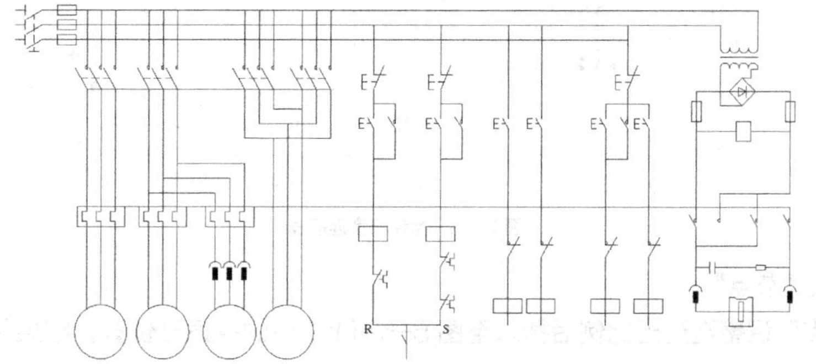

（a）

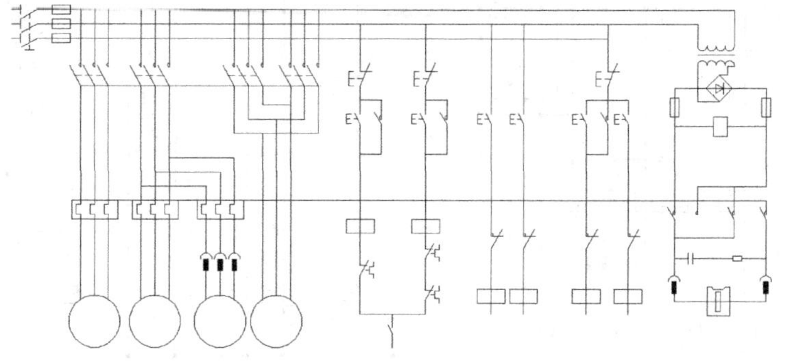

（b）

图 5-54 插入“常开开关”

（22）绘制其余连接线

① 捕捉图 5-54（b）中“常开开关”的下端点为起点水平向左绘制长为 27 的线段，再捕捉“常开开关”的下端点水平向右绘制长度为 101 的线段。

② 延长继电器线圈下侧各相应竖线，使其与步骤①绘制的水平线段相交，如图 5-55（a）所示。

③ 修剪多余线段，结果如图 5-55（b）所示。

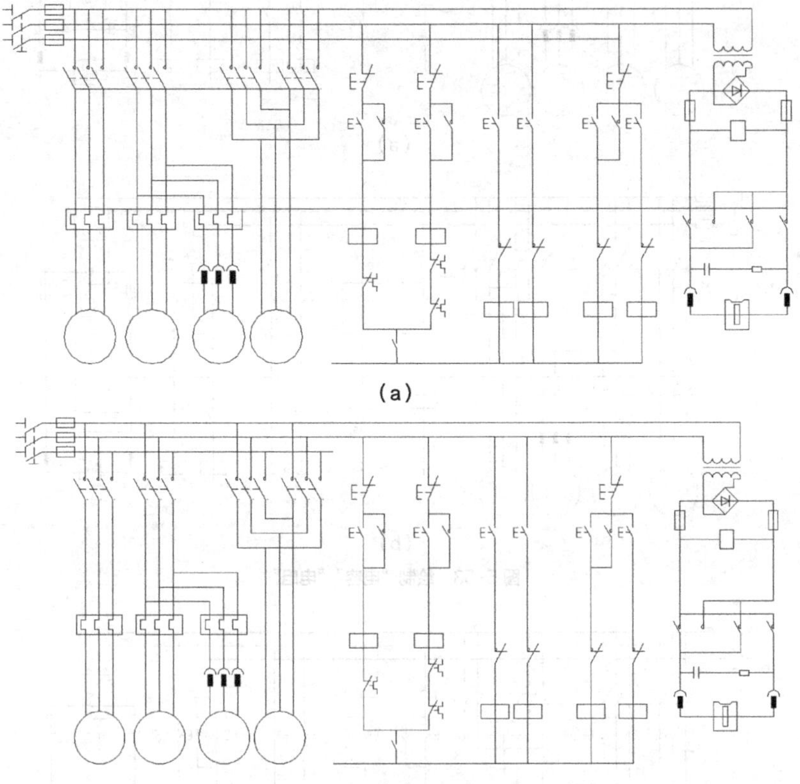

（a）

（b）

图 5-55 绘制其余连接线

（23）插入“节点”

将块“节点”调整至适当比例后插入至图 5-55（b）中的各适当位置，结果如图 5-56 所示。

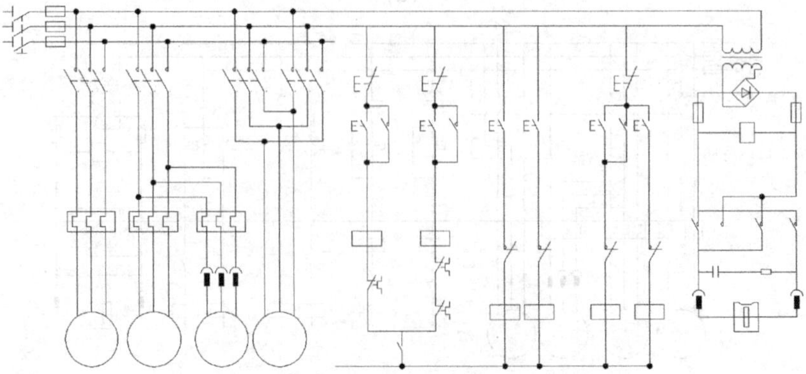

图 5-56 插入“节点”

（24）标注文字

设置文字高度为 4，在图中的各适当位置标注文字，结果如图 5-27 所示。

5.4 钻床电气控制图的识读与绘制

本节将以图 5-57 所示的 Z3040 摇臂钻床电气原理图为例详细讲解摇臂钻床电气控制图的识读与绘制。

5.4.1 钻床电气控制图的识读

下面以图 5-57 所示的 Z3040 摇臂钻床电气原理图为例进行介绍，Z3040 摇臂钻床电气原理图主要分为主轴电动机 M1 的控制、摇臂升降控制、主轴箱及立柱的松开和夹紧几个部分。

主轴电动机 M1 通过按钮 SB2 和 SB3 实现转动和停转。摇臂通常处于夹紧状态，以免丝杠承担吊挂。在控制摇臂升降时，除升降电动机 M2 需转动外，还需要摇臂夹紧机构、液压系统协调配合，完成夹紧、松开、夹紧动作。主轴箱及立柱的松开和夹紧则通过松开按钮 SB5 和夹紧按钮 SB6 的控制来实现。

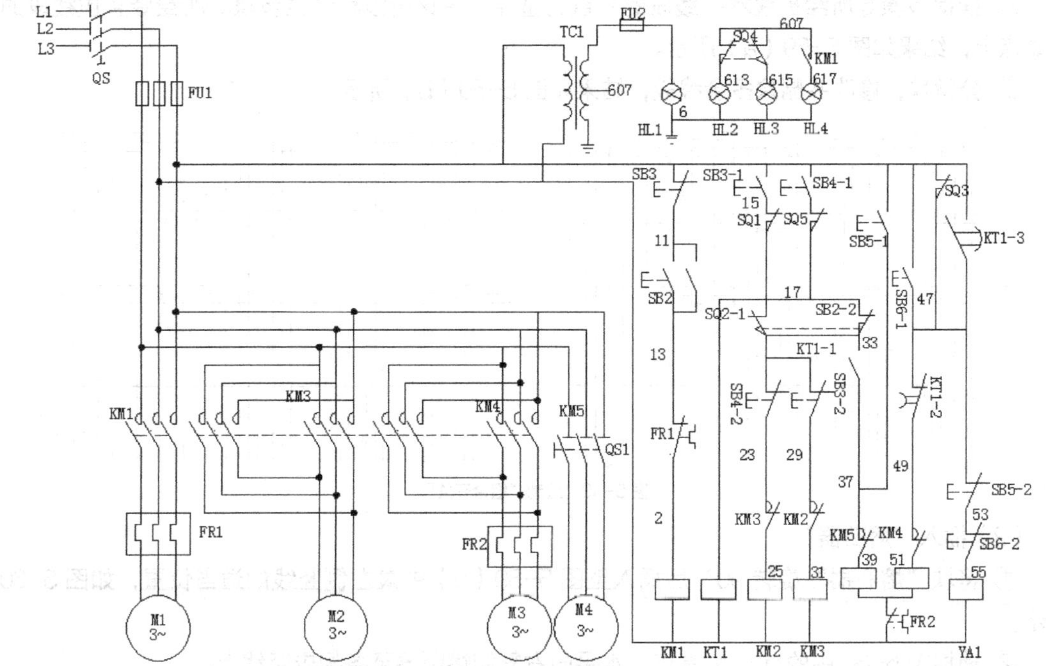

图 5-57　Z3040 摇臂钻床电气原理图

5.4.2 钻床电气控制图的绘制

1. 绘制基线

（1）使用直线命令绘制一条长为 320 的水平线段 L1 并向下偏移，偏移距离分别为 6、12、52、58、102、108、114、170。

（2）捕捉 L1 的左端点为基点水平向右移动 30 确定起点，竖直向下

钻床电气控制图的识读与绘制（1）

绘制长为 220 的线段，并将其向右偏移，偏移距离分别为 6、12、22、28、34、62、68、74、86、92、98、126、132、138、149、155、161、171、185、201、217、233、250、260、269、277、288，结果如图 5-58 所示。

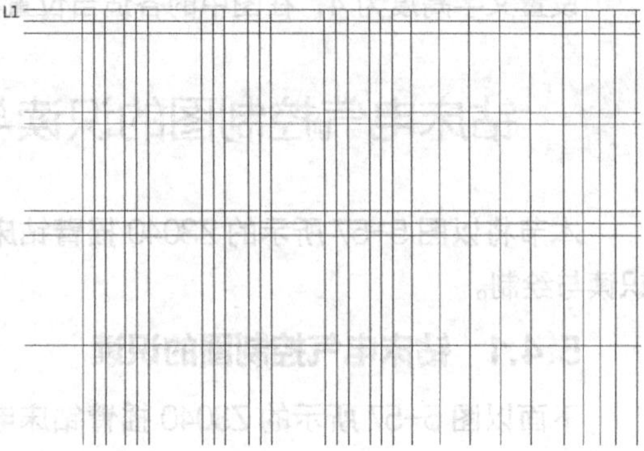

图 5-58 绘制基线

2. 绘制整体图

（1）绘制“组合开关”

① 将块“隔离开关”缩放到适当比例后，插入到图 5-58 所示 L1 的适当位置。

② 以 B 点为基点垂直向下复制隔离开关至下侧的各相应水平线段上。

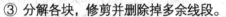

③ 分解各块，修剪并删除掉多余线段。

④ 将“虚线层”设置为当前层，捕捉 L1 上隔离开关的斜线段中点为起点，垂直向下绘制长度为 13.4 的虚线段。

⑤ 将“细实线层”设置为当前层，在图幅空白区域竖直向上、水平向右、垂直向上分别绘制长度为 0.5、2、0.5 的折线。

⑥ 捕捉步骤⑤所绘折线水平线段的中点为基点，将该折线移动至步骤③所绘竖直虚线段的下端点上，结果如图 5-59（a）所示。

⑦ 分解块，修改并删除多余线段，结果如图 5-59（b）所示。

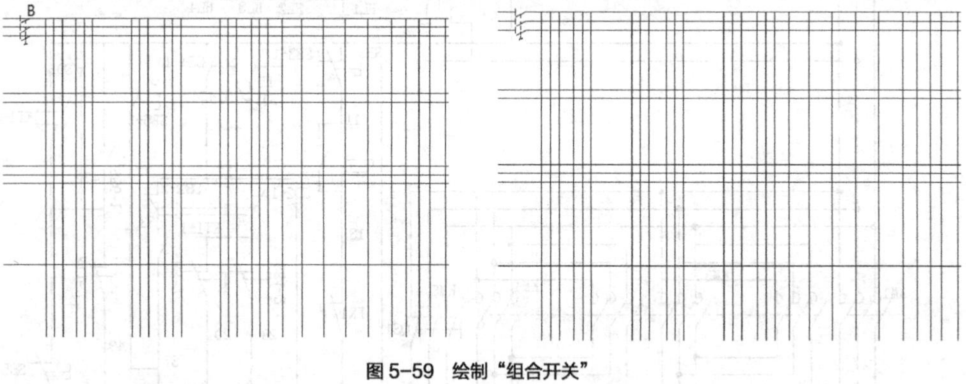

图 5-59 绘制“组合开关”

（2）插入“熔断器”

① 将块“熔断器”旋转 90° 后插入至图 5-59（b）中最左侧竖线的适当位置，如图 5-60 所示。

② 捕捉图 5-60 中的点 C 为基点，水平向右复制熔断器至各相应竖线上。

③ 分解各块，删除多余线段，结果如图 5-60 所示。

（3）插入“接触器”

① 将块“接触器”旋转 90° 并放大到适当尺寸后，插入到图 5-61 中最左侧竖线的适当位置。

② 以点 D 为基点水平向右复制“接触器”至各相应竖线上。

③ 修剪并删除多余线段。

④ 设置当前图层为虚线层，捕捉接触器斜线的中点绘制一条水平虚线，结果如图 5-61 所示。

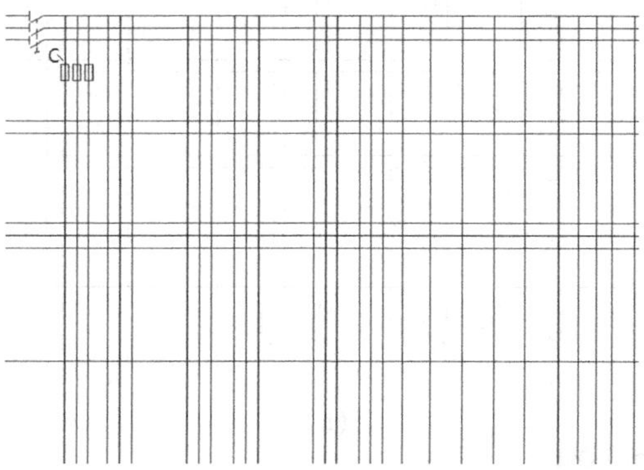

图 5-60 插入“熔断器”

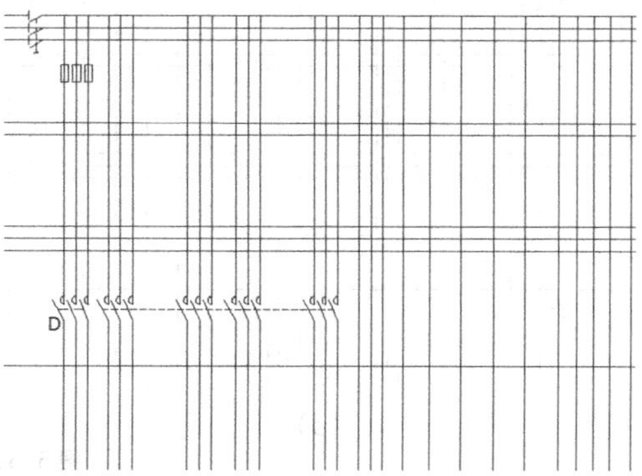

图 5-61 插入“熔断器”

（4）插入“热继电器驱动线圈”

① 捕捉图中点 E 为基点，水平向左偏移 5，确定起点，绘制 22×14 的矩形并分解。向右偏移矩形左边，偏移距离分别为 3、9、15；向下偏移矩形顶边，偏移距离分别为 4、9，结果如图 5-62（a）所示。

② 以点 E 为基点，复制步骤①所绘制图形至图中的适当位置点 F，结果如图 5-62（a）所示。

③ 分解块，修剪并删除掉多余线段，结果如图 5-62（b）所示。

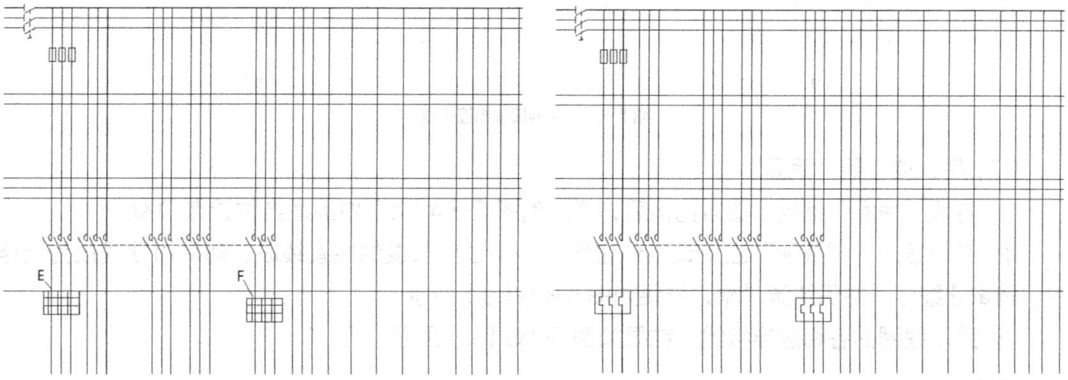

（a） （b）

图 5-62 插入“热继电器驱动线圈”

（5）绘制“电动机”

① 在图幅空白区域绘制半径为 11 的圆。

② 捕捉圆的下象限点为基点，移动该圆至图 5-62（b）中左侧数第 2 条竖线的下端点处。

③ 以圆为基点，水平向右复制该圆分别至图中的各竖线上，结果如图 5-63（a）所示。

④ 修剪并删除多余线段，结果如图 5-63（b）所示。

（6）绘制接触器连接线

① 在图 5-63（b）中的适当位置绘制水平连接线，结果如图 5-64（a）所示。

② 修剪并删除多余线段，结果如图 5-64（b）所示。

钻床电气控制图的识读与绘制（2）

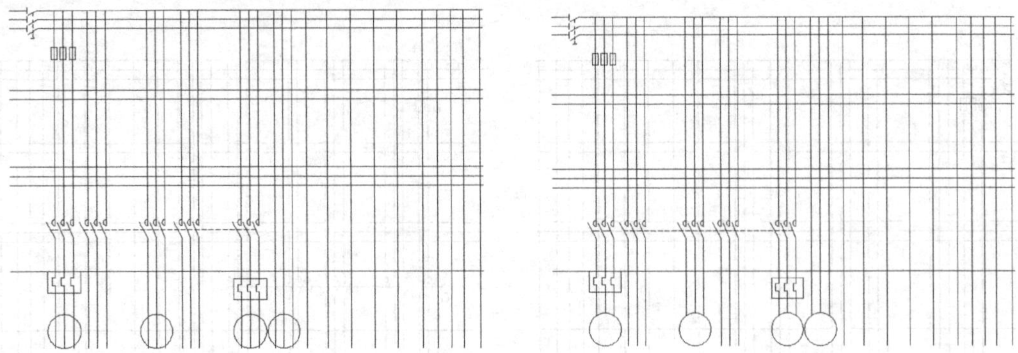

（a）　　　　　　　　　　　　　　　（b）

图 5-63　绘制电动机

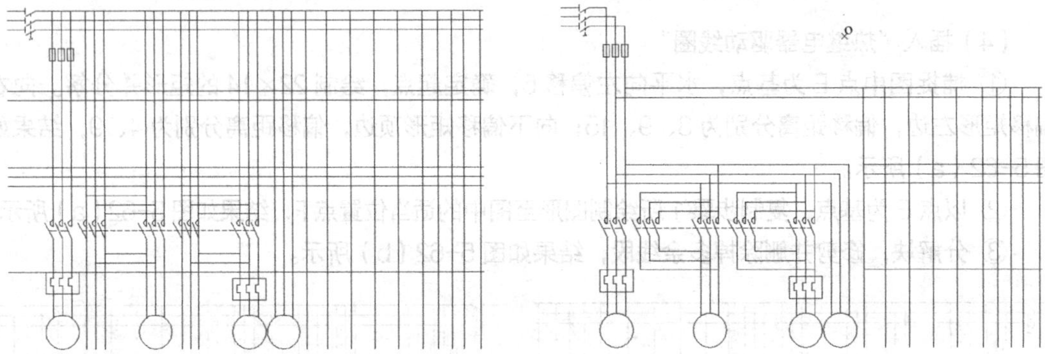

（a）　　　　　　　　　　　　　　　（b）

图 5-64　绘制接触器连接线

（7）插入变压器“线圈”

① 将块“线圈”缩放到适当比例后，插入到图 5-64（b）中的适当位置点 O 处。

② 在新插入的“线圈”左侧适当位置绘制一条适当长度的竖直线段，然后以该线段为镜像线，镜像该线圈，并保留源对象，结果如图 5-65（a）所示。

③ 绘制线圈的各相应连接线，结果如图 5-65（b）所示。

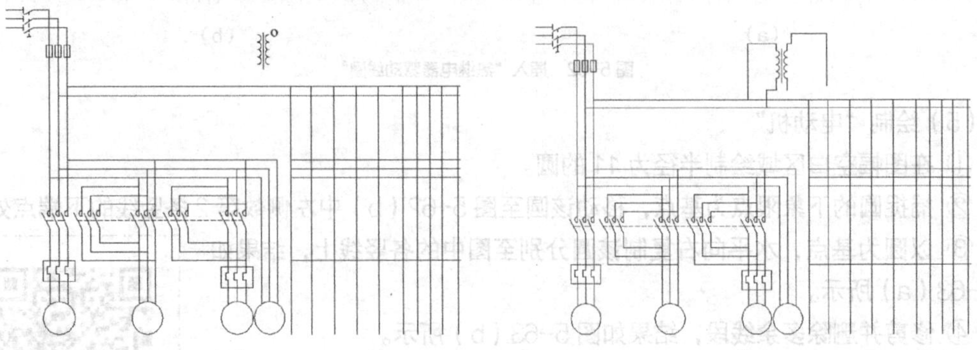

（a）　　　　　　　　　　　　　　　（b）

图 5-65　插入变压器“线圈”

（8）插入“熔断器”和“接地符号”

① 将块“熔断器”插入到图中的适当位置，并分解块，再修剪并删除掉多余线段，结果如

图 5-66（a）所示。

② 将块“接地符号”缩放到适当尺寸后，以其竖线与横线的交点为基点将其插入并复制到图中的各适当位置，结果如图 5-66（b）所示。

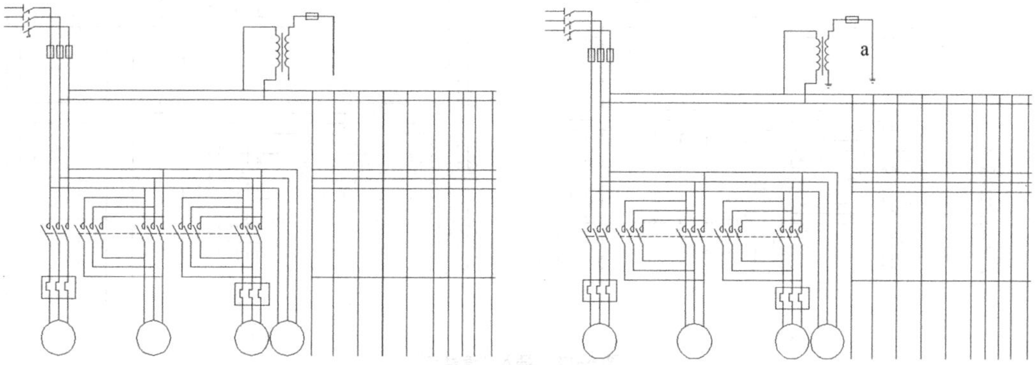

（a）　（b）

图 5-66　插入“熔断器”和“接地符号”

（9）插入“接触器”“行程开关动断触点”和“行程开关动合触点”

① 在图 5-66（b）中的适当位置 G 点处水平向右、竖直向上、水平向左、竖直向下连续绘制适当长度的折线。

② 将块“接触器”缩放到适当比例并旋转 90° 后，插入到步骤①所绘的右侧竖线上。

③ 将块“行程开关动断触点”缩放到适当比例后，插入到步骤①所绘的左侧竖线上。

④ 将块“行程开关动合触点”缩放到适当比例后插入到步骤①所绘封闭区域的适当位置处。

⑤ 延伸“行程开关动合触点”的上下两竖线分别至步骤①所绘的上下两水平线。

⑥ 设置“虚线层”为当前层。取“行程开关动合触点”的点 P 为起点水平向左绘制虚线至“行程开关动断触点”的斜线段，结果如图 5-67（a）所示。

⑦ 分解各块，删除并修剪各多余线段，结果如图 5-67（b）所示。

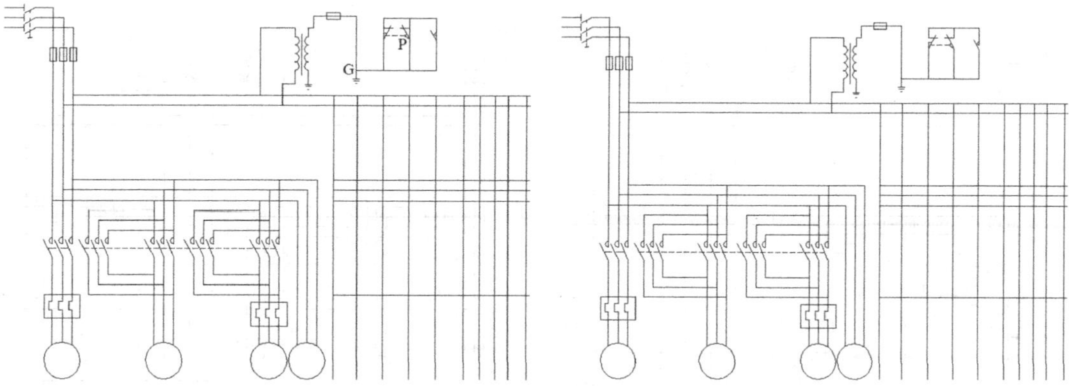

（a）　（b）

图 5-67　插入“接触器”“行程开关动断触点”和“行程开关动合触点”

（10）插入“信号灯”

① 将块“信号灯”缩放到适当尺寸后，插入至图 5-68（a）所示的点 H，并水平向右复制至各相应竖线上，结果如图 5-68（a）所示。

② 分解块，修剪并删除多余线段，结果如图 5-68（b）所示。

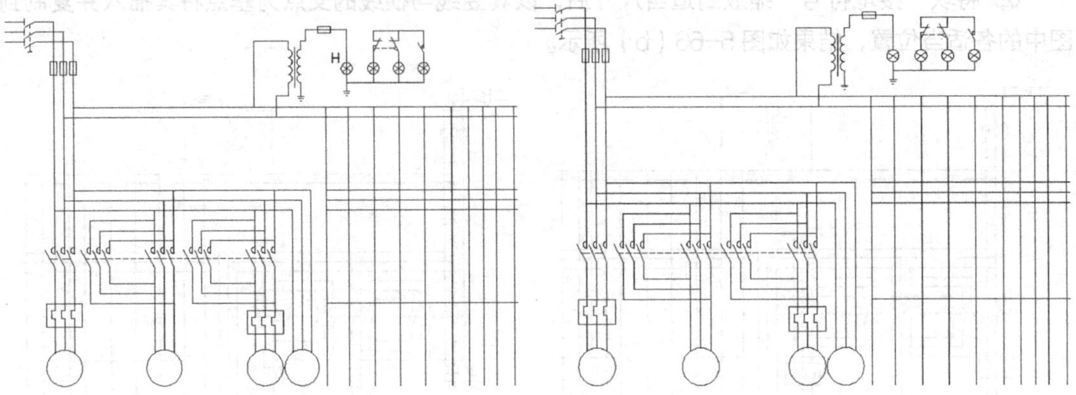

（a）　　　　　　　　　　　　　　　　（b）

图 5-68　插入“信号灯”

（11）插入“动断触点（停止按钮）”

钻床电气控制图的识读与绘制（3）

① 将块“动断触点（停止按钮）”缩放到适当尺寸后插入到图幅空白区域，结果如图 5-69（a）所示。

② 以最左侧水平线段的左端点为基点将其旋转 270°，结果如图 5-69（b）所示。

③ 以图 5-69（b）右侧的任意竖线为镜像线，镜像该图，并删除源对象，结果如图 5-69（c）所示。

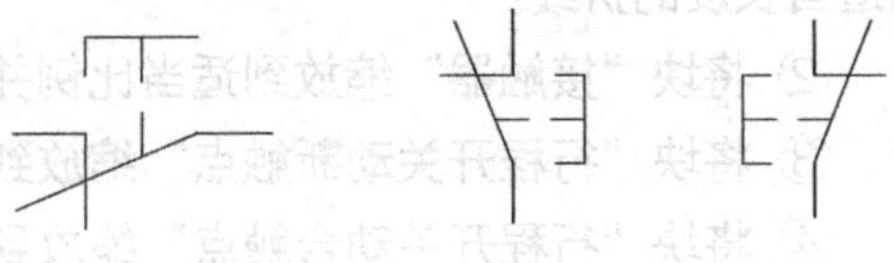

（a）　　　（b）　　　（c）

图 5-69　待插入的“动断触点（停止按钮）”

④ 将旋转后的“动断触点（停止按钮）”移动并复制至图中的各适当位置，结果如图 5-70（a）所示。

⑤ 分解各块，修剪并删除多余线段，结果如图 5-70（b）所示。

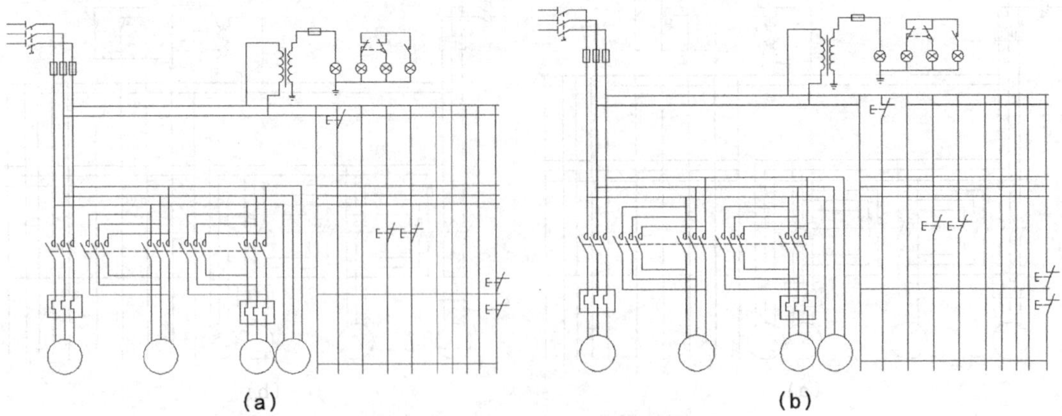

（a）　　　　　　　　　　　　　　　　（b）

图 5-70　插入“动断触点（停止按钮）”

（12）插入“动合触点”

① 将块“动合触点”旋转90° 并缩放到适当尺寸后，插入到图中的各适当位置，结果如图5-71（a）所示。

② 分解块，修剪并删除多余线段，结果如图 5-71（b）所示。

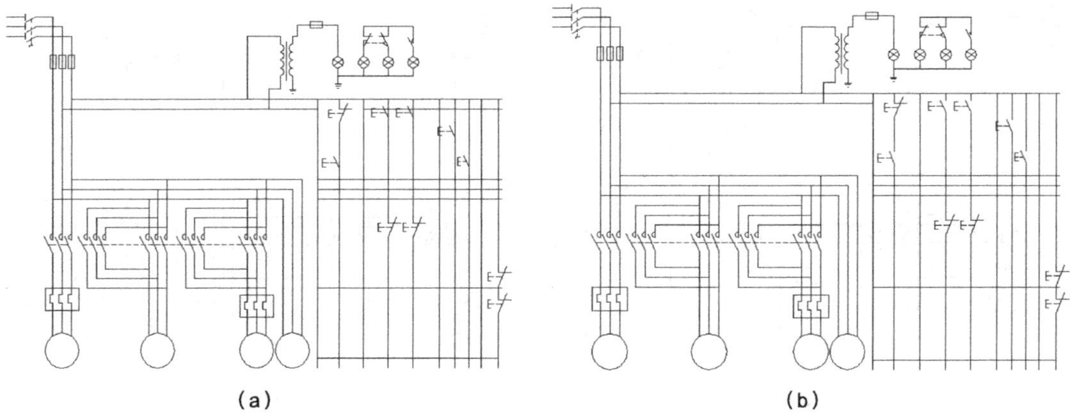

（a）　　（b）

图 5-71　插入“动合触点”

（13）插入“行程开关动断触点”和“行程开关动合触点”

① 插入块“行程开关动断触点”和“行程开关动合触点”分别复制至图中的适当位置，结果如图 5-72（a）所示。分解块，修剪并删除多余线段。

② 设置图层为虚线层，连接行程开关动断触点及行程开关动合触点。

③ 设置图层为细实线层，绘制各相应连接线，结果如图 5-72（b）所示。

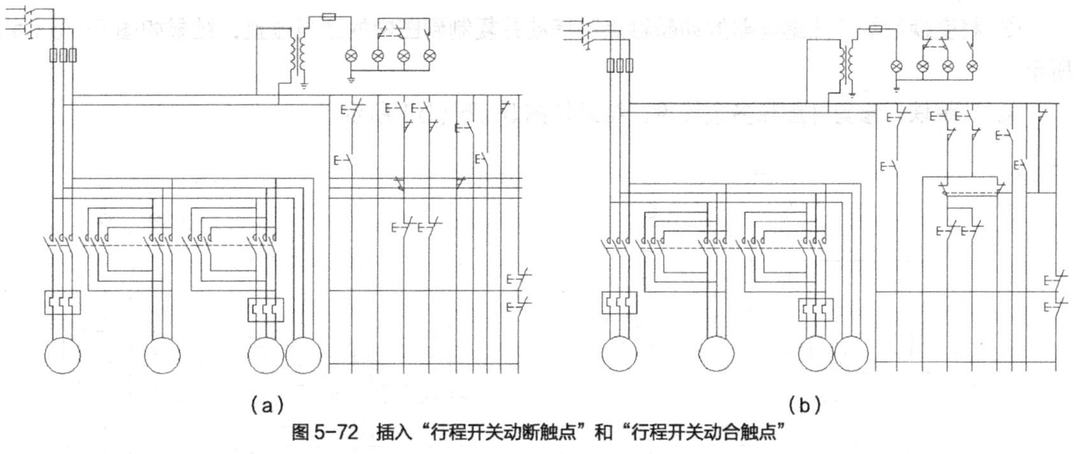

（a）　　（b）

图 5-72　插入“行程开关动断触点”和“行程开关动合触点”

（14）插入“常开开关”

① 取适当点 I 为起始点，水平向右、垂直向下、水平向左连续绘制长度分别为 8、23、8 的折线。

② 将块“常开开关”缩放到适当尺寸并旋转 90° 后，插入到步骤①所绘折线的适当位置，并复制至图中的其他适当位置，结果如图 5-73（a）所示。

③ 分解块，修剪并删除多余线段后，结果如图 5-73（b）所示。

（15）插入“热继电器的动断触点”

① 将块“热继电器的动断触点”缩放到适当尺寸并旋转 270° 后，插入到图幅空白区域，结果如图 5-74（a）所示。

② 分解块。以过点 J 的竖线为镜像线，镜像过虚线段左端点的折线，并删除源对象，结果

如图 5-74（b）所示，即为将要插入的热继电器的动断触点。

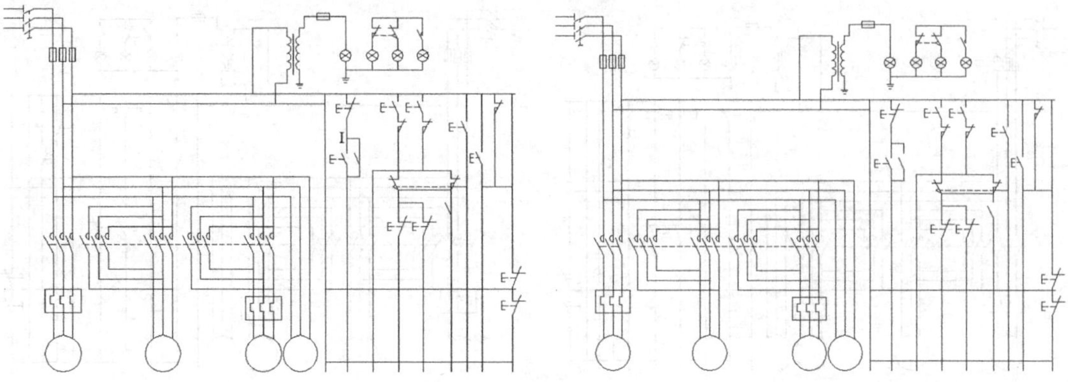

（a）　　　　（b）

图 5-73　插入“常开开关”

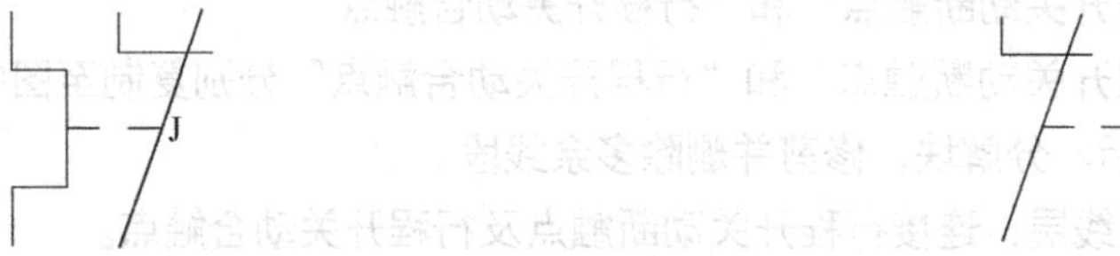

（a）　　　　（b）

图 5-74　变换后的“热继电器的动断触点”

③ 将变换后的“热继电器的动断触点”移动并复制到图中的适当位置，结果如图 5-75（a）所示。

④ 分解块，修剪并删除多余线段，结果如图 5-75（b）所示。

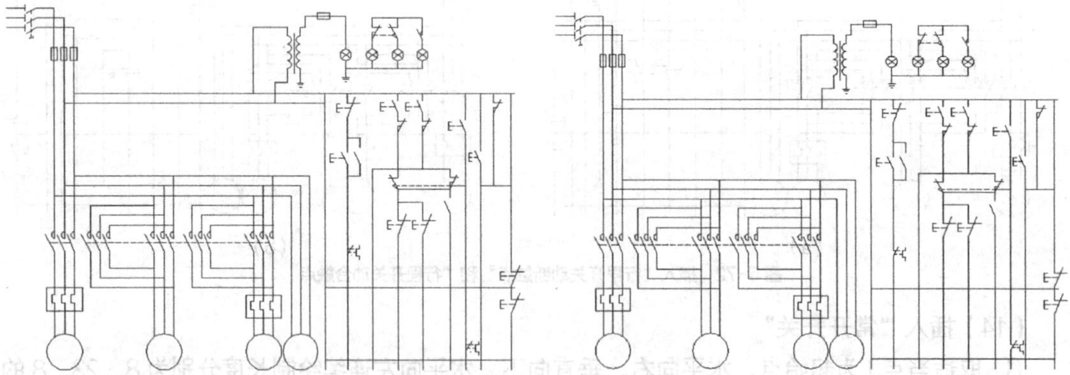

（a）　　　　（b）

图 5-75　插入“热继电器的动断触点”

钻床电气控制图的识读与绘制（4）

（16）插入“动断触点（常闭）”

① 将块“动断触点（常闭）”缩放到适当尺寸并旋转 90° 后插入到图幅空白区域。

② 将插入的块“动断触点（常闭）”以其右侧竖线为镜像线镜像该块，然后将其移动并复制至图中的各适当位置，结果如图 5-76（a）所示。

③ 分解块，修剪并删除多余线段，结果如图 5-76（b）所示。

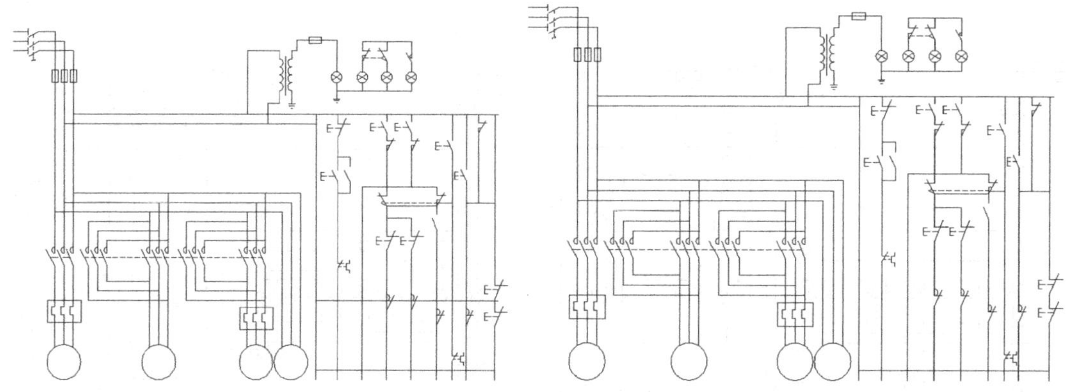

（a）（b）

图 5-76 插入“动断触点（常闭）”

（17）插入“接触器线圈”

① 将块“接触器线圈”缩放到适当尺寸并旋转 90° 后，插入并复制至图中的各适当位置，结果如图 5-77（a）所示。

② 绘制相应连接线，并修剪掉多余线段，结果如图 5-77（b）所示。

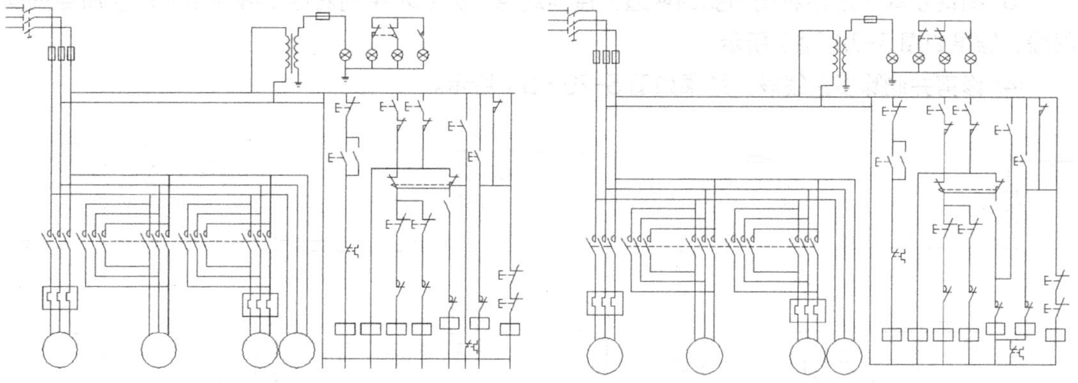

（a）（b）

图 5-77 插入“接触器线圈”

（18）绘制“时间继电器（延时闭合常开）”

① 取图 5-77（b）中最右侧竖线段的适当点点 Q 为基点，斜向上绘制长为 16.8 且与水平线成 117° 夹角的斜线段。

② 选取 Q 点为基点垂直向上偏移适当距离确定圆心，绘制半径为 4.7 的圆，使其与步骤①所绘斜线相交。在该圆内右侧绘制一条竖直线段，使其与圆弧相交。

③ 选取右侧圆弧的适当点 R 为基点，水平向左绘制线段至斜线段。

④ 以圆的水平直径为镜像线，镜像③绘制的水平线段，结果如图 5-78（a）所示。

⑤ 修剪掉多余线段，结果如图 5-78（b）所示。

（19）绘制“时间继电器（延时闭合常闭）”

① 在图 5-78（b）中取适当点 S 为基点，绘制长 16.1 且与水平线成 74° 夹角的斜线段。捕捉点 S 为基点垂直向上偏移 10.6 确定起点，水平向右绘制长为 5 的线段。

钻床电气控制图的识读与绘制（5）

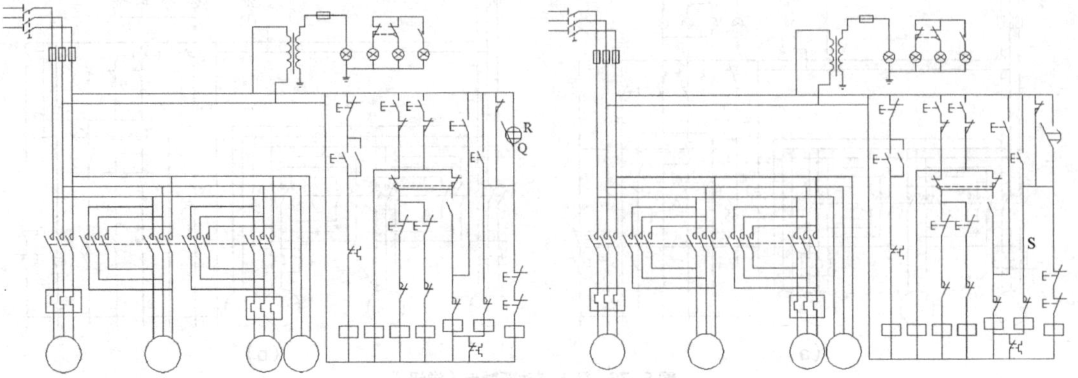

（a）　　　　　　　　　　　　　　　　　（b）

图 5-78　绘制“时间继电器（延时闭合常开）”

② 以距点 S（-4.6，6.3）处确定圆心，绘制半径 2.5 的圆。取圆弧右上角适当点为起始点垂直向下绘制竖线至右下角圆弧。

③ 捕捉步骤②所绘右侧圆弧的两适当点为起点，分别水平向右绘制线段至步骤①所绘的斜线段，结果如图 5-79（a）所示。

④ 修剪并删除多余线段，结果如图 5-79（b）所示。

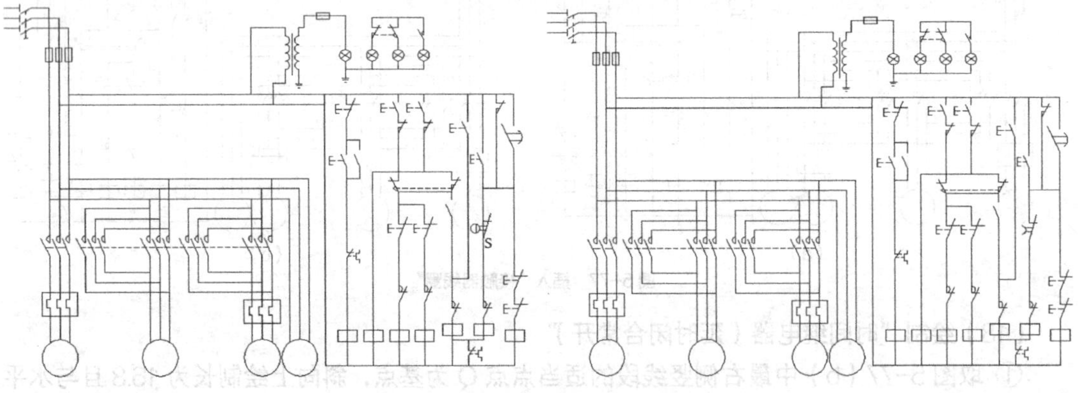

（a）　　　　　　　　　　　　　　　　　（b）

图 5-79　绘制“时间继电器（延时闭合常闭）”

（20）绘制“组合开关”

① 将块“隔离开关”缩放到适当尺寸并旋转 270° 后，插入并复制到图中的适当位置，结果如图 5-80（a）所示。

② 设置当前层为“虚线层”。捕捉最左侧隔离开关斜线段的中点为起始点，水平向左绘制长为 15.2 的虚线段。

③ 设置“细实线层”为当前层。在图幅空白区域绘制长为 5 的竖直线段，并以该线段的中点为基点，将其移动至步骤②所绘虚线段的左端点，结果如图 5-80（a）所示。

④ 分解块，修剪并删除掉多余线段，结果如图 5-80（b）所示。

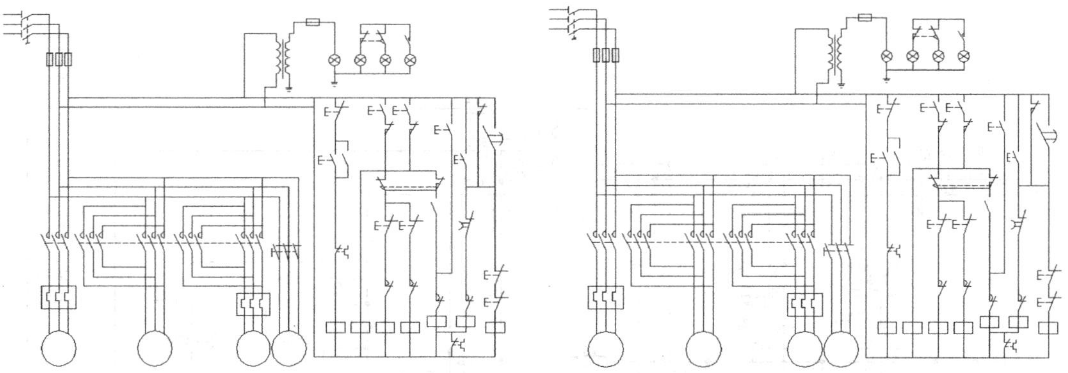

（a）　　（b）

图 5-80　绘制“组合开关”

（21）插入“节点”

将块“节点”缩放到适当尺寸后，插入到图 5-80（b）中的各适当位置，结果如图 5-81 所示。

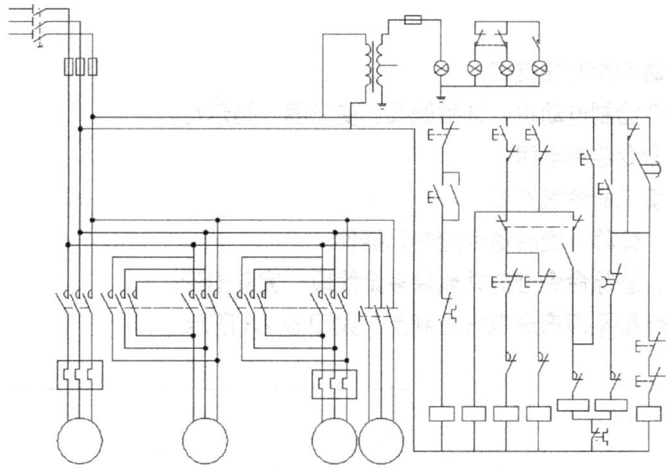

图 5-81　插入“节点”

（22）标注图形

设置文字高度为 4，在图 5-81 中的各适当位置标注相应文字，结果如图 5-57 所示。

小结

本章以车床电气控制图、磨床电气控制图和钻床电气控制图为例，详细讲解了机械电气控制图的绘制方法与技巧，使读者通过本章的学习，能快速、高效地掌握机械电气控制图的绘制。

习题

1. 绘制 CA6140 型普通车床电气控制图，如图 5-82 所示。

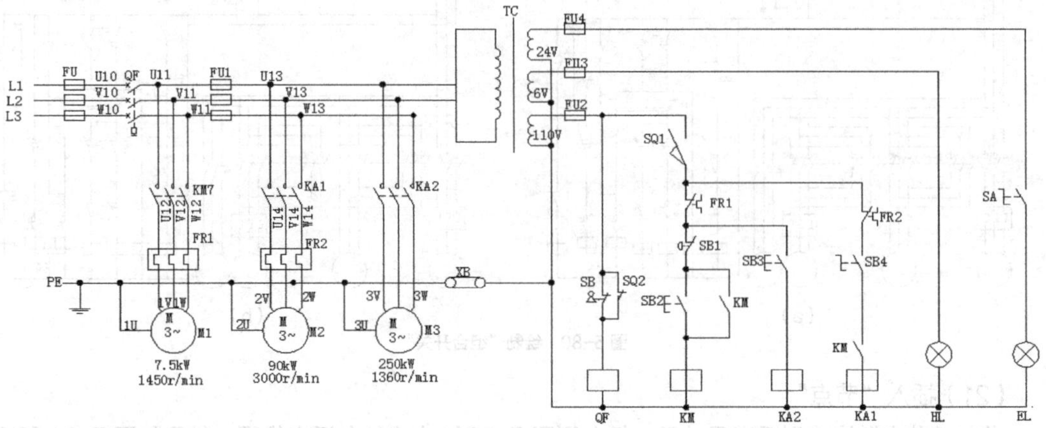

图 5-82　CA6140 型普通车床电气控制图

操作提示：

（1）利用直线命令绘制连接线。

（2）利用圆命令绘制电动机、开关触头、变压器、指示灯。

（3）利用矩形命令绘制电阻。

（4）利用图案填充命令填充圆。

（5）利用复制、偏移、旋转命令绘制元器件。

（6）利用剪切、删除命令修剪并删除多余线段，完善图形。

2. 绘制 M7130 型平面磨床电气控制图，如图 5-83 所示。

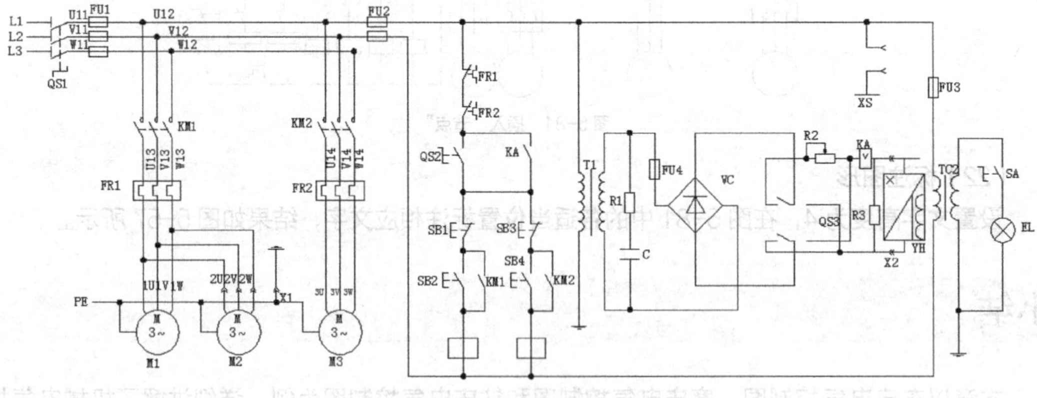

图 5-83　M7130 型平面磨床电气控制图

操作提示：

（1）利用直线命令绘制连接线。

（2）利用圆命令绘制电动机、开关触头、变压器、指示灯。

（3）利用图案填充命令填充圆。

（4）利用复制、偏移、剪切命令绘制图形。

（5）利用删除命令完善图形。

3. 绘制 T68 型卧式镗床电气控制图，结果如图 5-84 所示。

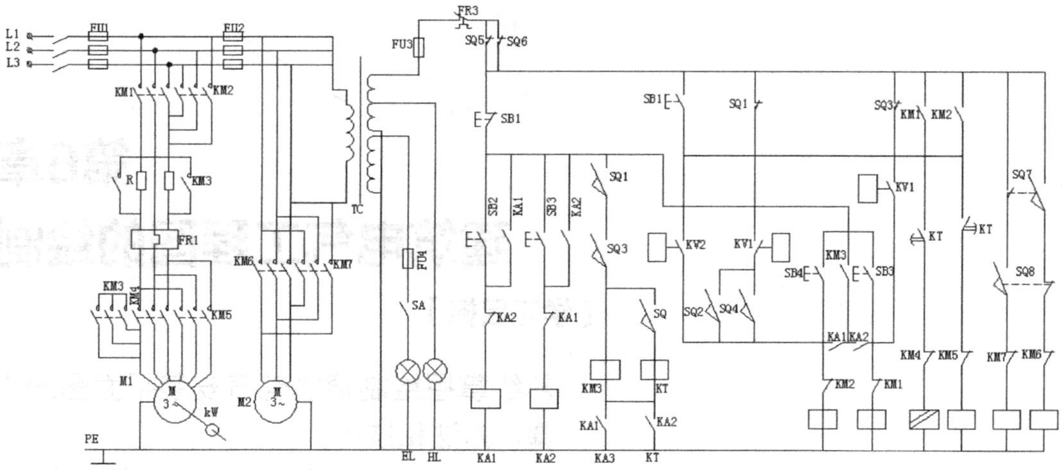

图 5-84 T68 型卧式镗床电气控制图

操作提示：

（1）利用直线命令绘制连接线。

（2）利用圆命令绘制电动机、开关触头、变压器、指示灯。

（3）利用图案填充命令填充圆。

（4）利用复制、偏移、剪切命令绘制图形。

（5）利用删除命令完善图形。

AutoCAD 2014

Chapter

6

第6章 建筑电气工程图的绘制

【学习目标】

- 熟练掌握绘制建筑电气安装平面图的步骤、方法和技巧。
- 掌握建筑电气图中各个元器件的绘制方法。
- 了解建筑电气平面图中常用的设备、器件及其符号。
- 掌握可视对讲系统图的绘制。
- 掌握消防系统图的绘制。
- 掌握网络电话系统图的绘制。

建筑电气设计是基于建筑设计和电气设计的一个交叉学科。建筑电气一般又分为建筑电气平面图和建筑电气系统图。建筑电气平面图是以建筑平面图为依据，在图上绘出电气设备、装置及线路的安装位置等，是进行电气安装的主要依据。本章将着重讲解建筑电气平面图的绘制方法和技巧。

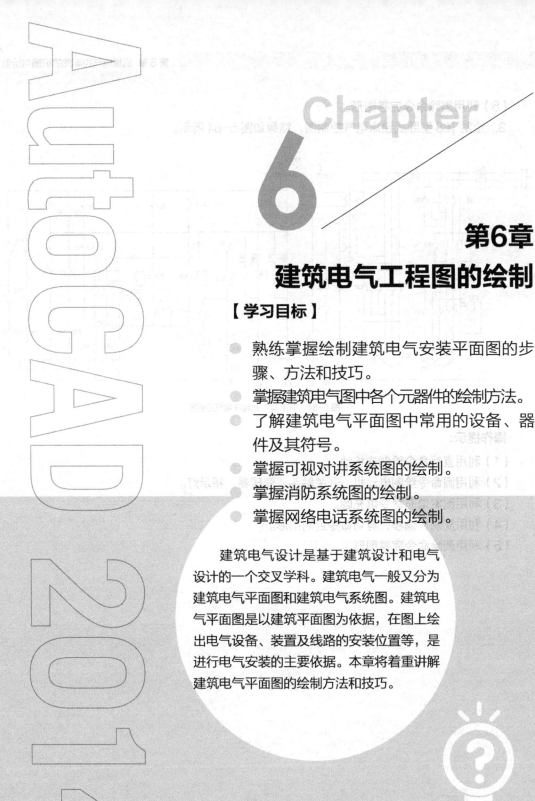

6.1 创建自定义样板文件

在 AutoCAD 里绘图时，为当前图形设置的图层、文字样式、标注样式等仅存储在当前图纸文件里，在新建的文件里不起作用，还要重新设置。若所要绘制的批量图形均可以采用相同的图层设置、文字样式、标注样式及表格样式，则用户可在绘制图形之前事先设置好图层、文字样式、标注样式及其他希望保存的选项，再将该文件另存为“AutoCAD 图形样板（*.dwt）”，下次使用时直接选择该样板文件即可。

本节将着重讲解如何为具有相同图层、文字样式、标注样式和表格样式的建筑电气平面图创建通用的自定义样板文件。

1. 设置图层

一共设置以下 4 个图层：“Defpoints”“标注层”“图签”和“文字层”，设置好的各图层属性如图 6-1 所示。

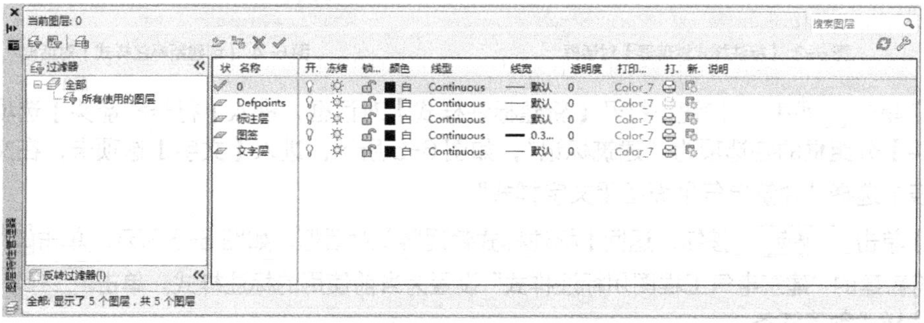

图 6-1　图层设置

2. 设置文字样式

（1）选择菜单命令【格式】/【文字样式】，弹出【文字样式】对话框，如图 6-2 所示。

（2）新创建名为“建筑电气工程图用文字样式”的文字样式，设置【字体】为“宋体”，设置【字体样式】为“常规”，其余采用默认设置，并将该文字样式置为当前文字样式。

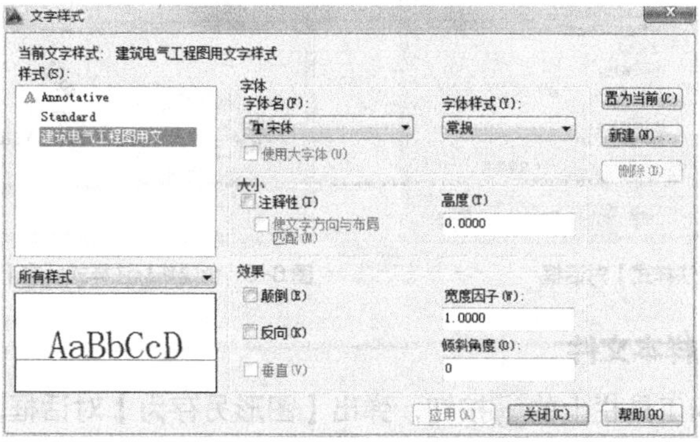

图 6-2 【文字样式】对话框

3. 设置标注样式

（1）单击【默认】选项卡中【注释】面板上的按钮，弹出【标注样式管理器】对话框，如图 6-3 所示。

（2）单击 新建(N)... 按钮，弹出【创建新标注样式】对话框，在【新样式名】文本框中输入“建筑电气工程图用标注样式”，在【基础样式】下拉列表中选择“ISO-25”，在【用于】下拉列表中选择“所有标注”，如图 6-4 所示。

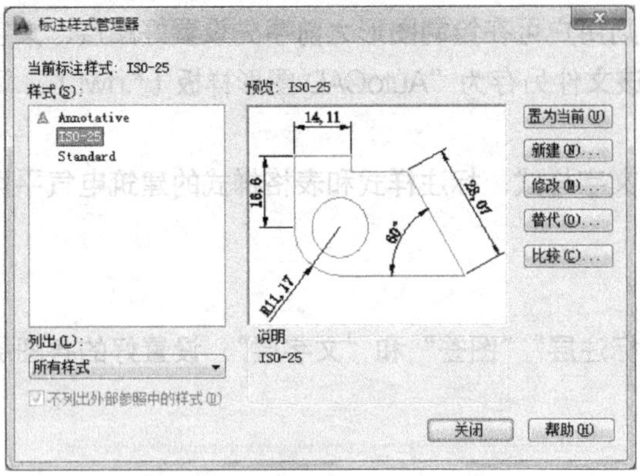

图 6-3 【标注样式管理器】对话框

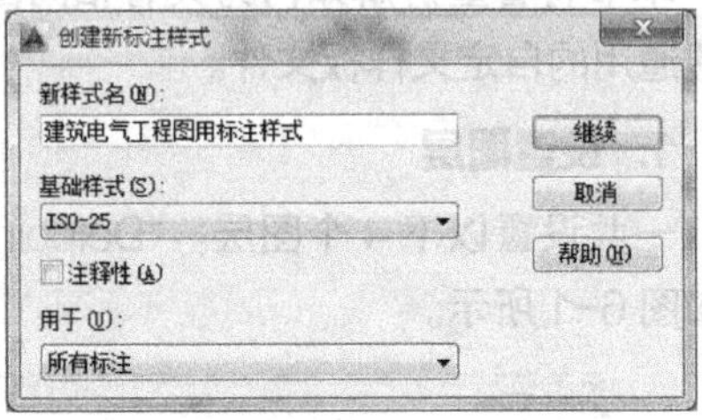

图 6-4 【创建新标注样式】对话框

（3）单击 继续 按钮，打开【新建标注样式】对话框，进入【符号和箭头】选项卡，设置【箭头】分组框的各选项为“建筑标记”，如图 6-5 所示；进入【文字】选项卡，在文字样式下拉列表中选择“建筑电气平面图用文字样式”。

（4）单击 确定 按钮，返回【标注样式管理器】对话框，如图 6-6 所示。单击 置为当前(U) 按钮，将新建的“建筑电气工程图用标注样式”设置为当前使用的标注样式。单击 关闭 按钮，完成标注样式创建任务。

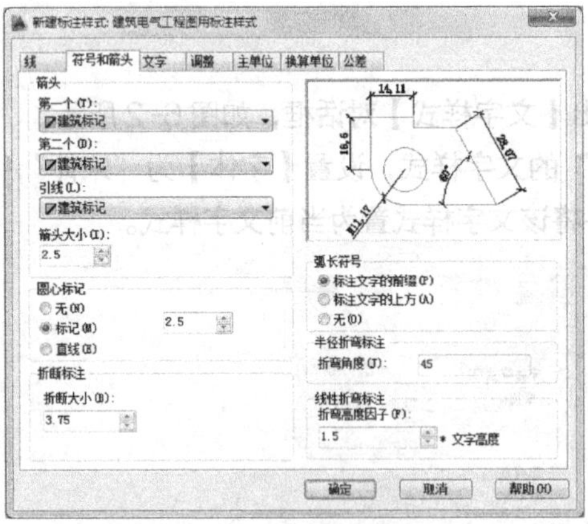

图 6-5 【新建标注样式】对话框

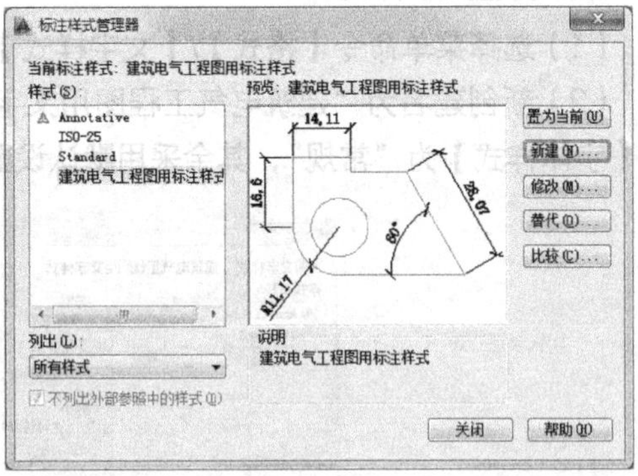

图 6-6 创建新标注样式后的【标注样式管理器】对话框

4. 保存为自定义样本文件

（1）单击快速访问工具栏上的按钮，弹出【图形另存为】对话框，在【文件名】栏中输入“建筑电气工程图用样板”；在【文件类型】下拉列表中选择“AutoCAD 图形样板（*.dwt）”，如图 6-7 所示。

（2）单击 保存(S) 按钮，弹出【样板选项】对话框，在【测量单位】下拉列表中选择“公制”；在【新图层通知】分组框中选择“将所有图层另存为未协调”单选项，如图 6-8 所示。

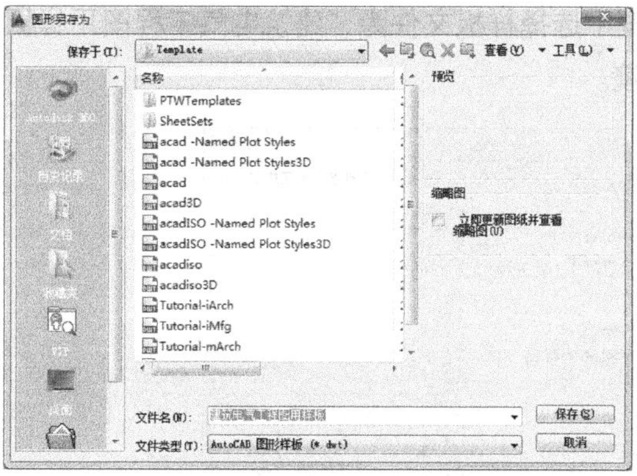

图 6-7 【图形另存为】对话框

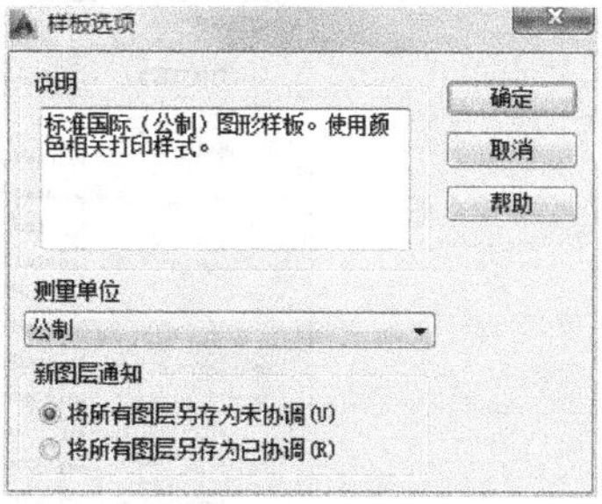

图 6-8 【样板选项】对话框

（3）单击 确定 按钮，关闭【样板选项】对话框，样板文件创建完毕。

6.2 实验室照明平面图的绘制

图 6-9 所示为生物、化学实验室配电系统及闭路电视平面图。读者通过对实验室照明平面图的绘制，应掌握轴线、墙体、窗户、灯具、插座、门、楼梯等的绘制。

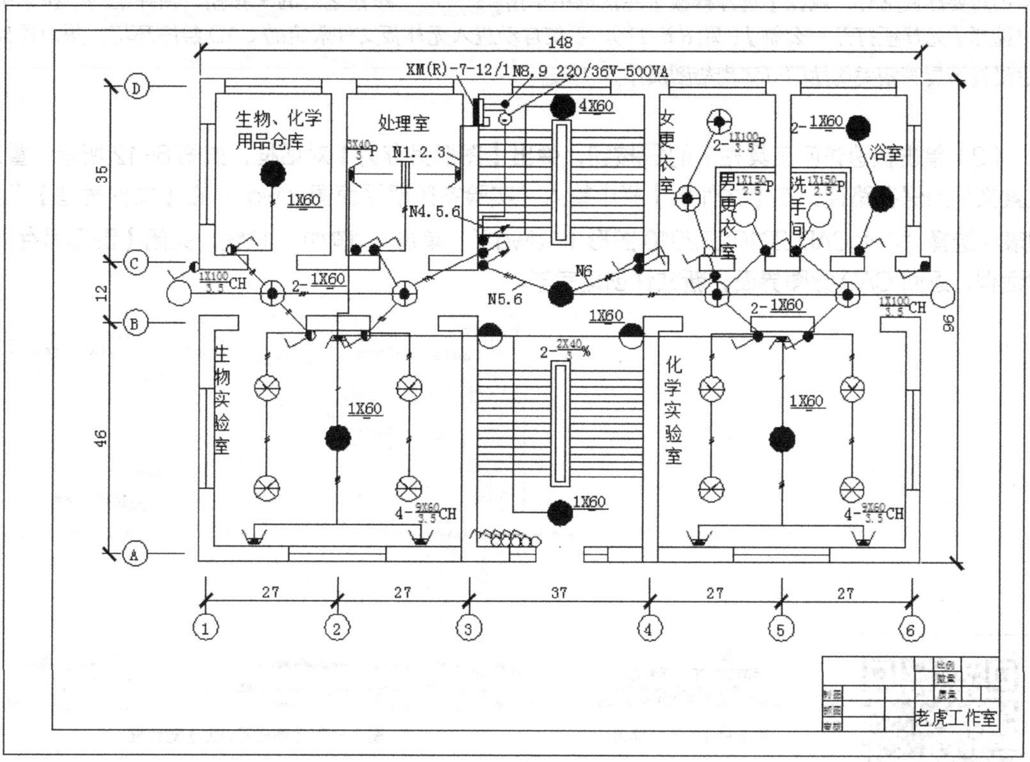

图 6-9 生物、化学实验室配电系统及闭路电视平面图

1. 建立新文件

（1）在命令行键入命令“NEW”或单击快速访问工具栏上的按钮，弹出【选择样板】对

话框，如图 6-10 所示。从【名称】列表框中选择样板文件为“建筑电气工程图用样板 .dwt”，然后单击 打开(O) 按钮，进入 CAD 绘图环境。

图 6-10 【选择样板】对话框

要点提示

若不需要样板文件，就在【选择样板】对话框中单击 打开(O) 按钮之后的 按钮，在弹出的下拉菜单中选择【无样板打开－公制】(见图 6-11)。系统自动进入无样板文件限定的 CAD 绘图环境，用户再自由设置图层等相关属性即可实现绘图操作。

（2）单击快速访问工具栏上的按钮，弹出【图形另存为】对话框，如图 6-12 所示，重新设置文件的保存路径，在【文件名】栏中输入“实验室照明平面图 .dwg”；在【文件类型】下拉列表中选择“AutoCAD 2010/LT2010 图形（*.dwg）”。单击 保存(S) 按钮，关闭【图形另存为】对话框，返回 CAD 绘图界面，新文件创建完毕。

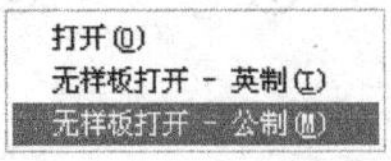

图 6-11 下拉菜单

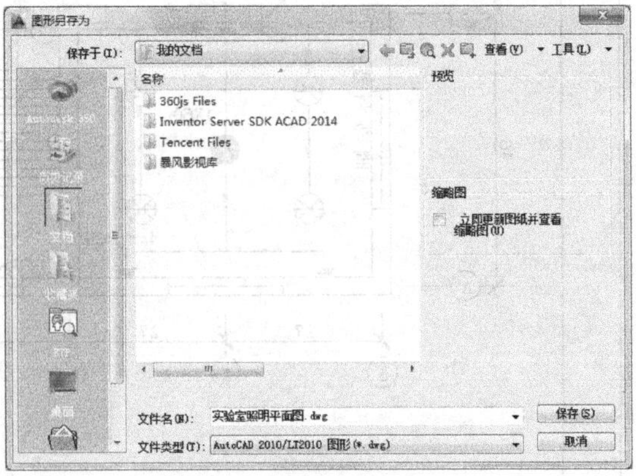

图 6-12 【图形另外为】对话框

实验室照明平面图的绘制（1）

2. 绘制建筑平面图

（1）绘制轴线和墙体

① 设定绘图区域大小为 210×149。

② 在命令行中输入命令 OSNAP，弹出【草图设置】对话框，如图 6-13 所示，将其中的选项全部选中，以便于后期的操作。

③ 单击【默认】选项卡中【绘图】面板上的按钮，绘制半径为 2.5 的圆；单击【默认】选项卡中【绘图】面板上的按钮，以圆心为起点，绘制长度为 10 的线段，如图 6-14 所示。

④ 单击【修改】面板上的按钮，将圆内的线段删除。

⑤ 单击【注释】面板上的A按钮，使用“建筑电气平面图用文字样式”在圆内部填写符号 A，如图 6-15 所示。

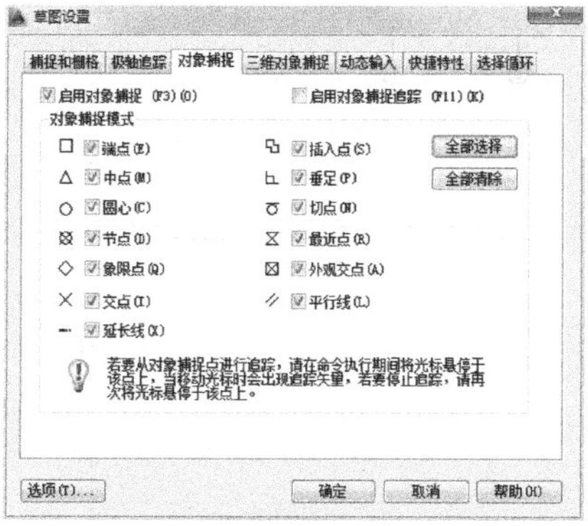

图 6-13 【草图设置】对话框

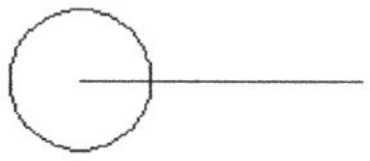

图 6-14 绘制圆和直线

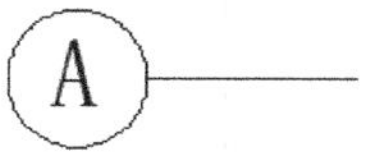

图 6-15 添加文字

⑥ 打开正交模式，单击【修改】面板上的按钮，将如图 6-15 所示的线段依次向上偏移 46、12、35，再利用工具将圆及符号 A 复制到相应的位置，结果如图 6-16 所示。

⑦ 用与步骤③～⑥相同的方法创建其余轴线，其中纵向线段依次向右偏移的距离为 27、27、37、27、27，结果如图 6-17 所示。

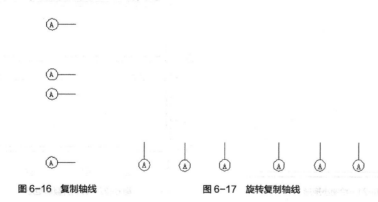

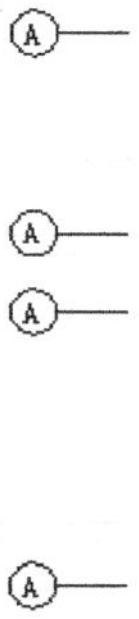

图 6-16 复制轴线

图 6-17 旋转复制轴线

⑧ 双击图 6-16 和图 6-17 所示的符号 A，将其激活并修改文字，然后移动图 6-17 所示的图形至适当位置，结果如图 6-18 所示。图中，符号 A 所在圆的圆心距符号 1 所在圆的圆心的相对位置为（-14.5，14.5）。

⑨ 绘制矩形并偏移。矩形的绘制起点距基线 1 与基线 D 交点的偏移值为（-1.5，1.5），尺寸为 148×96，如图 6-19 所示。然后将矩形向里偏移 3，结果如图 6-20 所示。

⑩ 在屏幕的适当位置绘制 148×3 的小矩形，如图 6-21 所示。

⑪ 捕捉小矩形左侧中点，将其移动到基线 B 处，然后复制到基线 C 处，结果如图 6-22 所示。

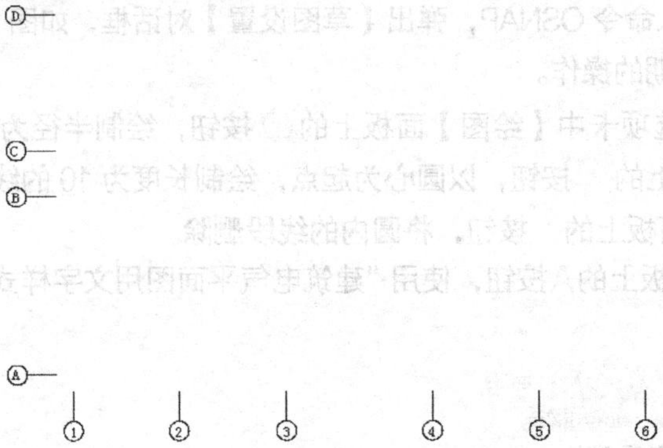

图 6-18　移动复制的结果

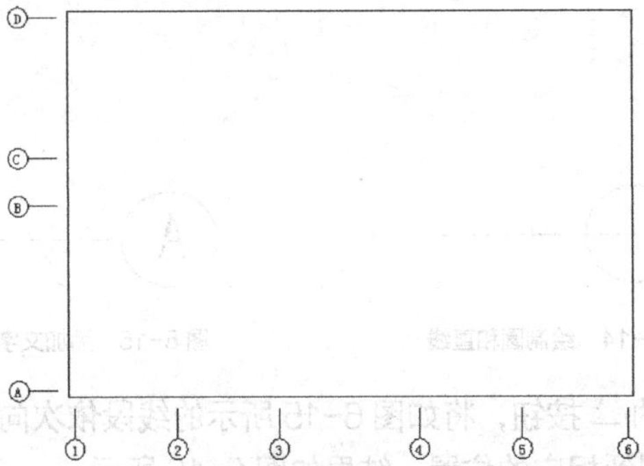

图 6-19　绘制矩形

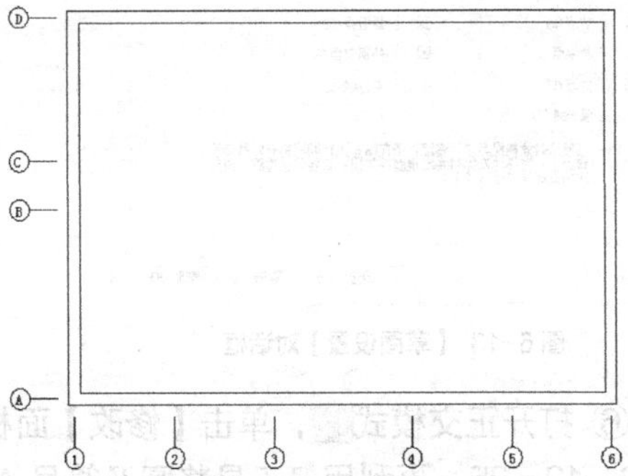

图 6-20　偏移矩形

图 6-21　绘制小矩形

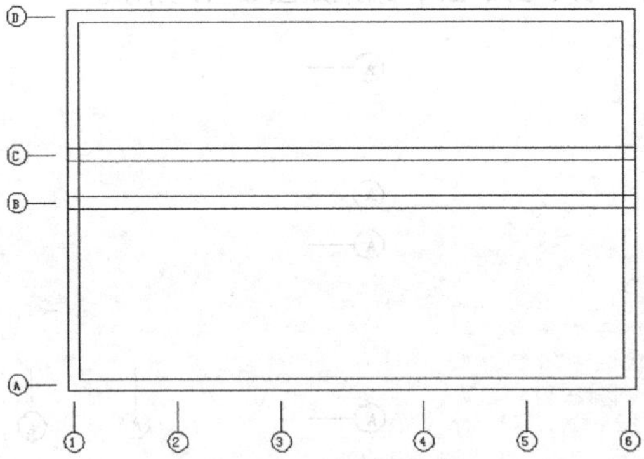

图 6-22　移动并复制矩形

⑫ 在屏幕的适当位置绘制 3×96 的小矩形，如图 6-23 所示。然后将其移动到基线 2 的位置，之后水平复制到基线 3、4、5 处，结果如图 6-24 所示。

⑬ 修剪多余线段，结果如图 6-25 所示。

（2）绘制门洞

① 在绘图区域的空白处绘制 10×5 的小矩形，然后将其复制到基线 3、4 之间的最底边墙体的中点上，结果如图 6-26 所示。

② 修剪多余线条，并删除步骤①绘制的小矩形，结果如图 6-27 所示。

实验室照明平面图的绘制（2）

图 6-23 绘制小矩形

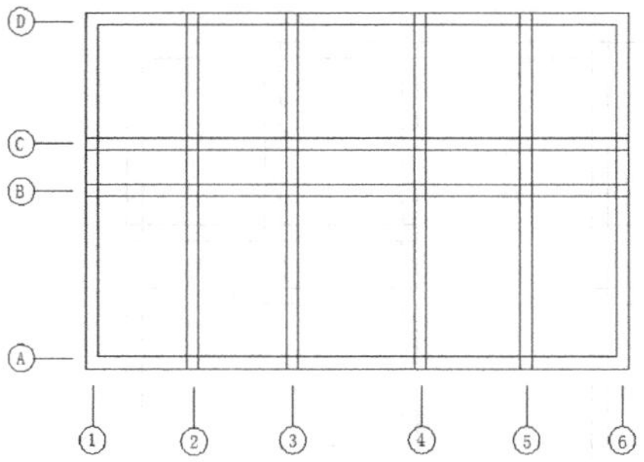

图 6-24 移动并复制小矩形

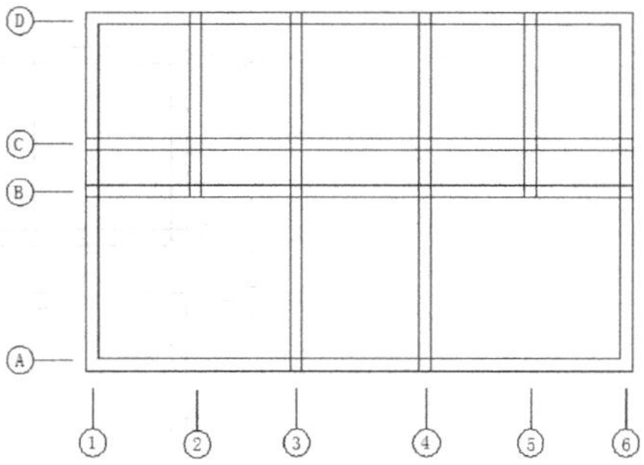

图 6-25 修剪结果

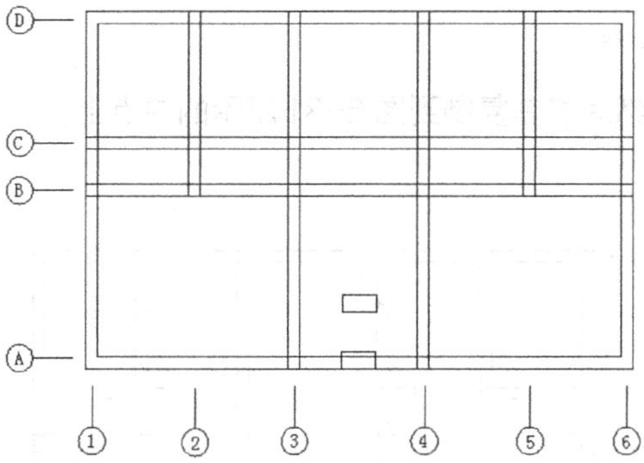

图 6-26 绘制小矩形

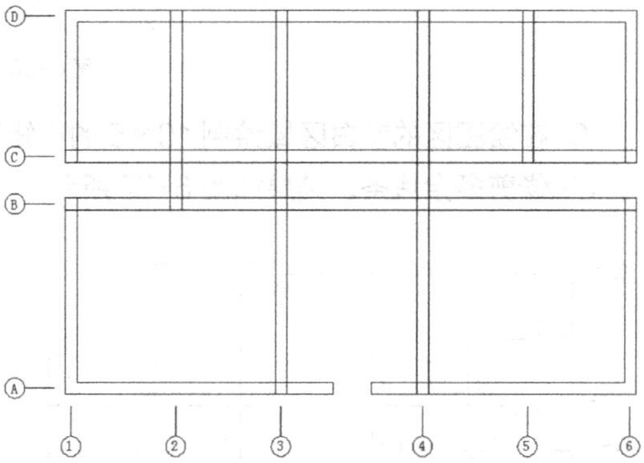

图 6-27 修剪结果

要点提示

在图 6-26 所示的空白处绘制小矩形，便于将小矩形复制到适当位置。所有有关复制该小矩形的命令操作完毕后，再删除小矩形即可。本章多处采用此种方法实现绘图操作。

③ 在绘图区的空白区域绘制 14×5 的小矩形，然后将其复制到线段 M、N 中点处，结果如图 6-28 所示。

④ 将这两个小矩形镜像到另一侧，镜像线为整个图形的中心线，结果如图 6-29 所示。

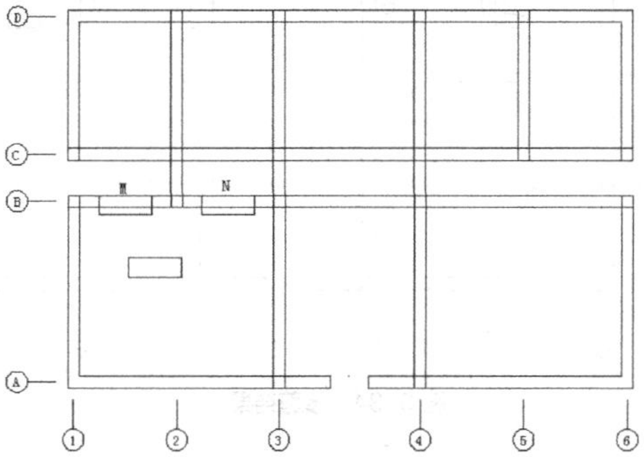

图 6-28 复制矩形

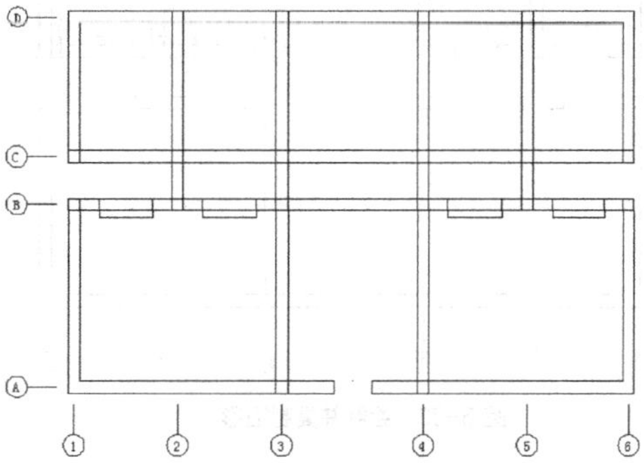

图 6-29 镜像矩形

⑤ 修剪多余线条，结果如图 6-30 所示。

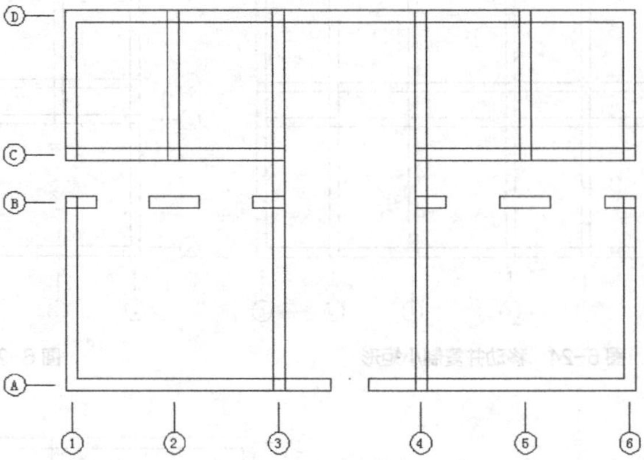

图 6-30　修剪结果

⑥ 在绘图区的空白区域绘制 10×5 的小矩形，然后将其复制到图 6-31 所示的中点上。

⑦ 修剪多余线条，结果如图 6-32 所示。

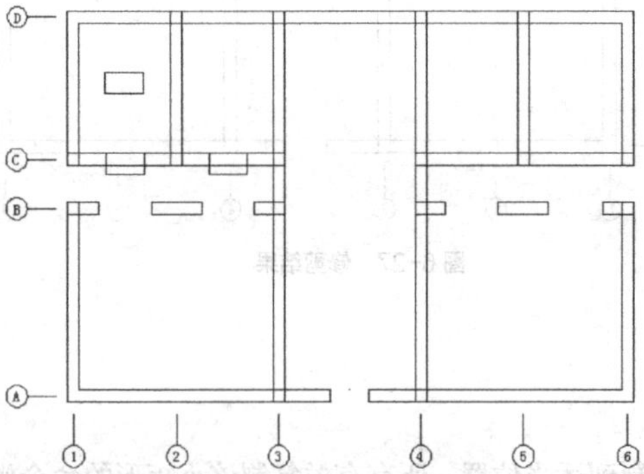

图 6-31　绘制并复制矩形

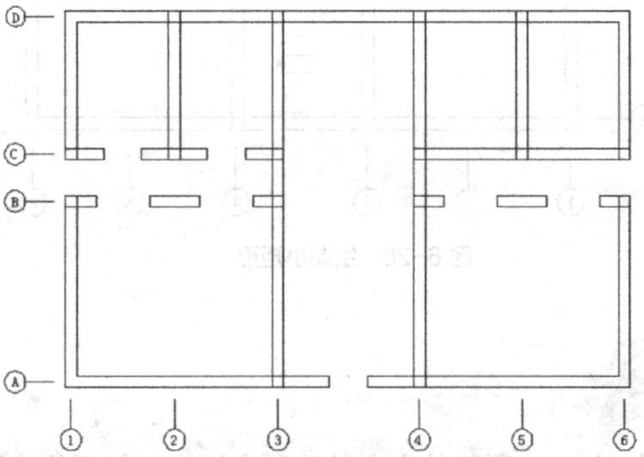

图 6-32　修剪结果

⑧ 在绘图区的空白区域绘制 7×5 的小矩形，然后将其复制到图 6-33 所示的各中点位置。修剪多余线条，结果如图 6-34 所示。

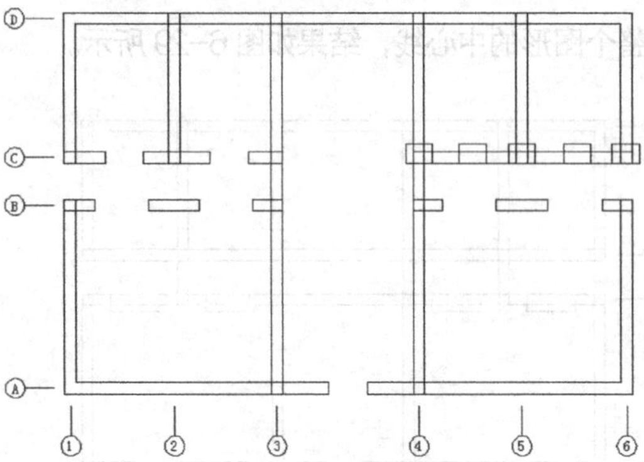

图 6-33　绘制并复制矩形

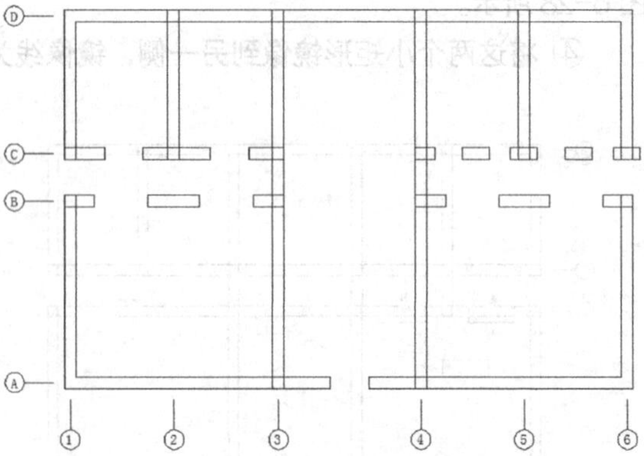

图 6-34　修剪结果

⑨ 选择菜单命令【绘图】/【多线】，设定比例为 1，捕捉墙体 G 的底边中点为起始点，绘

制高为 20 的多线，结果如图 6-35 所示。

⑩ 修剪多余线条，结果如图 6-36 所示。

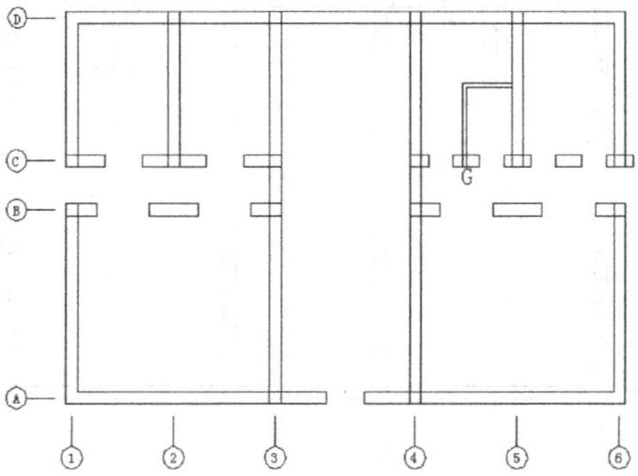

图 6-35 绘制多线

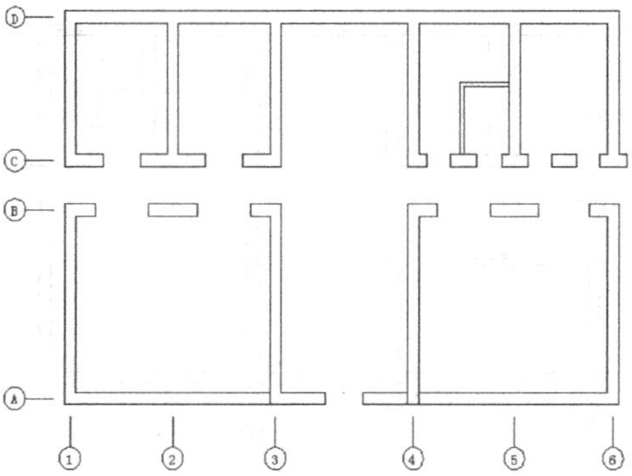

图 6-36 修剪结果

⑪ 以基线 5 为镜像线，镜像修剪后的多线，结果如图 6-37 所示。

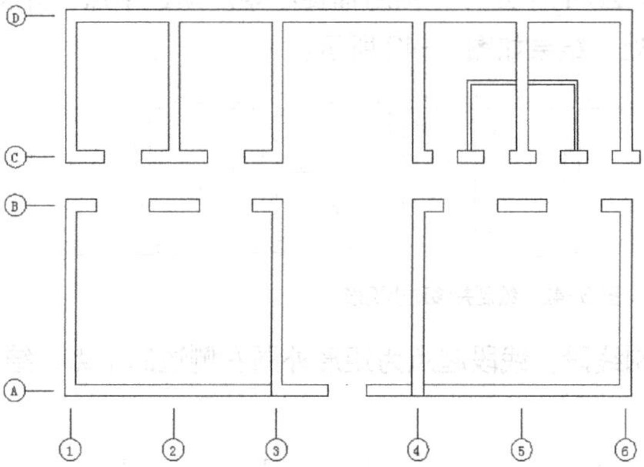

图 6-37 镜像对象

（3）绘制窗洞

① 在绘图区的空白区域绘制 20×3 的小矩形，然后在其中间绘制一条水平线段，如图 6-38 所示。然后将其复制到相应墙壁段的中点处，结果如图 6-39 所示。

实验室照明平面图的绘制（3）

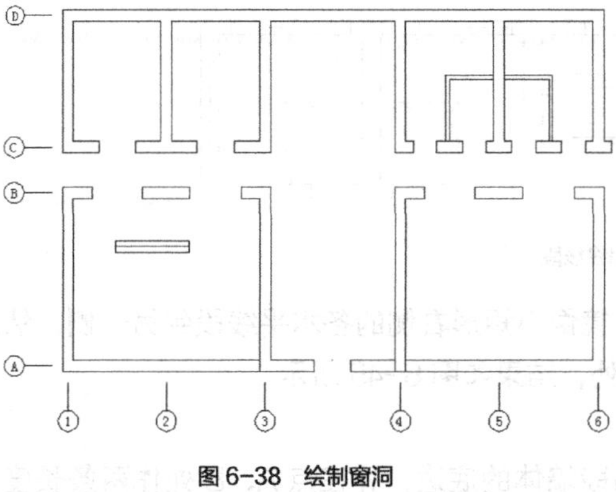

图 6-38 绘制窗洞

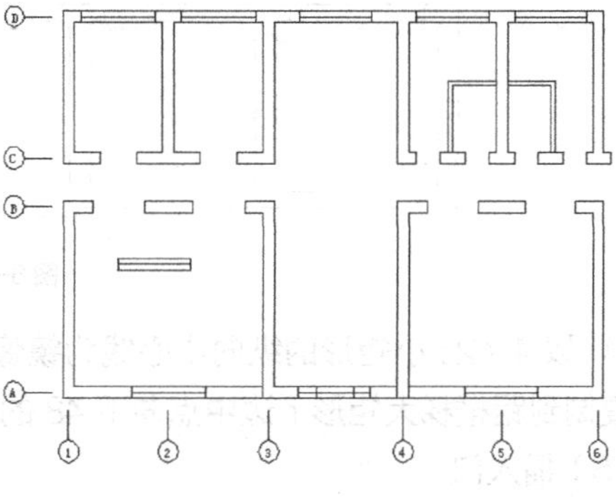

图 6-39 复制窗洞

② 修剪基线 A 与基线 3、基线 4 相交所得墙体上的窗体，结果如图 6-40 所示。

③ 将步骤①绘制的窗洞旋转 90°，然后将其复制到图 6-41 所示的各中点处。

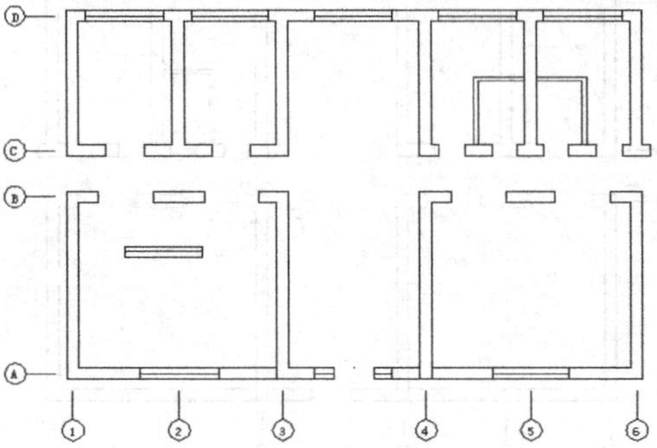

图 6-40 修剪结果

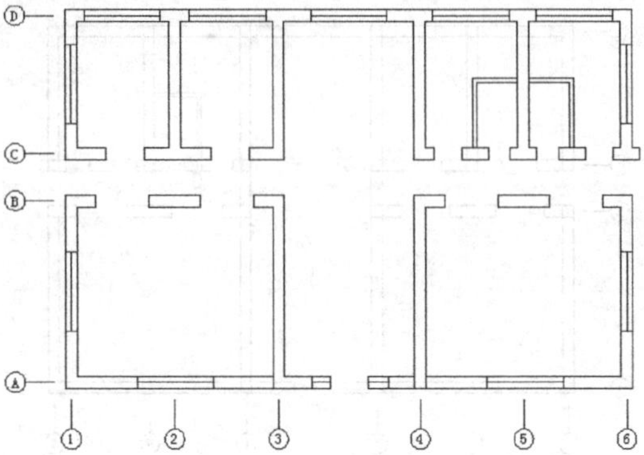

图 6-41 旋转并复制窗洞

（4）绘制楼梯

① 在绘图区的空白区域绘制 4×25 的小矩形，然后捕捉小矩形顶边中点，并将其移至距选段 OP 的偏移值为（0，-5）的位置处，结果如图 6-42 所示。

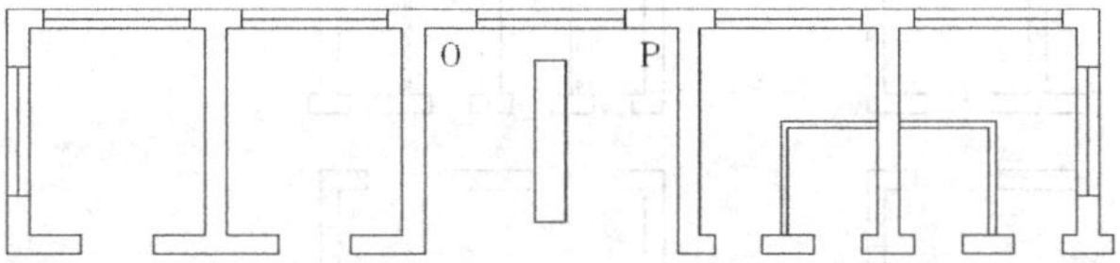

图 6-42 绘制并移动小矩形

② 将小矩形向里偏移 1，并绘制线段，线段起点为矩形外围右侧边的中点，结果如图 6-43 所示。

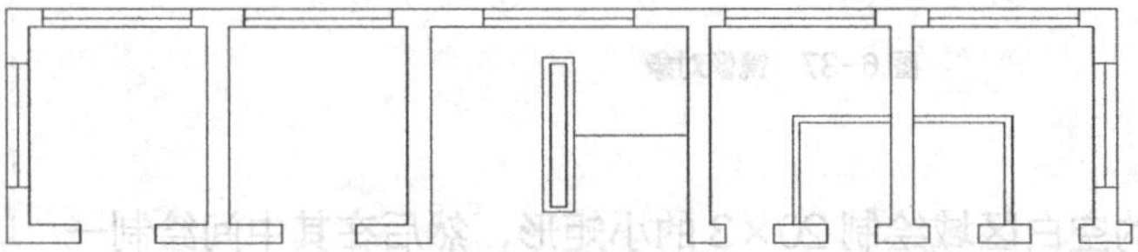

图 6-43 偏移矩形并绘制线段

③ 将线段垂直向上、垂直向下各偏移 7 次，偏移距离为 1.5，结果如图 6-44 所示。

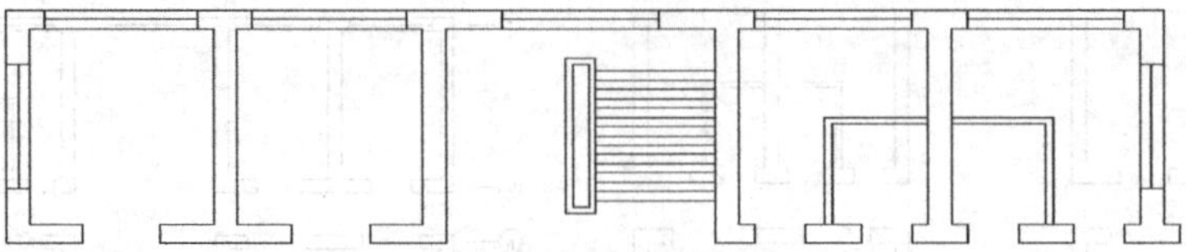

图 6-44 偏移线段

④ 以 4×25 小矩形的纵向中心线为镜像线，镜像小矩形右侧的各水平线段到另一侧，然后将其复制到距楼梯大矩形上边中点向下 48 的位置处，结果如图 6-45 所示。

（5）插入门

① 连接基线 B 与基线 1、基线 2 相交所得两段墙体的底边，并在点 A、B 处作两条长度为

5 的线段，捕捉线段 AB 的中点 O 作一条适当长度的垂直线段 OD，如图 6-46 所示。

② 利用起点（O）、端点（C）、半径（7）绘制圆弧，结果如图 6-46 所示。

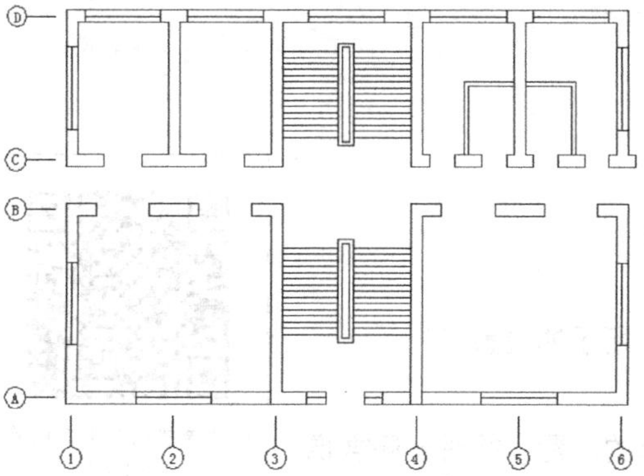

图 6-45 镜像对象并复制

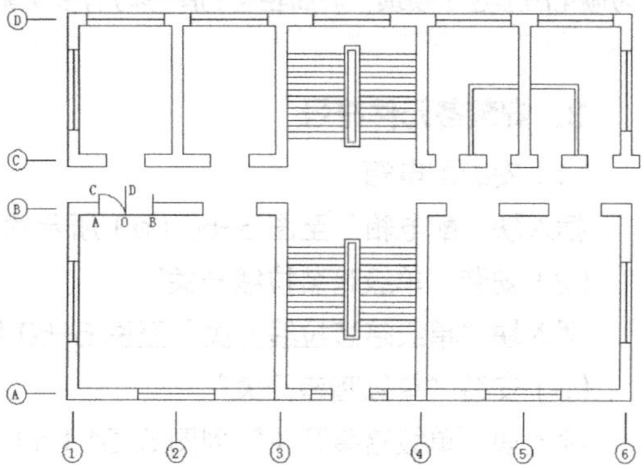

图 6-46 绘制线段与圆弧

③ 以线段 OD 为镜像线，将圆弧镜像到另一侧，并删除多余线段，结果如图 6-47 所示。

④ 以相同的方法绘制其他两种型号的门，各门高度均为 5，各门宽度按图中所给定宽度为准，结果如图 6-48 所示。

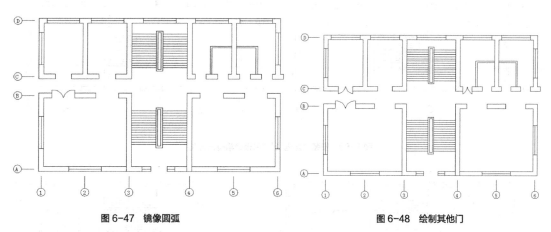

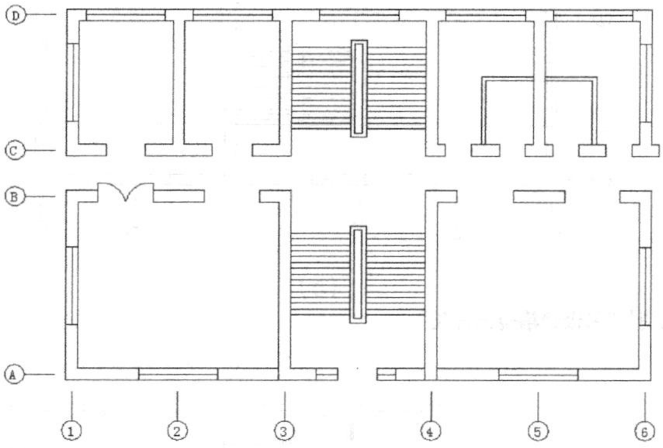

图 6-47 镜像圆弧

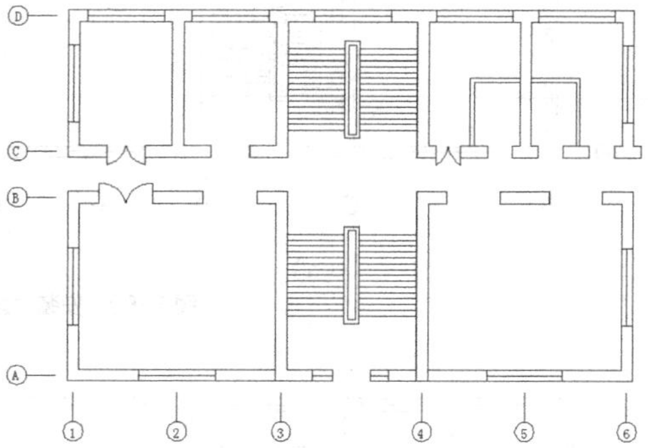

图 6-48 绘制其他门

⑤ 分别复制图 6-48 所示的 3 种门到适当位置，结果如图 6-49 所示。

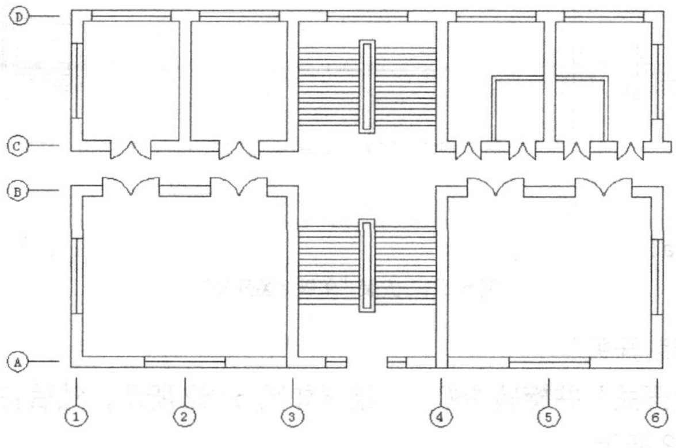

图 6-49 复制门

要点提示

为避免图形过于烦琐，后面在绘制图形时省去实验室的门。

3. 安装各元件符号

（1）安装配电箱

插入块“配电箱”至图 6-50（a）所示的位置。

（2）安装“单级暗装拉线开关”

插入块“单级暗装拉线开关”至图 6-50（b）所示的位置。

（3）安装“单级暗装开关”

插入块“单级暗装开关”到图 6-51（a）所示的位置，并对上侧楼梯右下角处的单级暗装开关绘制折线，结果如图 6-51（b）所示。

实验室照明平面图的绘制（4）

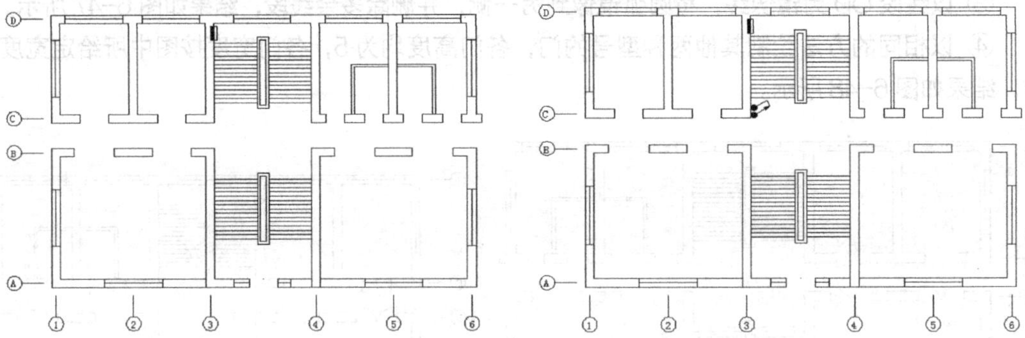

（a）（b）

图 6-50 安装“配电箱”“单极暗箱拉线开关”

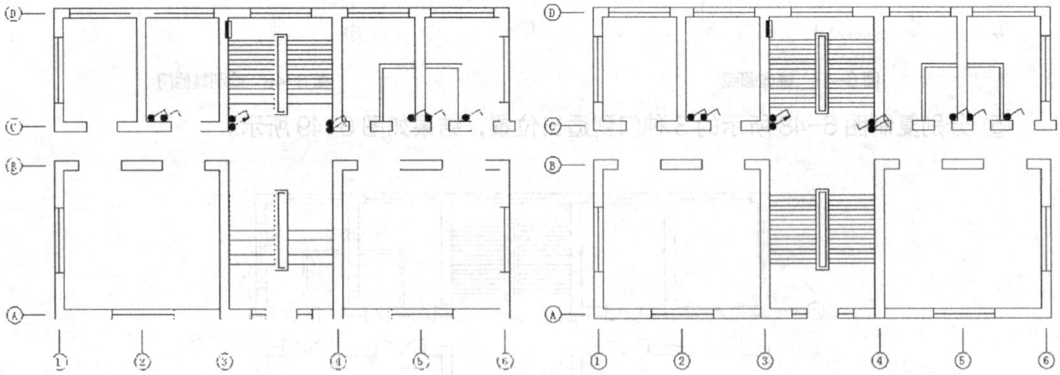

（a）（b）

图 6-51 安装“单级暗装开关”

（4）安装“单级暗装开关”

插入块“单级暗装开关”并旋转 180°，结果如图 6-52 所示，然后将其复制到实验室的其他位置，结果如图 6-53 所示。

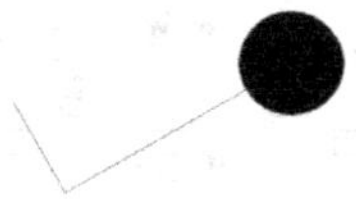

图 6-52 旋转“单级暗装开关”

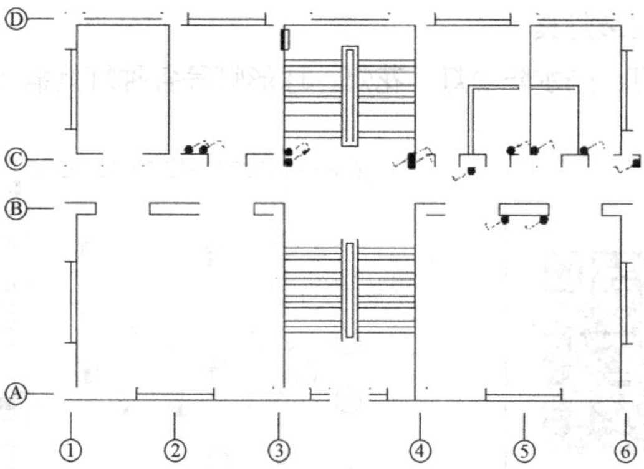

图 6-53 复制“暗装单极开关”

（5）安装“防爆暗装开关”

插入块“防爆暗装开关”到图 6-53 中危险品仓库、化学实验室门附近的合适位置，然后将其旋转 180°（见图 6-54），之后再将其复制到图 6-53 所示的合适位置，结果如图 6-55 所示。

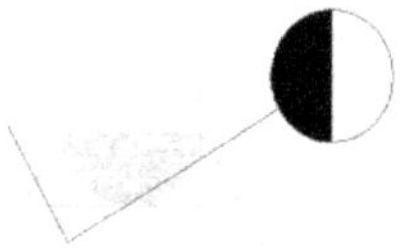

图 6-54 旋转“防爆暗装开关”

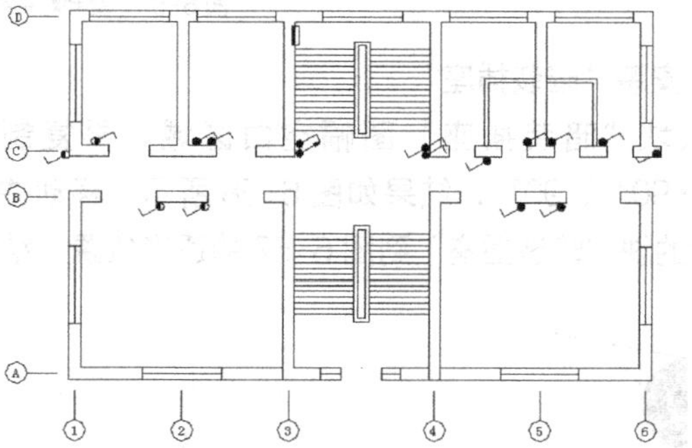

图 6-55 安装“防爆暗装开关”

（6）安装“单级明装开关”

插入块“单级明装开关”并复制成两个，将其中一个旋转 180°，另一个以其左侧任一垂线为镜像线进行镜像（见图 6-56（a）），之后再分别将其复制到图 6-56（b）所示的合适位置。

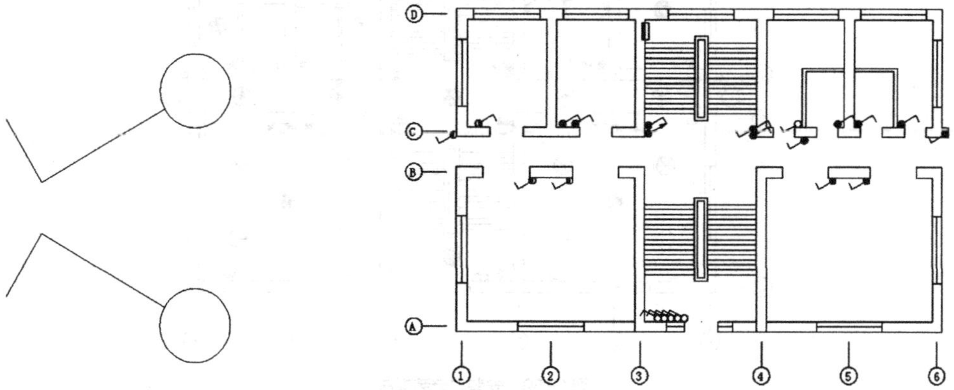

（a） （b）

图 6-56 安装“单级明装开关”

（7）安装灯具

将壁灯、防水防尘灯、花灯、球形灯等各种灯具插入到图 6-57 所示的位置。

实验室照明平面图的绘制（5）

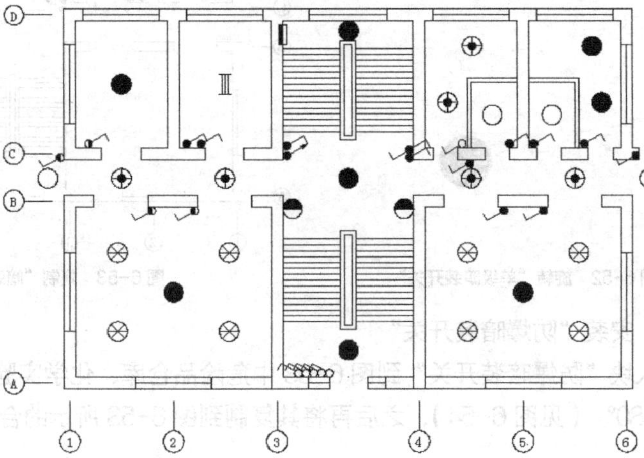

图 6-57　复制灯具符号

（8）安装“暗装插座”

插入块“暗装插座”图幅空白区域。再复制 3 份块“暗装插座”并将其分别旋转 180°、-90°、90°，结果如图 6-58 所示。移动并复制原块“暗装插座”以及图 6-58 所示的旋转后的块“暗装插座”到图 6-57 的适当位置，结果如图 6-59 所示。

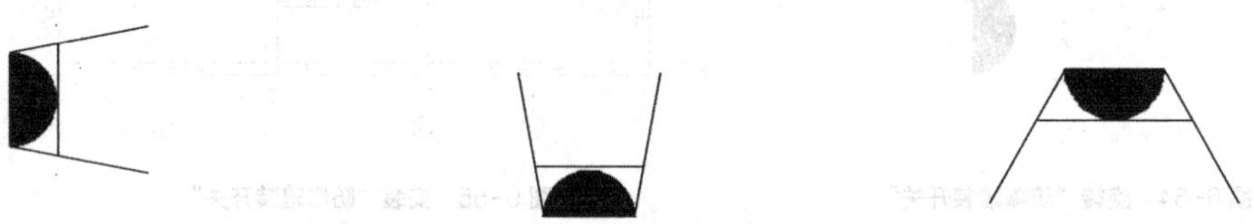

图 6-58　旋转暗装插座

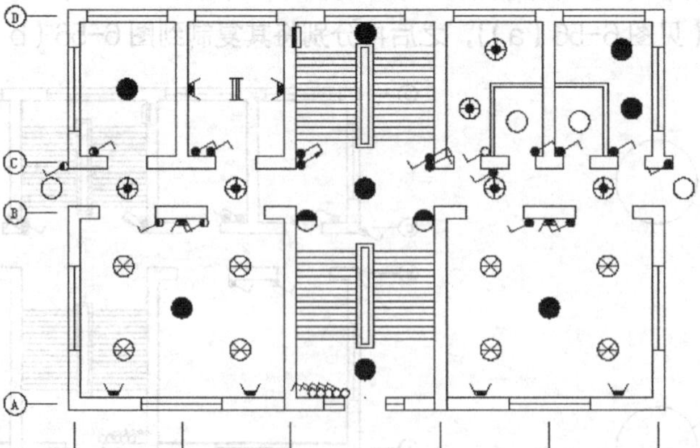

图 6-59　安装“暗装插座”

（9）绘制其他

在配电箱右侧绘制一个尺寸适当的实心圆用作穿线管和 1 个变压器，在上侧楼梯左下角的单级暗装拉线开关上侧以适当尺寸绘制一个向上配电的符号，再绘制相应连接线连接各元器件，并且在相应连接线上绘制平行的短斜线，表示它们的相数，结果如图 6-60 所示。

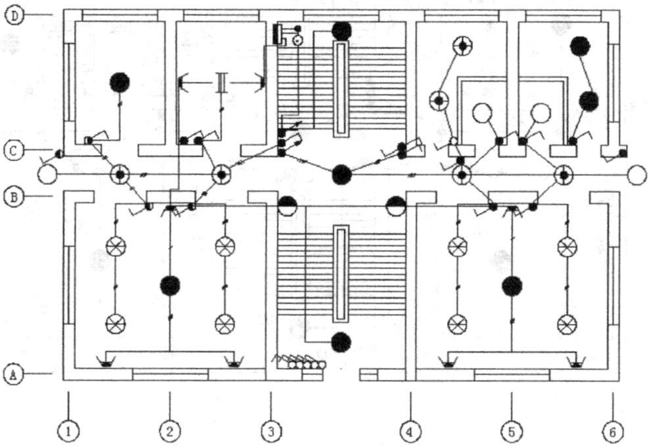

图 6-60　连接各个器件

4. 标注文字

单击【默认】选项卡中【注释】面板上的 A 按钮，对实验室照明电路图进行文字编辑，如图 6-61 所示。

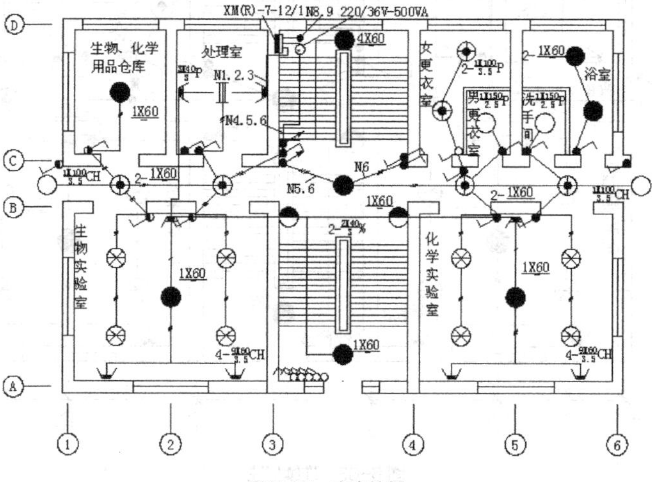

图 6-61　文字编辑

5. 标注尺寸

对实验室照明电路进行尺寸标注。

（1）单击【默认】选项卡中【修改】面板上的 ⊢⊣ 按钮（线性标注命令），标注图形，结果如图 6-62 所示。

（2）单击菜单栏中【标注】选项卡的下拉菜单中 ⊢⊢⊣ 按钮（连续标注命令），使用连续标注对剩余的基线之间的距离进行尺寸标注，结果如图 6-63 所示。

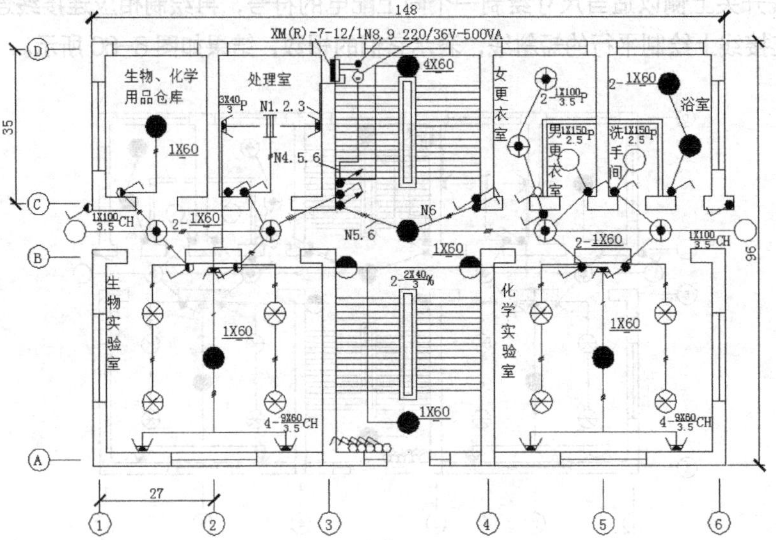

图 6-62 线性标注

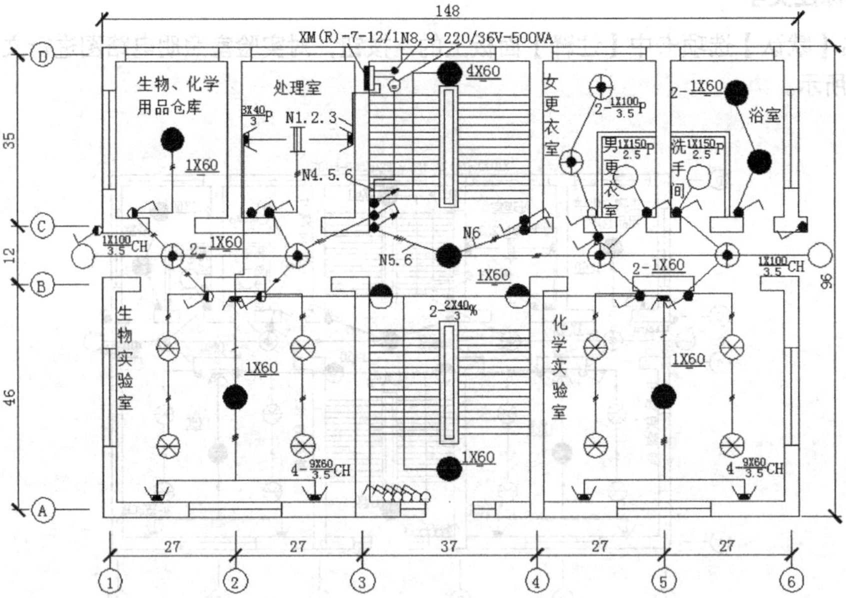

图 6-63 连续标注

6. 绘制标题栏并填写

（1）在绘图区的适当位置绘制 210×149 的矩形，然后单击【默认】选项卡中【修改】面板上的按钮，将其分解，如图 6-64 所示。

（2）将矩形各边 AB、BC、CD、AD 分别向里偏移 5、5、5、10，结果如图 6-65 所示。

（3）绘制标题栏。将线段 BC 依次向左偏移 9、4、6、4、6、9、4，将线段 CD 依次向上偏移 8、3、3、3、3，结果如图 6-66 所示。

（4）修剪多余线条，结果如图 6-67 所示。

图 6-64 绘制矩形并分解

图 6-65 偏移矩形各边

图 6-66 偏移直线

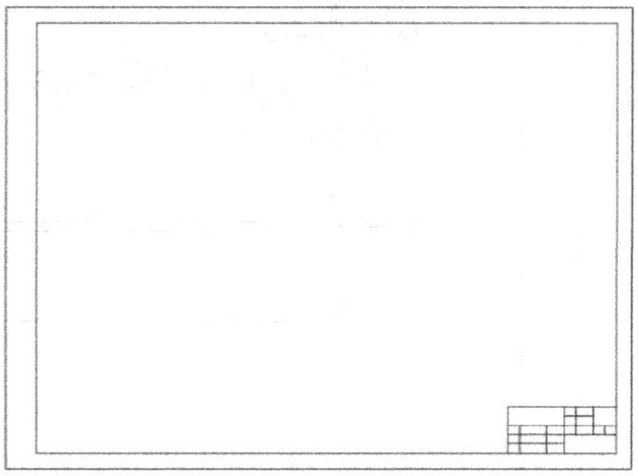

图 6-67 修剪直线

（5）单击【默认】选项卡中【注释】面板上的A按钮，填写标题栏中的“老虎工作室”，再修改字体高度为“1.4”，填写除“老虎工作室”以外的文字，结果如图 6-68 所示。

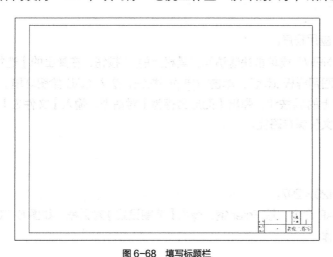

图 6-68 填写标题栏

办公楼配电平面图的绘制

（6）将绘制好的实验室照明电路移至标题栏中，结果如图 6-9 所示。

6.3 办公楼配电平面图的绘制

配电平面图的绘制与单纯的建筑图既有联系又有区别，配电平面图首先是建立在建筑图的

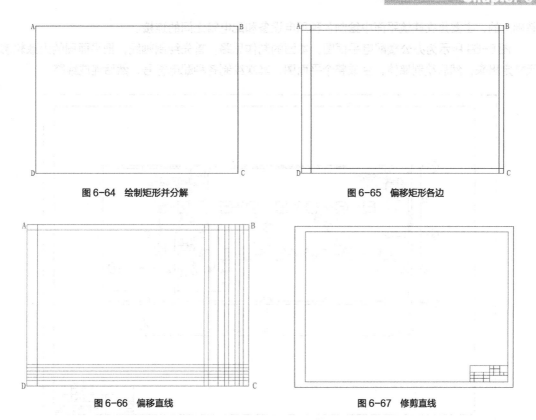

基础上的，主要是在建筑平面中绘制各种用电设备和配电箱之间的连接。

图 6-69 所示为办公楼配电平面图，本图的制作思路：首先绘制轴线，把平面图的大致轮廓尺寸定出来，然后绘制墙体，生成整个平面图，其次绘制各种配电符号，然后连成线路。

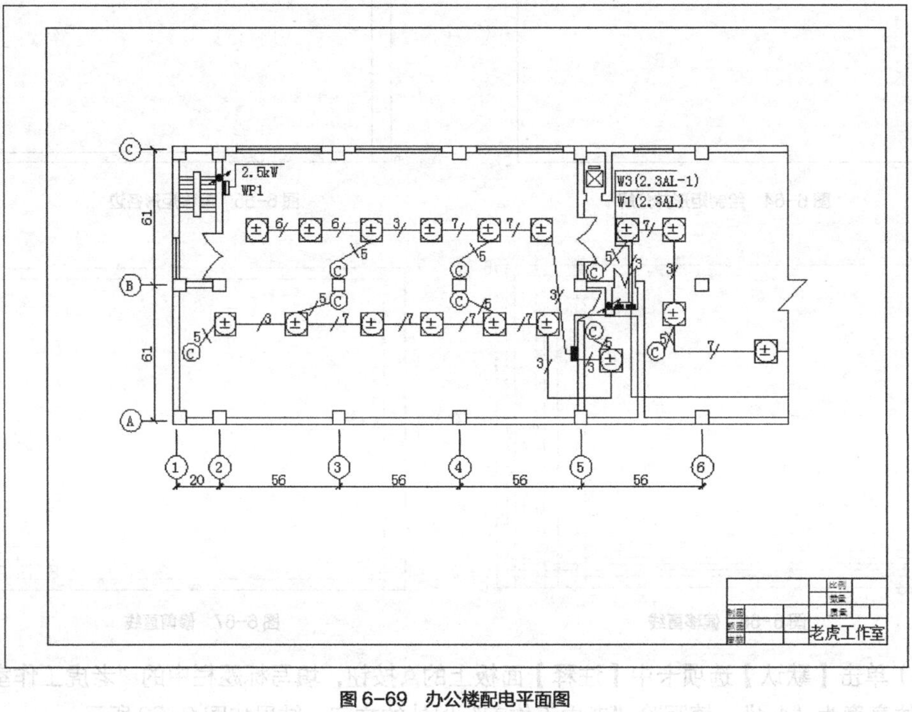

图 6-69　办公楼配电平面图

1. 建立新文件

（1）启动 AutoCAD 2014 应用程序。

（2）在命令行键入命令“NEW”或单击快速访问工具栏上的按钮，在弹出的【选择样板】对话框中选择“建筑电气工程图用样板 .dwt”，单击 打开(O) 按钮，进入 CAD 绘图环境。

（3）单击快速访问工具栏上的按钮，弹出【图形另存为】对话框，输入【文件名】为“办公楼配电平面图 .dwg”，设置文件保存路径。

2. 绘制建筑平面图

（1）绘制柱子和墙体

① 设定绘图区域大小为 420×297。

② 在命令行中输入 OSNAP 命令，按 Enter 键，弹出【草图设置】对话框，如图 6-70 所示，将其全部选中，以便于后期操作。

③ 绘制半径为 5 的圆。

④ 捕捉圆心并水平向右绘制长度为 17 的线段，如图 6-71（a）所示。修剪多余线条，结果如图 6-71（b）所示。

⑤ 单击【默认】选项卡中【注释】面板上的按钮，打开【文字样式】对话框，将“建筑电气平面图用文字样式”的字体高度修改为“5”，如图 6-72 所示。单击 应用(A) 按钮，使当前设置生效。再单击 关闭(C) 按钮，返回绘图区域。

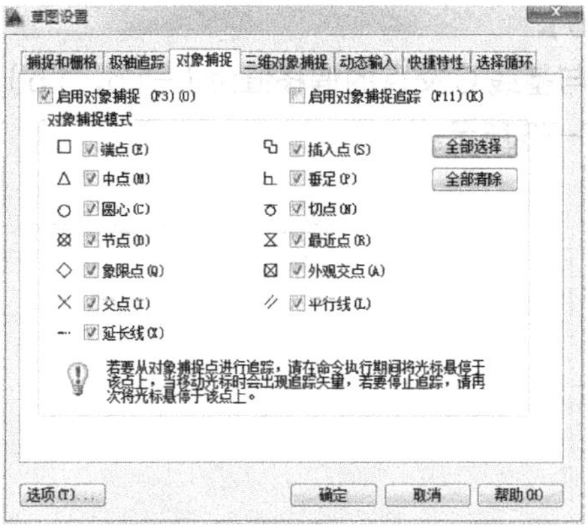

图 6-70 【草图设置】对话框

(a)　　(b)

图 6-71 绘制圆、线段并修剪

⑥ 在圆内部填写符号 A，结果如图 6-73 所示，基线 A 绘制完毕。

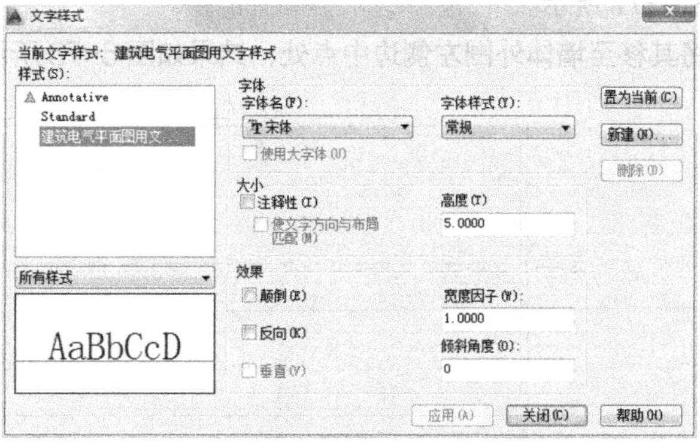

图 6-72 【文字样式】对话框

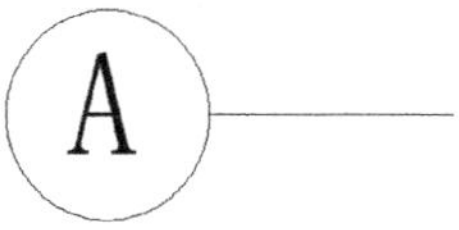

图 6-73 绘制基线 A

⑦ 将图 6-73 中的线段分别向上偏移 61、61，然后分别复制圆和文字 A 到两条线段的左端点上，结果如图 6-74（a）所示。

⑧ 复制图 6-73 所示的圆形，然后将其中的线段旋转 90°。将旋转后的纵向线段分别向右偏移 20、56、56、56、56，然后分别复制圆和文字 A 到 5 条纵向线段的下端点上，结果如图 6-74（b）所示。

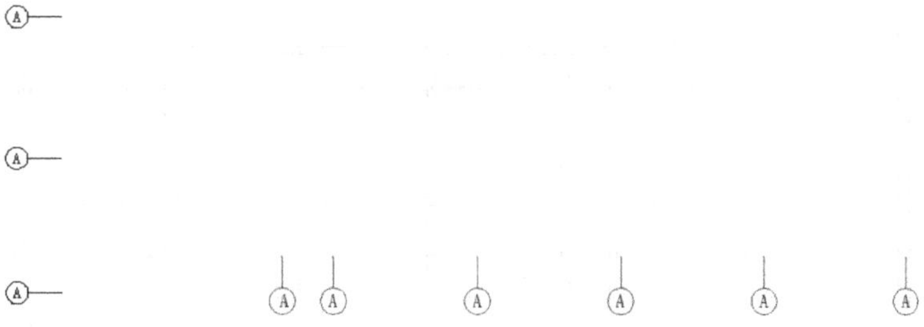

(a)　　(b)

图 6-74 复制并旋转绘制基线

⑨ 双击图 6-74（a）和（b）所示的符号 A，将其激活并修改文字，然后移动图 6-74（a）所示的图形至其图 6-74（b）所示的适当位置，结果如图 6-75 所示。其中，符号 A 所在圆的圆

心距符号 1 所在圆的圆心的相对位置为（−21.5，21.5）。

⑩ 绘制矩形并偏移。矩形的绘制起点距基线 1 与基线 C 交点的偏移值为（−1.5，1.5），尺寸为 247×125，再将矩形向内部偏移 3，结果如图 6-76 所示。

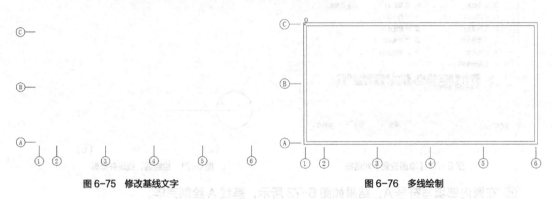

图 6-75　修改基线文字

图 6-76　多线绘制

⑪ 绘制 247×3 的小矩形，如图 6-77 所示。

⑫ 捕捉小矩形左侧边的中点并将其移至墙体外围左侧边中点处，结果如图 6-78 所示。

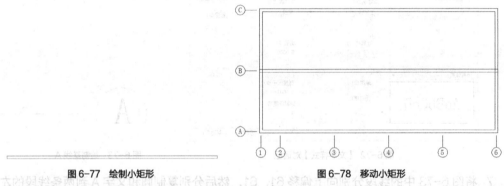

图 6-77　绘制小矩形

图 6-78　移动小矩形

⑬ 在空白区域绘制 3×125 的小矩形，如图 6-79 所示。

⑭ 捕捉小矩形底边中点并分别复制小矩形到基线 2、3、4、5 与墙体外围底边的各交点处，结果如图 6-80 所示。

图 6-79　绘制矩形

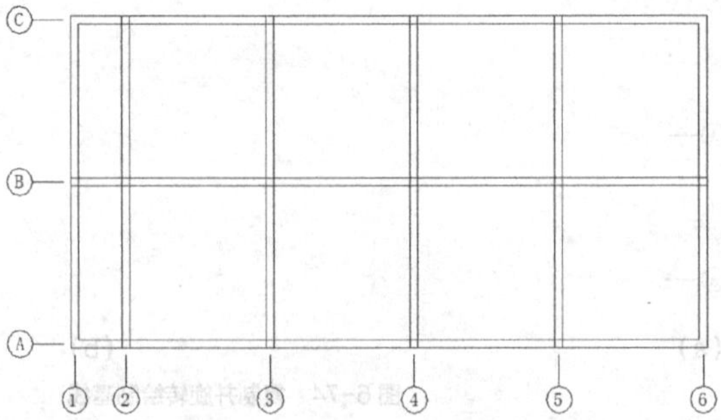

图 6-80　移动并复制矩形

⑮ 绘制 6×6 的正方形，并将其复制到相应交叉点处，结果如图 6-81 所示。

⑯ 修剪墙体，结果如图 6-82 所示。

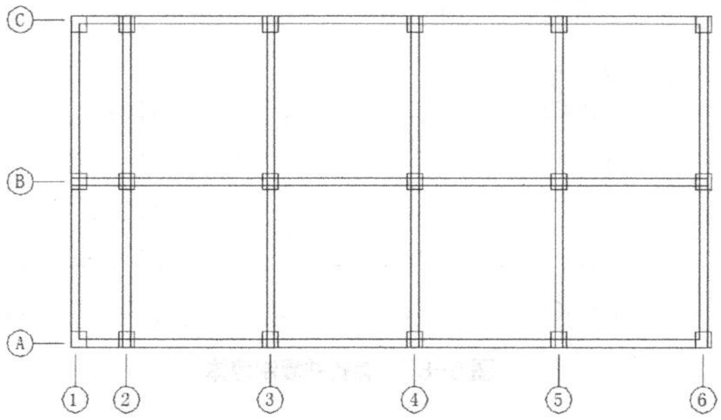

图 6-81 绘制并复制正方形

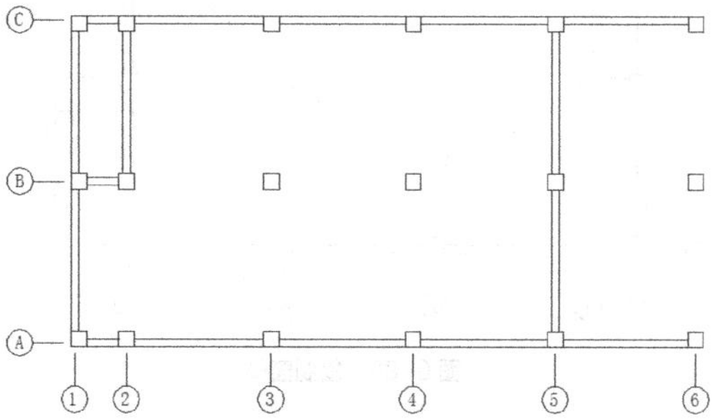

图 6-82 修剪墙体

⑰ 绘制多线，将多线比例设置为“3”，对正方式为“无”。捕捉点 A 并水平向左平移 40，确定点 C，从点 C 向下绘制长 20 的多线，然后水平向左绘制到基线 5 所在的墙体。捕捉点 B 并水平向左平移 25，确定点 D，从点 D 垂直向上绘制长为 59.5 的多线，再水平向左绘制到柱体 E；从点 D 垂直向上偏移 47，再水平向左绘制长为 13.5 的多线，绘制到柱体 E 右侧的墙体上，结果如图 6-83 所示。

⑱ 将多线进行分解，然后对墙体进行修剪，结果如图 6-84 所示。

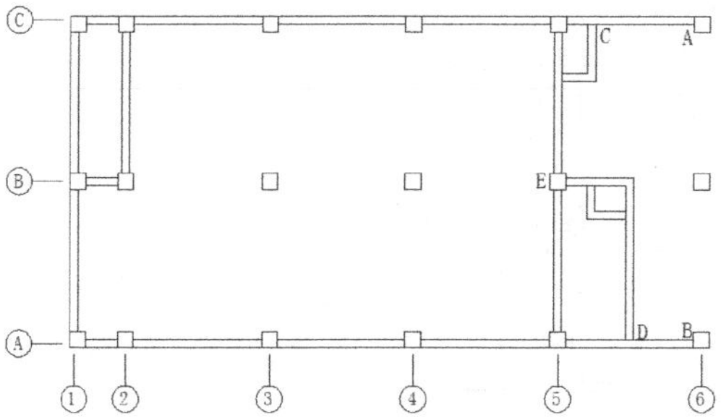

图 6-83 绘制其余墙体

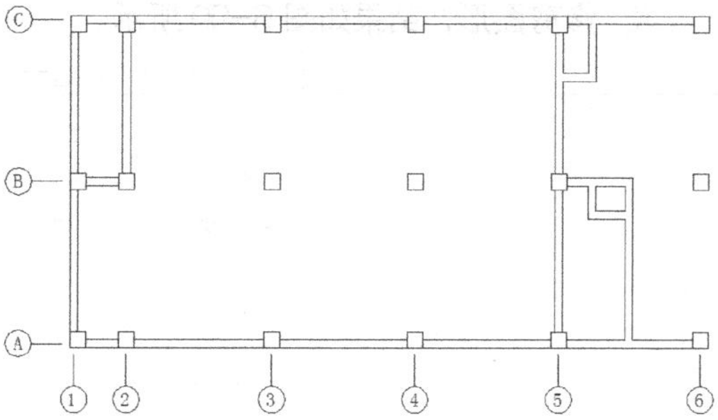

图 6-84 分解多线并修剪墙体

（2）绘制窗

① 绘制 40×3、18×3 的小矩形，分别捕捉两矩形左右侧边中点并绘制两中点连接线，完成两型号窗体绘制，结果如图 6-85 所示。

图 6-85 绘制窗体

② 将两种型号的窗体分别复制基线 C 所对应的水平墙体的位置上，结果如图 6-86 所示。

③ 将 18×3 的小窗体旋转 90°，然后将其移至基线 1 所对应的竖直墙体的适当位置，结果如图 6-87 所示。

（3）绘制门

① 绘制 7×5、5×20、5×13 和 10×5 的 4 个小矩形，如图 6-88 所示，然后将其移至各段墙体的中点或边缘处，结果如图 6-89 所示。

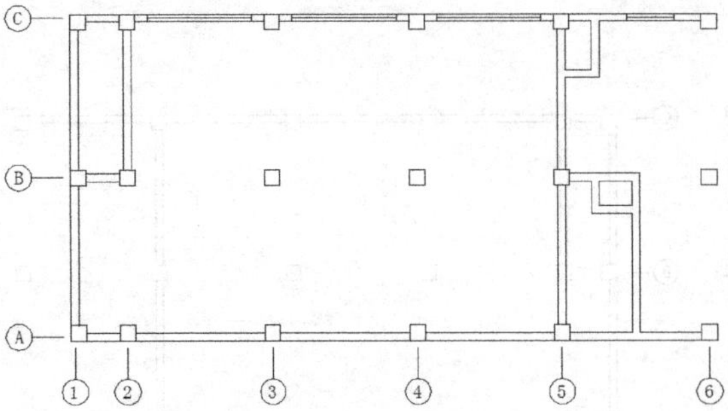

图 6-86　复制窗体

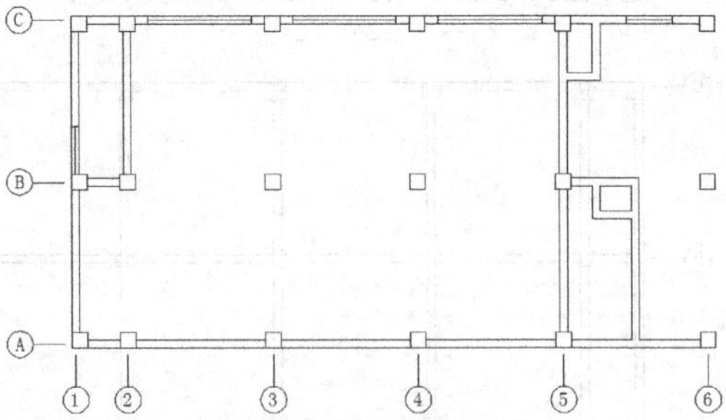

图 6-87　旋转并复制墙体

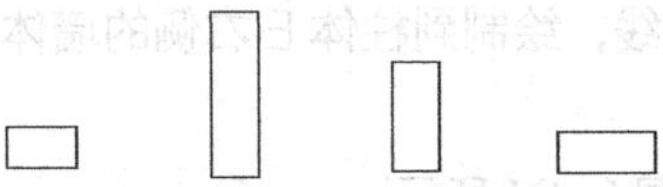

图 6-88　绘制小矩形

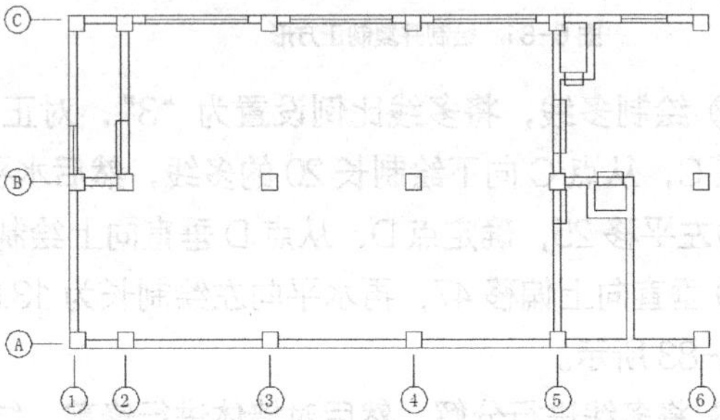

图 6-89　移动各个矩形

② 修剪图形，结果如图 6-90 所示。

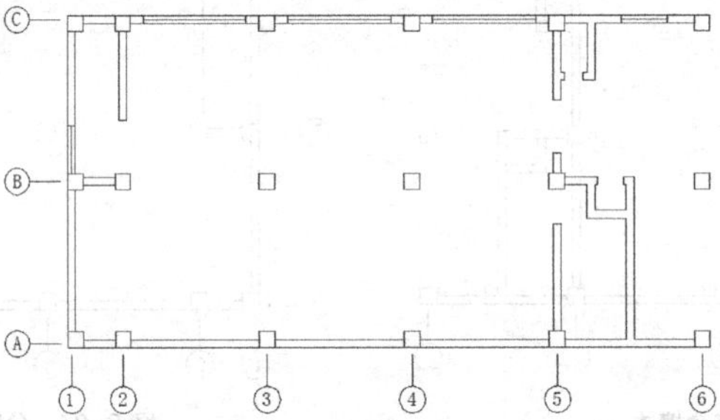

图 6-90　修剪图形

③ 连接 MN，从点 M 水平向右绘制长度为 9 的线段 MG，从线段 MN 的中点 O 处水平向右绘制适当长度的线段 OP；利用起点 O、端点 G、绘制半径为 15 的圆弧，结果如图 6-91（a）所示。

④ 以线段 OP 为镜像线，将圆弧和线段 MG 镜像到另一侧，并删除多余线条，结果如图 6-91（b）所示。

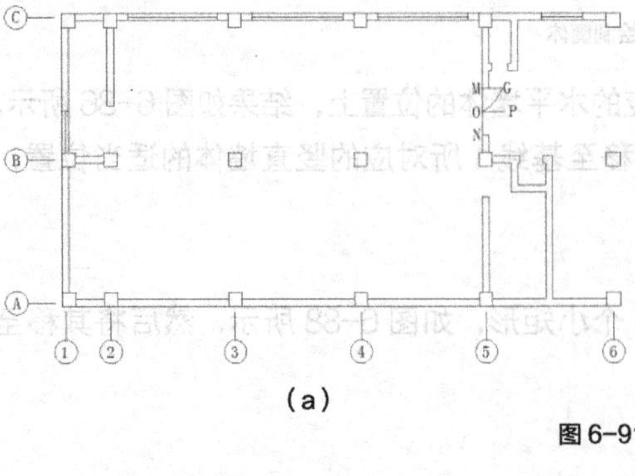

（a）

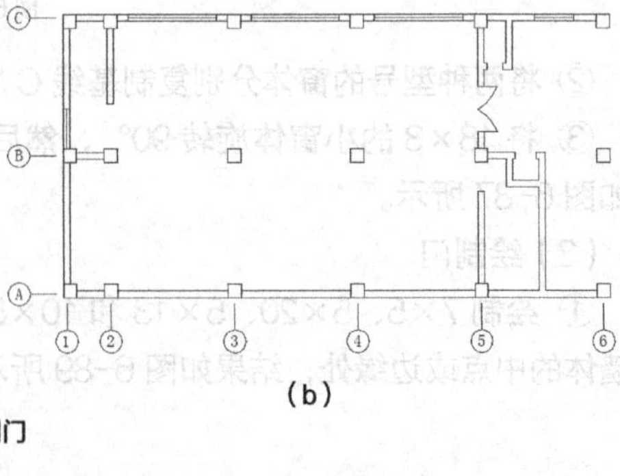

（b）

图 6-91　绘制门

⑤ 其他双扇门和单扇门的宽度均为原图给定尺寸，高度均为 9，读者自行绘制出，结果如图 6-92 所示。

（4）绘制楼梯

① 将基线 2 的延长线向左偏移 10，将 C 号基线的延长线向下偏移 10，交点为 K；在绘图区的适当位置绘制 3×20 的矩形，并捕捉其上侧中点移至 K 点处，结果如图 6-93 所示。

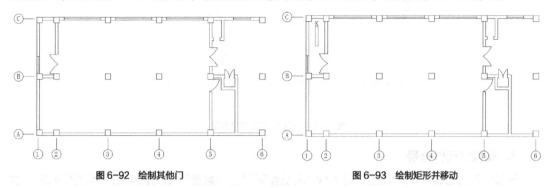

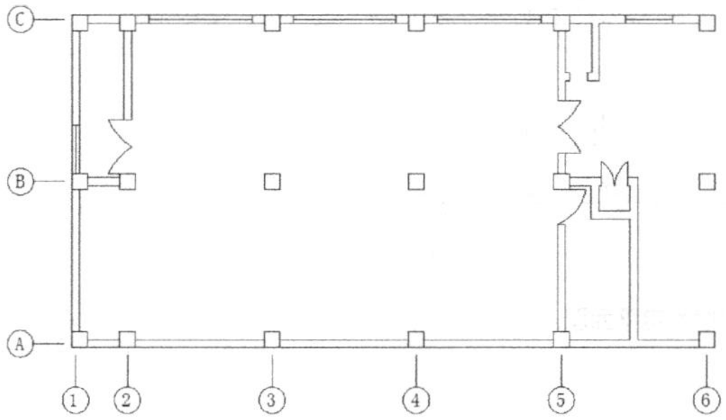

图 6-92 绘制其他门

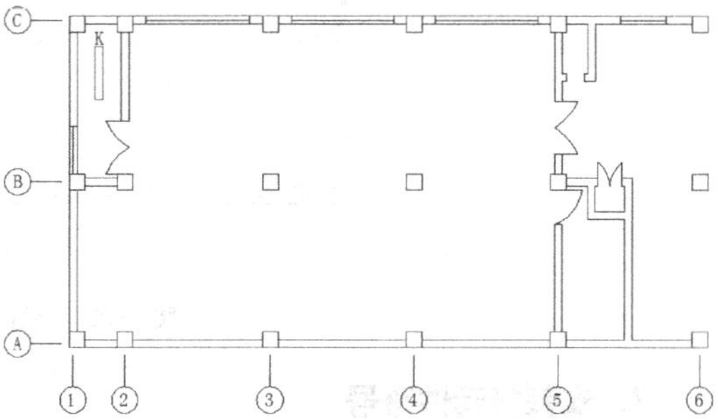

图 6-93 绘制矩形并移动

② 捕捉矩形右侧中点向右侧墙体绘制线段，然后将其分别向上、向下偏移 2，偏移 4 次，结果如图 6-94（a）所示。

③ 以矩形上下侧的中点为镜像线，镜像对象，结果如图 6-94（b）所示。

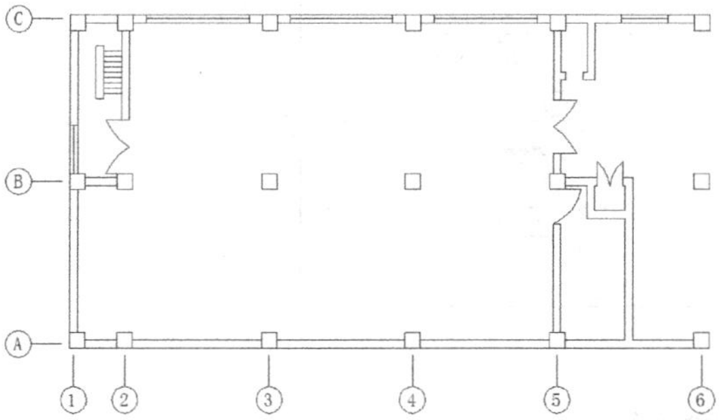

（a）

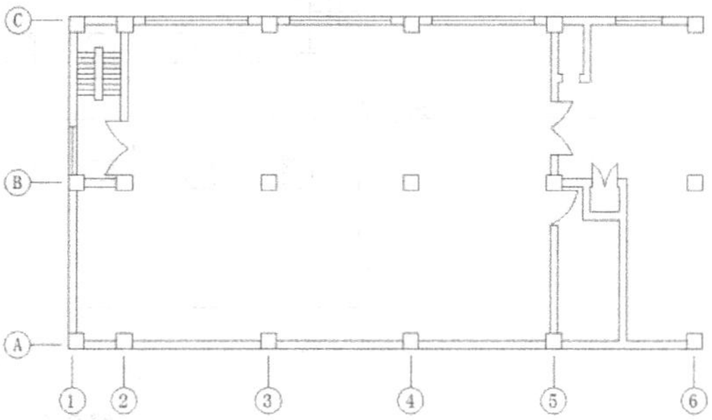

（b）

图 6-94 绘制楼梯

（5）绘制室内设施

由于本层主要为办公区，所以室内设施较少，只需用直线命令和矩形命令绘制电梯间设备，放置位置也是在两侧墙体的中间处，绘制的矩形尺寸分别为 8×7、5×1，结果如图 6-95 所示。

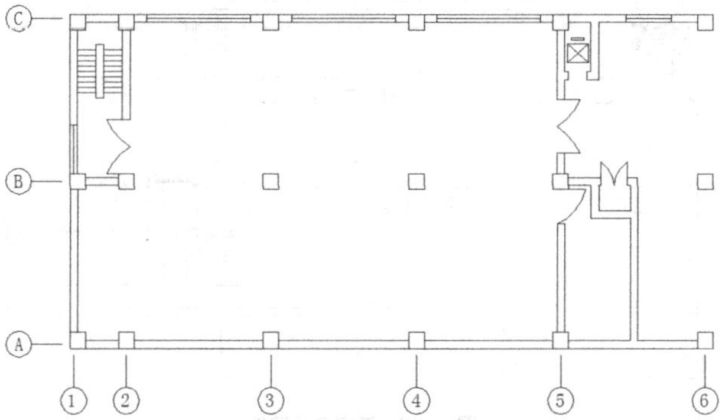

图 6-95 绘制室内设施

（6）补画办公楼配电平面图

此图画的是办公楼配电平面图部分，未画出的用折线代替，结果如图 6-96 所示。

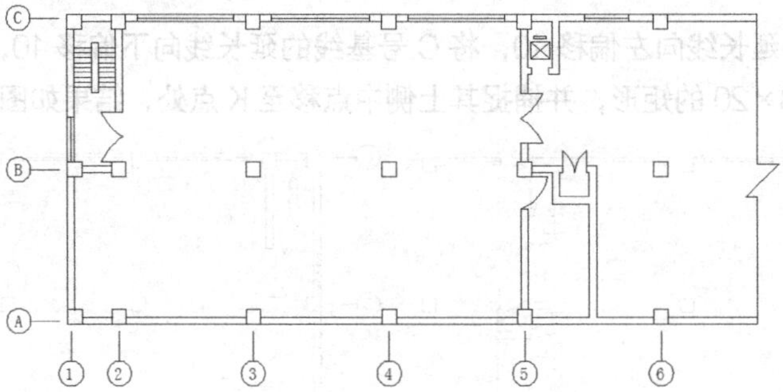

图 6-96 补画办公楼配电平面图

3. 安装各元件符号

仔细对照办公楼配电平面图，插入块“风机盘管”“上下敷管”“动力配电箱”“照明配电箱”“温控与三速开关控制器”并复制到图 6-96 中的各适当位置，结果如图 6-97 所示。

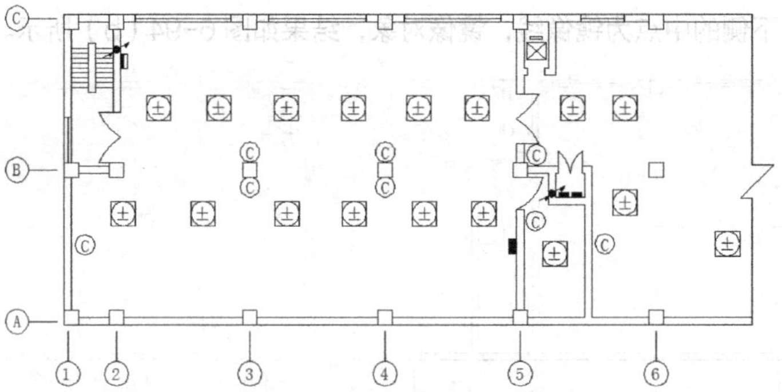

图 6-97 安装各元器件

4. 绘制连接线

利用直线命令连接各个元器件，并且在一些连接线上绘制平行的斜线（平行斜线的条数用于表示连接线的相数），结果如图 6-98 所示。

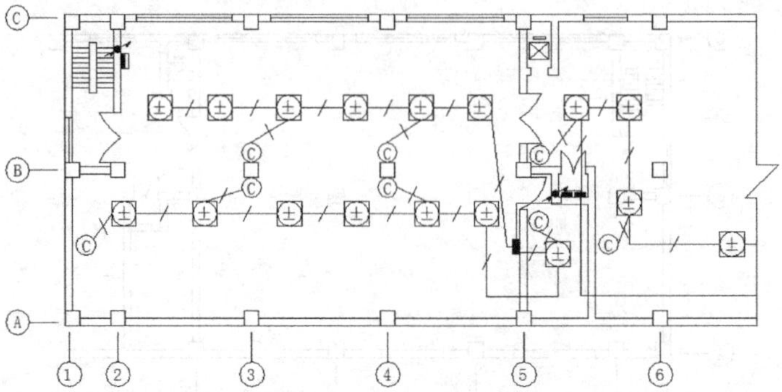

图 6-98 连接各元器件

5. 标注文字

在图形中的适当位置标注文字，结果如图 6-99 所示。

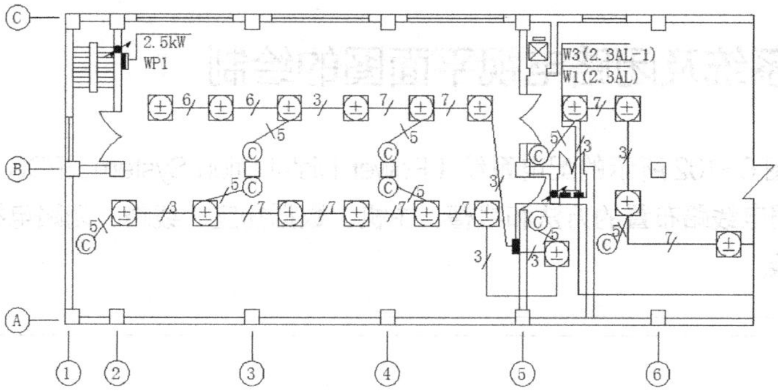

图 6-99 标注文字

6. 标注尺寸

参看 6.2 节中尺寸标注的相关内容，利用【注释】选项卡中【标注】面板上的按钮（线性标注命令）、按钮（连续标注命令）及按钮（基线标注命令）标注尺寸，结果如图 6-100 所示。

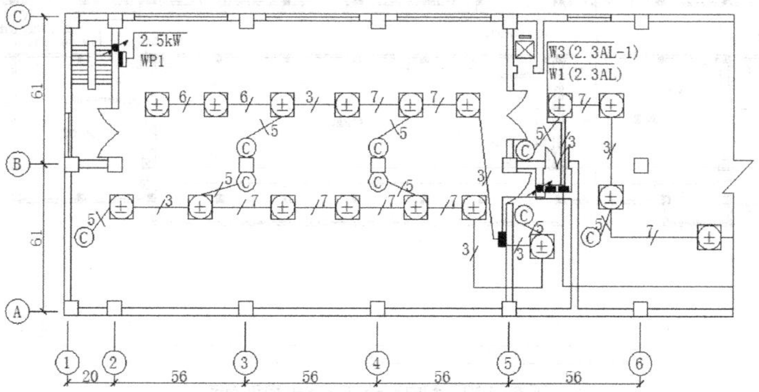

图 6-100 标注尺寸

7. 绘制并填写图签

参看 6.2 节中绘制并填写图签的相关内容，利用直线和偏移命令绘制并填写图签，图签尺寸如图 6-101 所示。

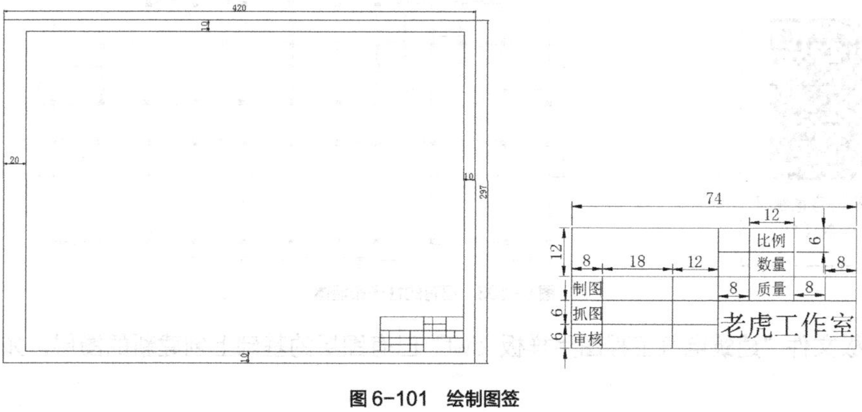

图 6-101 绘制图签

除“老虎工作室”【高度】为“5”外，其余文字的【高度】为“3”，最后将绘制好的图形移至图框内，最终结果如图 6-69 所示。

6.4 配电系统及闭路电视平面图的绘制

本节将通过图 6-102 所示的配电系统（Power Distribution System，PDS）及闭路电视平面图的绘制，讲述弱电线路布置的方法和线槽、主机、数据插座、线路、闭路电视线路等电气设备的绘制方法与步骤。

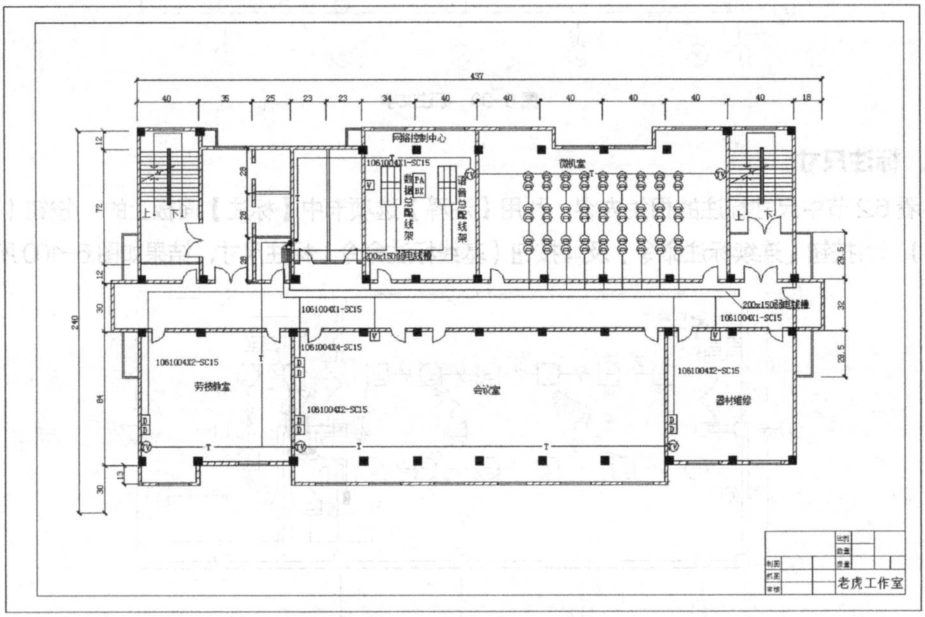

图 6-102　配电系统及闭路电视平面图

1. 绘制建筑平面图

打开素材文件“dwg\第 6 章\6-4 墙体和柱子 .dwg”，如图 6-103 所示，图为已包含墙体和柱子的部分建筑平面图，需要在此基础上完善整个建筑平面图。

配电系统及闭路电视平面图的绘制（1）

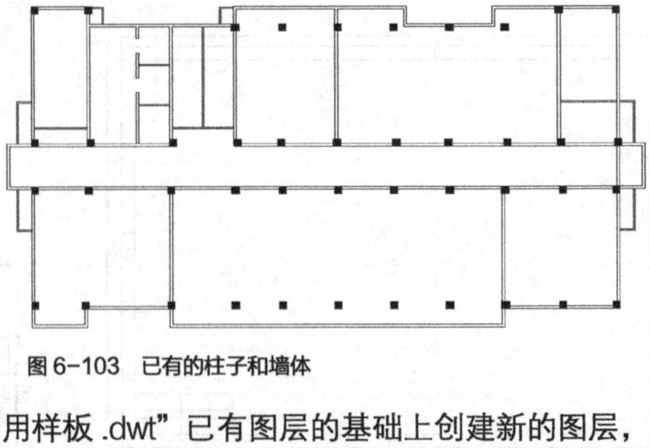

图 6-103　已有的柱子和墙体

在样板文件“建筑电气工程图用样板 .dwt”已有图层的基础上创建新的图层，如图 6-104 所示。

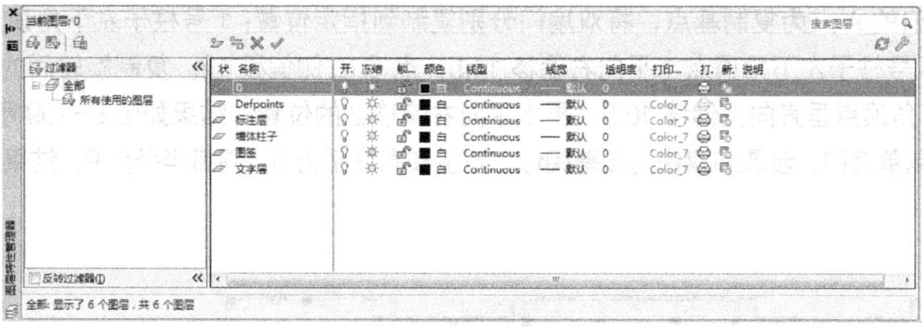

图 6-104 创建新图层

(1) 绘制窗户

① 绘制窗户。矩形尺寸为 20×2，然后在矩形中间画一条线段，结果如图 6-105 所示。

图 6-105 绘制窗户

② 将窗户复制到各段墙体的中间位置，结果如图 6-106 所示。

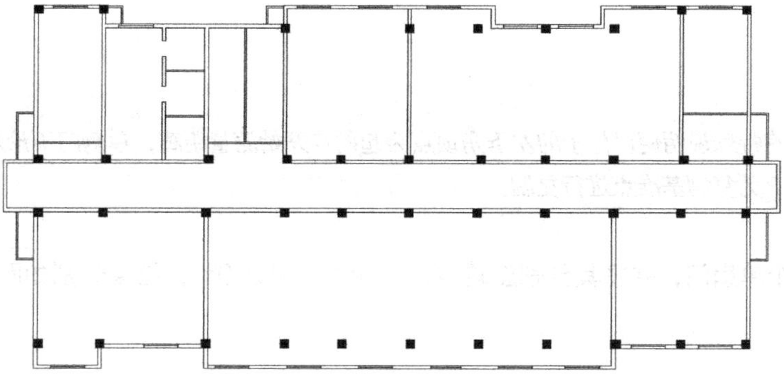

图 6-106 复制窗户

(2) 绘制门

① 绘制双扇门。在绘图区的适当位置单击一点 A，以此点为起点绘制长为 10.5 的线段 AB、AC 长为 21，捕捉 AC 中点 O 向上绘制适当长度的线段，然后利用起点 O、端点 B、绘制半径为 11 的圆弧，结果如图 6-107 (a) 所示。

② 以线段 OD 为镜像线，将圆弧和线段镜像到另一侧，然后删除线段 OD，结果如图 6-107 (b) 所示。

③ 复制图 6-107 (b) 所示的双扇门，将其旋转 90°，结果如图 6-108 所示。

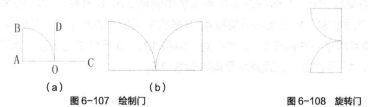

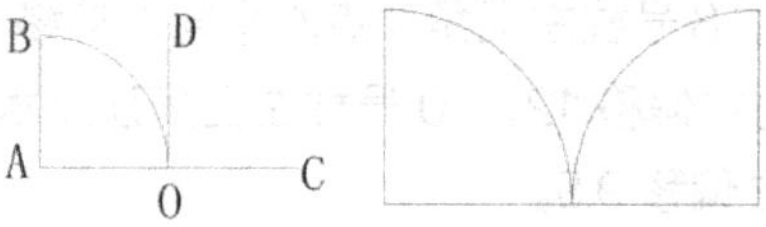

(a) (b)

图 6-107 绘制门

图 6-108 旋转门

④ 以门的 A 点为复制基点，将双扇门分别复制到指定位置：1 号柱子左下角顶点水平向右偏移 10，5 号柱子左下角顶点水平向右偏移 11.5，点 O 右侧偏移 12。复制旋转后的双扇门到 1 号柱子左下角顶点垂直向上偏移 16.5，再水平向右偏移 2 的位置，结果如图 6-109 所示。

⑤ 绘制单扇门，步骤和双扇门步骤相似，宽度和高度都为 9，圆弧半径为 9，结果如图 6-110 所示。

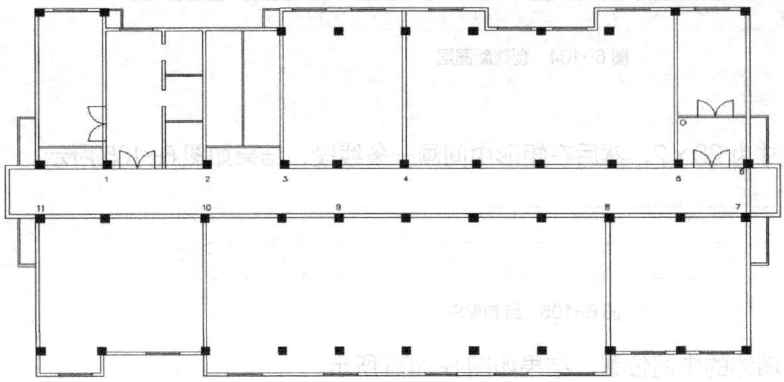

图 6-109 复制门

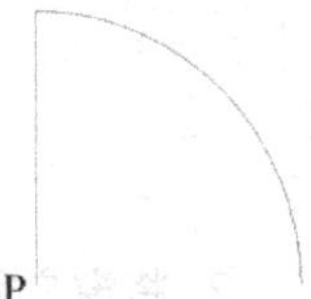

图 6-110 绘制单扇门

要点提示

给门定位时，没有特殊说明便以柱子的左下角顶点为起始点开始测量距离，单侧门不论是未旋转的还是旋转的都是以点 P 为复制基准点进行复制。

⑥ 复制 3 个单扇门，并将其分别旋转 90°、180° 和 270°，结果分别如图 6-111 所示。

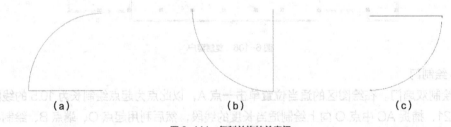

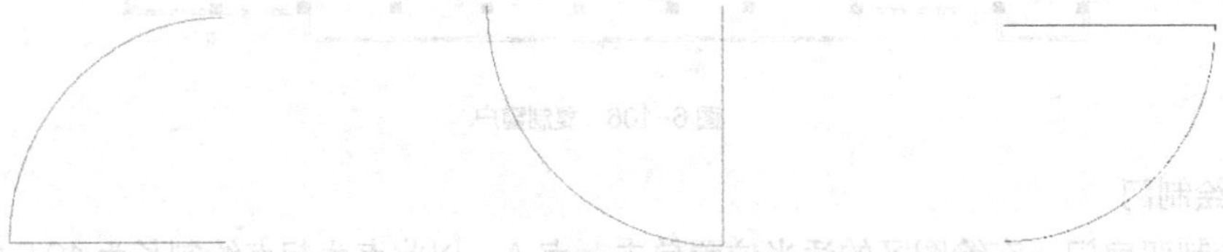

(a) (b) (c)

图 6-111 复制并旋转单扇门

⑦ 将图 6-111 所示的各单扇门复制到指定位置，结果如图 6-112 所示。

各单扇门的位置确定如下：1 号柱左下角顶点水平向左偏移 2，2 号柱左下角顶点水平向左偏移 4.5，距离点 A 右侧 3，距离点 B 左侧 3，3 号柱左下角顶点水平向右偏移 10，4 号柱左下角顶点水平向右偏移 10.5，5 号柱左下角顶点水平偏移 5.5，6 号柱底边与墙体右侧交接处垂直向下偏移 3.5，7 号柱左上角顶点水平偏移 4，8 号柱左上角顶点水平向左偏移 4 水平向右偏移 9，9 号柱左上角顶点水平向左偏移 5.5、水平向右偏移 12，10 号柱左上角顶点水平向左偏移 6、水平向右偏移 12，11 号柱左上角顶点水平向右偏移 9.5。

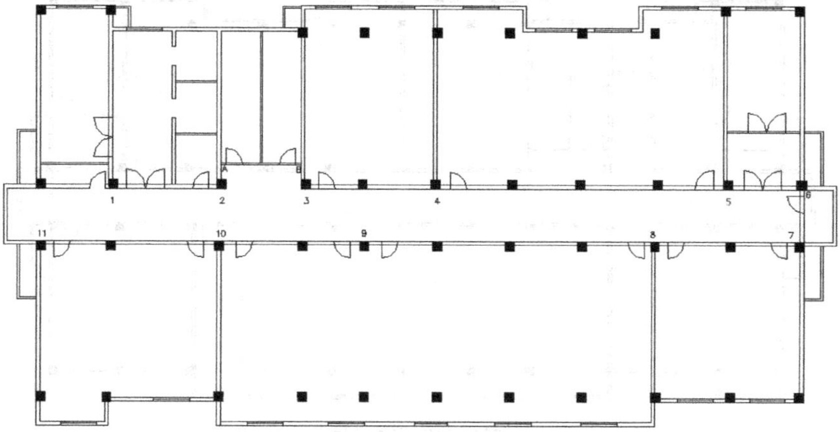

图 6-112 复制门

⑧ 将各门与对应墙体相交的线段修剪掉，结果如图 6-113 所示。

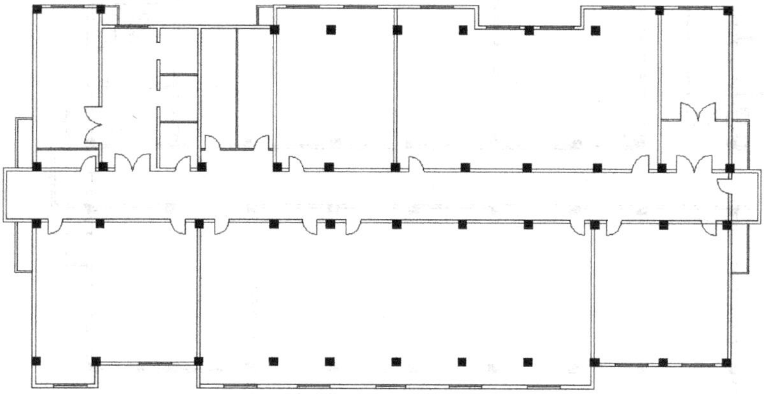

图 6-113 修剪线段

配电系统及闭路电视平面图的绘制（2）

（3）填充墙体

在菜单栏中单击【绘图】在弹出的下拉对话框中单击【图案填充】或在命令行中输入命令“hatch”即可打开图案填充对话框，结果如图 6-114 所示。

图 6-114 图案填充

在图案面板中选择“ANSI31”填充墙体，结果如图 6-115 所示。

（4）绘制楼梯

参看 6.2 节相关内容绘制楼梯，将墙体 H 和 K 之间的中点并且距离上侧 G 墙体 11.5 处的点作为基准点，绘制矩形尺寸为 2×35，捕捉矩形上侧中点移至基准点，向内偏移 0.5，12 条线段之间的间距均为 2.8，结果如图 6-116 所示。

配电系统及闭路电视平面图的绘制（3）

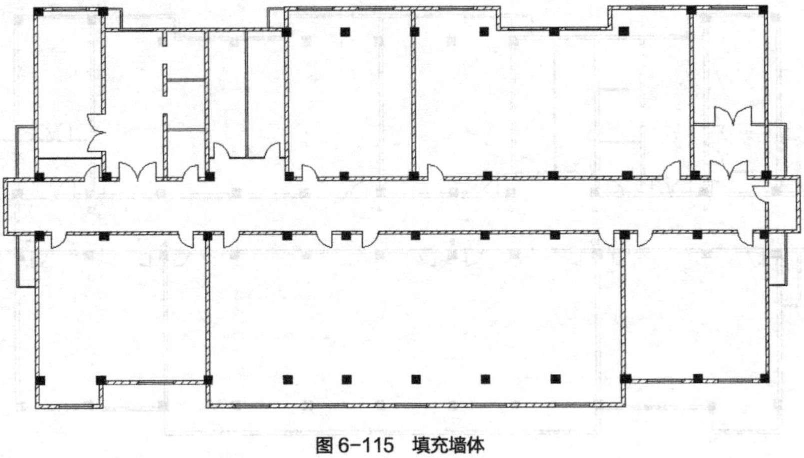

图 6-115 填充墙体

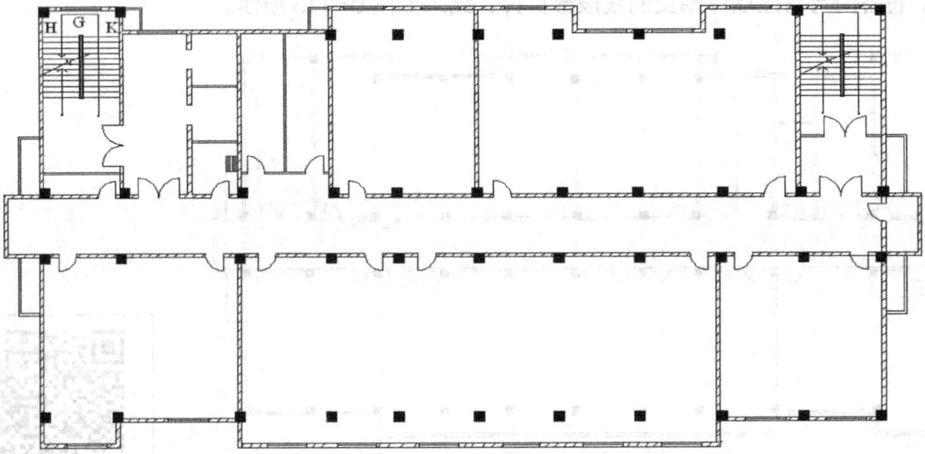

图 6-116 绘制楼梯

2. 绘制 PDS 平面图

闭路电视平面图相对比较简单，仅仅表示了 PDS 系统线路的布置及线槽、主机、数据插座、语音插座和线路等进出线的布置情况，其定位要求不高。本节将在上述内容的基础上绘制 PDS 平面图，通过练习掌握其绘制方法。

（1）绘制主机和线槽

① 绘制综合配线布置架。捕捉 2 号柱左下角顶点并垂直向上偏移 13.5 处的点为起点，水平向左绘制长为 6、垂直向上长为 8、水平向右长为 6 的折线，结果如图 6-117（a）所示。

配电系统及闭路电视平面图的绘制（4）

② 依次向右偏移线框左侧的纵向线段，偏移 5 次，偏移距离为 1，结果如图 6-117（b）所示。

③ 绘制主机。距离 U 墙体（见图 6-117）下侧 22.5，距离 V 墙体左侧 12.5，确定主机右上角顶点 O，绘制 12×24 的矩形，然后在距离点 O（-20，-4.5）处绘制 8×15 的矩形，结果如图 6-118 所示。

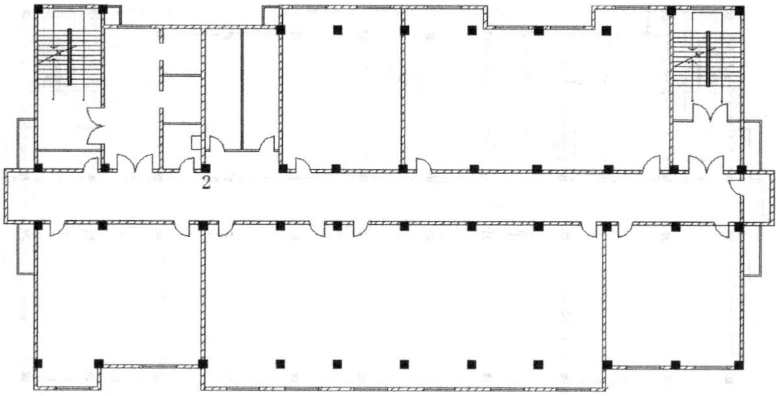

（a）

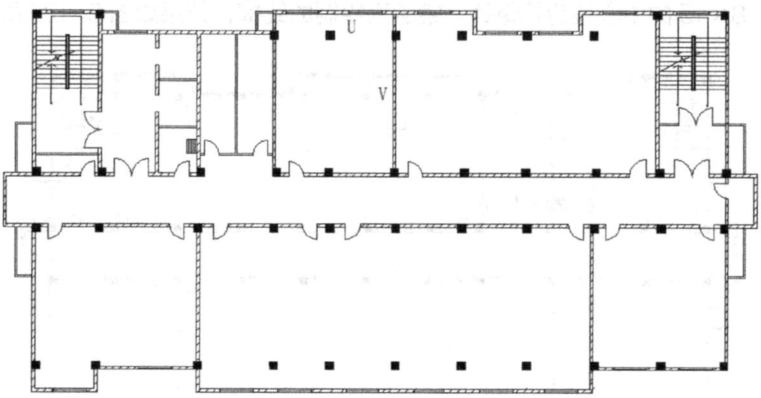

（b）

图 6-117 绘制综合配线布置架

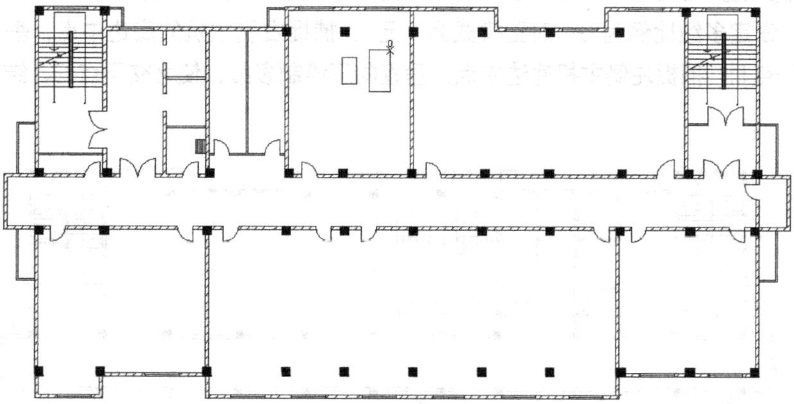

图 6-118 绘制主机

④ 绘制线槽。捕捉矩形 12×24 的中点 M、N 后绘制多线，设定多线比例为 4，结果如图 6-119 所示。

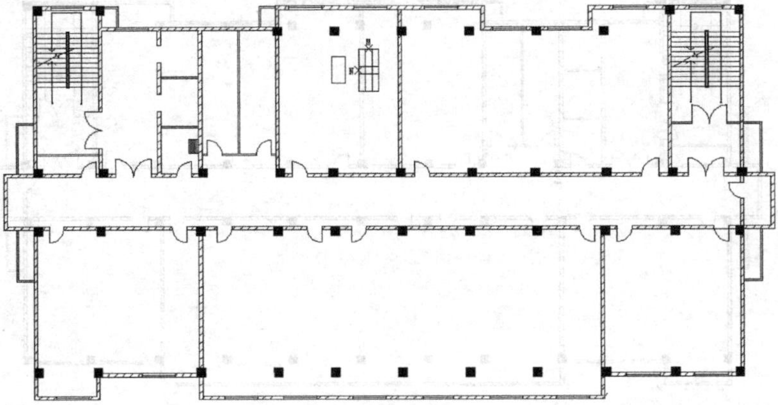

图 6-119 绘制线槽

⑤ 以矩形 8×15 的中心线为镜像线，镜像刚绘制的线槽，结果如图 6-120 所示。

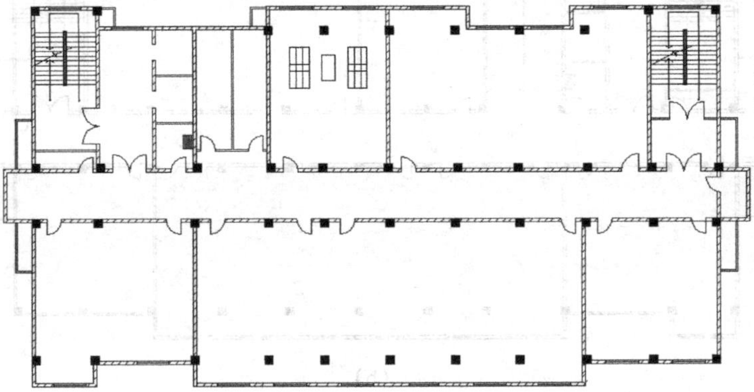

图 6-120 镜像线槽

⑥ 绘制多线。捕捉综合配线布置架最右侧线段的中点，以中点为起始点水平向右绘制长为 110 的多线，设定多线比例为 6，对正模式为“无”。捕捉右侧主机的底边中点，垂直向下绘制多线，使之交于点 H；捕捉左侧主机底边中点，垂直向下绘制多线，使之交于点 G，结果如图 6-121 所示。

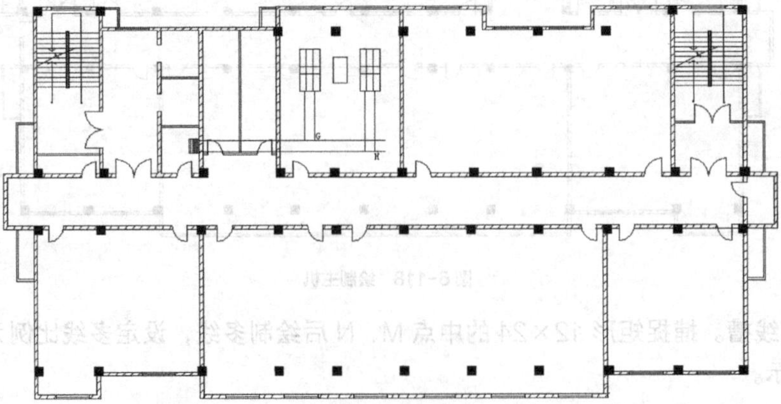

图 6-121 绘制多线

⑦ 分解多线，然后修剪多余线段，结果如图 6-122 所示。

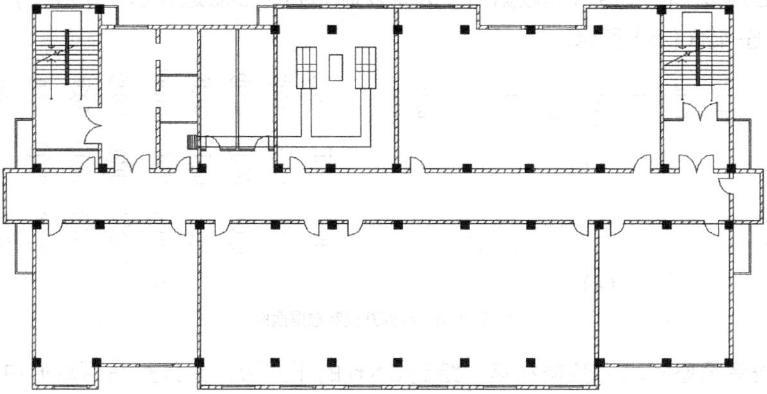

图 6-122 分解多线并修剪线段

（2）绘制插座

① 选择菜单命令【格式】/【文字样式】，打开【文字样式】对话框，如图 6-123 所示。将“建筑电气工程图用文字样式”的字体高度修改为“4”，单击 应用(A) 按钮，使当前设置生效。再单击 关闭(C) 按钮，返回绘图区域。

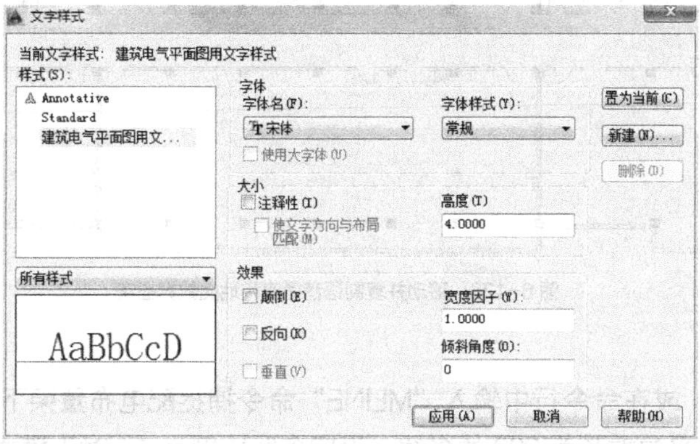

图 6-123 【文字样式】对话框

配电系统及闭路电视平面图的绘制（5）

② 绘制数据插座。绘制半径为 3 的圆，在圆内输入字母“D”，并将字母旋转 90°，结果如图 6-124（a）所示。然后将其复制到圆的上象限点位置处，结果如图 6-124（b）所示。

③ 以两个圆的切点为起点绘制 96×40 的矩形，如图 6-125 所示。

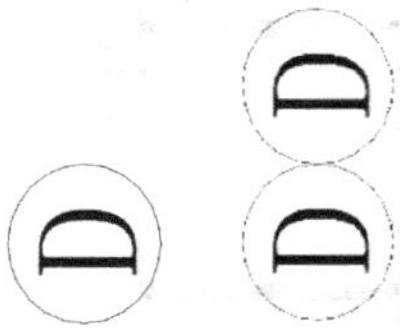

（a） （b）

图 6-124 绘制数据插座

图 6-125 绘制矩形

④ 将数据插座沿矩形顶边阵列 9 组，结果如图 6-126（a）所示。

⑤ 将矩形顶边上的 9 组对称数据插座分别复制到到矩形底边和水平中线上，然后将矩形删除，结果如图 6-126（b）所示。

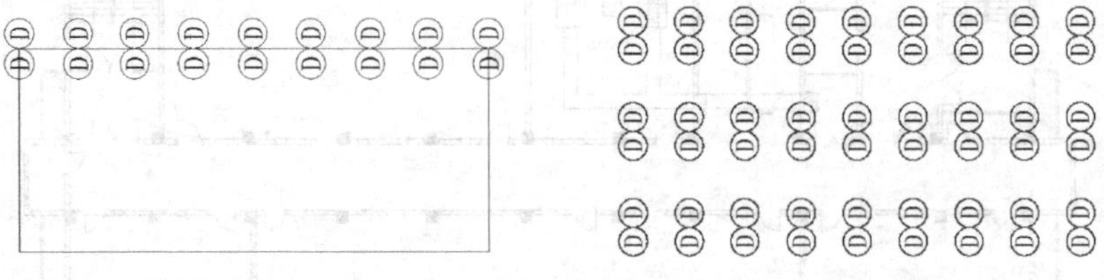

（a）　　　　　　　　　　（b）

图 6-126　阵列并复制数据插座

⑥ 绘制语音插座和地面数据插座。绘制 6×6 的正方形，并分别在两矩形中心点的位置填写文字“V”和“D”，结果如图 6-127 所示。

⑦ 将语音插座和地面数据插座移动并复制到图中的示意位置，结果如图 6-128 所示。

图 6-127　绘制语音插座和地面数据插座

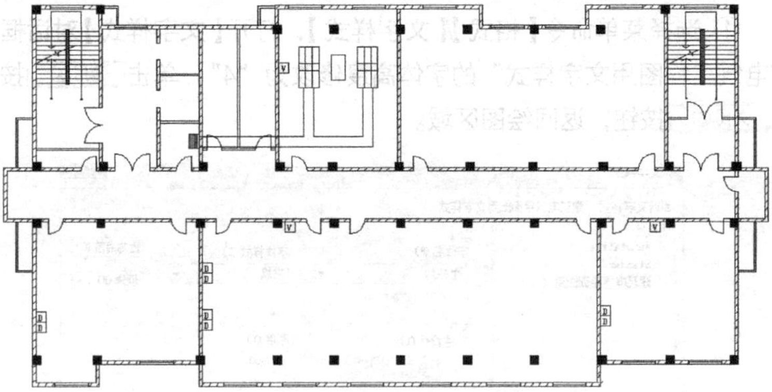

图 6-128　移动并复制语音插座和地面数据插座

（3）绘制 PDS 线路

① 在菜单栏中单击“多线”或在命令行中输入“MLINE”命令捕捉配电布置架下侧线段的中点，竖直向下绘制长为 20，水平向右长为 290 的多线，设定多线比例为 4，对正模式为“无”，并连接多线，结果如图 6-129 所示。

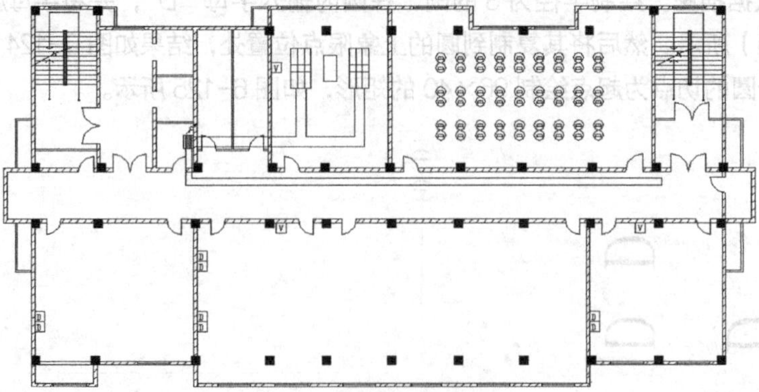

图 6-129　绘制 PDS 线路

② 执行直线命令，绘制其余连接线，结果如图 6-130 所示。

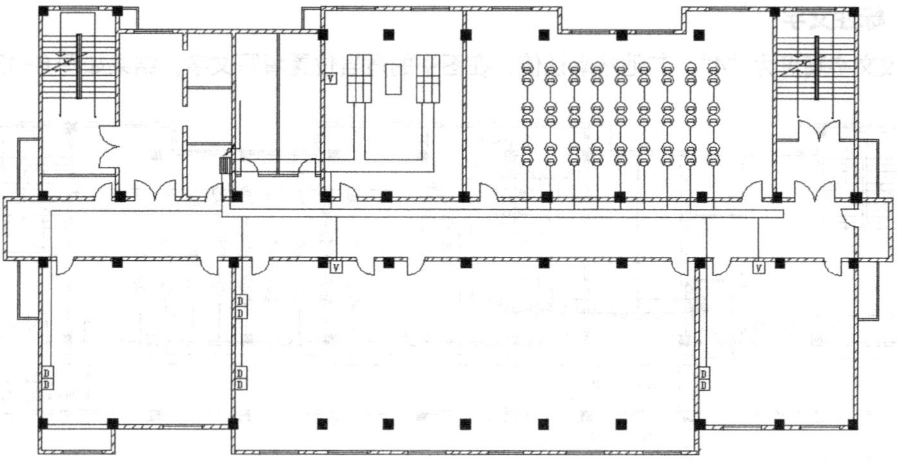

图 6-130　绘制其余连接线

3. 绘制闭路电视平面图

继续前面的练习，绘制闭路电视平面图。在绘制中，读者应掌握闭路电视平面图的绘制方法，掌握利用关键点编辑方法移动、复制图形。

配电系统及闭路电视平面图的绘制（6）

（1）在图幅空白区域插入块“上下敷管进出线”，结果如图 6-131 所示。

（2）绘制电视插座。绘制半径为 3.5 的圆，并在圆内填写文字“TV”，结果如图 6-132 所示。

图 6-131　绘制上下敷管进出线

图 6-132　绘制电视插座

（3）移动电视插座到图 6-130 中的适当位置，并利用直线命令绘制各相应连接线，结果如图 6-133 所示。

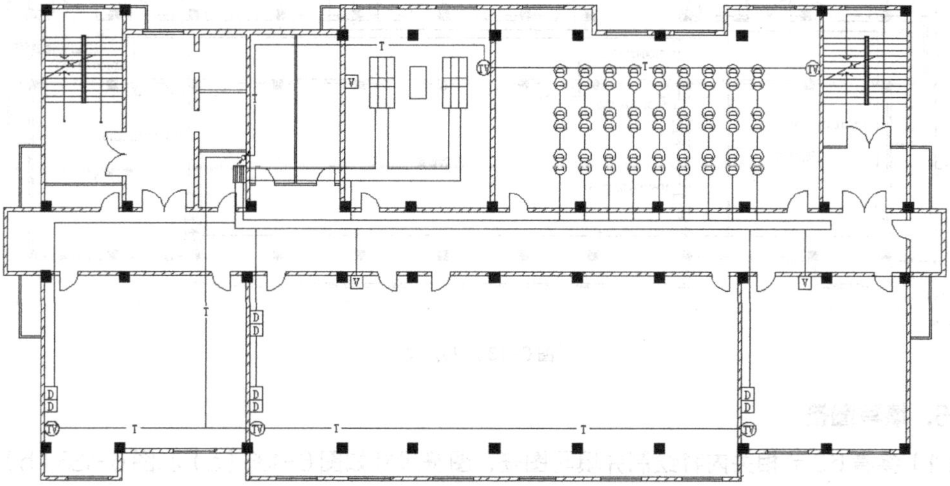

图 6-133　绘制闭路电视

4. 标注文字

修改文字高度为“4”，其他按默认值，在图中的适当位置填写文字，结果如图 6-134 所示。

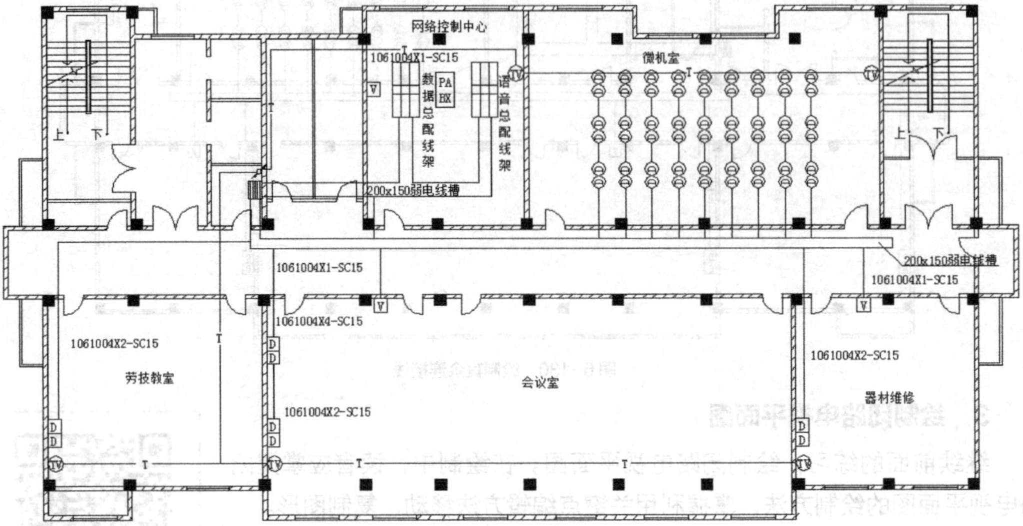

图 6-134 标注文字

5. 标注尺寸

利用线性标注、连续标注及基线标注命令标注相关尺寸，结果如图 6-135 所示。

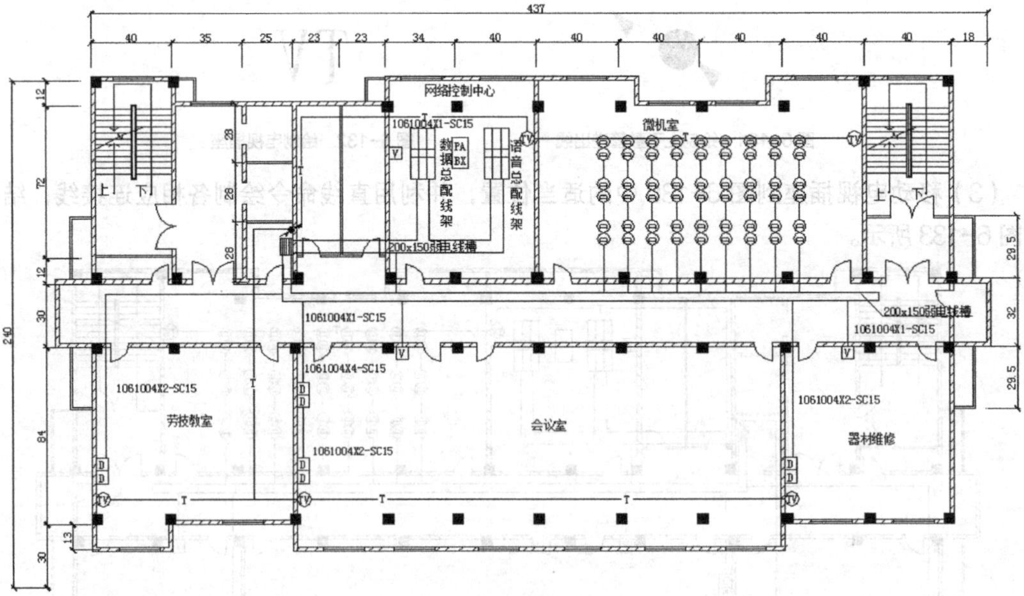

图 6-135 标注尺寸

6. 填写图签

（1）参看 6.2 节相关内容绘制并填写图签，图签尺寸如图 6-136（a）和图 6-136（b）所示，图签中“老虎工作室”的字体高度为“6”，其余字体高度为“3”。

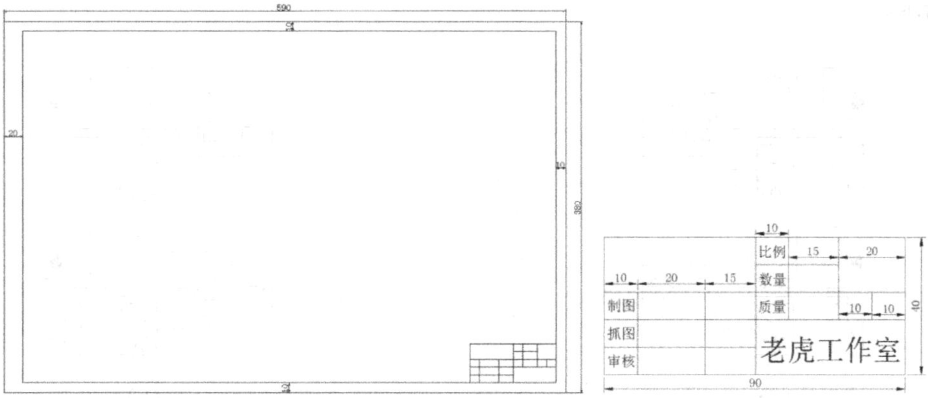

（a）　　　　　　（b）

图 6-136　绘制图签

（2）将图 6-135 移动至图 6-136（a）所示的适当位置，结果如图 6-102 所示。

6.5 可视对讲系统图的绘制

本节将详细讲解可视对讲系统图的绘制方法。

可视对讲系统图绘制（1）

1. 建立新文件

（1）启动 AutoCAD 2014 应用程序。

（2）在命令行键入命令“NEW”或单击快速访问工具栏上的按钮，在弹出的【选择样板】对话框中选择样板文件为“建筑电气系统图用样板 .dwt”。

（3）单击快速访问工具栏上的按钮，在弹出的【图形另存为】对话框中设置【文件类型】为“AutoCAD 2010/LT2010 图形（*.dwg）”，输入【文件名】为“可视对讲系统图 .dwg”，并设置保存路径。

2. 绘制整体系统图

（1）组合“户户隔离器”“可视对讲分机”“紧急报警按钮”“天然气泄漏报警探测器”“红外微波双鉴报警探测器”和“门磁开关”。

① 插入块“户户隔离器”“可视对讲分机”“紧急报警按钮”“天然气泄漏报警探测器”“红外微波双鉴报警探测器”和“门磁开关”到图幅的空白区域。

② 复制 1 个可视对讲分机、1 个紧急报警按钮、1 个天然气泄漏报警探测器、1 个红外微波双鉴报警探测器和 1 个门磁开关到适当位置，然后绘制连接线，结果如图 6-137 所示。

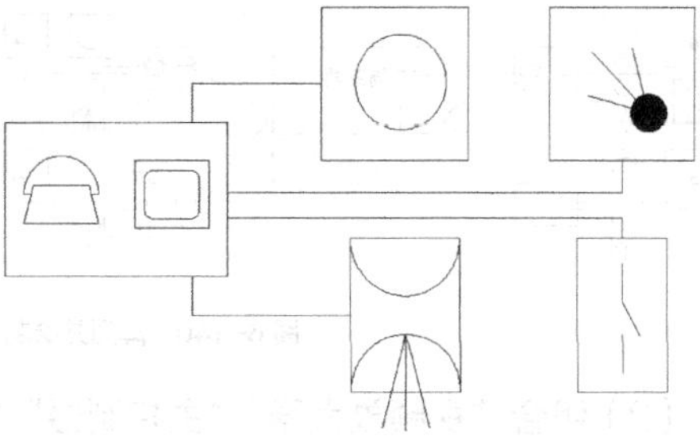

图 6-137　复制图形并连线

③ 垂直向下按适当距离复制图 6-137 到图 6-138（a）所示的示意位置。

④ 以距离可视对讲分机矩形左侧边为 30 的竖直线为镜像线，镜像图形，结果如图 6-138

（b）所示。

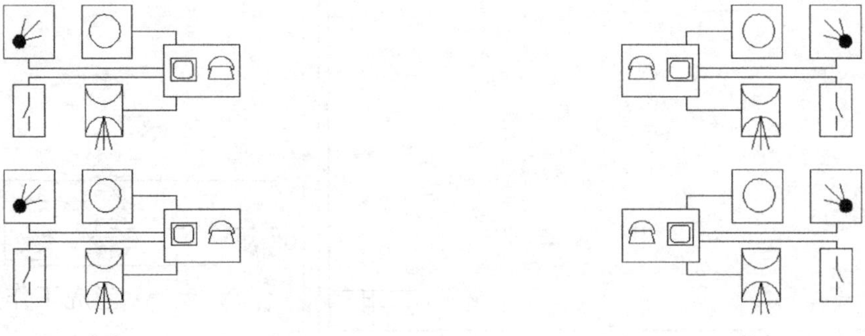

图 6-138 组合图形并复制、镜像

⑤ 复制一个户户隔离器到图 6-138 所示的中间位置，再绘制连接线，结果如图 6-139 所示。

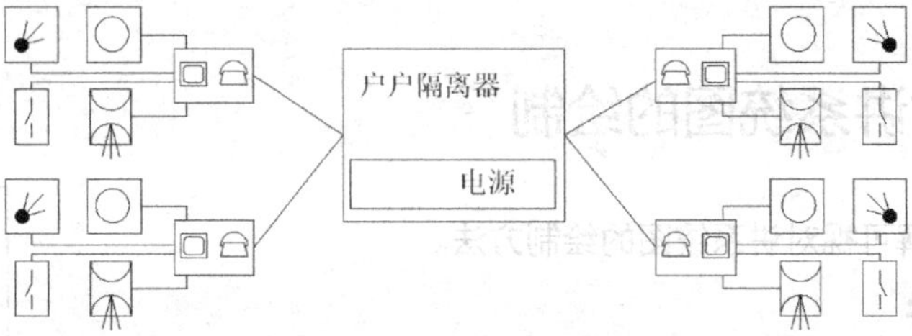

图 6-139 与户户隔离器组合成图

⑥ 单击【默认】选项卡中【修改】面板上的 按钮，选取阵列对象，单击【Enter】键。在出现的阵列对话框中，取适当阵列总间距，阵列图 6-140 为 2 行 2 列，并绘制连接线，再匹配线型，结果如图 6-140 所示。

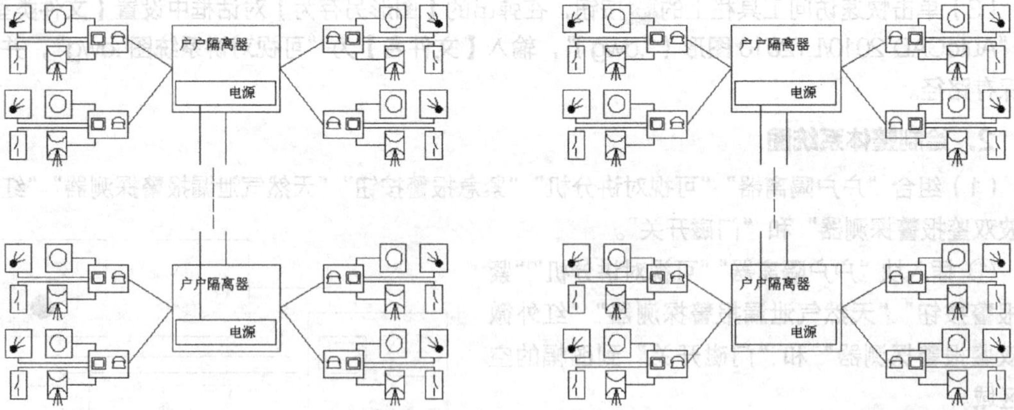

图 6-140 阵列并绘制连接线

（2）组合“视频放大器”“主控制器”“电源”和“单元门口机”

① 插入块“视频放大器”“主机控制器”“单元门口机”和“电源”到适当位置，并绘制连接线，结果如图 6-141 所示。

② 复制图 6-141 到图 6-140 的适当位置，结果如图 6-142 所示。

可视对讲系统图绘制（2）

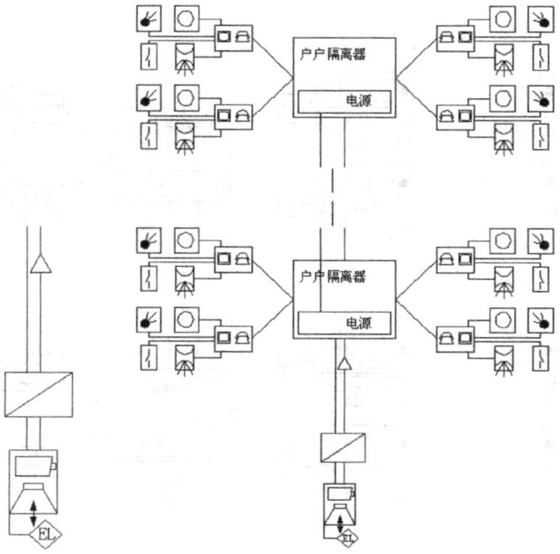

图 6-141 复制对象并绘制连接线

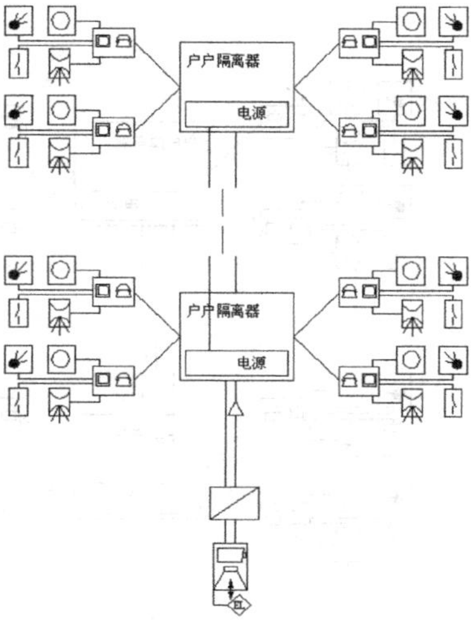

图 6-142 复制对象

③ 绘制线段 AB，其长为 23.4，然后捕捉电源大矩形右侧边中点为基点，将其复制到点 B。

④ 捕捉电源大矩形的左下角顶点，并水平向右偏移 1.3 确定起点，绘制长为 10 的电源引线 CD。

⑤ 捕捉点 D，并垂直向下偏移 0.8 确定圆心，绘制直径为 1.6 的圆，圆为接线端子，结果如图 6-143 所示。

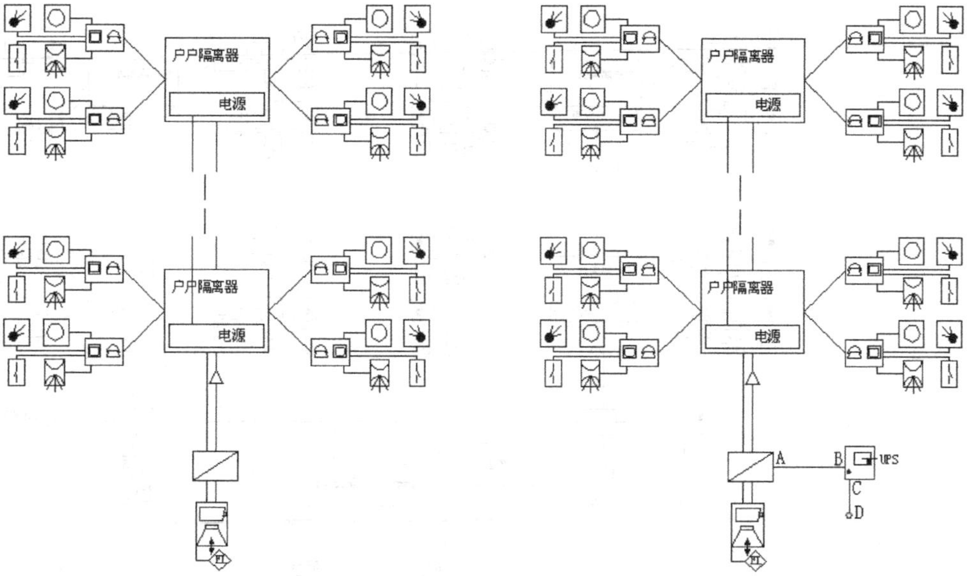

图 6-143 绘制线段、圆并复制电源到适当位置

⑥ 镜像图 6-143 所示新增的电源及相关部分，结果如图 6-144 所示。

（3）组合“管理中心”“8 口交换机”“主控制器”和“围墙机”

① 插入块“主控制器”和“围墙机”到适当位置，再绘制连接线，结果如图 6-145 所示。

② 复制“管理中心”“交换机”到图 6-145 的适当位置，并绘制连接线，结果如图 6-146 所示。

可视对讲系统图绘制（3）

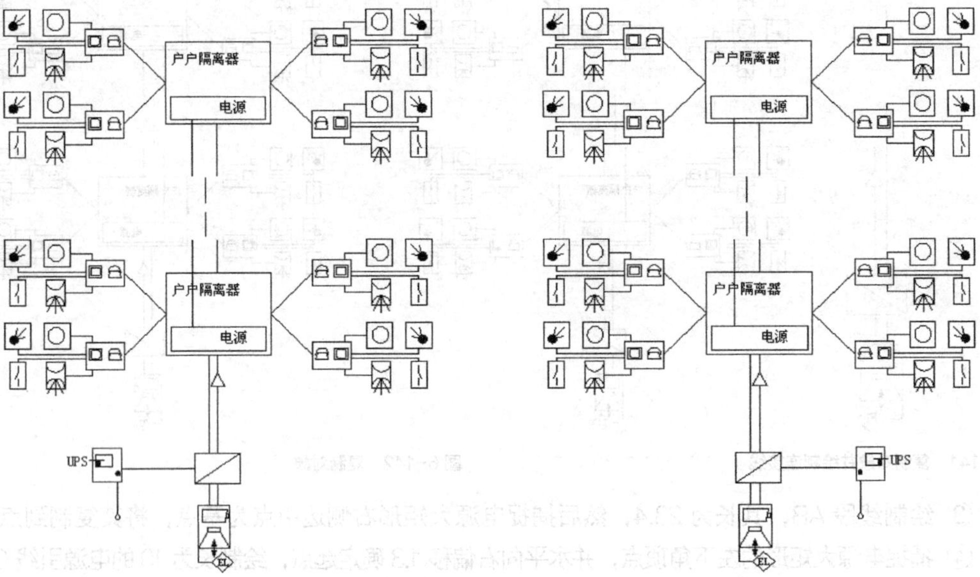

图 6-144　镜像电源部分

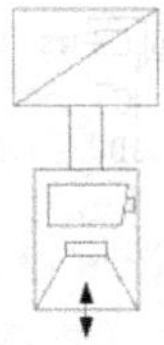

图 6-145　组合管理中心和交换机

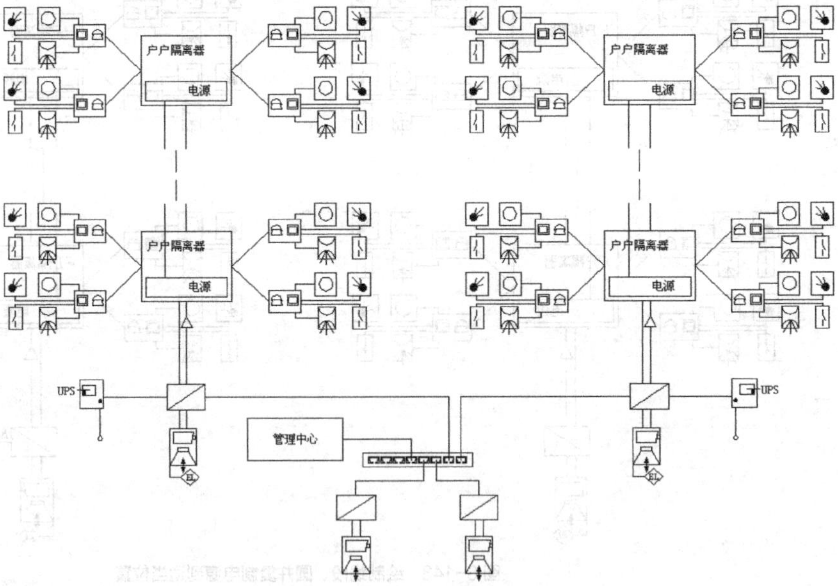

图 6-146　组合管理中心和交换机

(4) 添加文字、匹配图层

① 匹配图形到相应图层，并添加辅助线，参看附盘文件。

② 设置文字高度为 3，然后填写单行和多行文字，结果如图 6-147 所示。

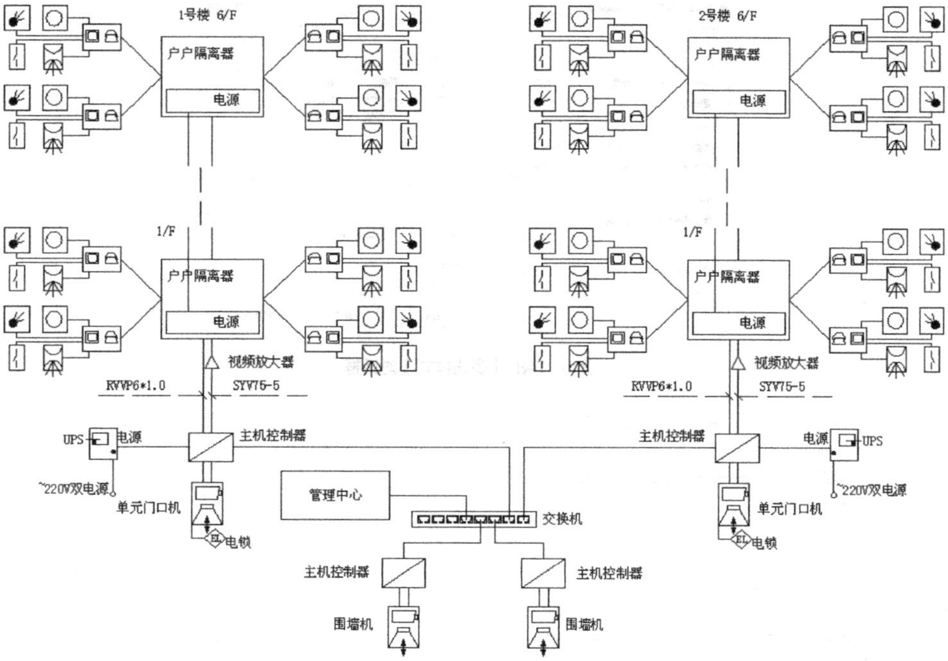

图 6-147 编辑文字

6.6 消防系统图的绘制

本节将详细讲解消防系统图的绘制方法。

1. 建立新文件

（1）启动 AutoCAD 2014 应用程序。

（2）在命令行键入命令“NEW”或单击快速访问工具栏上的按钮，在弹出的【选择样板】对话框中选择样板文件为“建筑电气系统图用样板 .dwt”。

（3）单击快速访问工具栏上的按钮，在弹出的【图形另存为】对话框中设置【文件类型】为“AutoCAD 2010/LT2010 图形（*.dwg）”，输入【文件名】为“消防系统图 .dwg”，并设置保存路径。

2. 绘制整体系统图

消防系统图的绘制（1）

（1）绘制系统主接线

① 在绘图区的适当位置绘制长为 265 的竖直线段，然后将其阵列 1 行 11 列，阵列总间距为 50。

② 选择菜单命令【格式】/【多线样式】，弹出【多线样式】对话框，单击新建(N)...按钮，创建名为“消防图用多线样式”的多线样式，其具体参数设置如图 6-148 所示。

③ 启动绘制多线命令，设置比例因子为 20，捕捉最左侧线段的左端点为起点水平向右绘制长为 310 的多线，再将其阵列 6 行 1 列，阵列总间距为 250，结果如图 6-149（a）所示。

④ 分解多线，然后分别向下偏移水平线段 A、B，偏移距离均为 7.5；分别向下移动水平线段 C、D、E，移动距离均为 17.5，结果如图 6-149（b）所示。

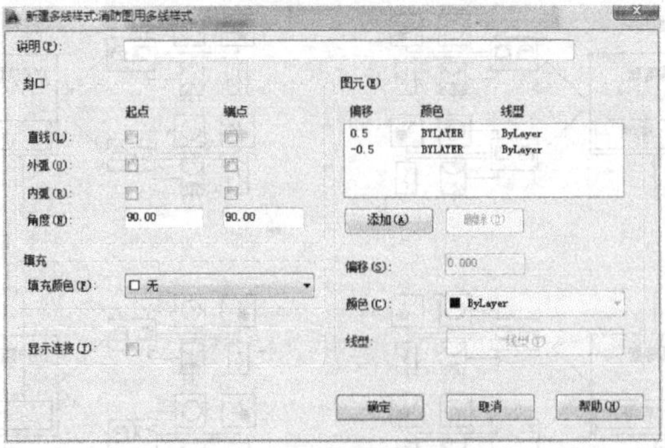

图 6-148 【多线样式】对话框

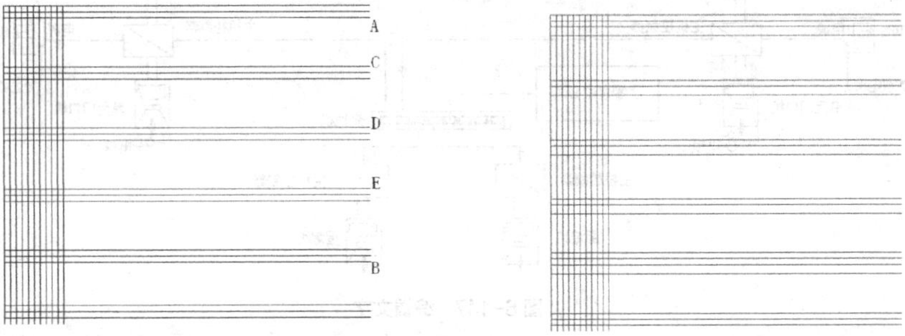

（a）　　　　（b）

图 6-149　绘制系统主接线（1）

⑤ 修剪多余线段，结果如图 6-150（a）所示。

⑥ 设置“辅助线层”为当前层，以距点 F(-20，5)处为起点，水平向右绘制长为 330 的线段。

⑦ 以距点 F（-2.5，2.5）处为起点，绘制 75×45 的矩形。

⑧ 阵列虚线和虚线矩形框为 5 行 1 列，阵列总间距为 200，结果如图 6-150（b）所示。

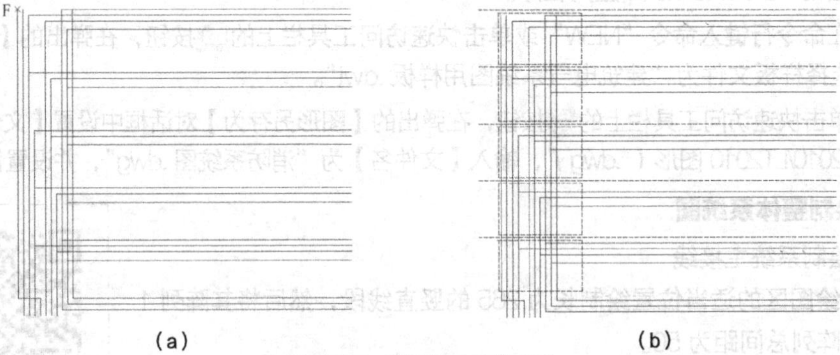

（a）　　　　（b）

图 6-150　绘制系统主接线（2）

消防系统图的绘制（2）

（2）插入各元器件

① 插入相应的各块到图 6-150（b）的示意位置。捕捉各交点为圆心，绘制直径为 0.8 的圆，并利用填充图案“SOLID”填充圆，即各节点。

② 绘制连接线，并修剪多余线段，结果如图 6-151 所示。

（3）匹配图层并编辑文字

① 按各线的功能，匹配图层。

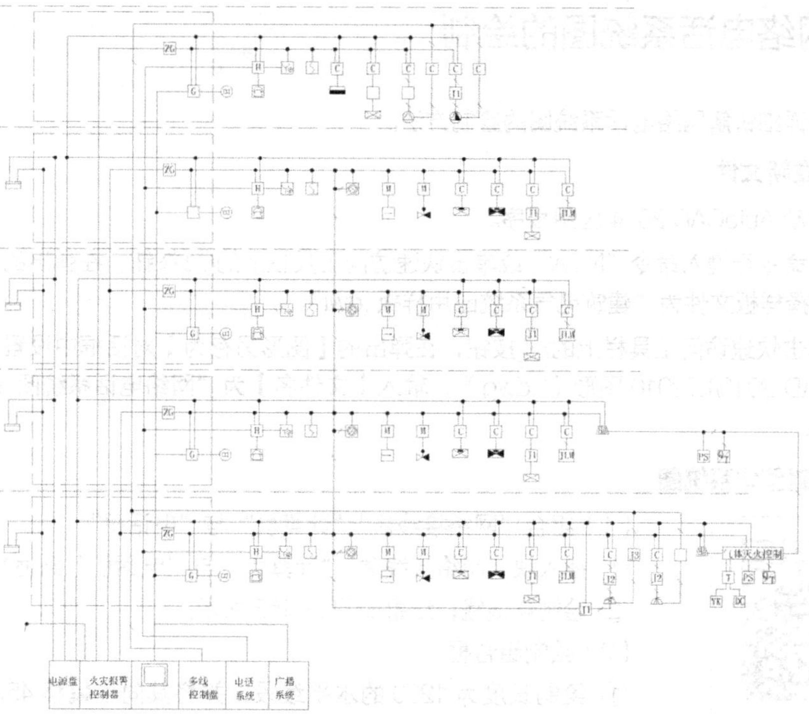

图 6-151 复制各元器件等

② 设置文字高度为 3，在图形的适当位置填写单行文字，结果如图 6-152 所示。

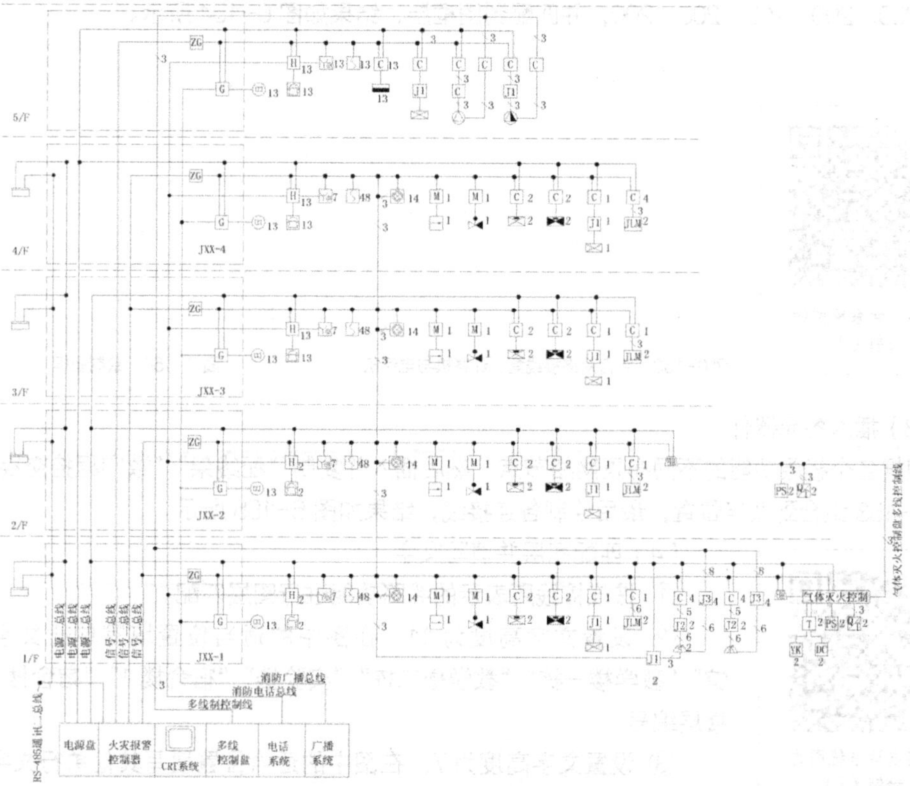

图 6-152 匹配图层并编辑文字

6.7 网络电话系统图的绘制

本节将详细讲解网络电话系统图的绘制方法。

1. 建立新文件

（1）启动 AutoCAD 2014 应用程序。

（2）在命令行键入命令“NEW”或单击快速访问工具栏上的按钮，在弹出的【选择样板】对话框中选择样板文件为“建筑电气系统图用样板 .dwt”。

（3）单击快速访问工具栏上的按钮，在弹出的【图形另存为】对话框中设置【文件类型】为“AutoCAD 2010/LT2010 图形（*.dwg）”，输入【文件名】为“网络电话系统图 .dwg”，并设置保存路径。

2. 绘制整体系统图

网络电话系统图的绘制（1）

（1）组合“网络接线盒”“计算机”与“电话机”

① 插入块“网络接线盒”“计算机”与“电话机”到适当位置。

② 绘制连接线，结果如图 6-153 所示。

（2）绘制组合框

① 绘制长度为 1250 的水平线段，并将其向下偏移 45、100、100、100、100、100、100、100。

② 连接上下线段的左侧端点，然后将此竖直线段分别向右偏移 50、200、200、200、200、200、200，并匹配到图框层，结果如图 6-154 所示。

网络电话系统图的绘制（2）

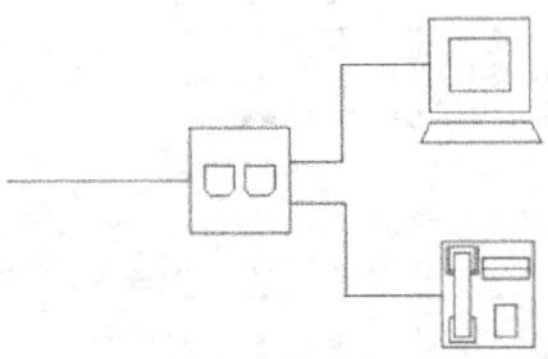

图 6-153　组合网络接线盒、计算机与电话机

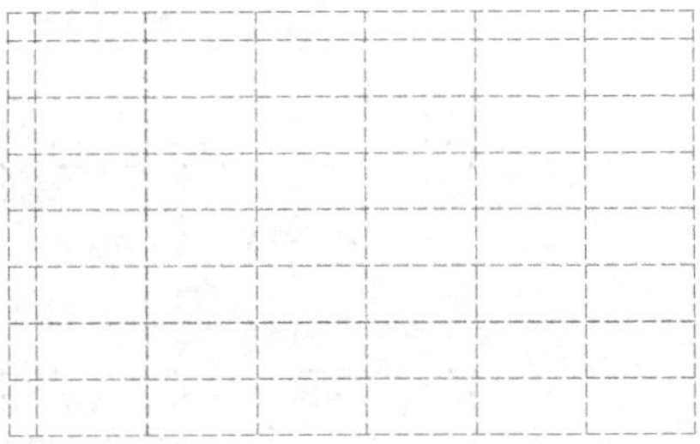

图 6-154　绘制图框

（3）插入各元器件

根据各个楼层功能的不同布置网络节点，然后插入并复制“配线架”“数字程控交换机系统”及图 6-153 组合到适当位置，最后绘制各连接线，结果如图 6-155 所示。

网络电话系统图的绘制（3）

（4）匹配图层并填写文字

① 按连接线所表示的线路功能进行图层匹配。

② 设置文字高度为 11，在图中的适当位置填写单行文字“图书馆”“教学楼一栋”“教学楼二栋”“实验楼”“宿舍楼 1”“宿舍楼 2”及各楼层编号。

③ 设置文字高度为 7，在图中的适当位置填写其他单行文字，结果如图 6-156 所示。

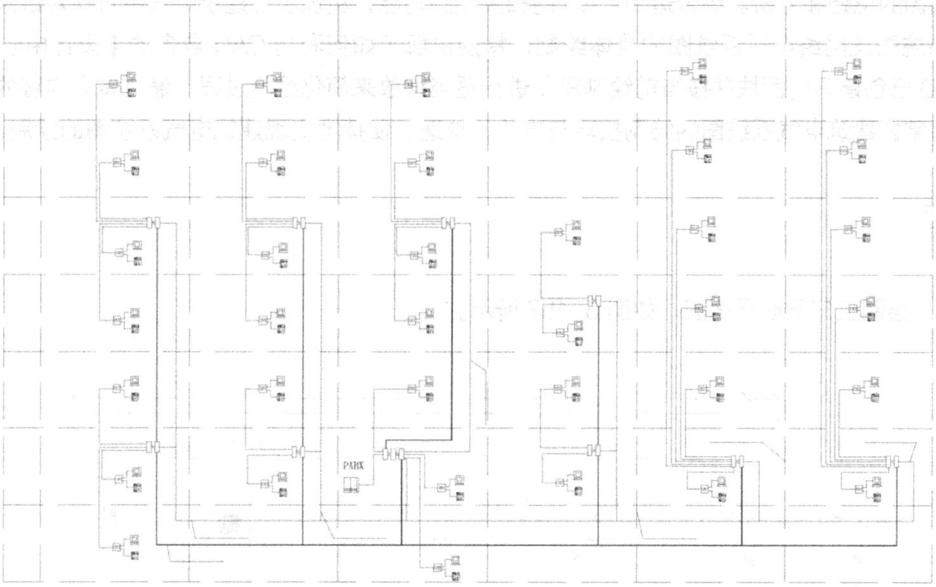

图 6-155 复制各元器件并绘制连接线

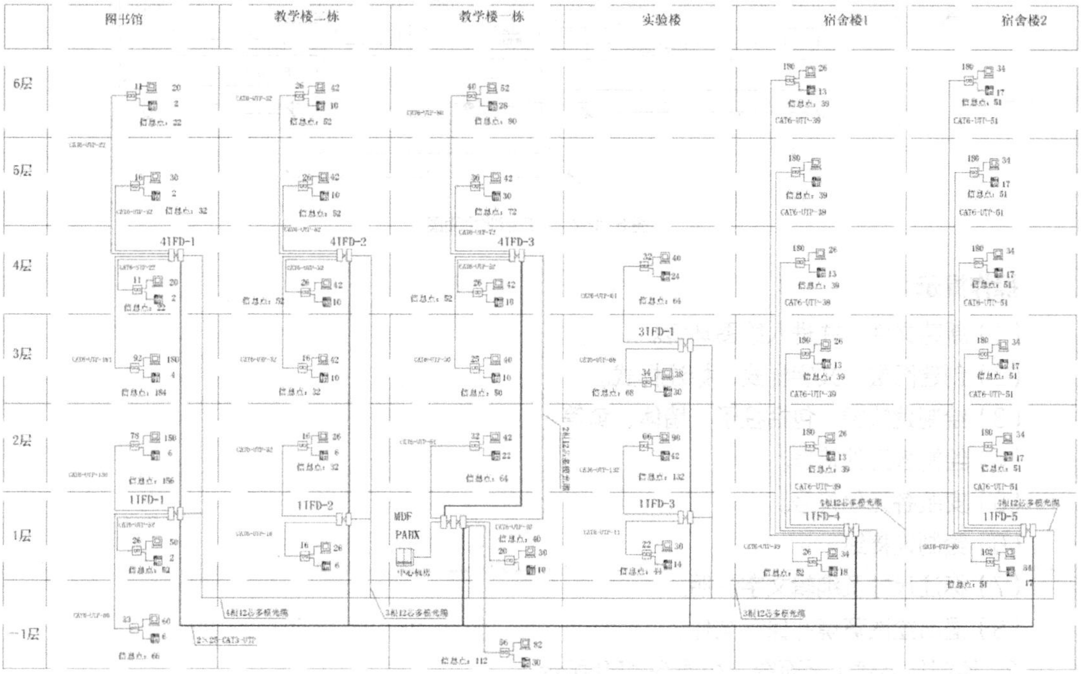

图 6-156 匹配图层并填写文字

小结

本章以实验室照明平面图、办公楼配电平面图和 PDS 平面图为例，详细讲解了绘制建筑电气平面图的思路和方法。综合运用 CAD 的相关绘图功能，实现了对建筑电气中可视对讲系统图、消防系统图及网络电话系统图的具体绘制，特别讲解了如何利用 CAD 自带的【设计中心】，插入 CAD 已创建好的图块并按当前绘制需要进行适当缩放来简化绘图过程。通过本章内容的学习，读者可掌握建筑电气系统图的绘制技巧与方法，快速、便捷地实现建筑电气系统图的绘制。

习题

1. 绘制工厂照明平面图，如图 6-157 所示。

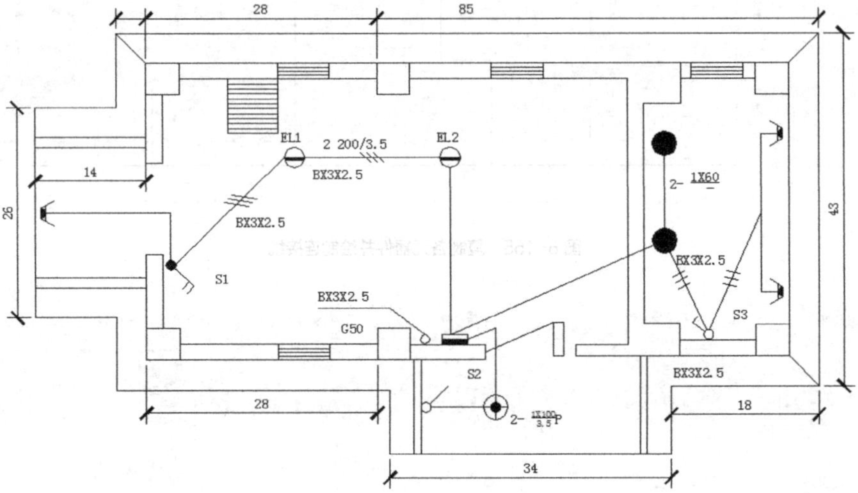

图 6-157 工厂照明平面图

操作提示：

（1）新建文件，并进入绘图环境。

（2）创建图层、文字样式、标注样式。

（3）绘制建筑图，包括柱子、墙体、窗等。

（4）绘制各元件符号。

（5）安装各元件符号。

（6）绘制连接线。

（7）标注尺寸及编辑文字说明。

（8）退出绘图环境并保存文件。

2. 绘制住宅建筑平面图，如图 6-158 所示。

操作提示：

（1）新建文件，并进入绘图环境。

（2）创建图层、文字样式、标注样式。

（3）绘制建筑图，包括柱子、墙体、窗等。

（4）绘制各元件符号。

（5）安装各元件符号。

（6）绘制连接线。

（7）标注尺寸及编辑文字说明。

（8）退出绘图环境并保存文件。

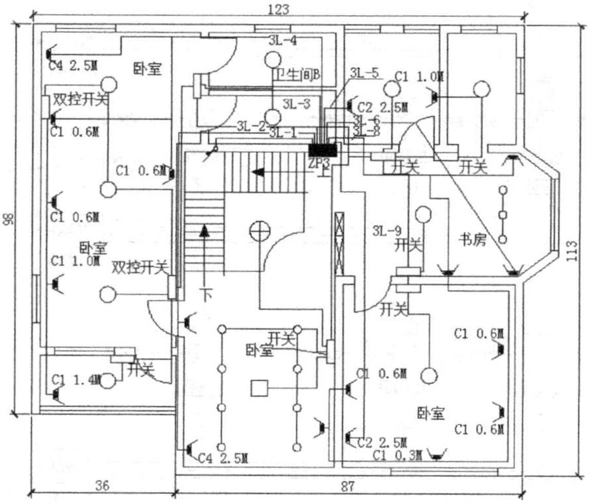

图6-158 住宅建筑平面图

3. 绘制停车场监控管理系统图，如图6-159所示。

操作提示：

（1）新建文件，并进入绘图环境。

（2）创建图层、文字样式、标注样式。

（3）绘制各元件符号。

（4）绘制连接线。

（5）填写文字说明。

（6）退出绘图环境并保存文件。

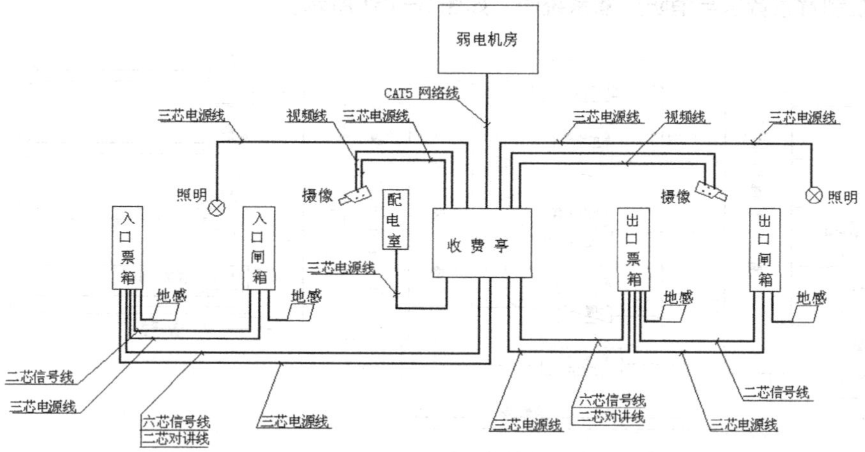

图6-159 停车场监控管理系统图

4. 绘制访客对讲系统图，如图 6-160 所示。

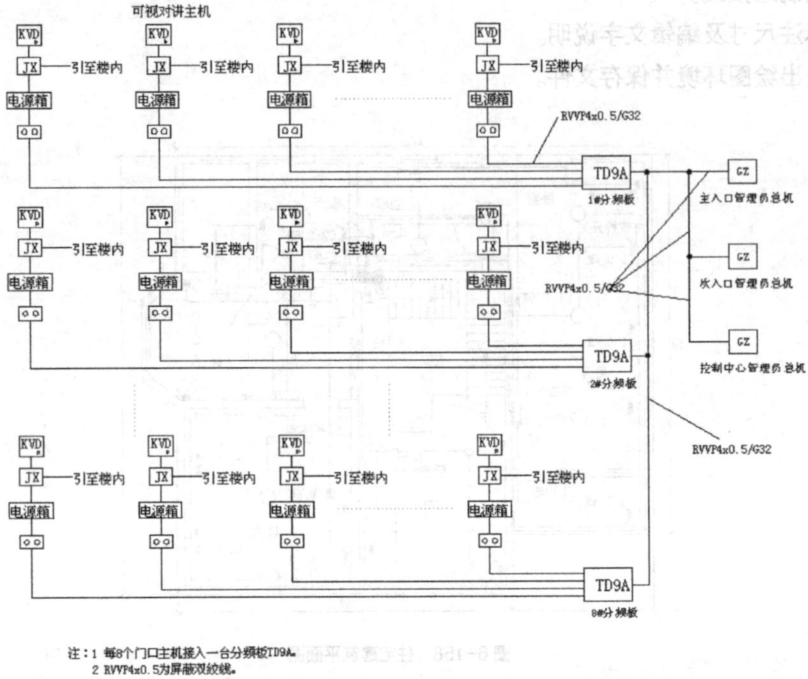

图 6-160 访客对讲系统图

操作提示：

(1) 新建文件，并进入绘图环境。

(2) 创建图层、文字样式、标注样式。

(3) 绘制各元件符号。

(4) 绘制连接线。

(5) 填写文字说明。

(6) 退出绘图环境并保存文件。

5. 绘制背景音乐与消防广播系统图，如图 6-161 所示。

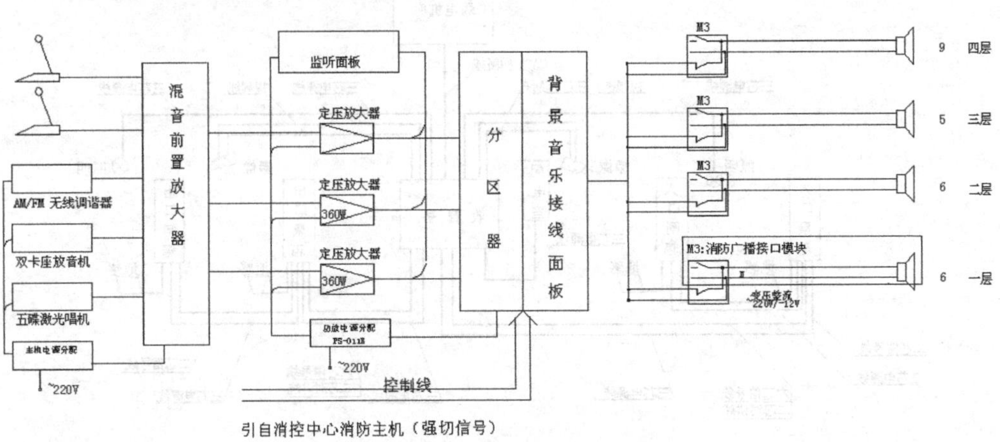

图 6-161 背景音乐与消防广播系统图

操作提示：

（1）新建文件，并进入绘图环境。
（2）创建图层、文字样式、标注样式。
（3）绘制各元件符号。
（4）绘制连接线。
（5）填写文字说明。
（6）退出绘图环境并保存文件。

6. 绘制视频监控系统图，如图 6-162 所示。

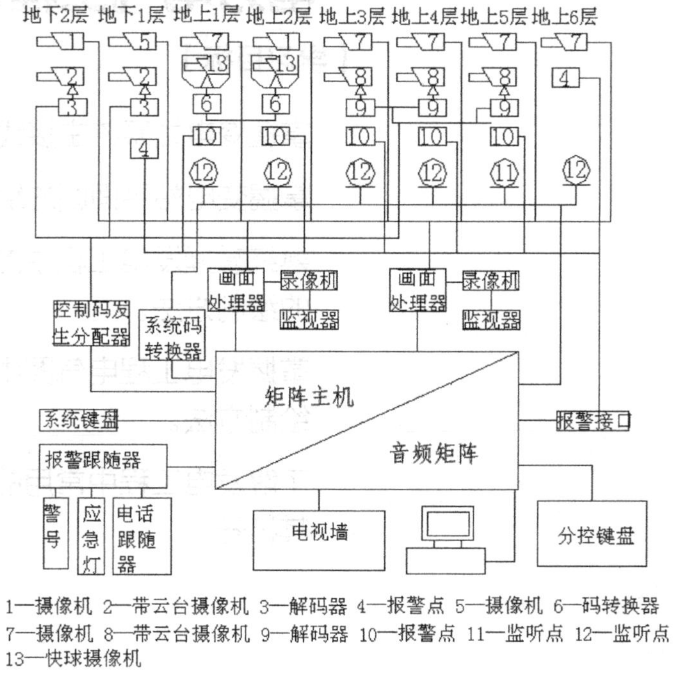

图 6-162 视频监控系统图

操作提示：

（1）新建文件，并进入绘图环境。
（2）创建图层、文字样式、标注样式。
（3）绘制各元件符号。
（4）绘制连接线。
（5）填写文字说明。
（6）退出绘图环境并保存文件。

AutoCAD 2014

Chapter 7

第7章 电力电气工程图的绘制

【学习目标】

- 掌握变电站系统主接线图的绘制。
- 掌握变电站平面图的绘制。
- 熟练掌握发电工程中的电气主接线图的绘制方法。
- 掌握发电工程电气图中各个元器件的绘制方法。
- 了解发电工程中常用的设备、器件及其符号。

7.1 创建自定义样板文件

本节将以 35kV 和 10kV 变电站的主接线图为例，着重讲解如何为变电站电气工程图创建通用的且具有相同图层、文字样式、标注样式和表格样式的自定义样板文件。

1. 设置图层

一共设置以下 4 个图层："虚线层""文字编辑层""细实线层"和"外框线层"，并将细实线层设置为默认图层。设置好的各图层属性如图 7-1 所示。

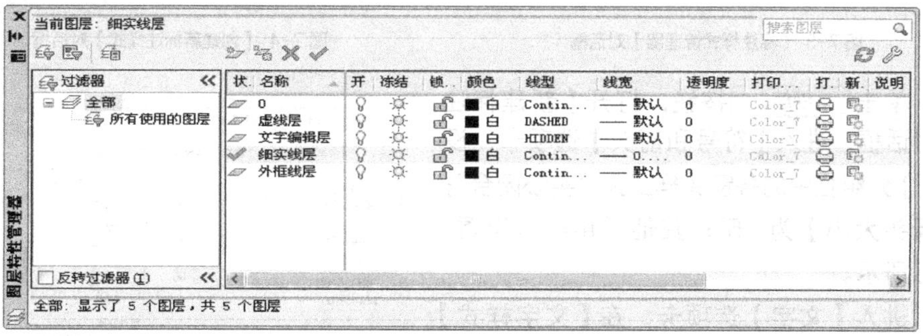

图 7-1 设置图层

2. 设置文字样式

（1）选择菜单命令【格式】/【文字样式】，弹出【文字样式】对话框，如图 7-2 所示。

（2）创建名为"电力电气工程图文字样式"的新文字样式，设置【字体名】为"宋体"，其余采用默认设置，并将该文字样式置为当前文字样式。

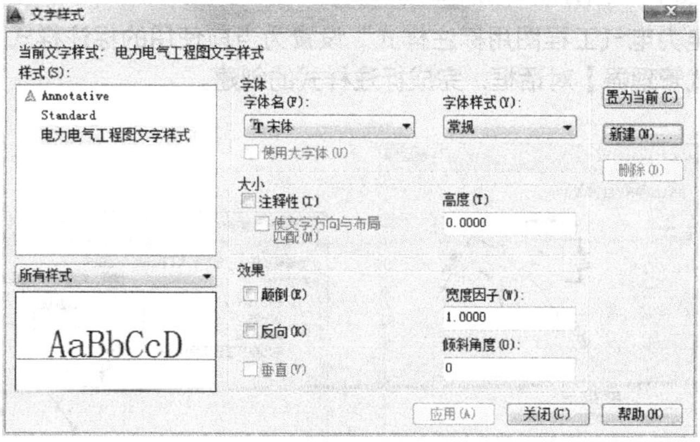

图 7-2 【文字样式】对话框

3. 设置标注样式

（1）单击【默认】选项卡中【注释】面板上的按钮，弹出【标注样式管理器】对话框，如图 7-3 所示。

（2）单击 新建(N)... 按钮，弹出【创建新标注样式】对话框，在【新样式名】文本框中输入"电力电气工程图用标注样式"，在【基础样式】下拉列表中选择"ISO-25"；在【用于】下拉列表中选择"所有标注"，如图 7-4 所示。

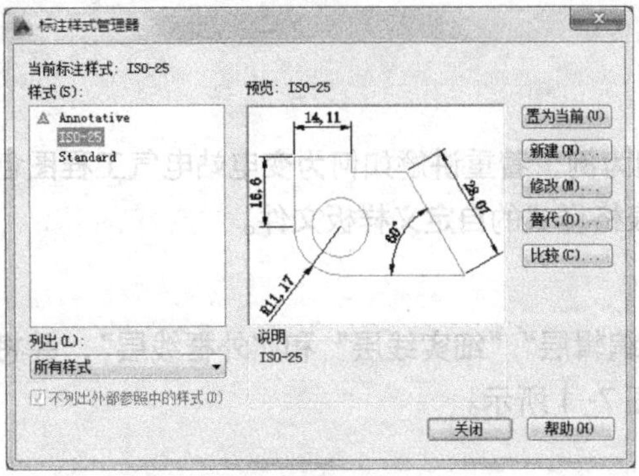

图 7-3 【标注样式管理器】对话框

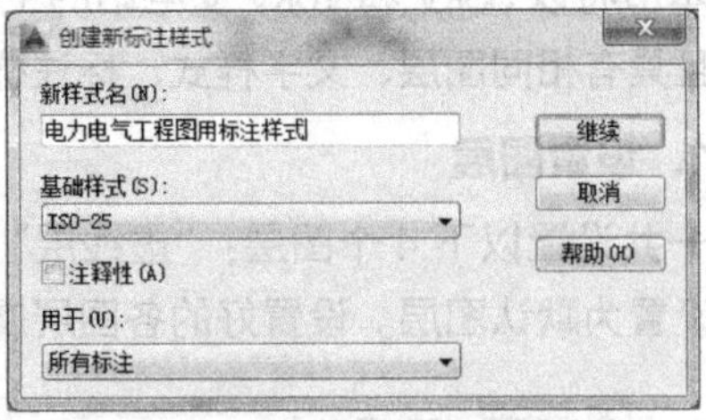

图 7-4 【创建新标注样式】对话框

（3）单击 继续 按钮，打开【新建标注样式】对话框，进入【符号和箭头】选项卡；设置【箭头】分组框中的各箭头样式为“实心闭合”；设置【箭头大小】为“5”；其他采用默认设置，如图 7-5 所示。

（4）进入【文字】选项卡，在【文字样式】下拉列表中选择“电力电气工程图文字样式”，其他采用默认设置，如图 7-6 所示。

（5）设置【主单位】选项卡的【精度】为“0.0”。

（6）单击 确定 按钮，返回【标注样式管理器】对话框，如图 7-7 所示。单击 置为当前(U) 按钮，将新建的“电力电气工程图用标注样式”设置为当前使用的标注样式。单击 关闭 按钮，关闭【标注样式管理器】对话框，完成标注样式的创建。

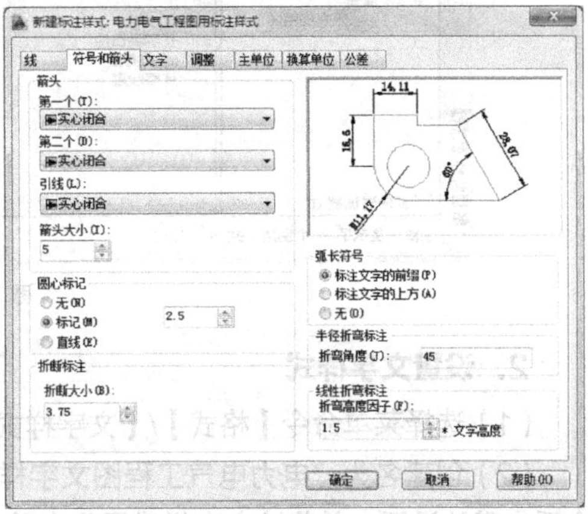

图 7-5 【新建标注样式】对话框

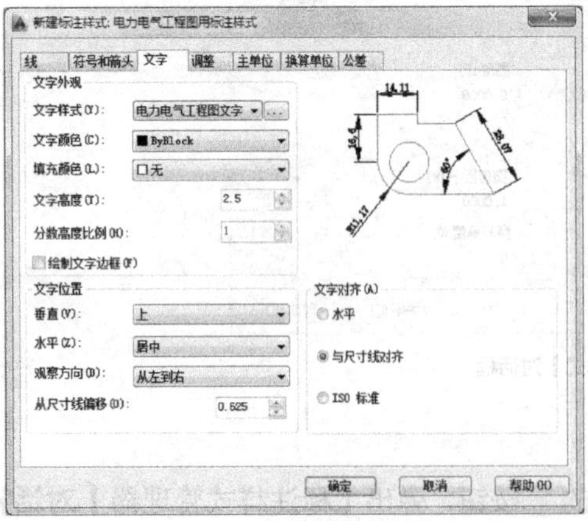

图 7-6 【文字】选项卡

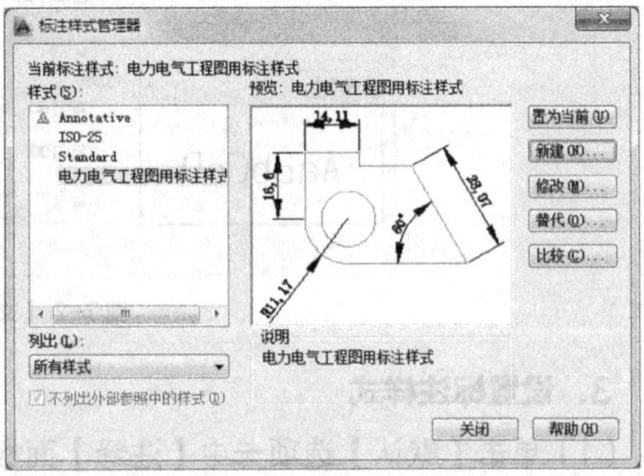

图 7-7 创建新标注样式后的【标注样式管理器】对话框

4. 保存为自定义样本文件

（1）单击快速访问工具栏上的按钮，弹出【图形另存为】对话框，如图 7-8 所示。设置

【文件类型】为“AutoCAD 图形样板（*.dwt）”，输入【文件名】为“变电站电气工程图用样板”。

（2）单击 保存(S) 按钮，弹出【样板选项】对话框，如图 7-9 所示。选择【测量单位】为“公制”，在【新图层通知】分组框中选择【将所有图层另存为未协调】单选项。

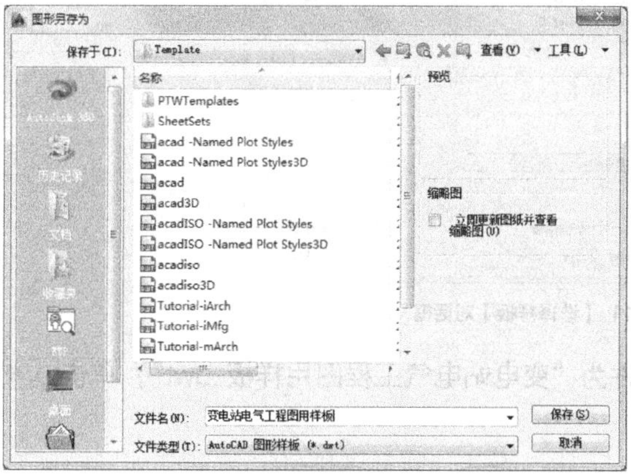

图 7-8 【图形另存为】对话框

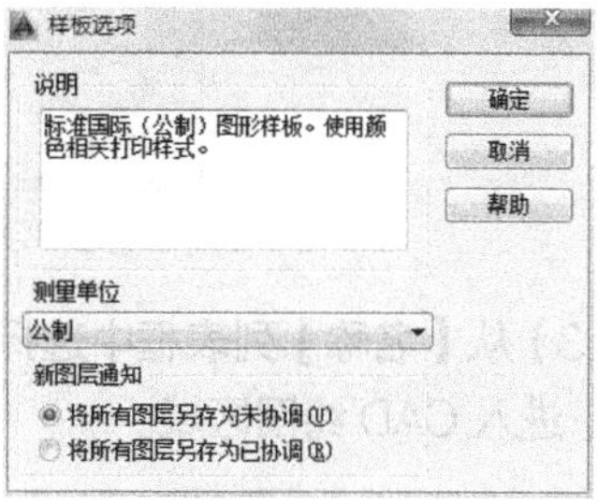

图 7-9 【样板选项】对话框

（3）单击 确定 按钮，关闭【样板选项】对话框，样板文件创建完毕。

7.2 某大型水电站的电气主接线图的绘制

某大型水电站的电气主接线图的绘制

水电站以水能为能源，多建于山区峡谷中，一般远离负荷中心，附近用户少，甚至完全没有用户，因此其主接线图有以下特点。

（1）不设发电机电压母线，除厂用电外，绝大部分电能用 1 ~ 2 种升高电压送入系统。

（2）由于山区峡谷中地形复杂，为缩小占地面积、减少土石方的开挖和回填量，主接线尽量采用简化的接线形式，以减少设备的数量，使配电装置布置紧凑。

（3）由于水电站生产的特点及所承担的任务，也要求其主接线尽量采用简化的接线形式，以避免烦琐的倒闸操作。

图 7-10 所示为某大型水电站的电气主接线图。该电厂结构简单、清晰，有 6 台发电机，G1 ~ G4 与分裂绕组变压器 T1、T2 接成单元接线，将电能送到 500kV 配电装置；G5、G6 与双绕组变压器 T3、T4 接成单元接线，将电能送到 220kV 配电装置。

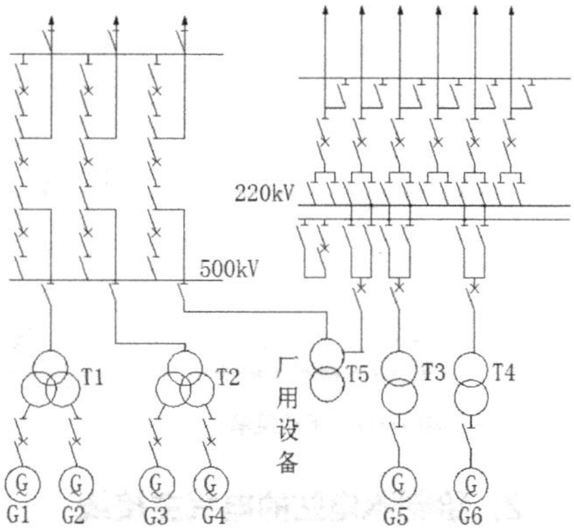

图 7-10 某大型水电站的电气主接线图

1. 建立新文件

（1）启动 AutoCAD 2014 应用程序。

（2）在命令行键入命令“NEW”或单击快速访问工具栏上的按钮，弹出【选择样板】对话框，如图 7-11 所示。

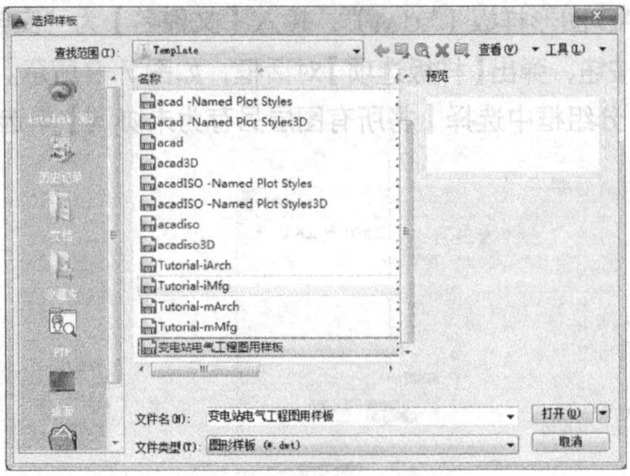

图 7-11 【选择样板】对话框

（3）从【名称】列表框中选择样板文件为“变电站电气工程图用样板 .dwt”，单击 打开(O) 按钮，进入 CAD 绘图区域。

要点提示

若不需要样板文件，在单击按钮后弹出【选择样板】对话框，单击 打开(O) 按钮后面的按钮，弹出下拉菜单，如图 7-12 所示，选择【无样板打开 - 公制】，系统自动进入无样板文件限定的 CAD 绘图环境，用户再自由设置图层等相关属性即可实现绘图操作。

（4）单击快速访问工具栏上的按钮，弹出【图形另存为】对话框，如图 7-13 所示，设置文件【文件类型】为“AutoCAD 2010/LT2010 图形（*.dwg）”，输入【文件名】为“水电站电气主接线图 .dwg”，并设置保存路径。

图 7-12 下拉菜单

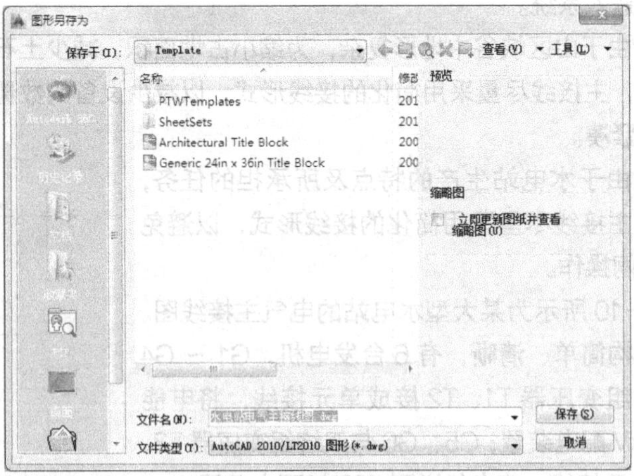

图 7-13 【图形另外为】对话框

2．绘制水电站的电气主接线

（1）设定绘图区域大小为 150×150。

（2）绘制该电气主接线图的左半部分。

① 单击【默认】选项卡中【块】面板上的按钮，打开【插入】对话框，如图 7-14 所示。从【名称】下拉列表中选择块“三绕组变压器”，设定【插入点】为“在屏幕上指定”，其他为默认值，插入图块。

② 捕捉三绕组变压器的点 A，向上绘制长为 50 的垂直线段；再过点 A 分别向左绘制长为 6、向右绘制长为 25 的水平线段，结果如图 7-15（a）所示。

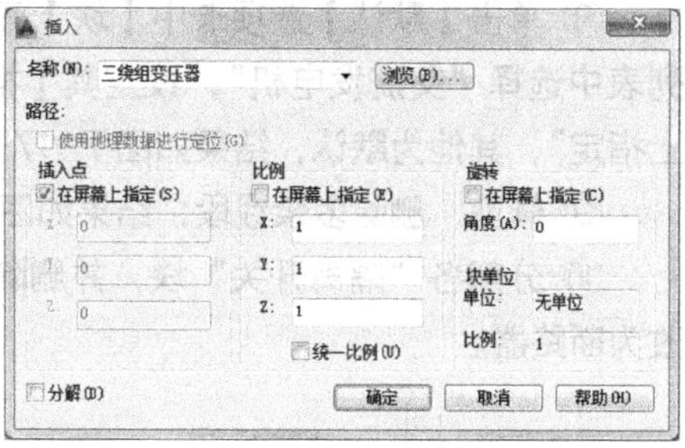

图 7-14 【插入】对话框

③ 向上偏移水平线段，偏移量依次为 10、32，再向左偏移纵向线段，偏移量为 4，结果如图 7-15（b）所示。

④ 捕捉点 B，垂直向下绘制长为 25 的线段，结果如图 7-15（c）所示。

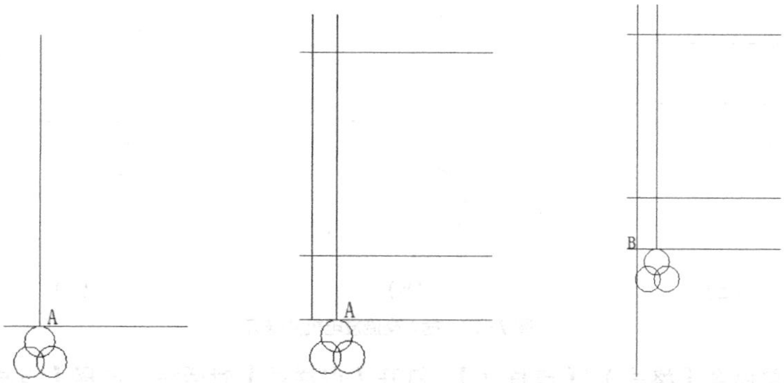

（a）（b）（c）

图 7-15 插入三绕组变压器并绘制线段等

⑤ 单击【默认】选项卡中【块】面板上的按钮，打开【插入】对话框，单击 浏览(B)... 按钮，选择“隔离开关”，设定其【插入点】为“在屏幕上指定”，设定【比例】为“在屏幕上指定”，设定【旋转】分组框中的角度为“270”，其他为默认，插入隔离开关。

⑥ 分解块，将斜线角度由 30° 改为 20°，并将短水平线向上移动，距离为 1.5，插入到图 7-16（a）所示的适当位置。

⑦ 复制该隔离开关到适当位置，结果如图 7-16（b）所示。

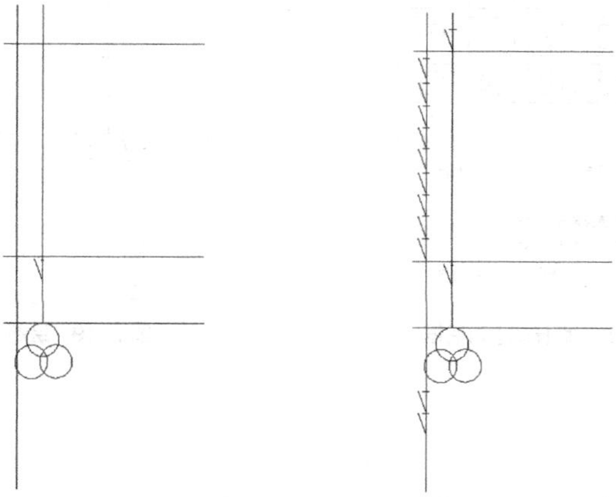

（a）（b）

图 7-16 插入隔离开关并复制

⑧ 单击【默认】选项卡中【块】面板上的按钮，打开【插入】对话框，从【名称】下拉列表中选择“交流发电机”，设定其【插入点】为“在屏幕上指定”，设定【比例】为“在屏幕上指定”，其他为默认，结果如图 7-17（a）所示。

⑨ 修剪、删除多余线段，结果如图 7-17（b）所示。

⑩ 分解各“隔离开关”块，并删除相应的水平短线段，结果如图 7-17（c）所示，以备修改为断路器。

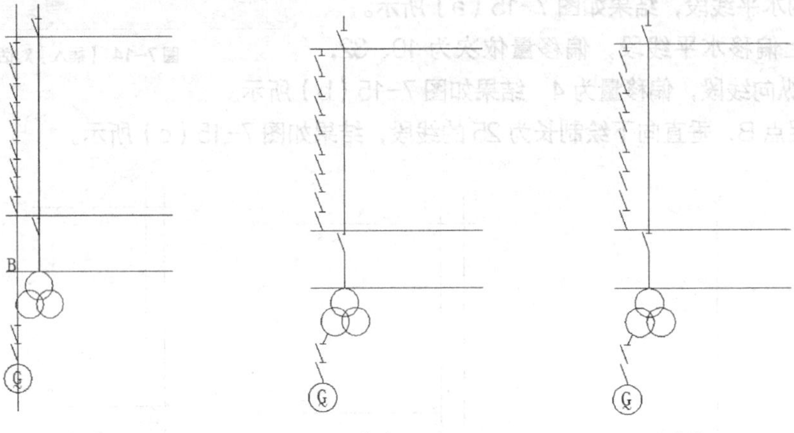

（a）　　（b）　　（c）

图 7-17　插入交流发电机并修剪

⑪ 选择菜单命令【格式】/【点样式】，打开【点样式】对话框，选择【点样式】为╳，设置【点大小】为“0.8”，并选择“按绝对单位设置大小”单选项，如图 7-18 所示。

⑫ 捕捉各相关点并将其修改为当前设置的点样式，即将隔离开关改为断路器，结果如图 7-19 所示。

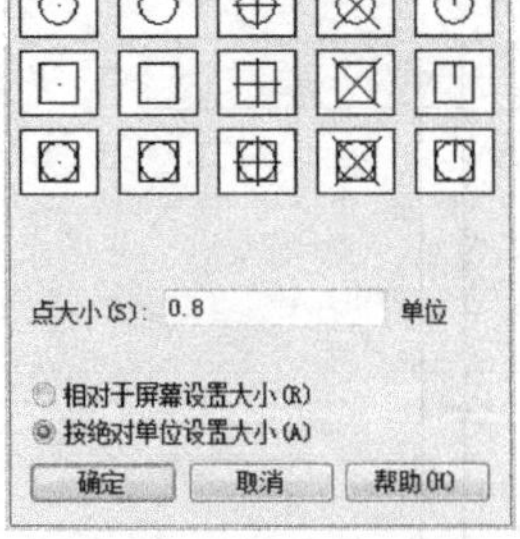

图 7-18 【点样式】对话框

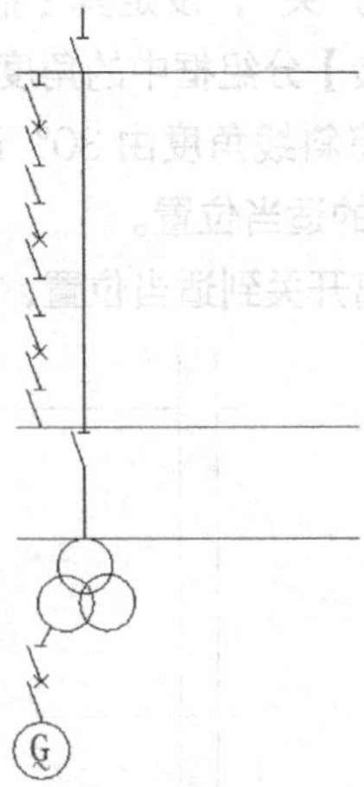

图 7-19　绘制点

要点提示

也可直接绘制断路器并将其保存为块，然后在指定位置插入。

⑬ 绘制其他连接线，结果如图 7-20（a）所示。

⑭ 修剪多余线段，结果如图 7-20（b）所示。

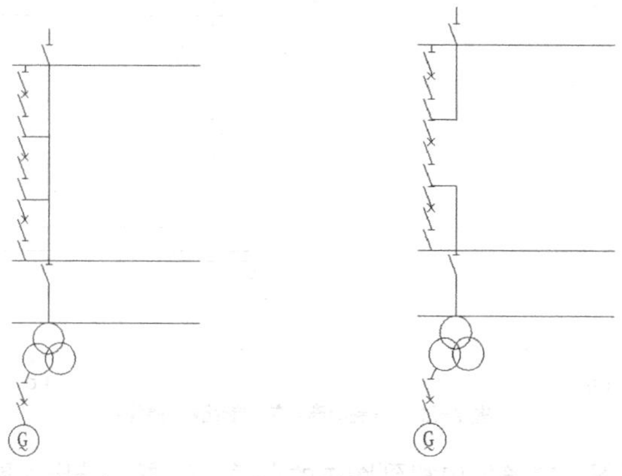

（a）（b）

图 7-20 绘制连接线并修剪

⑮ 水平向右复制图 7-20（b）所示的各相应部分，并绘制连接线，删除多余线段，结果如图 7-21 所示。

（3）绘制该电气主接线图的右半部分

① 在绘图区的适当位置绘制一条长为 40 的水平线段。

② 以距水平线段左端点（7,30）处确定起点，垂直向下绘制长为 40 的线段，结果如图 7-22（a）所示。

③ 将水平线段垂直向上偏移，依次偏移量分别为 2 和 18；将纵向线段水平向右偏移，依次偏移量分别为 1.5、1.5、1.5、1.5，结果如图 7-22（b）所示。

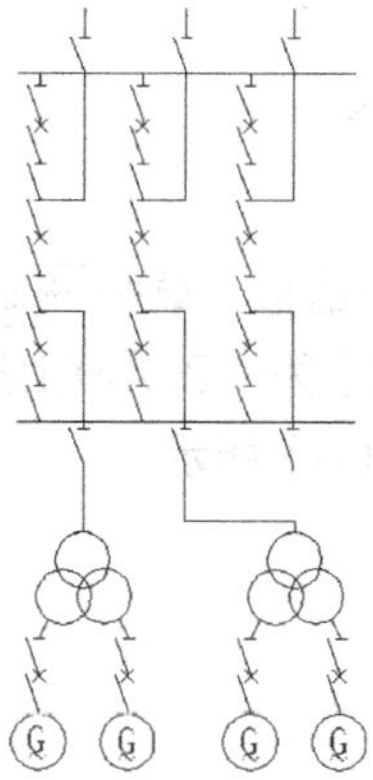

图 7-21 复制图形并绘制连接线等

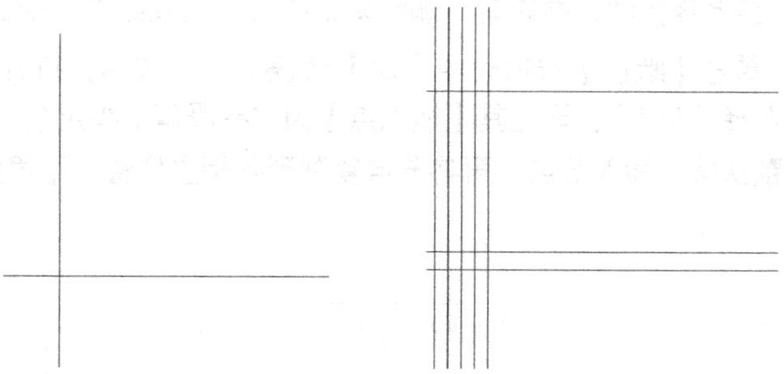

（a）（b）

图 7-22 绘制直线并偏移

④ 插入块“隔离开关”和“断路器”到适当的位置，并绘制水平线段 AB、CD、EF，结果如图 7-23（a）所示。

⑤ 修剪并删掉多余线段，结果如图 7-23（b）所示。

⑥ 水平向右复制图 7-23（b）所示的相应部分，结果如图 7-24 所示。

⑦ 启动插入块命令，打开【插入】对话框，设定其【插入点】为“在屏幕上指定”，设定【比例】为“在屏幕上指定”，其他为默认值，分别插入双绕组变压器和交流发电机。

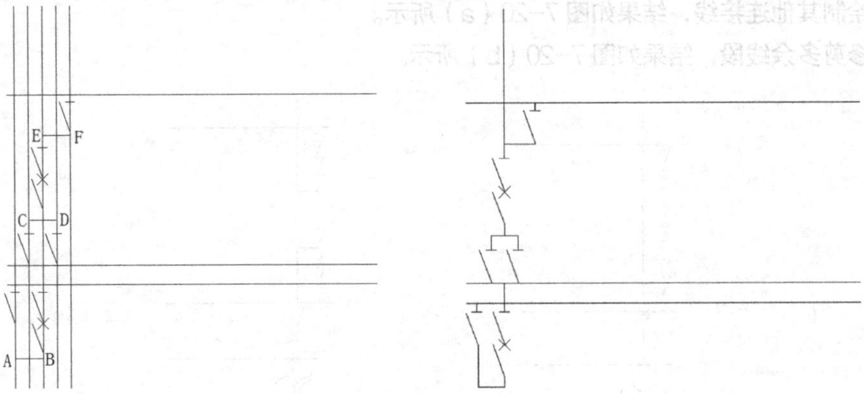

（a）　　　　（b）

图 7-23　复制隔离开关和断路器并修剪

⑧ 复制双绕组变压器、交流发电机到图中的各适当位置，结果如图 7-25 所示。

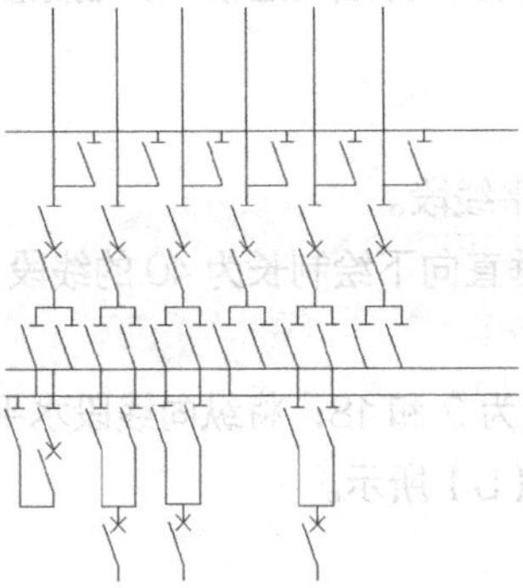

图 7-24　复制隔离开关和断路器

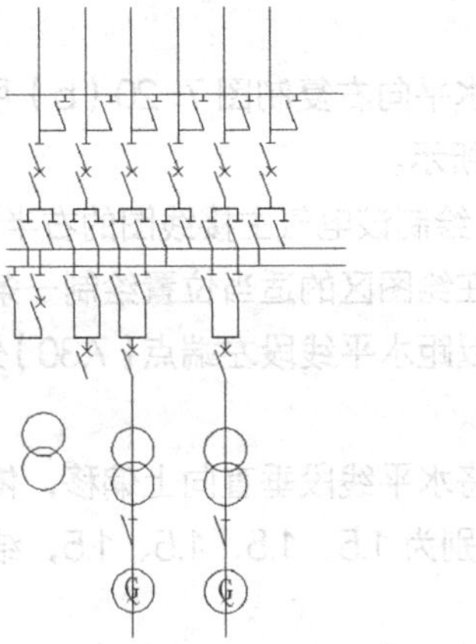

图 7-25　插入对象

⑨ 绘制连接线，并修剪、删除多余线段，结果如图 7-26（a）所示。

⑩ 单击【默认】选项卡中【块】面板上的按钮，打开【插入】对话框，单击 浏览(B)... 按钮，选择"节点"，设定其【插入点】为"在屏幕上指定"，设定【比例】为"在屏幕上指定"，其他为默认值，插入节点，再将节点复制到各相应位置，结果如图 7-26（b）所示。

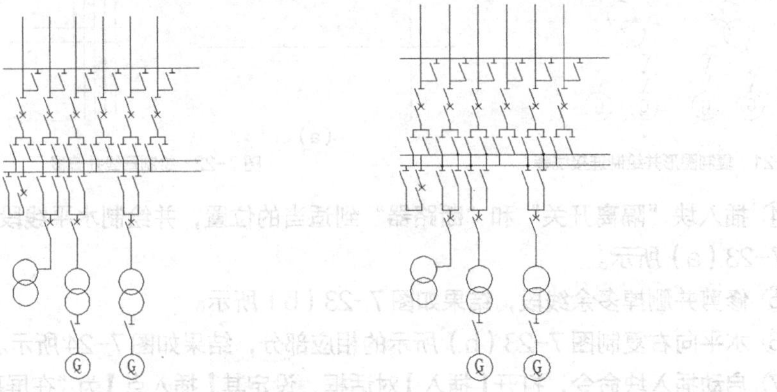

（a）　　　　（b）

图 7-26　修剪图形并插入节点

（4）组合图形

① 将图 7-21 和图 7-26（b）移动至相应位置，然后绘制连接线，结果如图 7-27（a）所示。

② 启动多段线命令，绘制起点宽度为 0.6、端点宽度为 0、长为 1 的箭头，结果如图 7-27（b）所示。

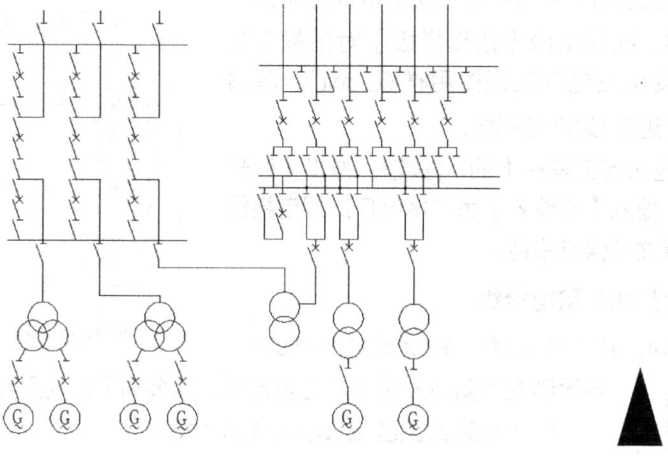

（a）　　（b）

图 7-27　连接左右两部分并绘制箭头

③ 捕捉箭头的下边中点，将其复制到各顶点的位置，结果如图 7-28 所示。

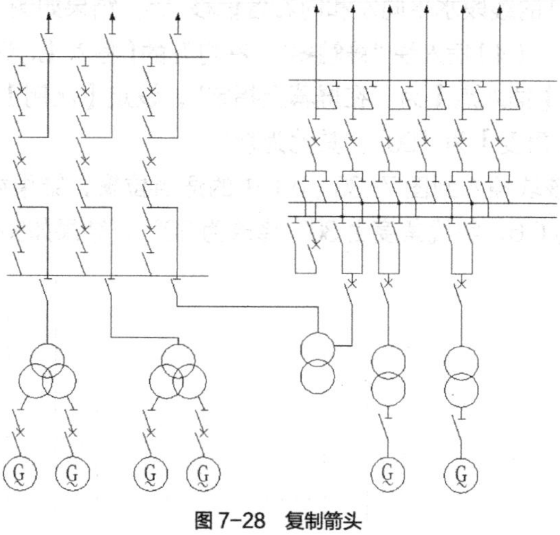

图 7-28　复制箭头

3. 标注文字

对大型水电站的电气主接线图进行文字编辑，结果如图 7-10 所示。

7.3 水电厂厂用电接线图的绘制

与同容量的火电厂相比，水电厂的水力辅助机械不仅数量少，而且容量也小，因此，其厂用电系统要简单得多。图 7-29 所示为水电厂厂用电接线图，该厂有 4 台大容量机组，均采用发电机——双绕组变压器单元接线，其中 G1、G4 的出口均设有发电机出口断路器。

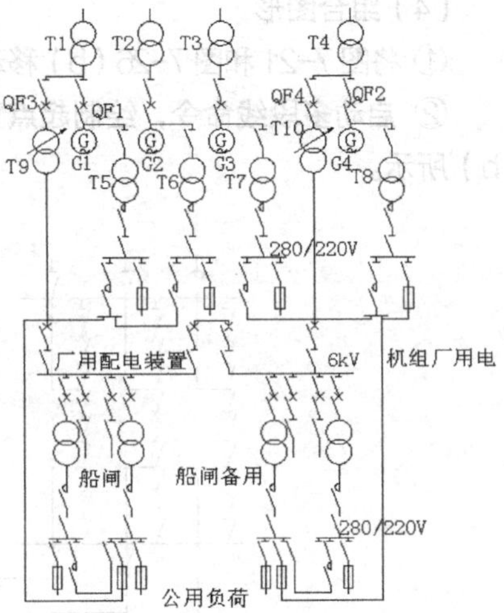

图 7-29　水电厂厂用电接线图

1. 建立新文件

（1）启动 AutoCAD 2014 应用程序。

（2）在命令行键入命令 “NEW” 或单击快速访问工具栏上的按钮，在弹出的【选择样板】对话框中选择样板文件为 “变电站电气工程图用样板 .dwt”，单击 打开(O) 按钮，进入 CAD 绘图区。

（3）单击快速访问工具栏上的按钮，弹出【图形另存为】对话框，输入【文件名】为 “水电厂厂用电接线图 .dwg”，并设置文件保存路径。

2. 绘制水电厂的厂用电接线

观察图形可知，从左侧入手，先绘制左上侧部分，再绘制左下侧部分的方法比较合适，其余都可以利用复制完成。

水电厂厂用电接线图的绘制（1）

（1）设定绘图区域大小为 150×150。

（2）绘制一条长为 7 的水平线段，然后捕捉其中点，向上绘制长为 45、向下绘制长为 10 的竖直线段，结果如图 7-30（a）所示。

（3）将长为 45 的线段依次向左偏移，偏移量分别为 6.5、6；将长为 10 的线段水平向左和向右各偏移 2.5，结果如图 7-30（b）所示。

（4）插入块 “接触器”。在打开的【插入】对话框中单击 浏览(B)... 按钮，选择 “接触器”，设定其【插入点】为 “在屏幕上指定”，设定【比例】为 “在屏幕上指定”，设定【旋转】分组框中的【角度】为 “90”，其他为默认。

（5）分解块，并将该块插入到图 7-30（b）中的适当位置，结果如图 7-31（a）所示。修改接触器上半圆的半径为 0.6，斜线角度由 30° 修改为 20°，结果如图 7-31（b）所示。

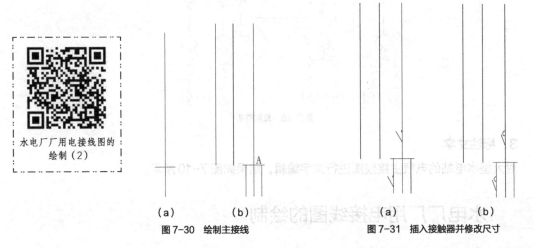

水电厂厂用电接线图的绘制（2）

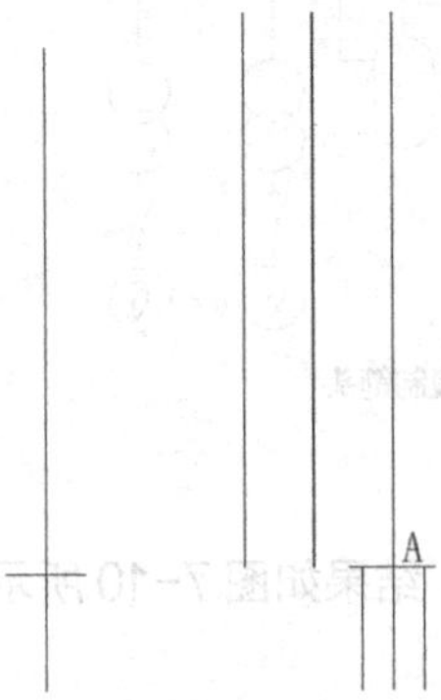

（a）　（b）

图 7-30　绘制主接线

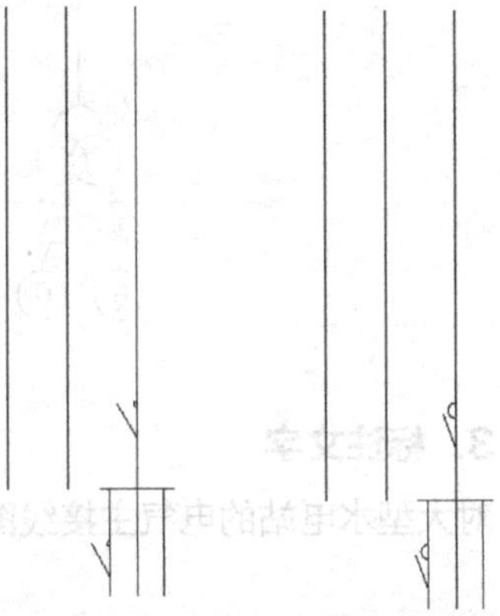

（a）　（b）

图 7-31　插入接触器并修改尺寸

（6）插入块 “隔离开关”。在打开的【插入】对话框中单击 浏览(B)... 按钮，选择 “隔离开关”，设定其【插入点】为 “在屏幕上指定”，设定【比例】为 “在屏幕上指定”，设定【旋转】分组框中的角度为“270”，其他为默认。

（7）以同样的方法插入块“双绕组变压器”“交流发电机”和“熔断器”，其中“熔断器”旋转 90° ，然后将各块复制到适当位置，结果如图 7-32（a）所示。

（8）捕捉左侧变压器上侧圆的圆心为中点，绘制一条长为 7 且与水平夹角成 35° 的斜线段，然后捕捉其右上角端点为起点，沿斜线方向绘制起点宽度为 0.5、终点宽度为 0、长为 1 的箭头，结果如图 7-32（b）所示，即坝区变压器。

（9）对照水电厂厂用电接线图绘制剩余连接线，结果如图 7-33（a）所示。

（10）修剪并删除多余线段，结果如图 7-33（b）所示。

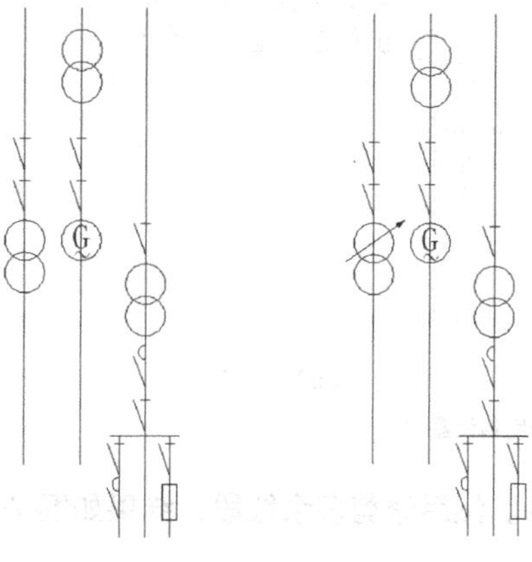

（a） （b）

图 7-32 插入各块并修改变压器为坝区变压器

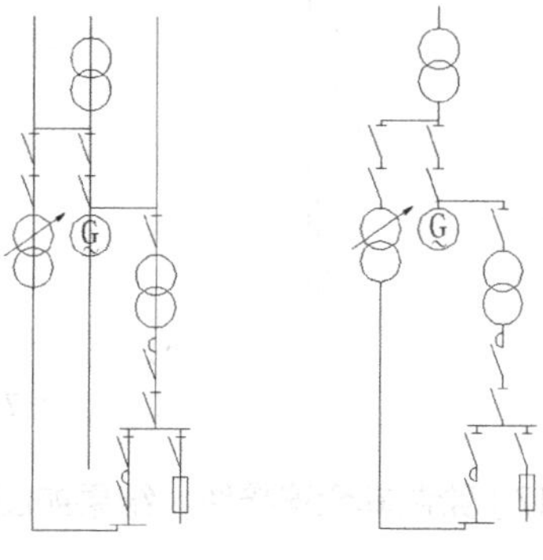

（a） （b）

图 7-33 绘制连接线并修剪

（11）删除 A、B 两点处的水平线段，结果如图 7-34（a）所示。

（12）选择菜单命令【格式】/【点样式】，在打开的【点样式】对话框中选择点样式为╳，设置【点大小】为“0.8”，选择“按绝对单位设置大小”单选项，然后单击 确定 按钮。

（13）单击【默认】选项卡中【绘图】面板上的 ▫ 按钮，捕捉 A、B 两点，结果如图 7-34（b）所示，即把隔离开关改为了断路器。

（14）复制图 7-34（b）所示的相应部分到适当位置，结果如图 7-35 所示。

水电厂厂用电接线图的绘制（3）

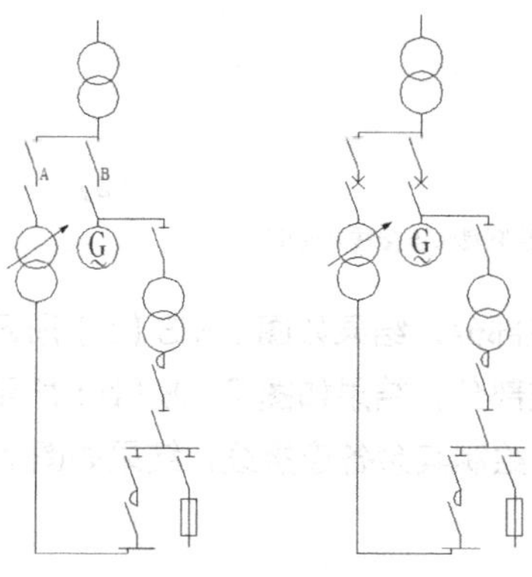

（a） （b）

图 7-34 绘制断路器

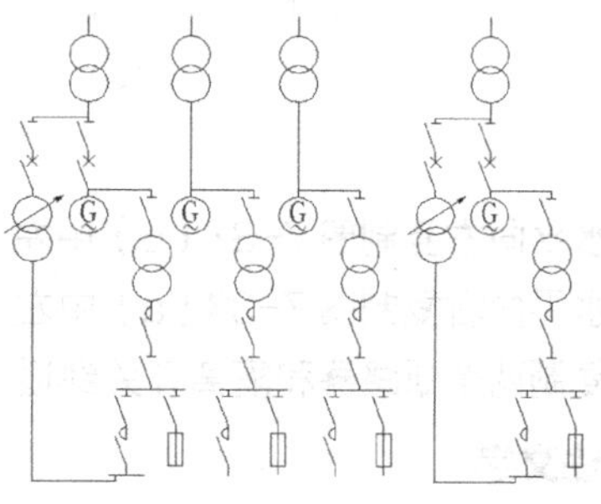

图 7-35 复制相应部分

（15）捕捉左侧端点 B 为起点，垂直向下绘制长为 45 的线段，然后先将其向左偏移 3.5，再依次向右偏移 1.4、1.4、1.4、2，连接端点 B 和最左侧线上端点，结果如图 7-36（a）所示。

（16）复制图 7-36（a）中的相应元器件到适当位置，结果如图 7-36（b）所示。

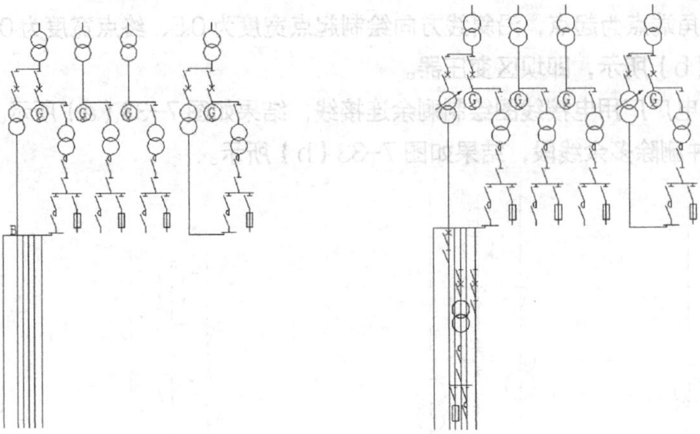

（a）　　　　（b）

图 7-36　绘制主接线并复制各元器件

（17）绘制其余连接线，结果如图 7-37（a）所示。然后修剪多余线段，结果如图 7-37（b）所示。

水电厂厂用电接线图的绘制（4）

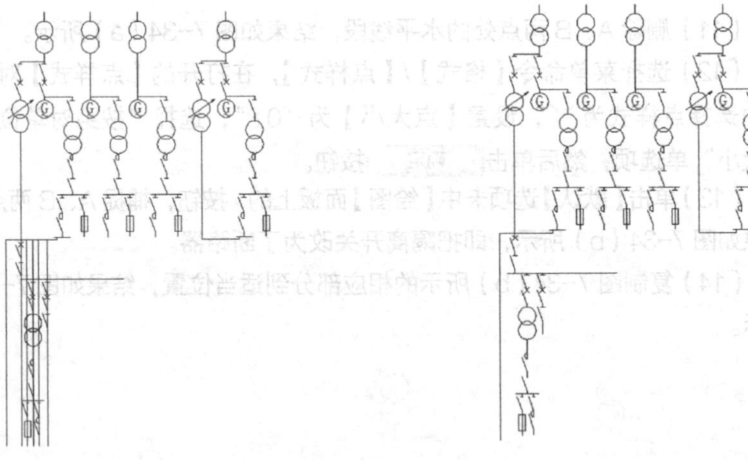

（a）　　　　（b）

图 7-37　绘制其余连接线并修剪

（18）水平向右复制图 7-37（b）中左下角的相应部分，结果如图 7-38（a）所示。

（19）水平向右复制图 7-38（a）中左下角的相应部分，结果如图 7-38（b）所示。

（20）复制两个断路器和隔离开关到适当位置，并绘制其余各连接线，结果如图 7-39 所示。

3. 标注文字

在图 7-40 所示的适当位置填写多行文字，结果如图 7-29 所示。

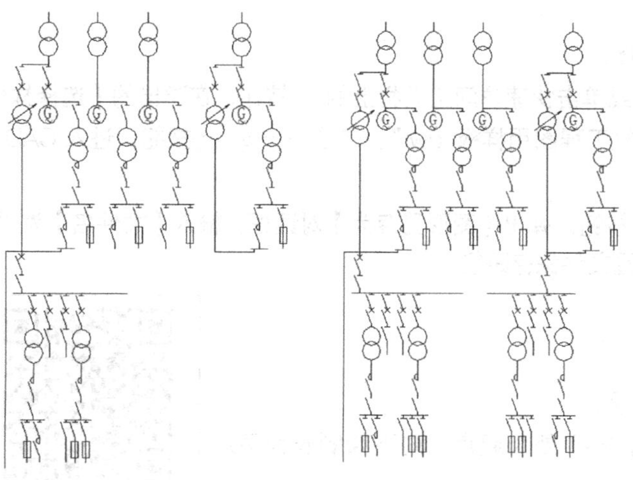

（a）　　（b）

图 7-38　复制对象

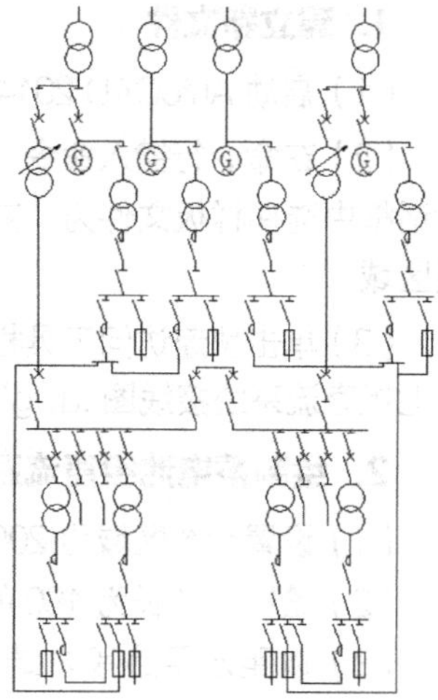

图 7-39　复制图形并绘制连接线

7.4 蓄电池组直流系统接线图的绘制

在发电厂和变电所中，为了供给控制装置、信号装置、保护装置、自动装置、事故照明、交流不停电电源等重要回路和辅机的用电，必须设置具有高度的可靠性和稳定性、电源容量和电压质量在最严重的事故情况下仍能保证用电设备可靠工作的直流电源。

蓄电池组直流系统由蓄电池组、充电设备、直流母线、检查设备和直流供电网组成，如图 7-40 所示。

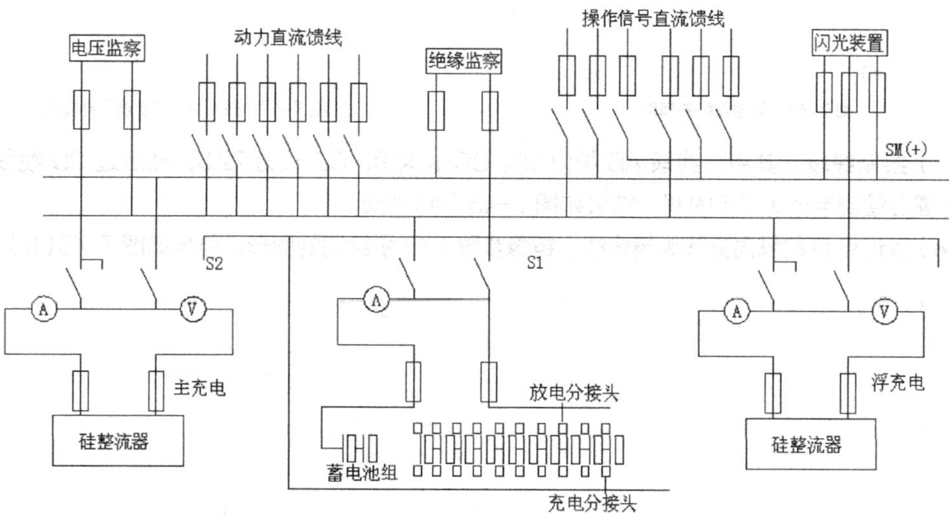

图 7-40　蓄电池组直流系统接线图

为了简化接线，提高直流系统运行的可靠性，蓄电池组均不设端电池。蓄电池的容量范围为 200 ~ 300Ah。

1. 建立新文件

（1）启动 AutoCAD 2014 应用程序。

（2）在命令行键入命令“NEW”或单击快速访问工具栏上的按钮，在弹出的【选择样板】对话框中选择样板文件为“变电站电气工程图用样板 .dwt”，单击 打开(O) 按钮，进入 CAD 绘图区域。

（3）单击快速访问工具栏上的按钮，弹出【图形另存为】对话框，输入【文件名】为“蓄电池组直流系统接线图 .dwg”，并设置文件保存路径。

2. 绘制蓄电池组直流系统接线

蓄电池组直流系统接线图的绘制（1）

（1）设置绘图区域为 200×100。

（2）绘制一条长为 180 的水平线段。

（3）以距水平线段左端点（7.5，23）处为起点，向下绘制长为 70 的线段，结果如图 7-41（a）所示。

（4）将水平线段向下偏移 7.5，将竖直线段依次向右偏移 10、5、10，结果如图 7-41（b）所示。

（5）单击【默认】选项卡中【块】面板上的按钮，在打开的【插入】对话框中单击 浏览(B)... 按钮，选择符号块“常开开关”，设定其【插入点】为“在屏幕上指定”，设定【比例】为“在屏幕上指定”，设定【旋转】分组框中的【角度】为“90”，其他为默认。

（6）用同样方法插入块“熔断器”，设定【旋转】分组框中的【角度】为“90”，复制块到适当位置，结果如图 7-42 所示。

（a）　　（b）

图 7-41　绘制线段并偏移

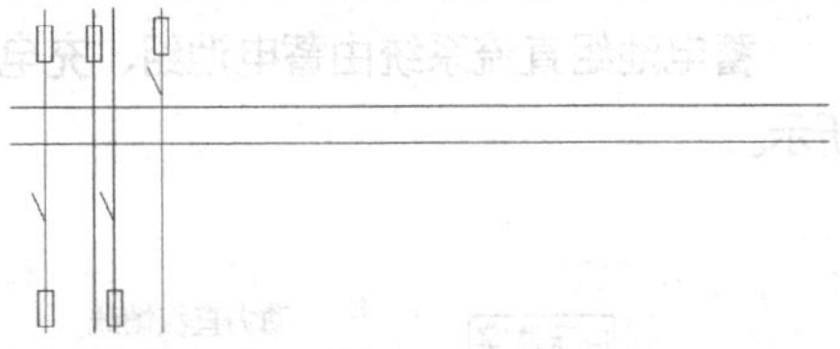

图 7-42　插入块“熔断器”并复制

（7）绘制线段。其中，线段 AB 长为 15、BC 长为 9、CD 长为 22.5，然后过 CD 线段上的一点为圆心绘制半径为 2.5 的圆，结果如图 7-43（a）所示。

（8）以过点 D 的纵向直线为镜像线，镜像步骤（7）所绘制的图形，结果如图 7-43（b）所示。

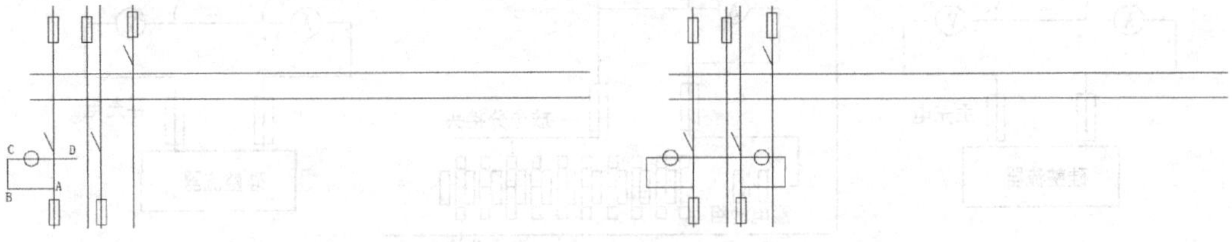

（a）　　（b）

图 7-43　绘制图形并镜像

（9）修剪并删除多余的线段，结果如图 7-44（a）所示。

（10）对照蓄电池组直流系统接线图补充剩余连接线，结果如图 7-44（b）所示。

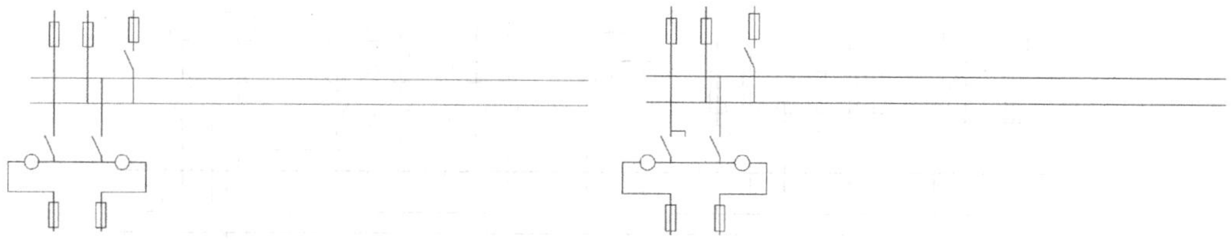

（a）　　　　（b）

图 7-44 修剪图形并绘制连接线

（11）复制蓄电池组及图 7-44（b）所示的相应元器件和连接线到指定位置，结果如图 7-45 所示。

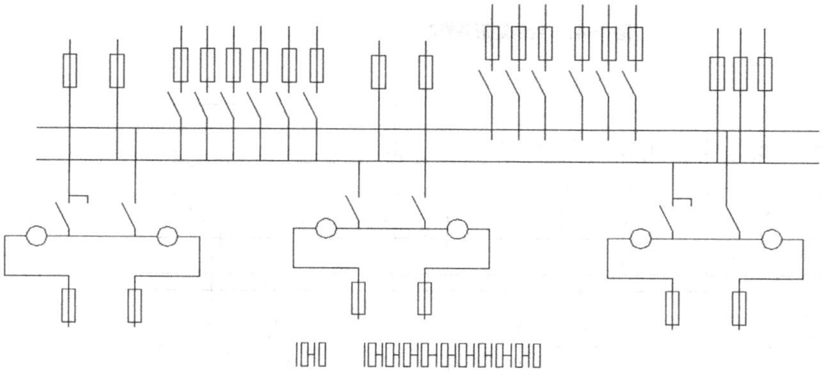

蓄电池组直流系统接线图的绘制（2）

图 7-45 复制各元器件及连接线

（12）绘制剩余连接线，结果如图 7-46 所示。

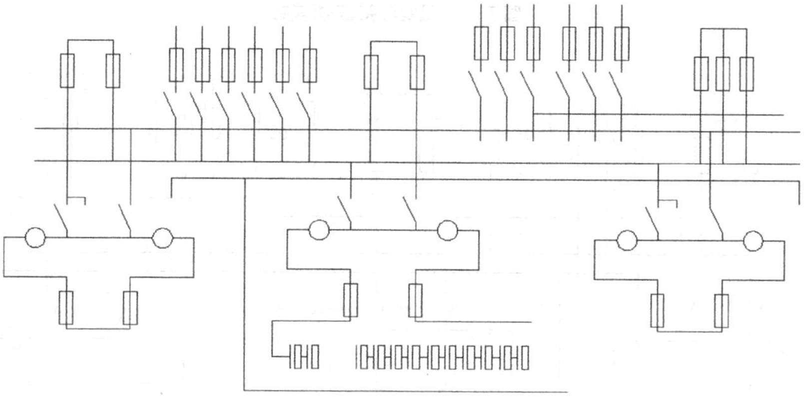

图 7-46 绘制剩余连接线

（13）绘制 15×5 的矩形，然后捕捉矩形底边的中点为基点，将其复制到各相应线段的中点 A、B、C 处，结果如图 7-47 所示。

（14）绘制 26×10 和 1×1.5 的矩形，并将它们复制到各指定位置，结果如图 7-48 所示。

（15）对照蓄电池组直流系统接线图，修剪并延伸相应线段，结果如图 7-49 所示。

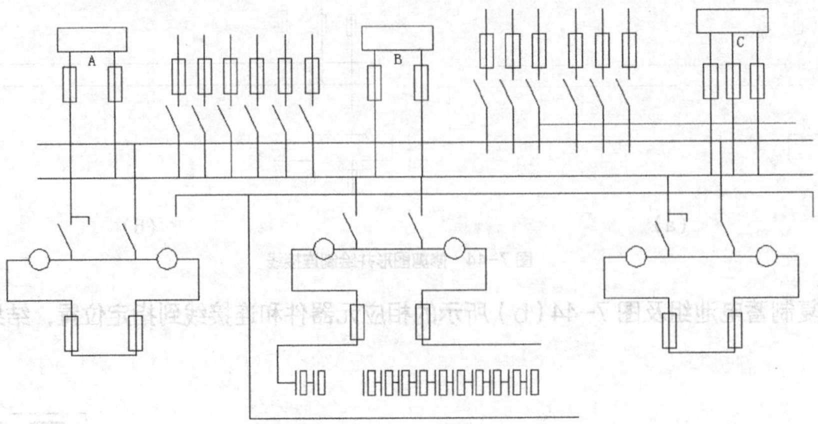

图 7-47　绘制矩形并复制

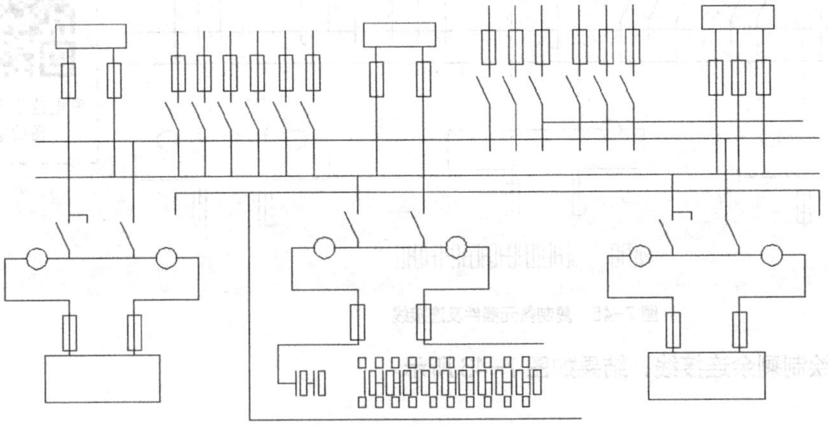

图 7-48　绘制其余矩形并复制

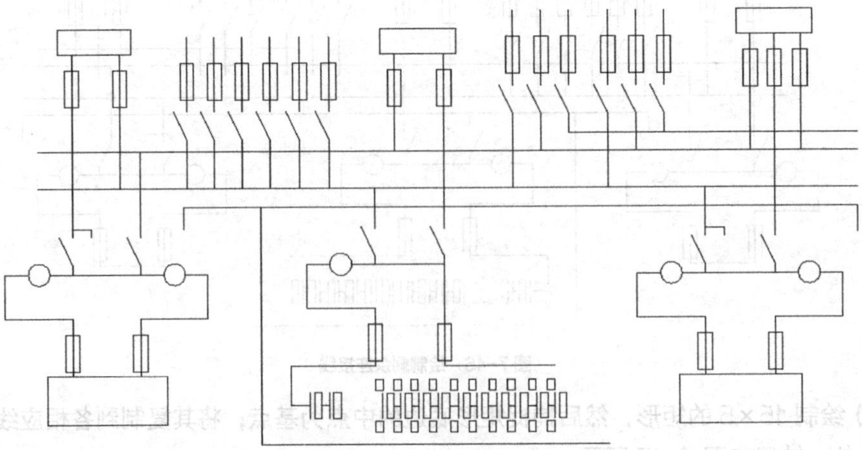

图 7-49　修改后的图形

3. 标注文字

在图 7-49 所示的相应位置填写多行文字，结果如图 7-40 所示。

7.5 35kV 变电站电气主接线图的绘制

变电站的电气主接线图是由母线、变压器、断路器、隔离开关、互感器等一次设备的图形符号和连接导线所组成的表示电能生产流程的电路图。主接线的连接方式对供电的可靠性、运行灵活性、维护检修的方便及其经济性等起着决定性的作用。图 7-50 所示为 35kV 变电站电气主接线图。

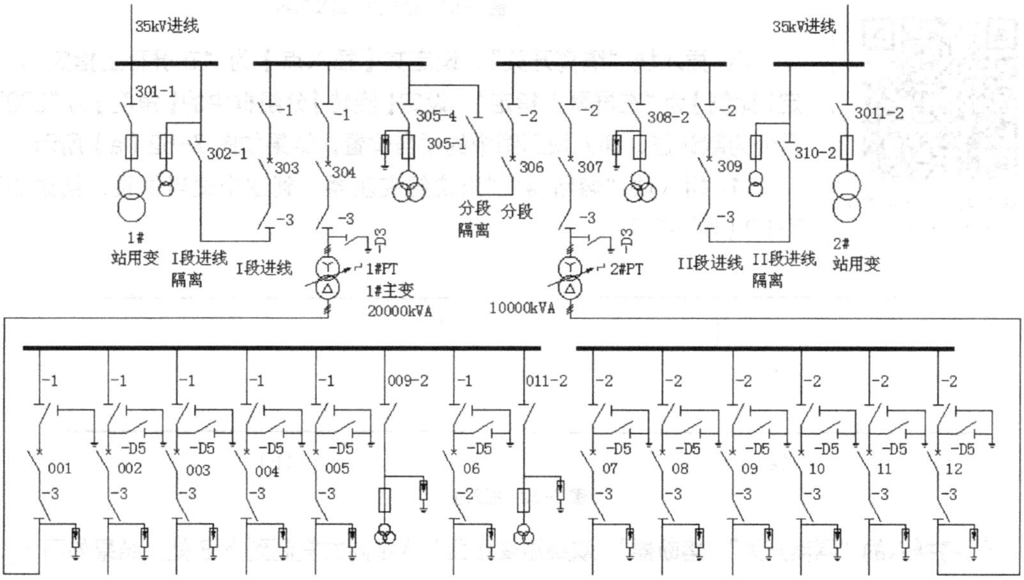

图 7-50 35kV 变电站电气主接线图

1. 建立新文件

（1）启动 AutoCAD 2014 应用程序。

（2）在命令行键入命令“NEW”或单击快速访问工具栏上的按钮，在弹出【选择样板】对话框中选择样板文件为“变电站电气工程图用样板 .dwt”。

（3）单击快速访问工具栏上的按钮，在弹出的【图形另存为】对话框中设置【文件类型】为“AutoCAD 2010/LT2010 图形（*.dwg）”，输入【文件名】为“35kV 变电站电气主接线图 .dwg”，并设置文件保存路径。

2. 电气主接线图

（1）设定绘图区域

设定绘图区域大小为 600×400。

（2）绘制高压线路部分

35kV 变电站电气主接线图的绘制（1）

① 用多段线绘制长度为 324，宽度为 1.5 的水平母线，然后将其向下偏移 120，将偏移后的多段线分别水平向左、向右各拉伸 40，形成下侧母线，结果如图 7-51（a）所示。

② 以距点 A（7,25）处为起点向下绘制长为 100 的线段，然后将其在点 A 处打断，将打断后的长线向右偏移，偏移量依次为 15、15、30、25、25、10、30、15、25、20、10、30、20、15、25，并在最右侧的竖直线上端点向上绘制长度为 25 的线段，结果如图 7-51（b）所示。

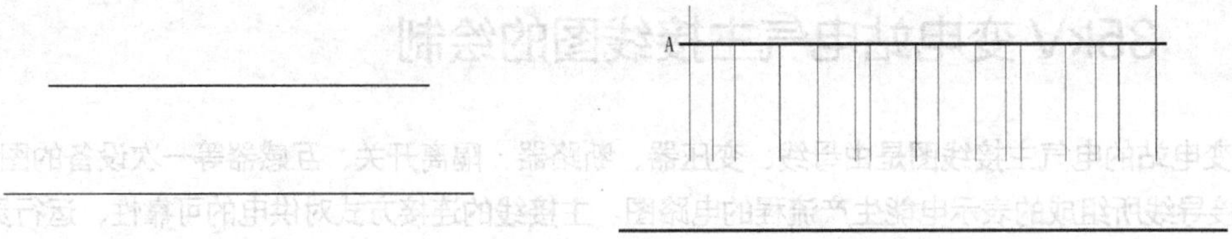

（a）　　　　　　　　　　　　　　　　（b）

图 7-51　绘制主干线及引线

35kV 变电站电气主接线图的绘制（2）

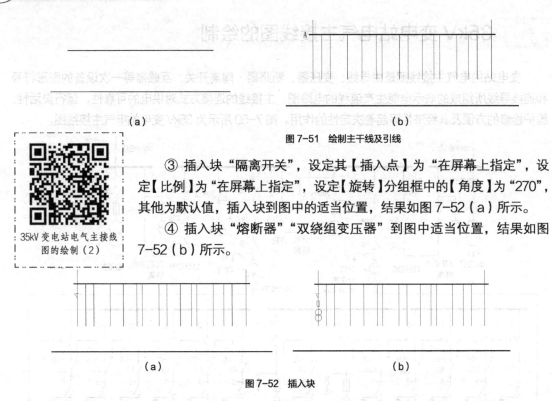

③ 插入块“隔离开关”，设定其【插入点】为“在屏幕上指定”，设定【比例】为“在屏幕上指定”，设定【旋转】分组框中的【角度】为“270”，其他为默认值，插入块到图中的适当位置，结果如图 7-52（a）所示。

④ 插入块“熔断器”“双绕组变压器”到图中适当位置，结果如图 7-52（b）所示。

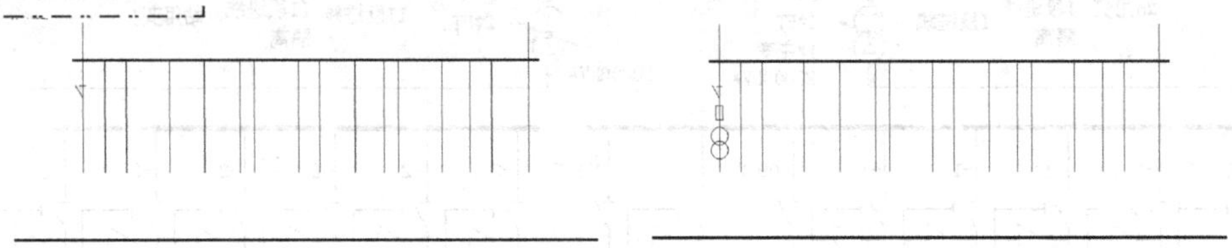

（a）　　　　　　　　　　　　　　　　（b）

图 7-52　插入块

⑤ 将插入的“隔离开关”“熔断器”“双绕组变压器”水平向右复制到点 B 处，结果如图 7-53 所示。

⑥ 以隔离开关上侧任一水平线段为镜像线，将隔离开关镜像，并删除原对象，结果如图 7-54 所示。

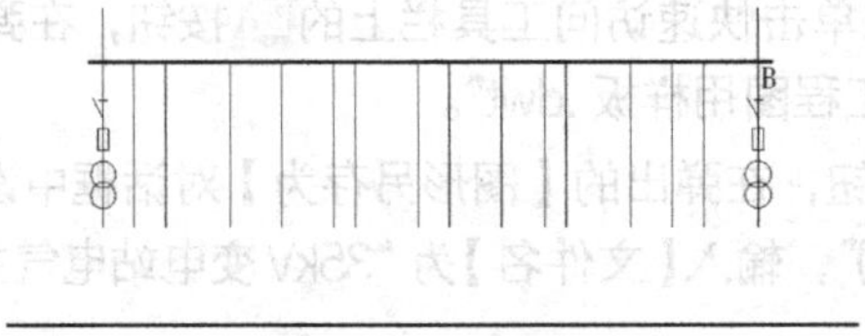

图 7-53　复制图形

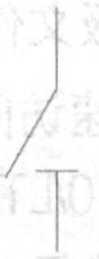

图 7-54　镜像后的隔离开关

⑦ 插入块“断路器”，并将“隔离开关”“断路器”复制到图中的相应位置，结果如图 7-55 所示。

⑧ 将点 O 所在竖线上的各器件水平向右复制到点 C、点 D、点 E、点 F 处，并将点 D 最下面的“隔离开关”删除，结果如图 7-56 所示。

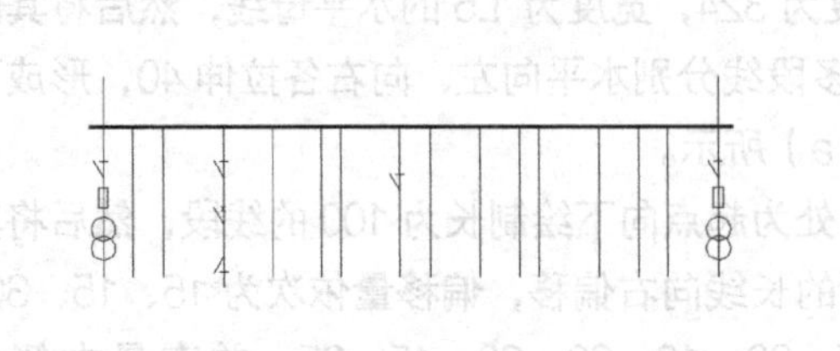

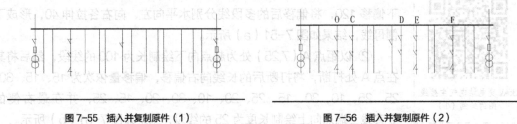

图 7-55　插入并复制原件（1）

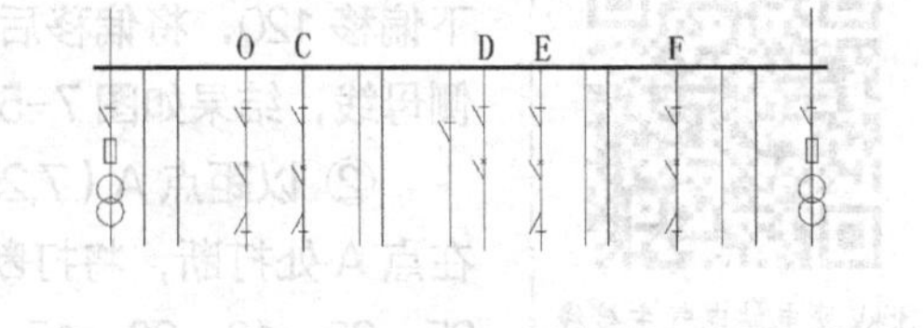

图 7-56　插入并复制原件（2）

⑨ 插入“熔断器”，设定其【插入点】为“在屏幕上指定”，设定【比例】为“在屏幕上指定”，设定【旋转】分组框中的【角度】为“90”，其他为默认值，将该块缩放到适当比例后插入到图中的相应位置。

⑩ 插入“双绕组变压器”，设定【比例】为“在屏幕上指定”，其他为默认，将其缩放到适当大小后插入图中的适当位置。然后将“隔离开关”“熔断器”复制到图中的相应位置，结果如图 7–57 所示。

⑪ 将点 G 所在竖线及其左侧竖线上的各器件水平向右复制到 H 点处，结果如图 7–58 所示。

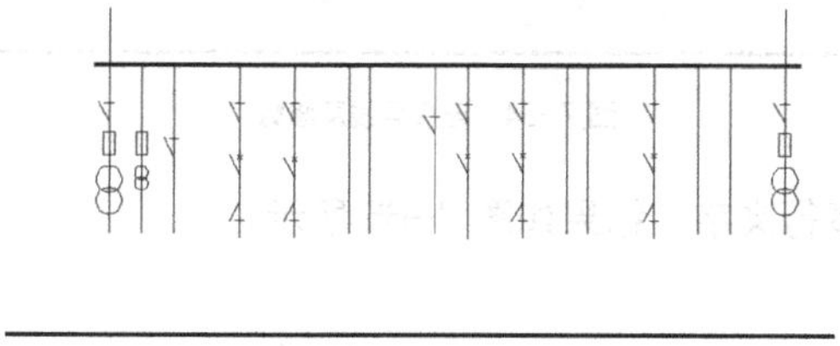

图 7–57 插入并复制原件（3）

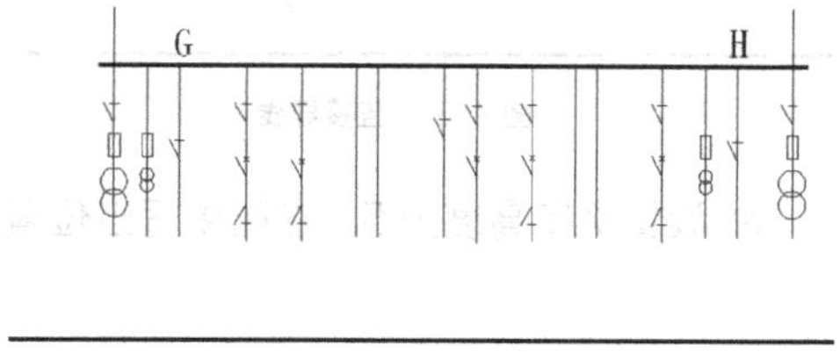

图 7–58 插入图形并复制（4）

⑫ 插入块“阀型避雷器”，设定其【插入点】为“在屏幕上指定”，设定【比例】为“在屏幕上指定”，其他为默认值，将该块缩放到适当比例后插入到图中的相应位置。

⑬ 以相同的方法插入“三绕组变压器”“接地符号”“星三角三相变压器”，然后将“隔离开关”“熔断器”复制到图中的适当位置，结果如图 7–59 所示。

⑭ 将点 I 所在竖线及其左侧竖线上的各器件水平向右复制到点 J 处，结果如图 7–60 所示。

35kV 变电站电气主接线图的绘制（3）

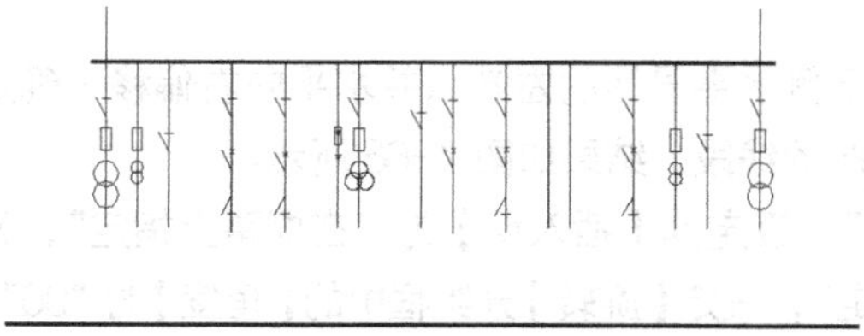

图 7–59 插入图形并复制（5）

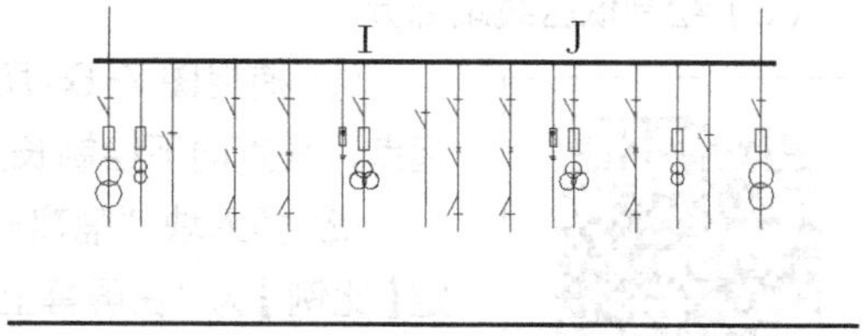

图 7–60 插入图形并复制（6）

⑮ 复制一个“隔离开关”并旋转 90°，再复制旋转后的“隔断开关”，插入“星三角三相变压器”块及“接地符号”块到图中的适当位置，结果如图 7–61 所示。

⑯ 将步骤⑮绘制的部分以点 K 为基点，复制到点 L 处，结果如图 7–62 所示。

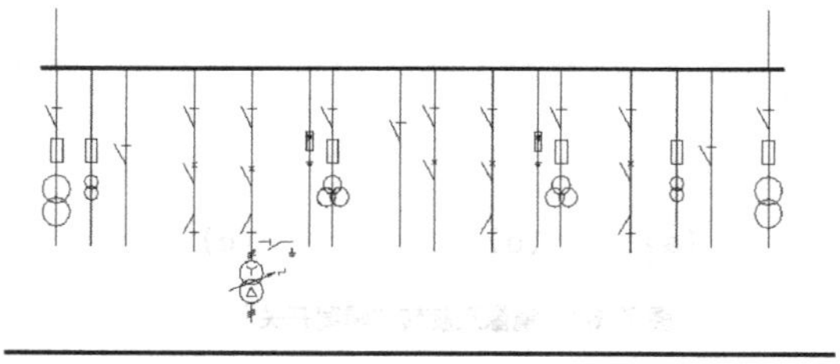

图 7–61 插入并复制（7）

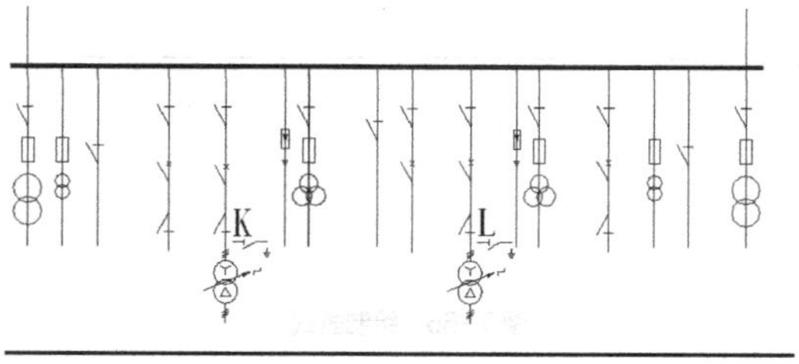

图 7–62 插入并复制（8）

⑰ 连接相应导线，结果如图 7-63 所示。

⑱ 修剪并删除多余线段，结果如图 7-64 所示。

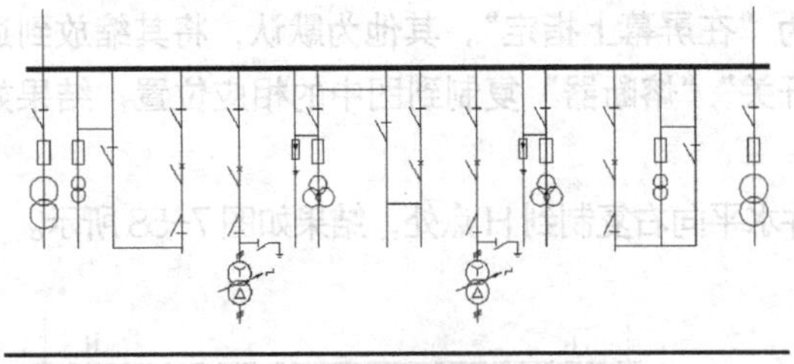

图 7-63 连接导线

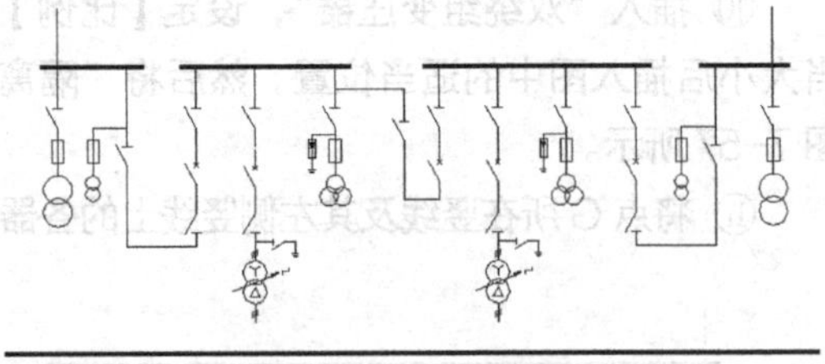

图 7-64 连接导线及修剪

⑲ 设置文字高度为 5，在图中适当位置填写多行文字，结果如图 7-65 所示。

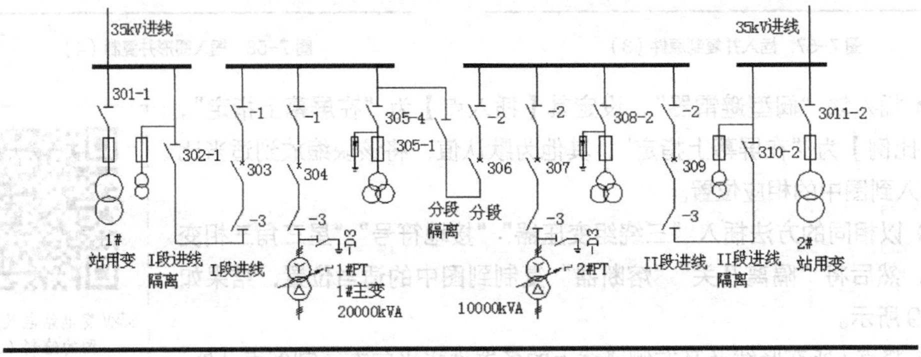

图 7-65 填写文字

（3）绘制低压线路部分

35kV 变电站电气主接线图的绘制（4）

① 捕捉图 7-65 所示下侧水平母线的左端点并水平向右偏移 7 确定起点，垂直向下绘制长为 95 的线段，结果如图 7-66 所示。

② 插入块“隔离开关”，设定其【插入点】为“在屏幕上指定”，设定【比例】为“在屏幕上指定”，设定【旋转】分组框中的【角度】为“90”，其他为默认值，在图幅空白区域插入块，如图 7-67（a）所示。

③ 以“隔离开关”下侧任一水平线段为镜像线，对其进行镜像，结果如图 7-67（b）所示；将“隔离开关”旋转 90°，结果如图 7-67（c）所示。

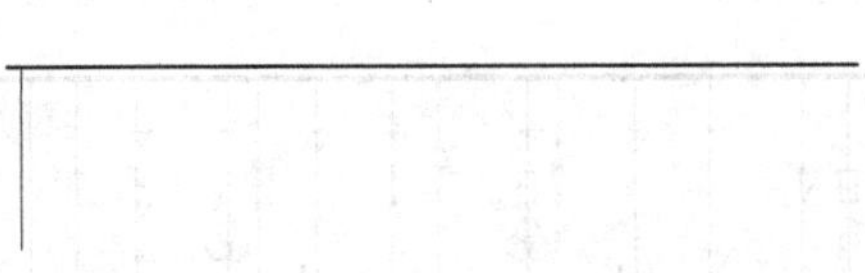

图 7-66 绘制垂线

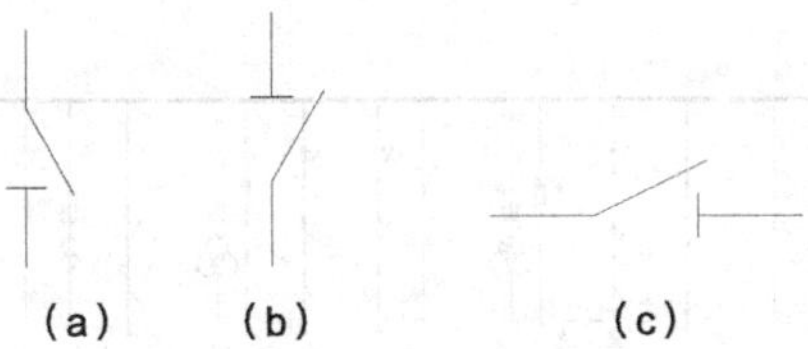

图 7-67 镜像及旋转“隔离开关”

④ 将“隔离开关”“断路器”“阀型避雷器”“接地符号”复制到图 7-66 所示垂线的适当位置，

并连接导线，然后修剪、删除多余线段，结果如图 7-68 所示。

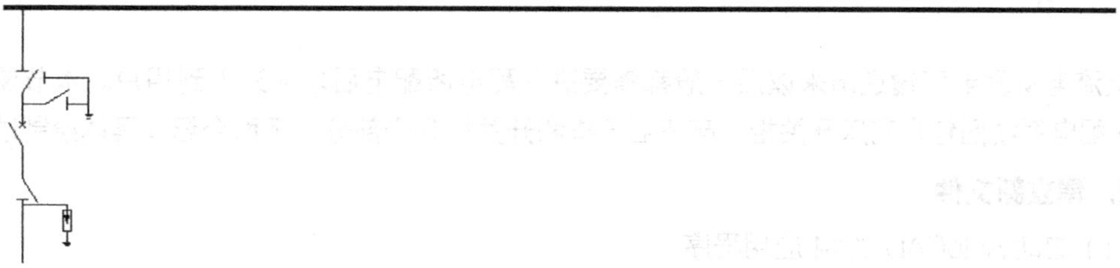

图 7-68 复制元件及绘制导线

⑤ 阵列垂线上的所有图形为 1 行 14 列，阵列总间距为 390，结果如图 7-69 所示。

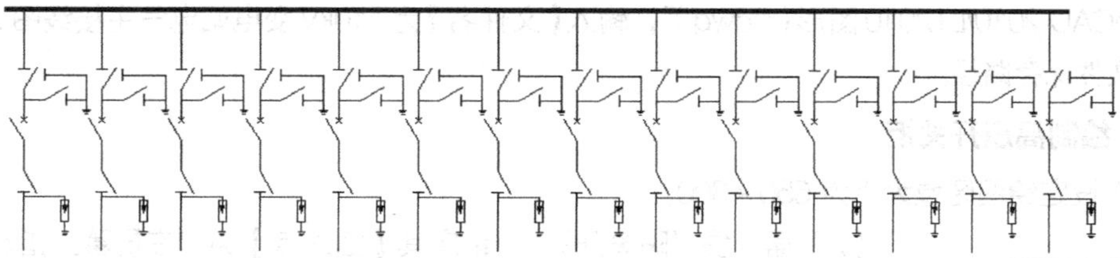

图 7-69 复制元器件及阵列

⑥ 删除点 M 处垂线上的水平“隔离开关”，删除点 N、点 O 处垂线上的“断路器”及下侧和右侧的“隔离开关”部分，再将“阀型避雷器”及“接地符号”部分垂直向上移动适当距离，结果如图 7-70 所示。

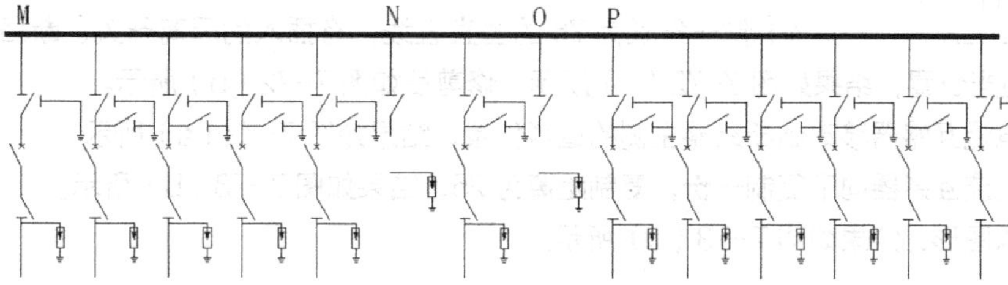

图 7-70 删除及修改元器件

⑦ 复制“熔断器”和“三相绕组变压器”到点 N、点 O 处垂线的适当位置，然后在点 O 水平向右偏移 7 处与在点 P（各点如图 7-70 所示）水平向左偏移 7 处打断线段，结果如图 7-71 所示。

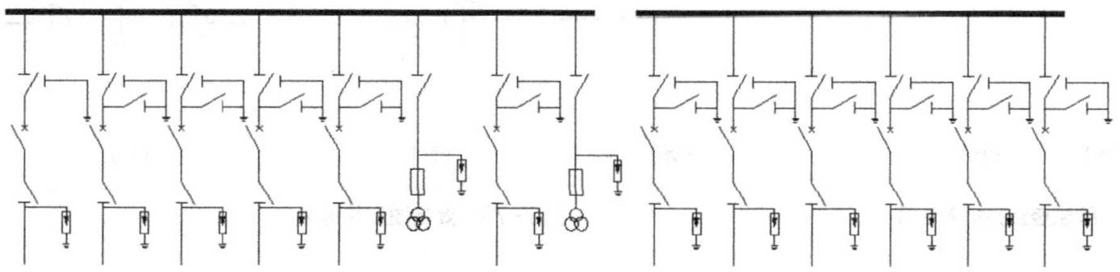

图 7-71 删除、修改及复制图形

⑧ 在图 7-65 和图 7-71 所示图形之间绘制连接导线。设置文字高度为 5，在图 7-74 所示的适当位置填写多行文字，结果如图 7-50 所示。

7.6 10kV 变电站电气主接线图的绘制

交流电从发电厂输送出来以后一般都需要进入配电所配电后才能进入到用户。本节要介绍的高压配电系统图包含高压开关柜、高压汇流排和开关柜 3 个部分，下面介绍其具体绘制过程。

1. 建立新文件

（1）启动 AutoCAD 2014 应用程序。

（2）在命令行键入命令“NEW”或单击快速访问工具栏上的按钮，在弹出【选择样板】对话框中选择样板文件为“变电站电气工程图用样板 .dwt”。

（3）单击快速访问工具栏上的按钮，在弹出的【图形另存为】对话框中设置【文件类型】为“AutoCAD 2010/LT2010 图形（*.dwg）”，输入【文件名】为“10kV 变电站电气主接线图 .dwg”，并设置文件保存路径。

2. 绘制高压开关柜

（1）设定绘图区域大小为 650×300。

10kV 变电站电气主接线图的绘制（1）

（2）插入块“隔离开关”，设定其【插入点】为“在屏幕上指定”，设定【比例】为“在屏幕上指定”，设定【旋转】分组框中的【角度】为“270”，其他为系统默认，将该块缩放到适当比例后插入到图幅空白区域。

（3）插入块“断路器”，设定其【插入点】为“在屏幕上指定”，设定【比例】为“在屏幕上指定”，其他为系统默认，将该块缩放到适当比例后插入到图幅空白区域。

（4）作一条长为 75 的垂直直线，将插入的隔离开关、断路器分别复制到竖线的适当位置，结果如图 7-72（a）所示，修剪后如图 7-72（b）所示。

（5）将电流互感器移动到断路器左侧的适当位置，结果如图 7-73（a）所示。

（6）将电流互感器向下复制一份，复制距离为 25，结果如图 7-73（b）所示。

（7）镜像图形，结果如图 7-73（c）所示。

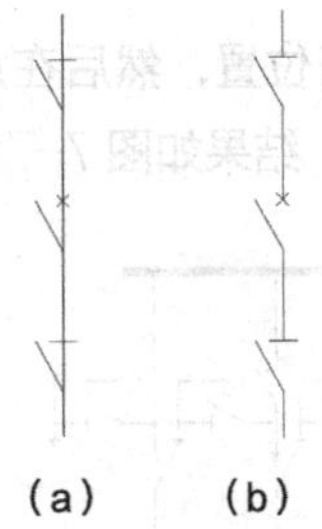

图 7-72 绘制竖线并插入块等

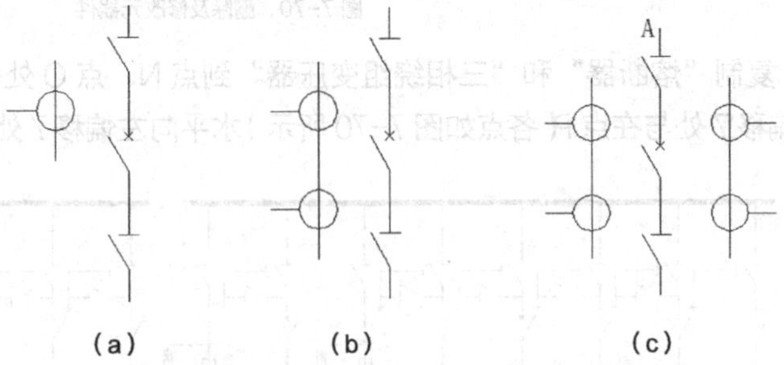

图 7-73 复制图形并镜像

（8）捕捉图 7-73（c）所示点 A 为起点，垂直向上绘制长为 30 的线段 AB，结果如图 7-74（a）所示。

（9）在线段 AB 上取适当点为顶点，绘制一尺寸适当的正三角形，结果如图 7-74（b）所示。

（10）取适当水平线为镜像线，镜像该三角形，并保留原对象，结果如图 7-75 所示。

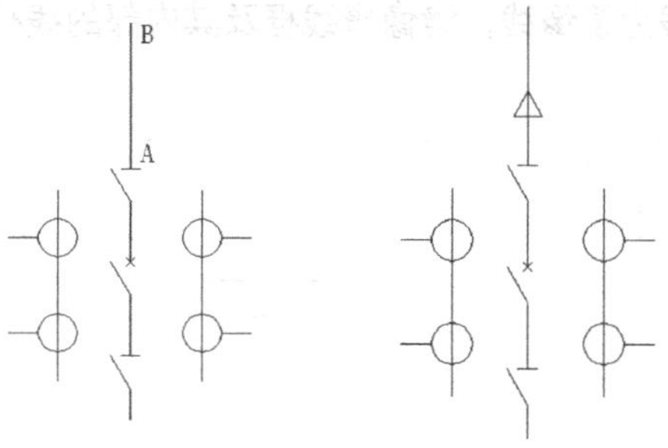

（a） （b）

图 7-74 绘制直线及正三角形

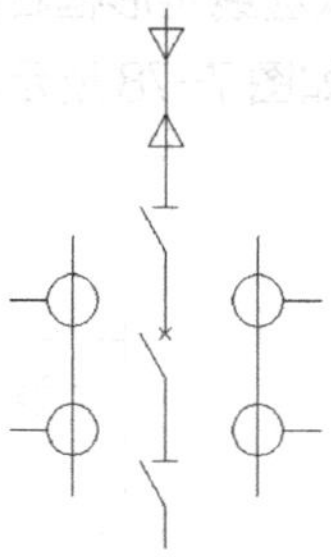

图 7-75 镜像三角形

（11）在图 7-75 所示左侧的适当位置绘制线段 CD、DE，CD 长为 60、DE 长为 66，然后将线段 CD 依次向下偏移 6 次，偏移量均为 11，再将线段 DE 向右偏移 11，结果如图 7-76（a）所示。

（12）修剪多余线段，结果如图 7-76（b）所示。

（13）设置文字高度为 5，在图中的适当位置填写单行文字，结果如图 7-77（a）所示。

（14）绘制矩形框，并匹配到“虚线层”，结果如图 7-77（b）所示。

10kV 变电站电气主接线图的绘制（2）

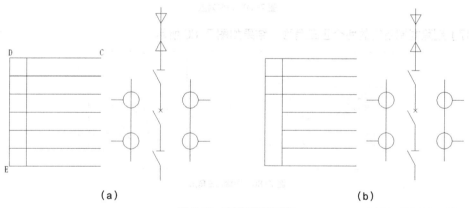

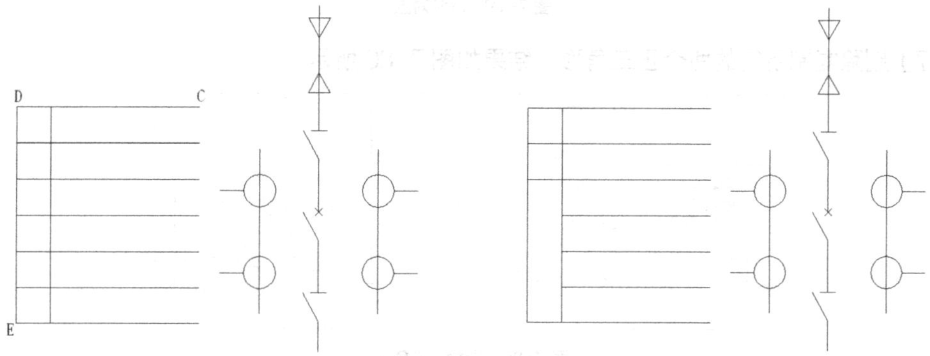

（a） （b）

图 7-76 绘制线段并偏移等

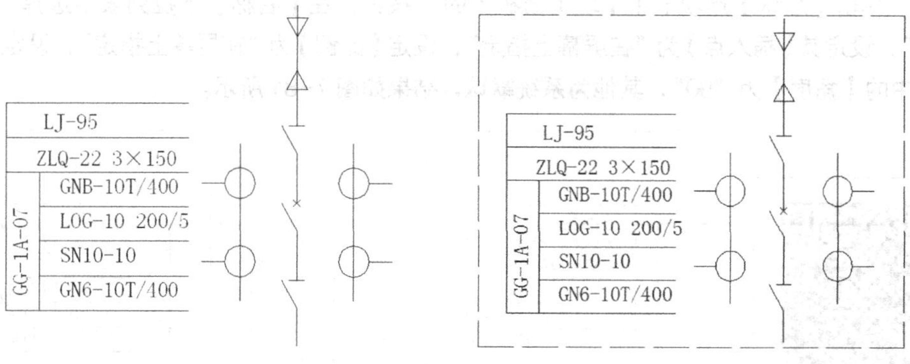

（a） （b）

图 7-77 编辑文字并绘制矩形框

（15）以虚线矩形框右侧适当位置的竖线为镜像线，镜像虚线框及其内部的线框，并保留原对象，结果如图 7-78 所示。

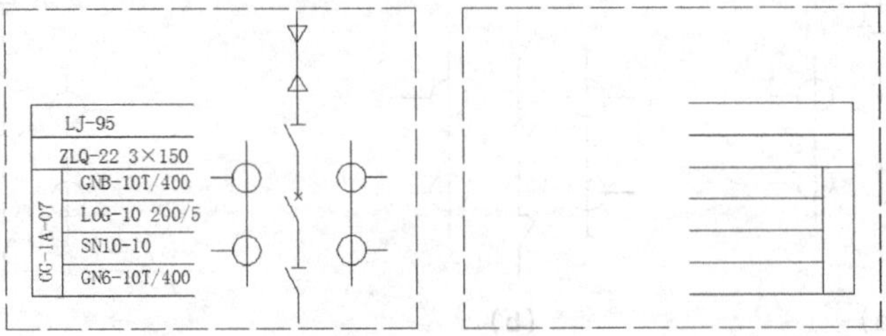

图 7-78　镜像对象

（16）水平向右复制图形及文字至右侧虚线框的适当位置，结果如图 7-79 所示。

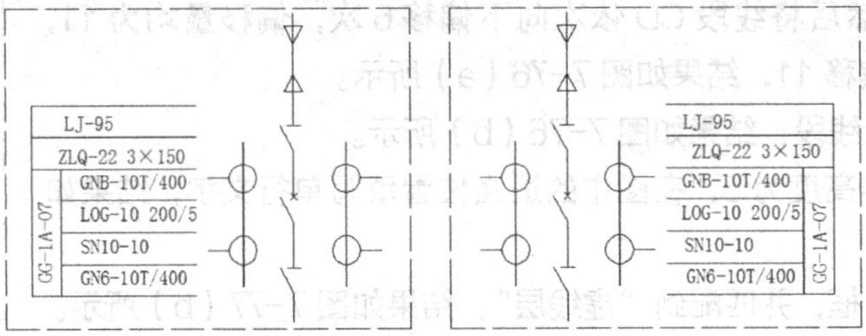

图 7-79　复制对象

（17）删除复制所得的两个正三角形，结果如图 7-80 所示。

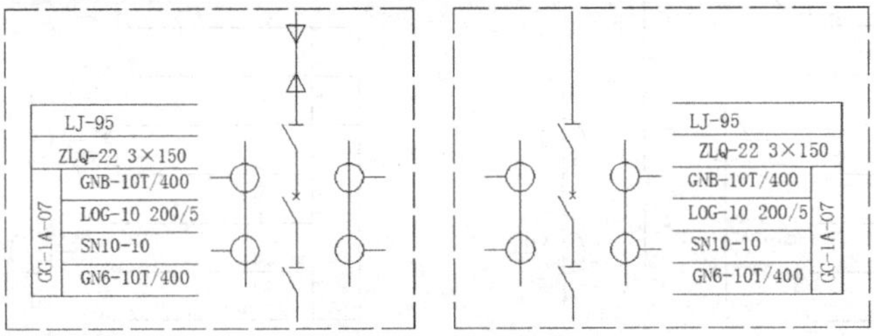

图 7-80　删除正三角形

3. 绘制高压汇流排

（1）单击【默认】选项卡中【块】面板上的按钮，在【名称】下拉列表中选择“常闭隔离开关”，设定其【插入点】为“在屏幕上指定”，设定【比例】为“在屏幕上指定”，设定【旋转】分组框中的【角度】为“90”，其他为系统默认，结果如图 7-81 所示。

10kV 变电站电气主接线图的绘制（3）

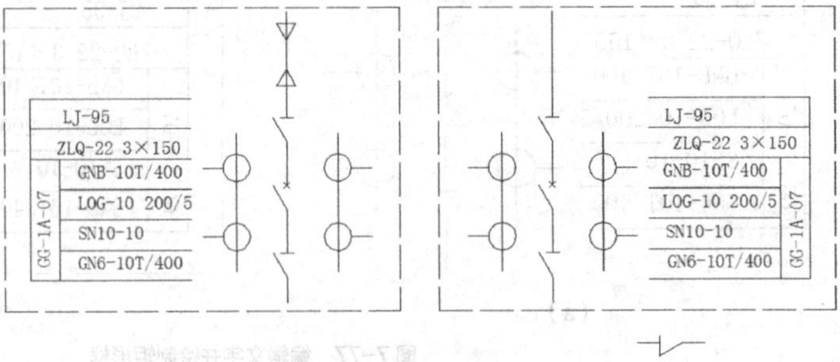

图 7-81　插入常闭隔离开关

（2）通过常闭隔离开关的引线作长为500的水平线段，并进行修剪，结果如图7-82所示。

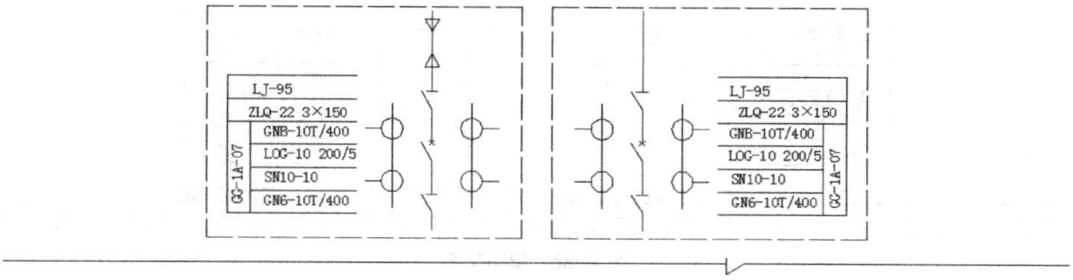

图7-82　绘制直线并修剪

（3）以常闭隔离开关左导线为延伸线，延伸对象，结果如图7-83所示。

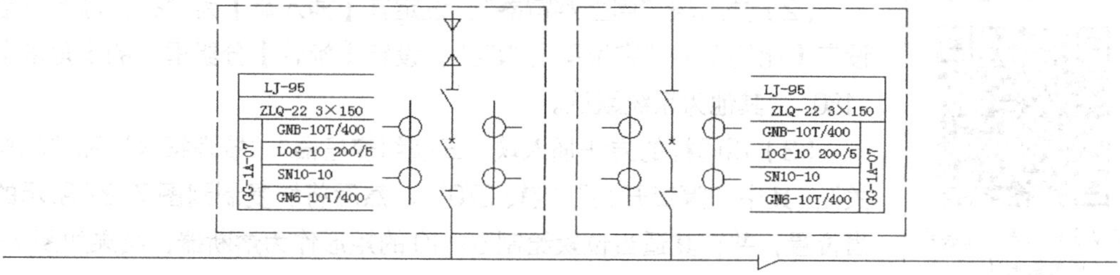

图7-83　延伸对象

（4）绘制矩形框，使其包含常闭隔离开关以及引线的延长线，并匹配到“虚线层”。再移动矩形至适当位置，使得隔离开关的引线与矩形水平中线重合，使得矩形纵向中线与其上侧两虚线框的镜像线相重合，结果如图7-84所示。

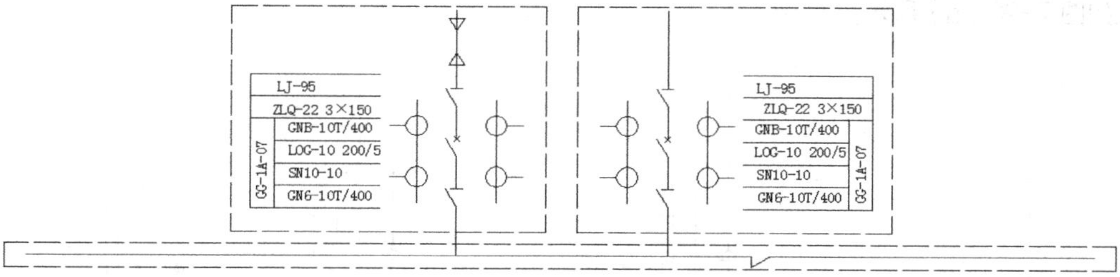

图7-84　绘制矩形并移动

（5）分解步骤（4）所绘矩形，并删除其顶边中点向左右各延伸25的线段，结果如图7-85所示。

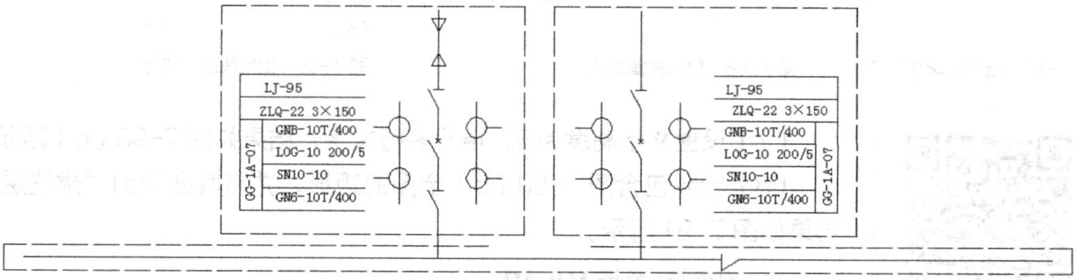

图7-85　修剪线段

（6）设置文字高度为5，填写多行文字到适当位置，结果如图7-86所示。

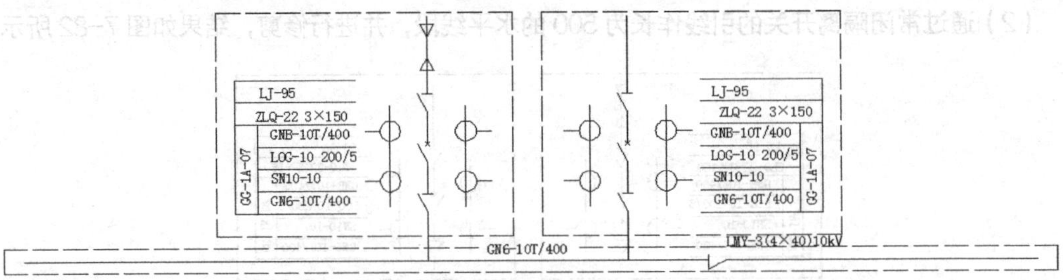

图 7-86　填写文字

4. 绘制开关柜 WL11

（1）绘制长为 75 的垂直线段，然后将其分别向左、向右偏移 7.5，结果如图 7-87 所示。

10kV 变电站电气主接线图的绘制（4）

（2）插入块“阀型避雷器”，设定其【插入点】为“在屏幕上指定”，设定【比例】为“在屏幕上指定”，设定【旋转】分组框中的【角度】为“180”，其他为系统默认。

（3）用同样的方法插入块“三绕组变压器”“接地符号”和“隔离开关”，其中“隔离开关”旋转 270° ，然后将块复制到图 7-87 所示的适当位置，并在其适当位置绘制 5×10 的矩形作为熔断器，结果如图 7-88 所示。

（4）以熔断器的上端点为起点，绘制一条水平向左的线段，结果如图 7-89（a）所示。

（5）修剪和删除多余线段，结果如图 7-89（b）所示。

（6）在图 7-89（b）左侧的适当位置绘制长为 50 水平线段 AB，长为 44 的垂直线段 BC，并将线段 AB 向下偏移 4 次，偏移量均为 11，将线段 BC 向右偏移 11，并修剪掉多余线段，结果如图 7-90（a）所示。

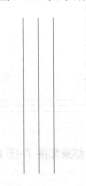

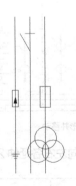

图 7-87　绘制线段并偏移

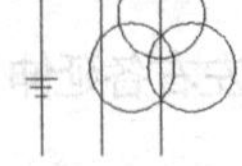

图 7-88　插入并复制块

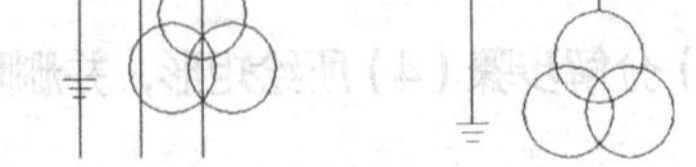

（a）　（b）

图 7-89　绘制线段并修剪

10kV 变电站电气主接线图的绘制（5）

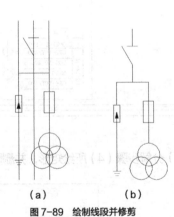

（7）设置文字高度为 5，填写多行文字，结果如图 7-90（b）所示。

（8）绘制包含图 7-90（b）全图的矩形，并将其匹配到“虚线层”，结果如图 7-91 所示。

5. 绘制开关柜 WL12

（1）复制高压开关柜的右半部分及矩形边框，结果如图 7-92（a）所示。

（2）删除多余器件，结果如图 7-92（b）所示。

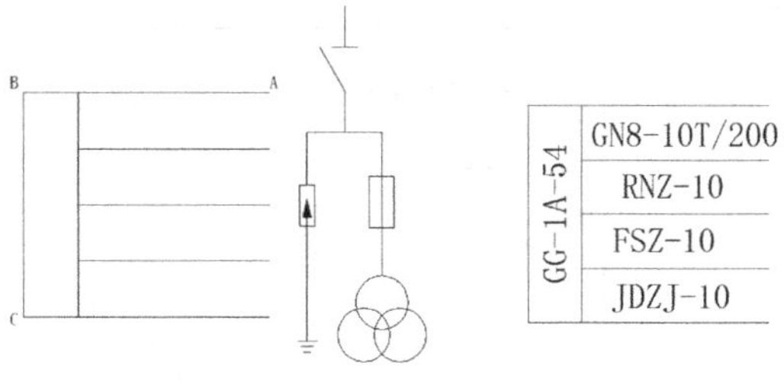

（a）　　（b）

图 7-90　绘制文字框并填写文字

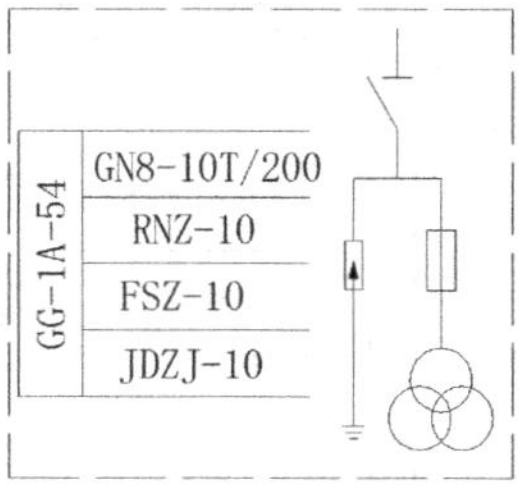

图 7-91　添加矩形并匹配到虚线层

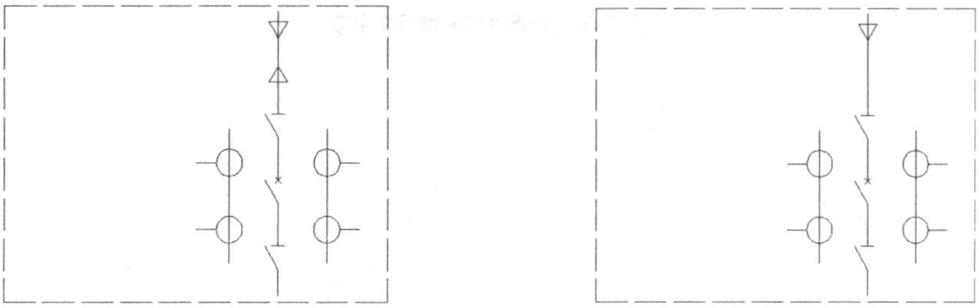

（a）　　（b）

图 7-92　复制图形并删除多余器件

（3）垂直向下移动三角形至适当位置，结果如图 7-93（a）所示。

（4）捕捉三角形所在竖线的下端点为起点绘制多段线，起点宽度为 2、终点宽度为 0、长度为 4，完成箭头的绘制，结果如图 7-93（b）所示。

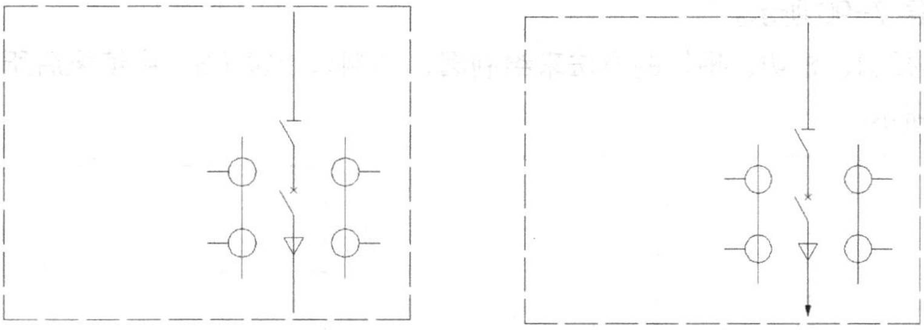

（a）　　（b）

图 7-93　移动三角形并绘制箭头

（5）在图 7-93（b）左侧的适当位置绘制长为 60 的水平线段 AB 和长为 90 的垂直线段 BC，将线段 AB 依次向下偏移 20、20、20、30，再将线段 BC 向右偏移 11，并修剪多余线段，结果如图 7-94（a）所示。

（6）设置文字高度为 5，填写多行文字，结果如图 7-94（b）所示。

6. 绘制开关柜 WL13

开关柜 WL13 的电路和开关柜 WL12 的电路相似，主要区别在于表格和熔断器的有无，以 WL12 作为基础，将其修改，完成 WL13 的绘制，具体绘制步骤如下所述。

10kV 变电站电气主接线图的绘制（6）

（1）复制除了文字的开关柜 WL12 电路图和熔断器，并将熔断器移至合适的位置，结果如图 7-95（a）所示。

（2）删除断路器，并补绘连接线，结果如图 7-95（b）所示。

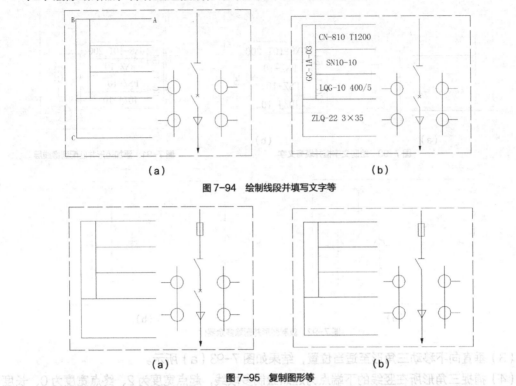

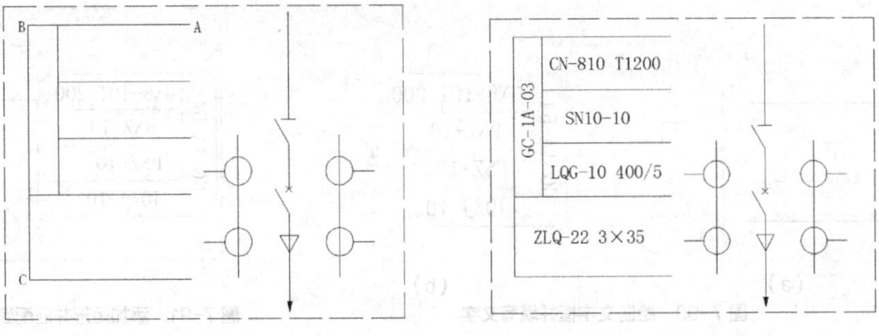

（a）　　　　（b）

图 7-94　绘制线段并填写文字等

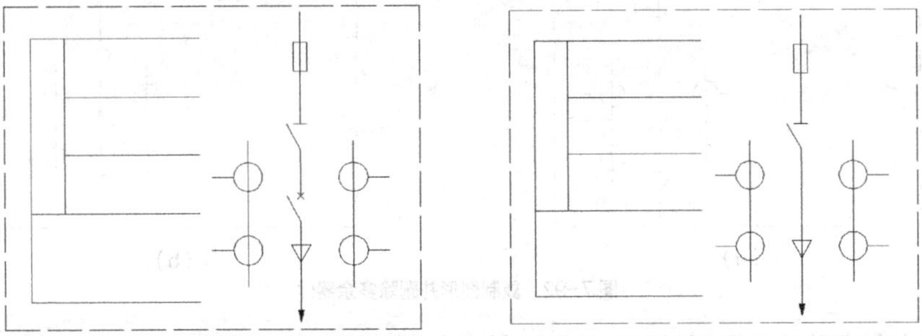

（a）　　　　（b）

图 7-95　复制图形等

（3）延长隔离开关的水平短线段至点 A，以过点 B 的竖线为镜像线镜像线段 AB，并保留原对象，结果如图 7-96 所示。

（4）利用相切、相切、相切的方法来绘制圆，并删除步骤（3）中镜像后所得的斜线，结果如图 7-97 所示。

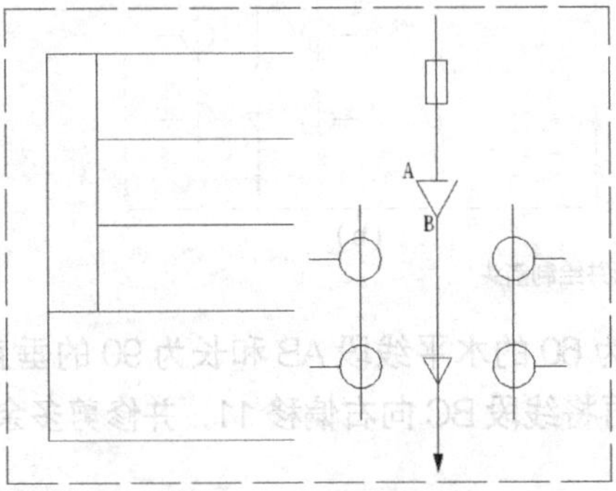

图 7-96　延伸线段并镜像

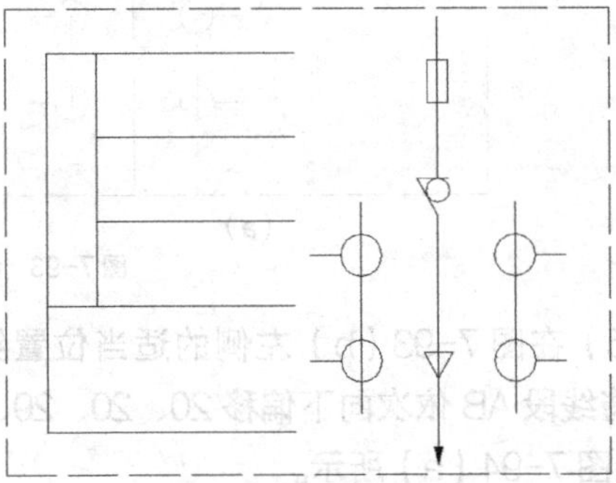

图 7-97　绘制圆

10kV 变电站电气主接线图的绘制（7）

（5）设置文字高度为 5，填写多行文字，结果如图 7-98 所示。

7. 绘制整体图

高压开关柜、汇流排和 3 个开关柜都已绘制完毕，下面将其组合成完整的配电所系统图。

（1）绘制 40 × 110 的矩形，将开关柜中 WL12 绘制的箭头缩放 2，置于矩形下侧的合适位置，捕捉箭头上侧边的中点作一条长为 20 的垂直线段，结果如图 7-99 所示。

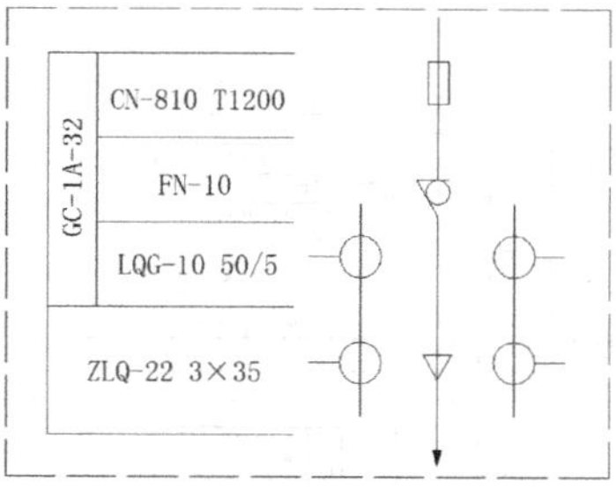

图 7-98 填写文字

图 7-99 绘制矩形、线段并复制缩放箭头

（2）将高压开关柜、高压汇流排、开关柜 WL11、开关柜 WL12、开关柜 WL13 及步骤（1）绘制的图形移动到合适的位置，结果如图 7-100 所示。

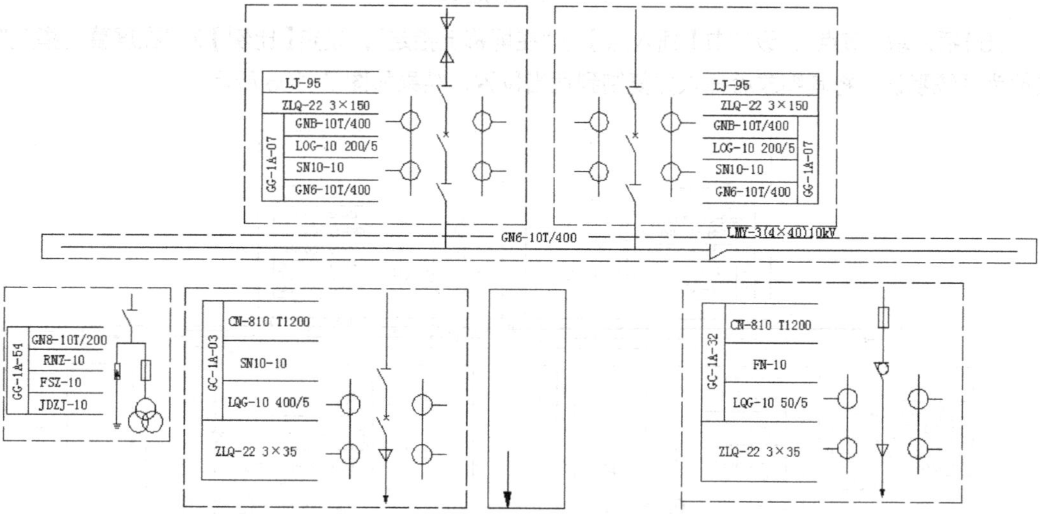

图 7-100 组合图形

（3）水平向右复制步骤（1）所绘图形到各适当位置，结果如图 7-101 所示。

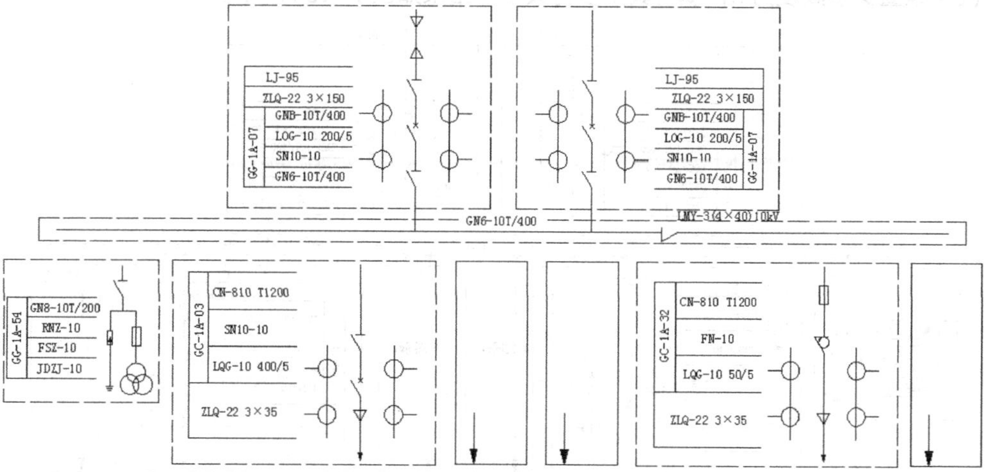

图 7-101 复制图形

（4）绘制连接线，结果如图 7-102 所示。

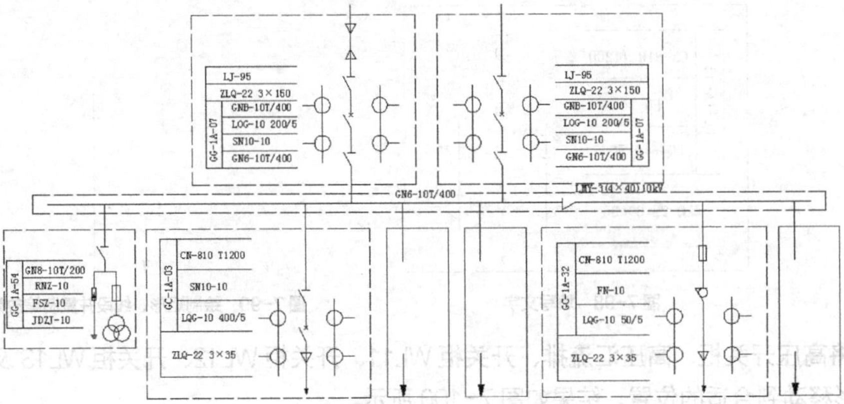

图 7-102　绘制连接线

（5）插入块“节点”，设定其【插入点】为“在屏幕上指定”，设定【比例】为“在屏幕上指定”，其他为系统默认，将其缩放后插入并复制到适当位置，结果如图 7-103 所示。

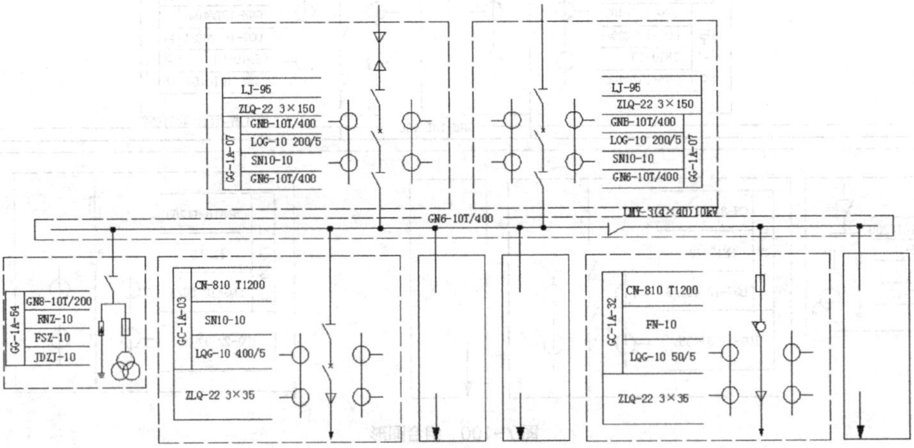

图 7-103　插入节点

（6）设置文字高度为 5，填写其余多行文字，结果如图 7-104 所示。

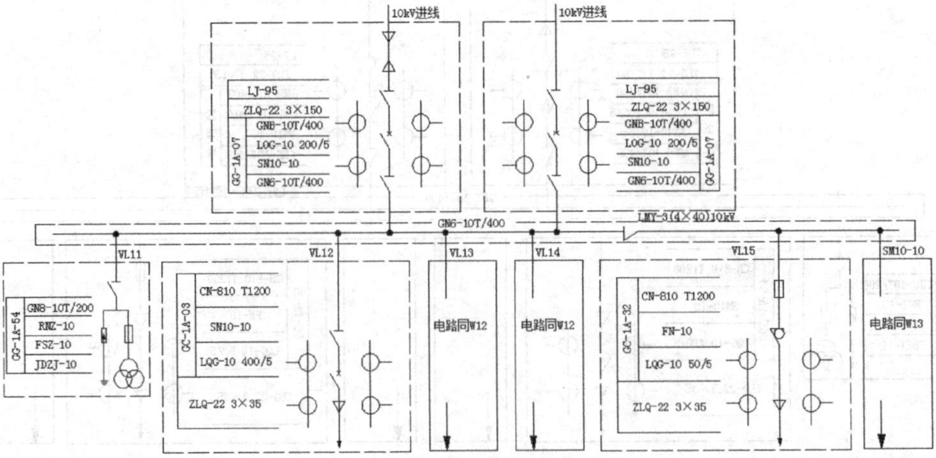

图 7-104　填写文字

7.7 10kV 变电所平面图的绘制

变电所平面图就是在变电所建筑平面图中绘制各种电气设备和电气控制设备。本例先绘制控制设备，然后绘制变压设备，最后给变电所平面图标上注释文字及安装尺寸。

打开素材文件“dwg\第 7 章\变电所建筑平面图 .dwg”，如图 7-105 所示，在此图基础上绘制电气图。

10KV 变电所平面图的绘制（1）

要点提示

为与以下绘制的图形区别，人邮教育社区（www.ryjiaoyu.com）上提供的基础图形在 0 层，并单独设置成红色。不随图层变化。

1. 绘制控制设备

在电气平面图中，控制设备主要是安装控制仪表、开关的控制台、控制箱，包含信号线和导线的管道。绘制步骤如下所述。

（1）绘制电容柜

① 捕捉变电所室内点 A，并垂直向下偏移 3 确定起点，绘制 112×12 的矩形，并将其分解，结果如图 7-106（a）左图所示

② 将矩形左侧边向右阵列 10 列，列距总距离为 100.8，结果如图 7-106（b）所示。

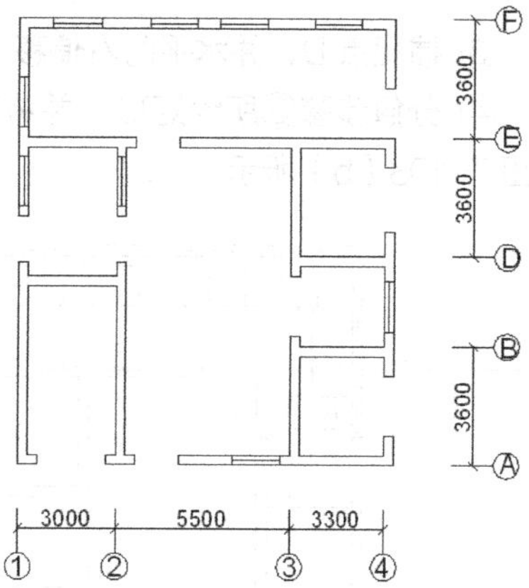

图 7-105 变电所建筑平面图

（2）绘制含电线的跨越墙线的管道

① 捕捉点 B，并水平向右偏移 1.5 为起点，向下绘制长度为 27 的线段，然后将其向右复制，偏移距离为 6，结果如图 7-107（a）所示。

② 以点 C 向左偏移 7.5 为起点，绘制 15×9.5 的矩形，结果如图 7-107（b）所示。

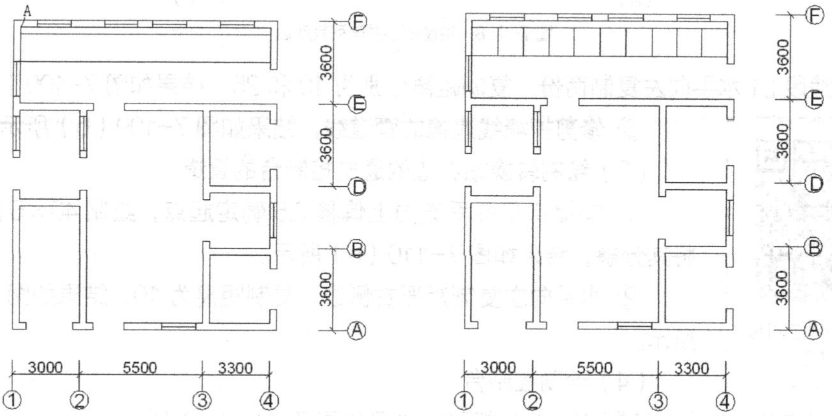

（a）　　（b）

图 7-106 绘制矩形并阵列

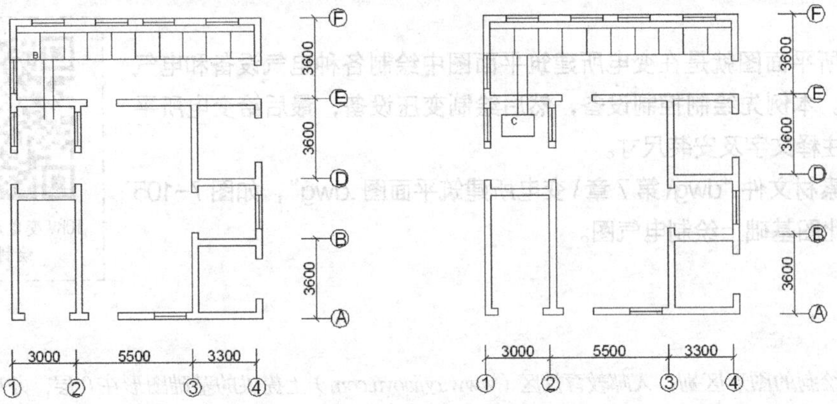

（a）　　　　（b）

图 7-107　绘制跨越墙体线的管道

③ 捕捉点 D，并水平向右偏移 2.5 为起点，绘制 10×6 的矩形，结果如图 7-108（a）所示。

④ 分解步骤③所绘矩形，并将该矩形底边垂直向上阵列 3 行 1 列，阵列总间距为 6，结果如图 7-108（b）所示。

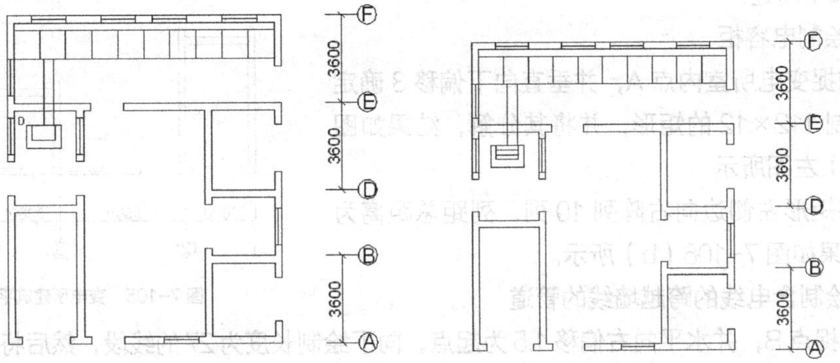

（a）　　　　（b）

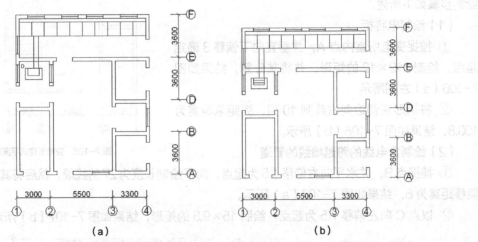

图 7-108　绘制矩形并阵列其底边

⑤ 把线段 L1 水平向左复制两份，复制距离分别为 10 和 25，结果如图 7-109（a）所示。

10KV 变电所平面图的绘制（2）

⑥ 修剪掉墙线遮掩的管道线，结果如图 7-109（b）所示。

（3）绘制转换站右边的通向控制台的管道

① 捕捉点 E 并垂直向上偏移 2.5 确定起点，绘制 40×5 的矩形，并将其分解，结果如图 7-110（a）所示。

② 水平向左复制矩形右侧边，复制距离为 10，结果如图 7-110（b）所示。

（4）绘制控制台

① 捕捉点 F 为端点，绘制 10×5 的矩形，结果如图 7-111（a）所示。

② 捕捉步骤①绘制矩形的左下角顶点为基点，将该矩形顺时针向下旋转 45°，结果如

图 7-111（b）所示。

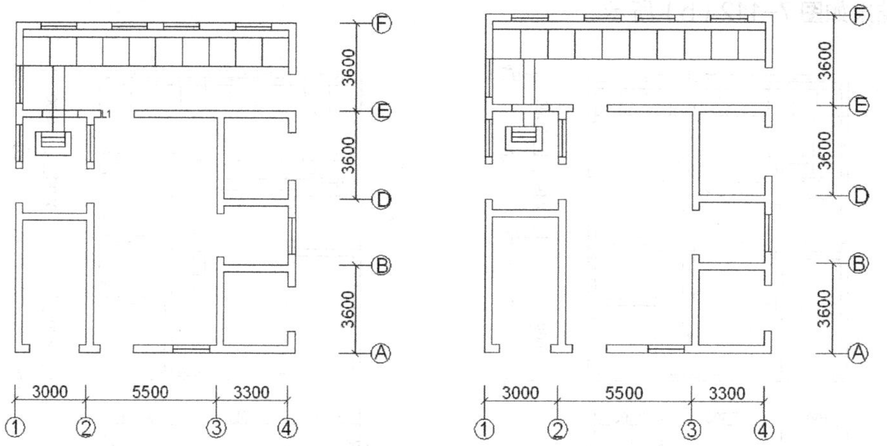

图 7-109　复制线段并修剪

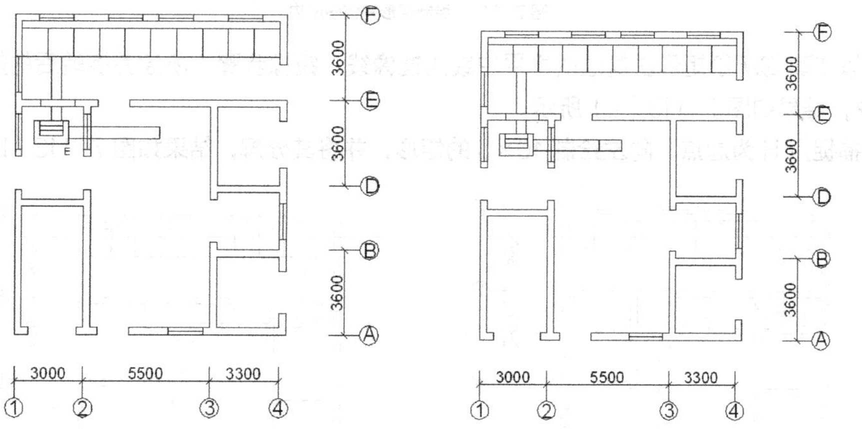

（a）　　　　（b）

图 7-110　绘制矩形并偏移右侧边

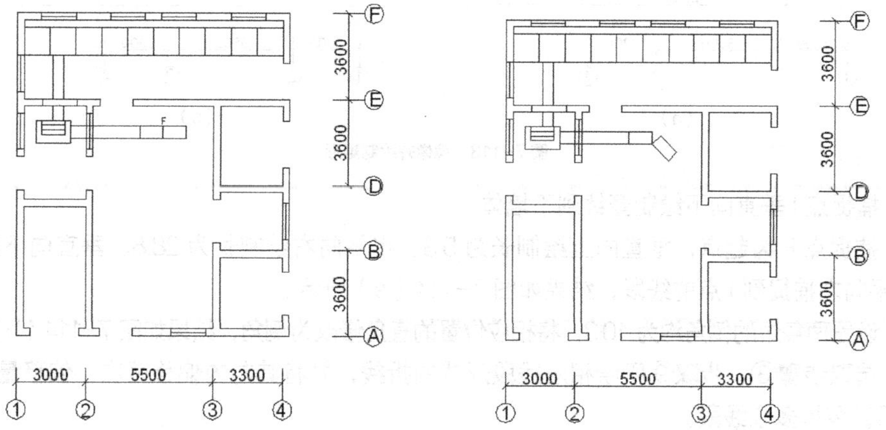

（a）　　　　（b）

图 7-111　绘制矩形并旋转

③ 捕捉点 G 为起点，绘制 5×55.4 的矩形，并将其分解，结果如图 7-112（a）所示。

④ 将步骤③所绘矩形的底边向上偏移 5 次，偏移量基于底边分别为 10、20、25.4、35.4、45.4，结果如图 7-112（b）所示。

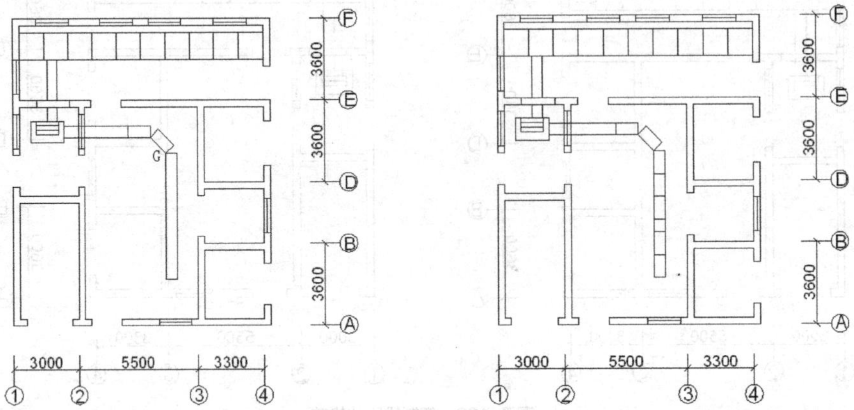

（a）　　（b）

图 7-112　绘制矩形并偏移底边

⑤ 以步骤③所绘矩形左侧边的水平中线为镜像线，镜像步骤①所绘并旋转后的矩形，并保留原对象，结果如图 7-113（a）所示。

⑥ 捕捉点 H 为起点，向左绘制 10×5 的矩形，并将其分解，结果如图 7-113（b）所示。

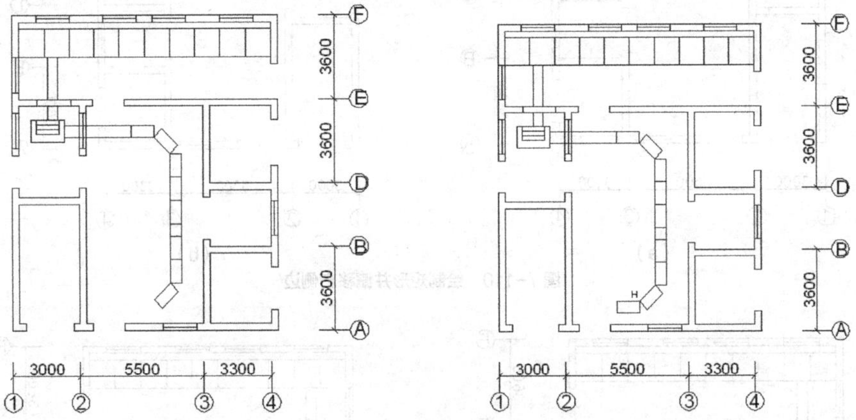

（a）　　（b）

图 7-113　镜像并绘制矩形

⑦ 捕捉点 I 垂直向下绘制竖线到下墙体。

⑧ 捕捉点 F 为起点，垂直向上绘制长为 5.3、水平向右绘制长为 28.8、垂直向下绘制长为 90、水平向左捕捉到 I 点的线段，结果如图 7-114（a）所示。

⑨ 设置两条边的倒角均为 10.3，将相应位置的直角修改为倒角，结果如图 7-114（b）所示。

⑩ 选取步骤⑧、步骤⑨所绘相应线段形成的折线，并将其向内偏移两次，偏移量分别为 1 和 5，再修剪掉多余线段。

⑪ 选取 J、K、L、M、N、O、P、Q 处的 8 条线段，并分别将其向内侧偏移 1，结果如图 7-115 所示。

⑫ 将相应线段匹配到“虚线层”，结果如图 7-116 所示。

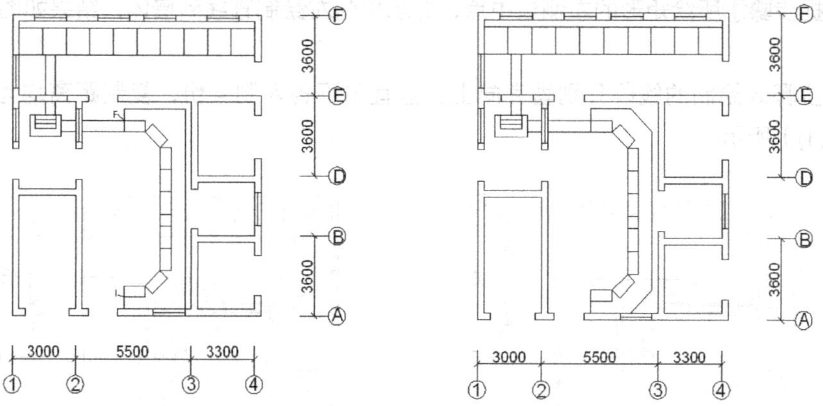

（a）　　　　　　　　　　　　　　（b）

图 7-114　绘制折线并倒角

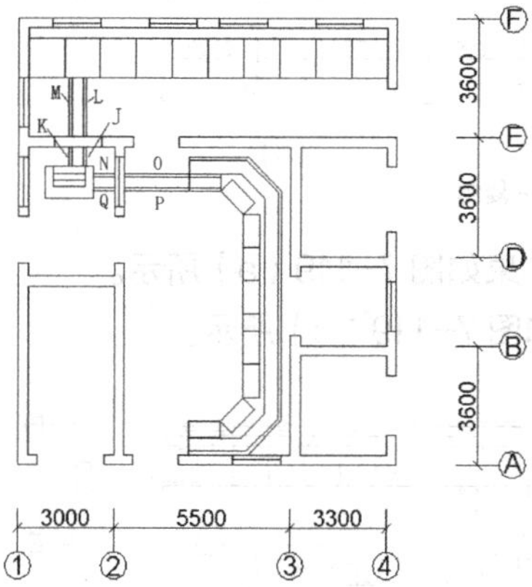

图 7-115　偏移线段

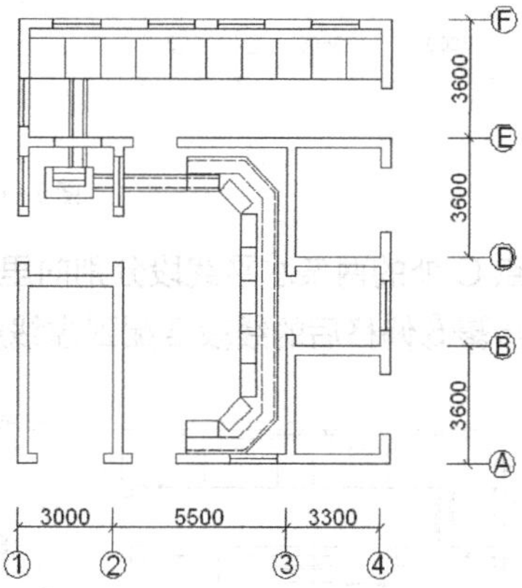

图 7-116　匹配图层

（5）绘制另一组用于其他线路的接线排

① 以距点 N（4.5，−3）处为起点，绘制矩形 6×45，结果如图 7-117（a）所示。

② 以距步骤①所绘矩形的左上角点（1.5，−2.6）处为起点，绘制矩形 3×40，结果如图 7-117（b）所示。

10KV 变电所平面图的绘制（3）

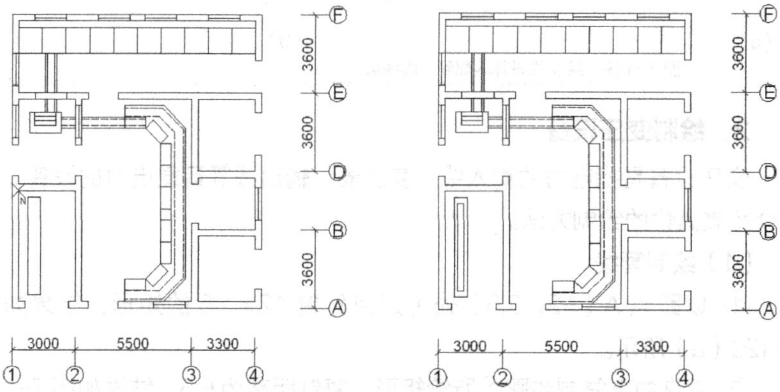

（a）　　　　　　　　　　　　　　（b）

图 7-117　绘制矩形

③ 捕捉步骤①所绘矩形的左侧边中点，并水平向左绘制直线到墙体，结果如图 7-118（a）所示。

④ 将步骤③绘制的线段分别垂直向上、垂直向下各复制 4 份，复制距离均为 5，结果如图 7-118（b）所示。

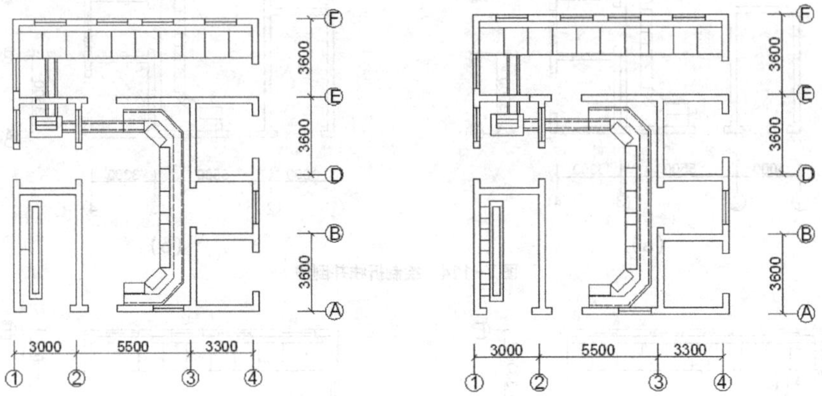

（a）（b）

图 7-118 绘制线段并复制

⑤ 将点 O 处的两条水平线段分别向里偏移 1，结果如图 7-119（a）所示。

⑥ 将步骤⑤偏移后的线段匹配到虚线层，结果如图 7-119（b）所示。

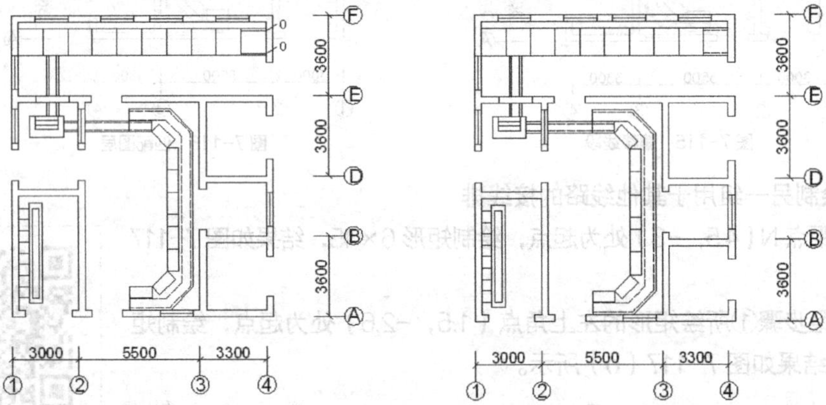

（a）（b）

图 7-119 绘制线段并匹配到“虚线层”

10KV 变电所平面图的绘制（4）

2. 绘制变压设备

变压设备是指电力的输入线、变压器、输出线等运载电力的设备。下面介绍其具体的绘制方法。

（1）绘制管线

① 以距点 A（-2，2.5）处为起点绘制 12×1.5 的矩形，结果如图 7-120（a）所示。

② 垂直向上复制步骤①所绘矩形，复制距离为 5.5，结果如图 7-120（b）所示。

（2）绘制变压器及出入线的接线排

① 以点 B 水平向右偏移 8.5 为起点，绘制 10×8 的矩形，结果如图 7-121（a）所示。

要点提示

为了看图更方便，此处及后续的图形只截取了图形的一部分。

② 以距步骤①所绘矩形左上角点（1，-1）处为起点，绘制 8×7 的矩形，结果如图 7-121（b）所示。

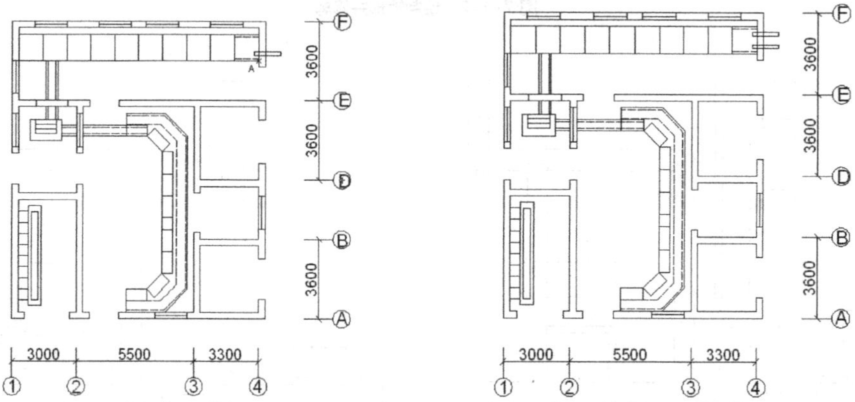

（a）　　　　（b）

图 7-120　绘制矩形并复制

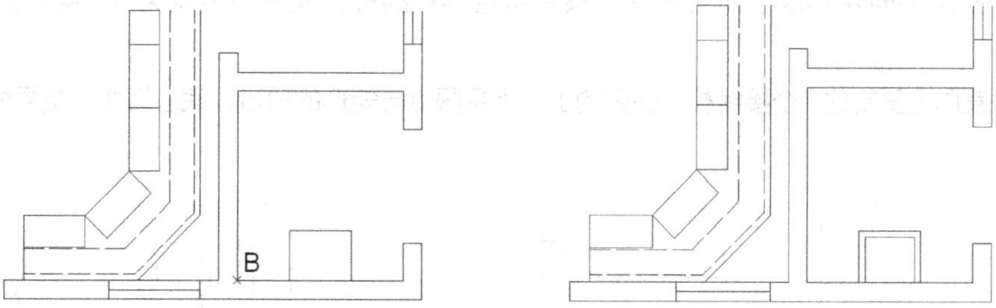

（a）　　　　（b）

图 7-121　绘制矩形

③ 捕捉点 C 并垂直向上偏移 4 确定起点，绘制 10×5 的矩形。

④ 以距点 C（3，1）处为起点，绘制 4×11 的矩形。

⑤ 捕捉步骤③所绘矩形的右上角顶点，并垂直向下偏移 1 确定起点，绘制 1×3 的矩形。

⑥ 以距步骤③所绘矩形右上角顶点（1，1.5）处为起点，绘制 2×8 的矩形，结果如图 7-122（a）所示。

⑦ 修剪图形，结果如图 7-122（b）所示。

⑧ 以距点 D(-8.6，0.9）处为起点绘制 3×11 的矩形作为支架，结果如图 7-123(a）所示。

⑨ 捕捉边 L1 的中点并垂直向下偏移 14 确定起点，绘制直径为 2 的圆。

⑩ 捕捉边 L1 的中点并垂直向下偏移 9.5 确定起点，绘制直径为 1 的圆作为接线柱，结果如

图 7-123（b）所示。

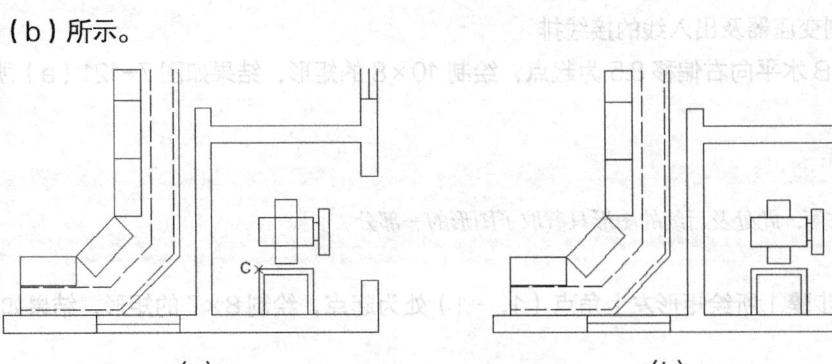

图 7-122　绘制矩形并修剪

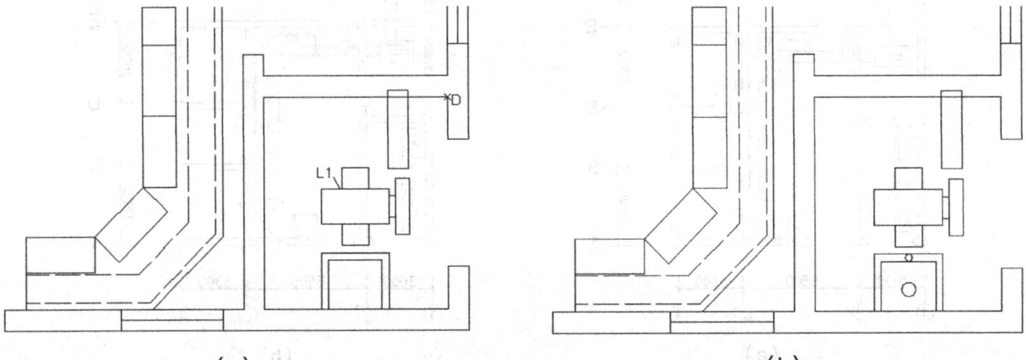

图 7-123　绘制矩形及圆

⑪ 分别水平向左和水平向右复制步骤⑩所绘的接线柱，复制距离均为 3，结果如图 7-124（a）所示。

⑫ 垂直向上复制这 3 个接线柱，使圆的上、下象限点与矩形的顶边、底边相切，结果如图 7-124（b）所示。

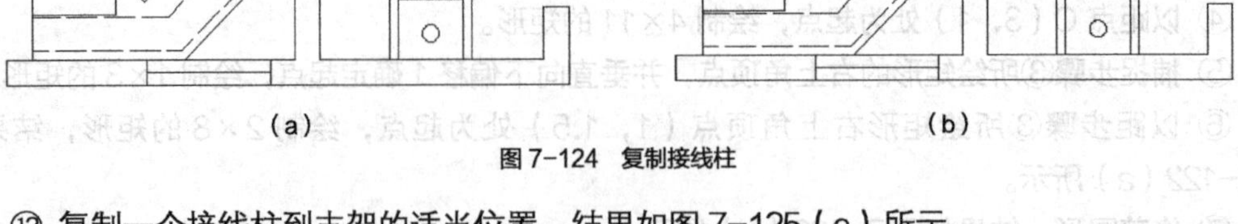

图 7-124　复制接线柱

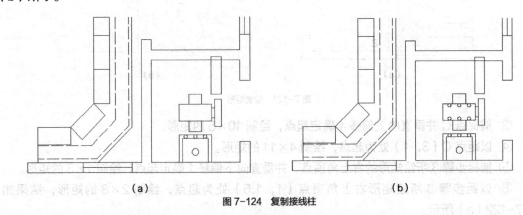

⑬ 复制一个接线柱到支架的适当位置，结果如图 7-125（a）所示。

⑭ 取适当阵列总间距，将支架内的接线柱阵列成 4 行 1 列，结果如图 7-125（b）所示。

⑮ 把支架连同接线柱向左复制两份，复制距离分别为 13 和 27.9，结果如图 7-126（a）所示。

⑯ 将最左侧支架的右侧边水平向右拉长 4.6，结果如图 7-126（b）所示。

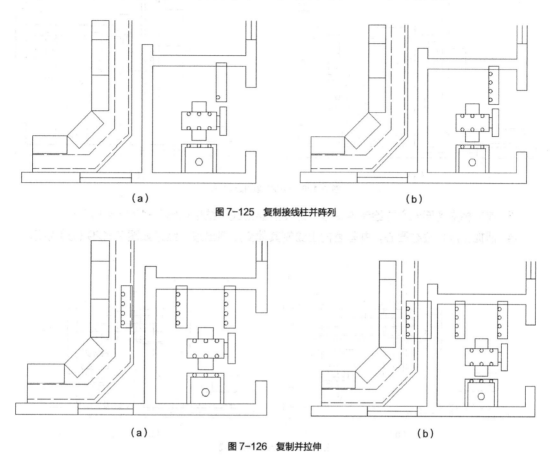

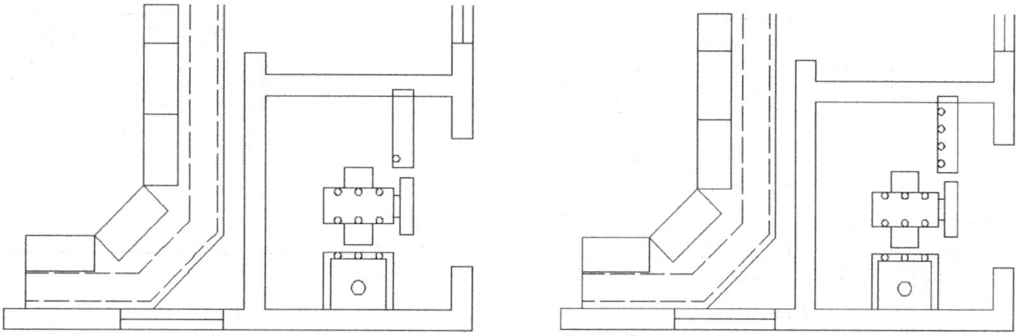

（a）　　　　　　　　　　（b）

图 7-125　复制接线柱并阵列

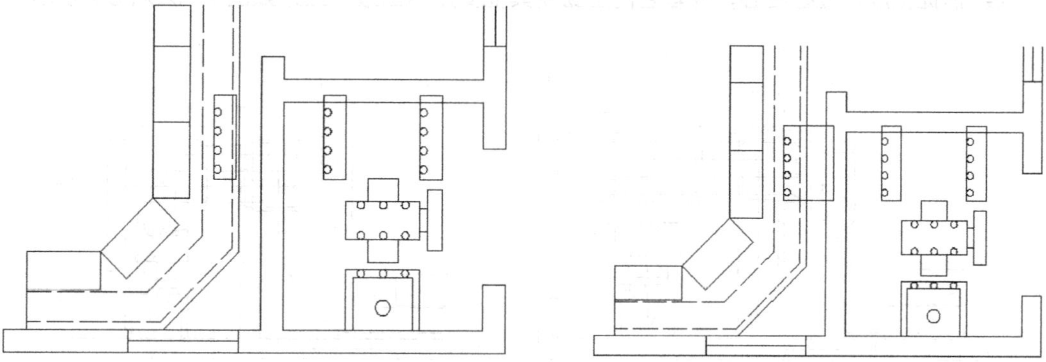

（a）　　　　　　　　　　（b）

图 7-126　复制并拉伸

⑰ 捕捉点 E 并垂直向下偏移 0.5 为起点，绘制 8.8×10 的矩形，结果如图 7-127 所示。

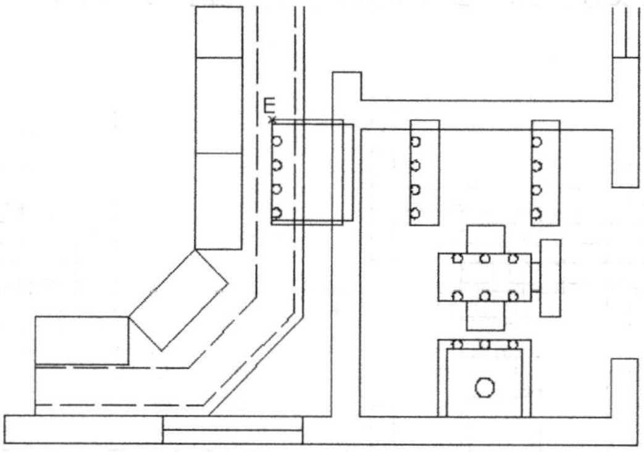

图 7-127　绘制矩形

（3）连接变压器主线路

① 捕捉相应各圆圆心并绘制连接线，即变压器进线，结果如图 7-128（a）所示。

② 把图 7-128（a）中的接线柱 R 向左边移动 1，再以 L1 的中线为镜像线，镜像移动后的接线柱 R，并保留原对象；复制一个半径为 0.5 的圆水平均匀排列，结果如图 7-128（b）所示。

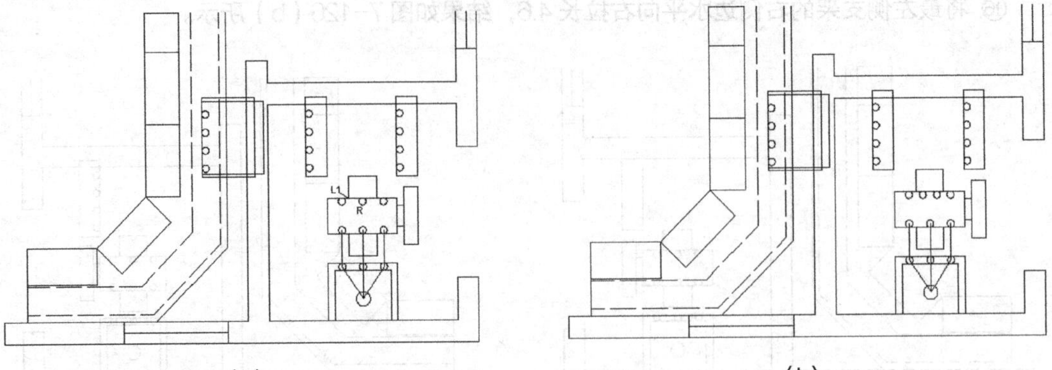

（a）　　　　（b）

图 7-128　移动并镜像接线柱 R

③ 捕捉相应各圆圆心并绘制连接线，即变压器出线，结果如图 7-129（a）所示。

④ 捕捉相应接线柱圆心，并垂直向上绘制其他变压器出线，结果如图 7-129（b）所示。

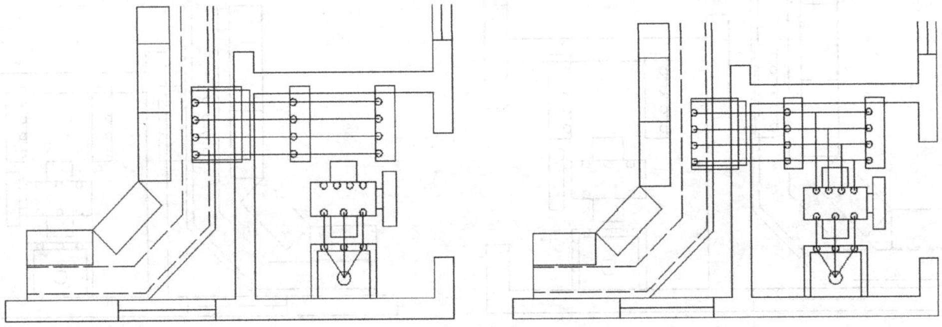

（a）　　　　（b）

图 7-129　绘制变压器出线

⑤ 把通过最左边的 4 个接线柱的线段延伸到最近的控制台上，结果如图 7-130（a）所示。

⑥ 将步骤⑤所绘延长线按从上到下的顺序分别拉长 0、1、2、3，结果如图 7-130（b）所示。

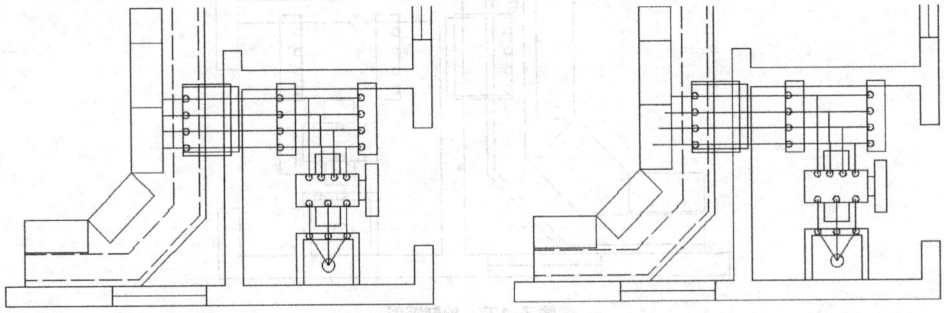

（a）　　　　（b）

图 7-130　延伸并拉长线段

（4）绘制位于另一房间的另一组变压器、接线排及其出入线

① 以基线 D 和基线 B 中间墙体的水平中线为镜像线，镜像图 7-130（b）中的变压器、接线排及出入线到另一个房间并保留原对象，结果如图 7-131（a）所示。

② 把图 7-131（a）所示矩形框选定的图形向上复制到上边变压器所在房间的墙线上，结果如图 7-131（b）所示。

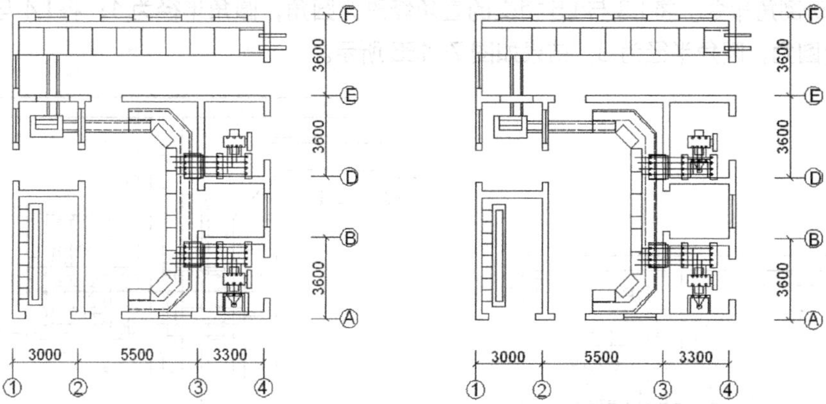

（a）　　　　（b）

图 7-131　镜像对象并复制

③ 绘制其他导线并局部放大显示，结果如图 7-132 所示。

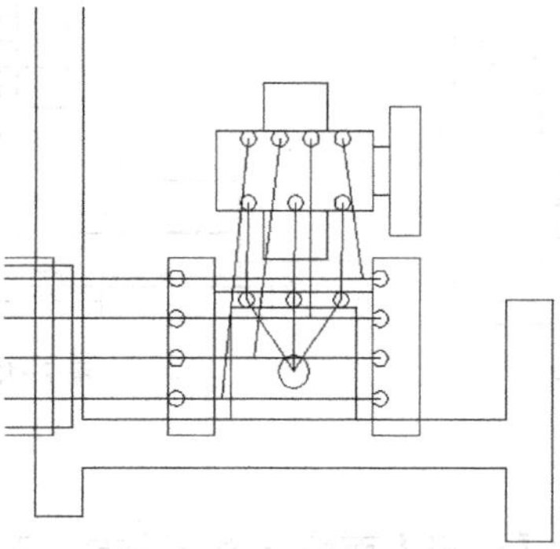

图 7-132　绘制导线

④ 把竖直线段 L2 向右复制两次，复制距离分别为 2 和 4，结果如图 7-133（a）所示。

⑤ 延伸步骤④复制后的两竖线至图 7-133（b）所示的位置。

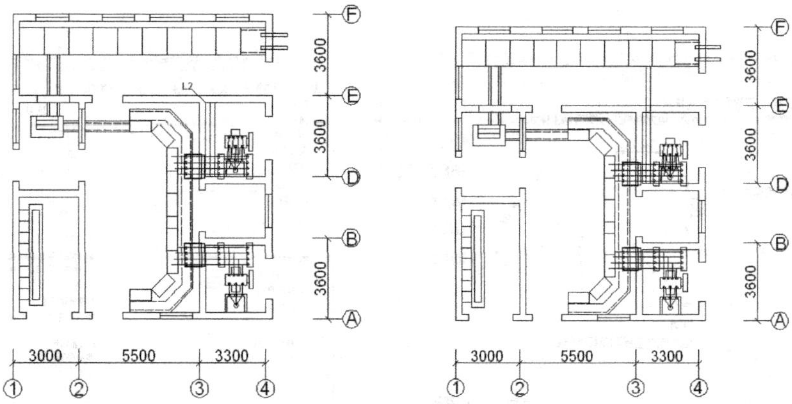

（a）　　　　（b）

图 7-133　复制线段并延伸

⑥ 分别捕捉直径为 2 的两圆圆心，并水平向左绘制长度均为 11.5 的线段 L5、L6，然后延伸线段 L3、L4 分别至线段 L5、L6 上，结果如图 7-134 所示。

⑦ 启动倒角命令，将 L3 与 L5 相交的直角修改为圆角，圆角半径为 1；将 L4 与 L6 相交的直角修改为圆角，圆角半径为 3，结果如图 7-135 所示。

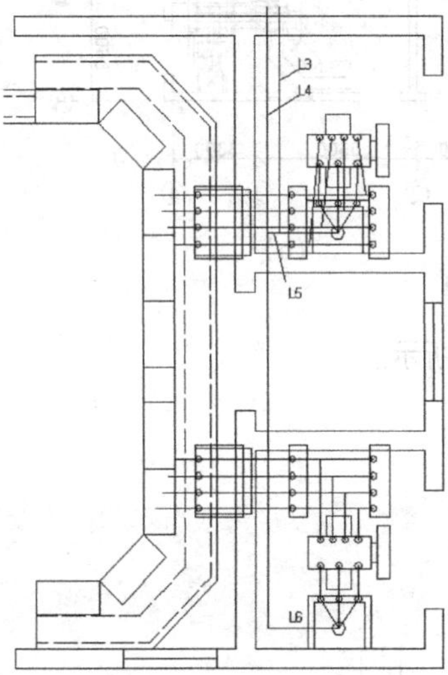

图 7-134　绘制线段并延伸

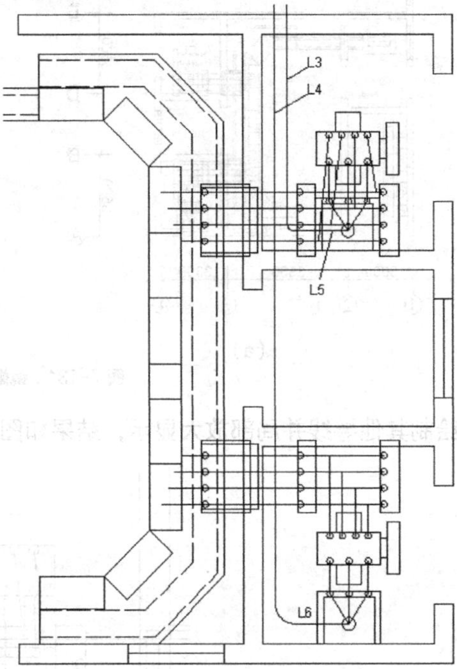

图 7-135　绘制倒圆角

3. 标注文字及尺寸

（1）单击【默认】选项卡中【注释】面板上的按钮，弹出【标注样式管理器】对话框，如图 7-136 所示。

（2）单击 修改(M)... 按钮，弹出【修改标注样式】对话框，进入【符号和箭头】选项卡，设置【符合和箭头】分组框中的各选项为“倾斜”，【箭头大小】栏中的数值修改为“2.5”，如图 7-137 所示。

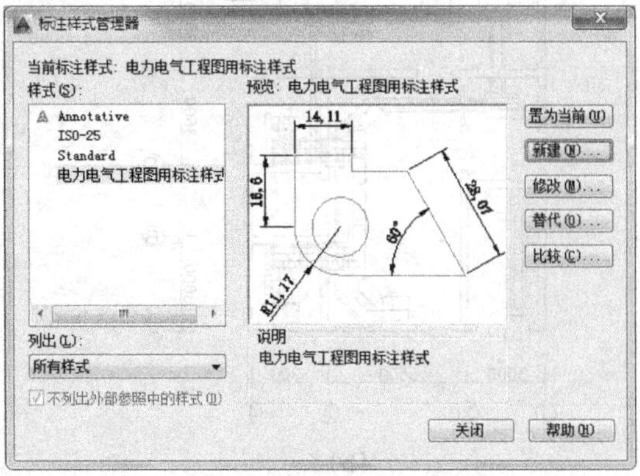

图 7-136 【标注样式管理器】对话框

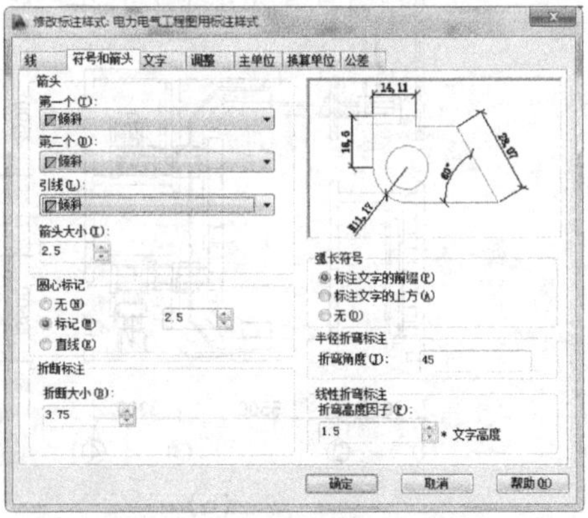

图 7-137 【修改标注样式】对话框

（3）进入【主单位】选项卡，在【比例因子】栏中输入“100”，如图 7-138 所示。最后单击 确定 按钮，完成修改，然后关闭【标注样式管理器】对话框。

（4）设置文字高度为 4，在图中的适当位置填写各个房间的文字代号、房间内电气设备的编号，结果如图 7-139 所示。

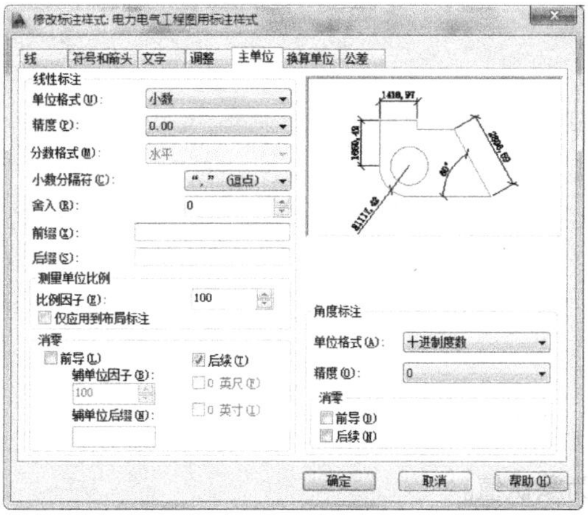

图 7-138 【主单位】选项卡

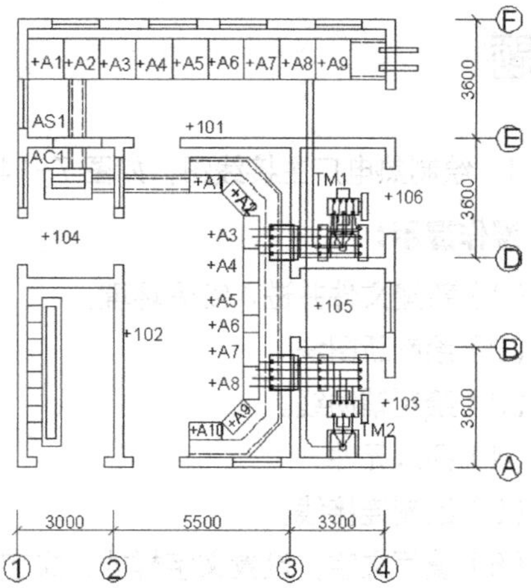

图 7-139 编辑文字

（5）调用线性标注命令，分别标注设备边缘到墙线的距离、过道的宽度、变压器到门边的距离、变压器接线排之间距离及到墙边的距离、控制台到墙边的距离、下边的变压器到基线 4 的距离，结果如图 7-140 所示。

（6）调用线性标注命令，分别标注控制台上某重要尺寸、线路转换台的尺寸到墙线的距离、控制线管到墙线的距离，并把引出线匹配到细实线层，结果如图 7-141 所示。

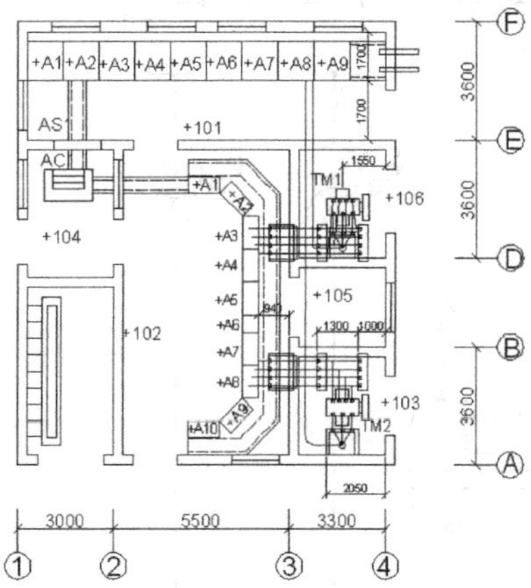

图 7-140 标注尺寸（1）

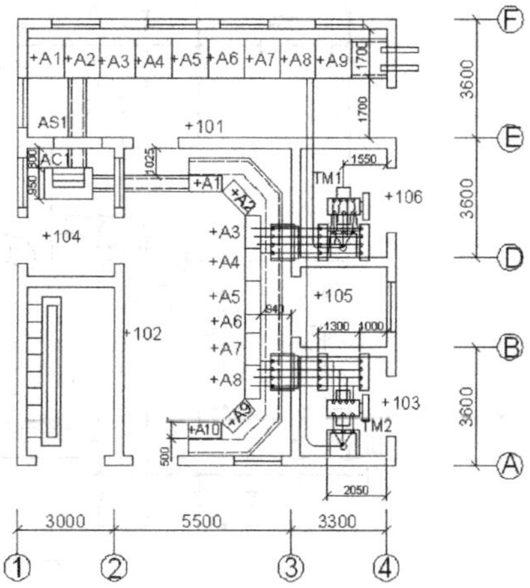

图 7-141 标注尺寸（2）

小结

本章在综合分析发电厂电气主接线图、发电厂厂用电接线图及发电厂直流系统图的基础上，首先绘制相应元器件的图块，再综合利用之前相应章节中已经创建好的元器件图块，通过块的插入、缩放及复制等操作，完成各图的详细绘制。

通过本章的学习，读者应该迅速掌握发电工程中常用器件和主接线图的绘制思路和方法，为发电工程的相关制图打下坚实的基础。

习题

1. 绘制热电厂主接线图，如图 7-142 所示。

操作提示：

（1）新建文件并进入绘图环境。

（2）绘制新图块。

（3）绘制辅助线。

（4）插入元件。

（5）绘制连接线。

（6）填写文字，设置文字样式，文字高度为默认值。

（7）退出绘图环境并保存文件。

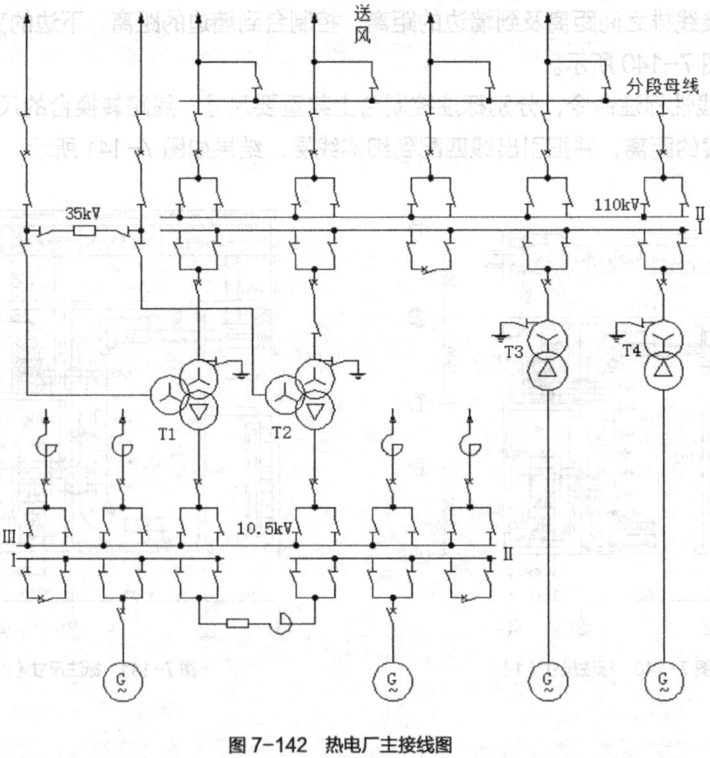

图 7-142 热电厂主接线图

2. 绘制变电工程设计图，如图 7-143 所示。

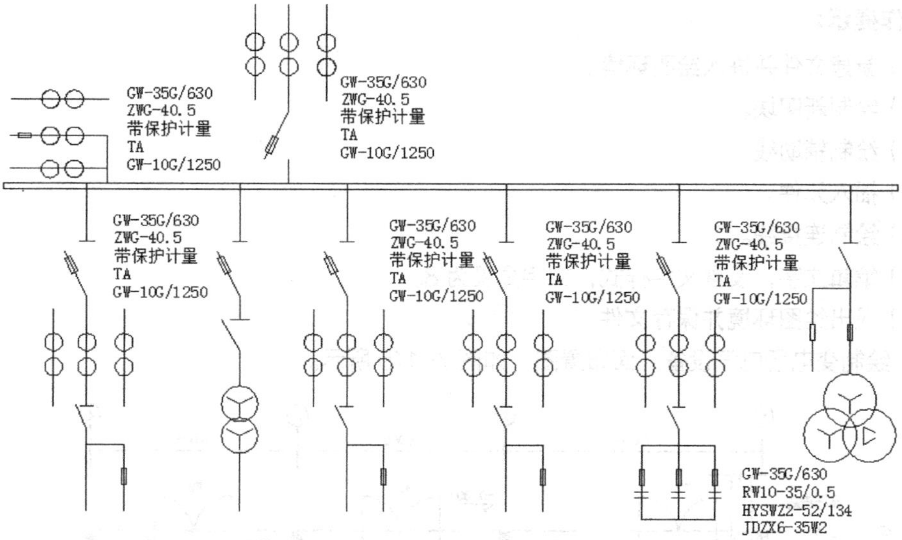

图 7-143 变电工程设计图

操作提示：

（1）新建文件并进入绘图环境。

（2）绘制新图块。

（3）绘制辅助线。

（4）插入元件。

（5）绘制连接线。

（6）编辑文字，设置文字样式，文字高度为 3.5。

（7）退出绘图环境并保存文件。

3. 绘制某工厂变电站的主接线图，如图 7-144 所示。

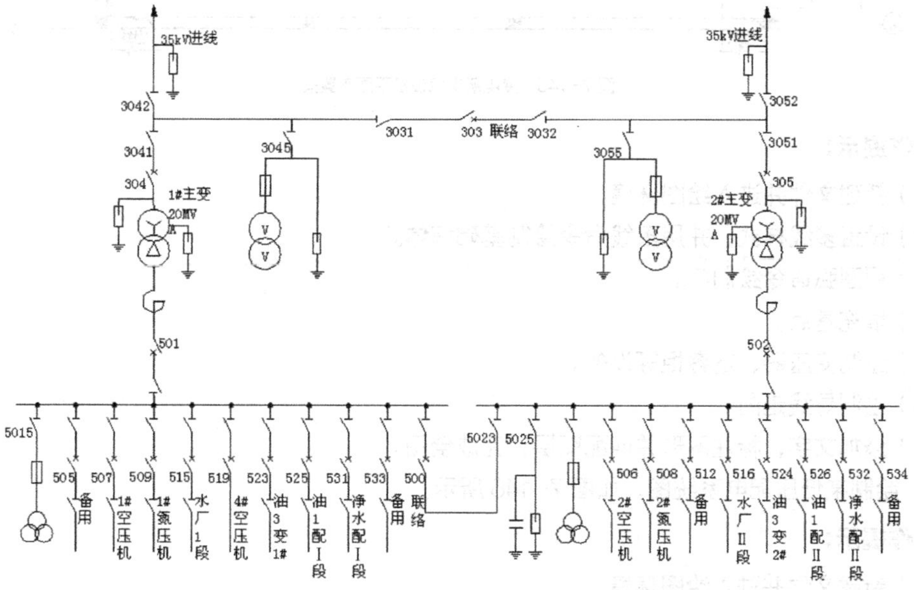

图 7-144 某工厂变电站的主接线图

操作提示：

（1）新建文件并进入绘图环境。

（2）绘制新图块。

（3）绘制辅助线。

（4）插入元件。

（5）绘制连接线。

（6）编辑文字，设置文字样式，文字高度为 8。

（7）退出绘图环境并保存文件。

4. 绘制变电所电气设备平面布置图，如图 7-145 所示。

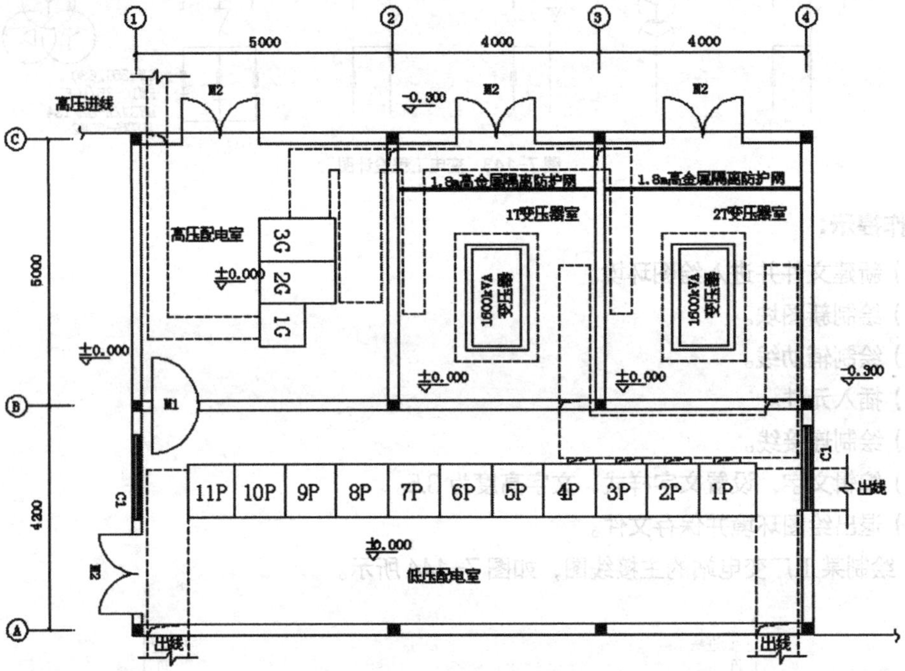

图 7-145 变电所电气设备平面布置图

操作提示：

（1）新建文件并进入绘图环境。

（2）设置多线样式，并用多线命令绘制基础墙体。

（3）用圆弧命令绘制门。

（4）填充基点。

（5）绘制变压器、电容柜等设备。

（6）绘制导线走向。

（7）添加文字，标注图形并匹配图层，完成全图。

5. 绘制某低压配电系统图，如图 7-146 所示。

操作提示：

（1）新建文件并进入绘图环境。

（2）绘制变压器、接地、功率表等零件。

（3）绘制主线路。

（4）组合零件到主线路，并连接导线。

（5）添加文字，标注图形并匹配图层，完成全图。

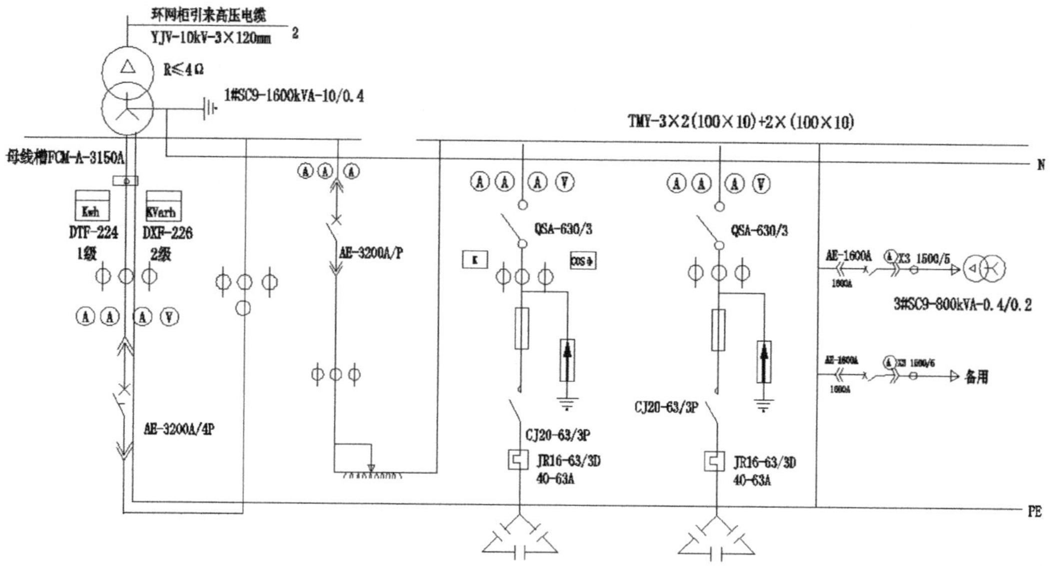

图 7-146　某低压配电系统图